Stanley Coren
Hunde, die Geschichte schrieben

STANLEY COREN

Hunde, die Geschichte schrieben

*Von Richard Wagners Peps
bis Bill Clintons Buddy*

KOSMOS

Inhalt

ι.,

Zu diesem Buch 7
Wie der Mensch auf den Hund kam 9
Hunde retten Leben 12
Heilige und ihre Hunde 29
Der wütende Prinz und der kluge Cylart 42
Hunde und der englische Bürgerkrieg 50
Friedrich II. und seine Hunde 68
Die Kampfhunde des Christoph Kolumbus 87
Sir Walter Scott und sein Hunderudel 102
Richard Wagners vierbeinige Musen 118
Der Erfinder des Telefons und der sprechende Hund 141
Sigmund Freuds Therapiehunde 154
Die Anfänge des Tierschutzes 173
Der Tokugawa-Schogun und das Jahr des Hundes 189
Die Rettung Mary Ellens 199
Napoleon und die verhassten Hunde 214
Steinbeck, Maria Stuart, Mackenzie –
    mit Hunden im Gespräch 232
Die Löwenhunde in der Verbotenen Stadt 252
Die Hunde des General Custer 277
George Washington – Präsident und Foxhoundzüchter 292
Hunde im Weißen Haus 305
Wie wäre die Geschichte ohne Hunde verlaufen? 337
Quellen 359
Zum Weiterlesen 369
Register 371

*Dieses Buch ist meiner geliebten Mutter Chesna Coren
gewidmet, die es leider nicht mehr lesen kann,
und meinem geschätzten Vater Ben Coren, der dazu
noch in der Lage ist.*

Zu diesem Buch

Dieses Buch handelt von der Geschichte der Menschen und ihrer Hunde – oder genauer davon, wie Hunde die menschliche Geschichte beeinflussten und veränderten. Das Konzept geht auf meine Leidenschaft für Geschichte, Biografien, Psychologie und – selbstverständlich – Hunde zurück.

Obwohl Hunde und Menschen schon länger als 14 000 Jahre zusammen leben, gibt es nur wenige wissenschaftliche Untersuchungen und Biografien, die sich mit dieser Tatsache befassen. Nur gelegentlich stößt man, und das eher zufällig, auf einen interessanten Beitrag.

Vieles von dem, was ich hier beschreibe, stammt aus den persönlichen Aufzeichnungen der betroffenen Personen. Der Mensch ist offenbar eher bereit, seine Geheimnisse Briefen und Tagebüchern anzuvertrauen, als sie in der Öffentlichkeit preiszugeben – Geheimnisse wie die Gefühle für einen Lieblingshund, oder auch, wie sich das eigene Leben durch das Zusammenleben mit einem Hund verändert hat.

In diesem Buch finden sich viele Geschichten von Königen und Königinnen, Präsidenten, Premierministern, Kriegshelden, Wissenschaftlern, Aktivisten, Autoren und Musikern, deren Leben durch einen oder mehrere Hunde verändert wurde. Und indem sie das Leben einzelner Menschen beeinflussten, veränderten diese Hunde also auch die Geschichte.

Für meine akademischen Kollegen und für professionelle Historiker möchte ich einige technische Anmerkungen machen: Obwohl ich mir Mühe gegeben habe, das Material gründlich zu recherchieren, sind meine Quellen nicht an jeder Stelle des Buches angegeben. Allerdings finden Sie am Ende des Buches eine Zusammenstellung der wichtigsten Quellen, geordnet nach Kapiteln. Des Weiteren habe ich mir gelegentlich erlaubt, in altertümlicher Sprache verfasste Quellen in moderne Form und Grammatik zu übertragen. Geschichten zu erzählen war mir wichtiger als historische Forschung zu betreiben. Mich fasziniert der Gang der Handlung, die Wechselwirkung zwischen Herr und Hund, sowie die erkennbaren Auswirkungen dieser Beziehung auf die Geschichte der Menschen. Dabei hätten ausgedehnte Fußnoten und eine altertümliche Sprache nur gestört oder abgelenkt. Meinen akademischen Kollegen wird das sicher weniger gefallen. Die Hundeliebhaber unter meinen Lesern werden aber umso mehr genießen, auf diese Weise einige faszinierende Aspekte der Geschichte kennen zu lernen, an denen Hunde beteiligt waren.

Zum Schluss möchte ich einigen Menschen danken. Der erste Dank gilt meiner wunderbaren Ehefrau Joan, die (wie schon in der Vergangenheit) meine Texte gelesen und mich auf überarbeitungswürdige oder gar entbehrliche Passagen hingewiesen hat. Zweitens danke ich meinem Bruder Arthur für seine Hilfe bei der Arbeit an diesem Buch: Er hat mir den Rücken freigehalten und mir das Schreiben in Ruhe ermöglicht.

Schließlich danke ich auch meinen Hunden Dancer und Odin, die mich gesund und fit gehalten haben – und Wizard, der inzwischen selbst ein Teil der Geschichte geworden ist, nachdem er mein Leben zum Besseren gewendet hat.

Stanley Coren

Wie der Mensch auf den Hund kam

Ein grauhaariger, bärtiger Mann hockt in einer primitiven Hütte an einem winzigen Feuer. Er ist in das Fell eines Tieres gekleidet. Neben ihm schläft seine Frau und auf der anderen Seite der Hütte liegen sein fast erwachsener sowie ein jüngerer Sohn und seine kleine Tochter. An seiner Seite steht ein spitzohriger Hund von undefinierbarer Rasse. Er ist gerade erwacht und aufgestanden, sieht jetzt in die Ferne, wo er ein schwaches Geräusch gehört hat, unhörbar für einen Menschen. Der Hund setzt sich hin, noch immer auf das Geräusch konzentriert. Da fragt der Mann leise, wie schon viele Menschen vor ihm: „Was hörst du da, mein Hund? Du sagst mir doch Bescheid, wenn ich mir Sorgen machen muss?"

Wir wissen aus Knochen- und anderen Funden, dass sich diese Szene vor 14 000 Jahren im Irak abgespielt haben könnte, vor 12 000 Jahren in Frankreich oder Dänemark, vor 11 000 Jahren in Utah oder vor 10 000 Jahren in China. Seit jener Zeit teilen Hunde unsere Behausungen und unser Leben. Und Hunde haben auch die Geschicke einzelner Menschen und die Geschichte der Menschheit beeinflusst.

Wenn wir die Szene weiterspinnen, die sich tausende Male so oder so ähnlich abgespielt haben könnte, wird sich nun der Mann an seinen Wächter und Jagdgefährten neben dem flackernden Feuer wenden. Und wieder wird er zu ihm sprechen: „Was wäre ich nur ohne dich?"

Und er wird vielleicht fortfahren: „Ich erinnere mich an die Erzählungen unserer Großväter. Sie sagten, es hätte einst eine Zeit ohne Hunde gegeben. Niemand warnte die Menschen, wenn wilde Tiere kamen oder fremde Stämme angriffen. Doch dann kamen deine Vorfahren zu uns. Sie fraßen die Überreste und Knochen unserer Jagdbeute. Mein Großvater sagte, dass das gut so war: Der Gestank ließ nach und die Insekten blieben fern. Da deine Vorfahren die Abfälle fraßen, konnten die Menschen länger an einem Ort bleiben, ehe sie weiterziehen mussten."

„Und dann hörte mein Großvater euer Bellen. Immer wenn sich Tiere oder Menschen näherten, schlugen die Hunde an. Wie wunderbar, dachten die Menschen. Wenn die Hunde in der Nähe blieben, könnten wir in der Dunkelheit nicht mehr überrascht werden. Um deine Familie zu halten, warfen sie euch Futter zu. Schon bald nahmen meine Großeltern einige eurer Jungen mit in ihre Wohnungen: ‚Wenn einige Hunde unser Dorf mit ihrem Bellen beschützen, könnte ein anderer mein Haus bewachen'. Und schon bald waren die Jungen nicht mehr wild."

„Mein Großvater erzählte mir von einer Jagd auf einen verwundeten Hirsch, den deine Vorfahren für ihn verfolgten. Der Hirsch war klug und wich zur Seite aus. Den Menschen fiel das nicht auf, aber die Hunde rochen, wohin der Hirsch geflüchtet war und folgten ihm. Die Menschen folgten den Hunden und seither jagen wir gemeinsam."

„Mein Großvater erzählte mir von Menschen, die anders lebten als wir. Sie hatten keine Hunde, die sie schützen konnten oder ihnen bei der Jagd halfen. Sie sind jetzt verschwunden, weil sie von wilden Tieren getötet wurden oder in Hinterhalte gerieten. Als es nur noch wenige Tiere gab, die sie jagen konnten, mussten sie verhungern."

„Heute habe ich dir und deinen Brüdern zugesehen, wie ihr Schafe jagtet. Ich sah, wie ihr sie einkreistet und zu den Bäumen triebt. Dort wurden sie langsamer, ihr konntet sie trennen und dann leichter töten. Dabei fiel mir ein, dass wir einige Schafe zusammentreiben könnten, ohne sie zu töten; vielleicht könnten wir abwarten, bis kleine Lämmer geboren werden, dann brauchten wir nicht mehr so oft zu jagen. Das werden wir bald ausprobieren!"

Der Hund legt sich jetzt auf den Boden und bettet seinen Kopf auf die Pfoten. Nun weiß der Mann, dass keine Gefahr mehr droht. Er gähnt und schürt das Feuer, dann legt er sich schlafen in der Gewissheit, dass sein Wächter ihn bei jeder Gefahr warnen wird. Am nächsten Morgen werden sie gemeinsam jagen gehen und wenn sie erfolgreich sind, kann am Nachmittag der Hund mit seiner Tochter spielen. Der Mann streckt seine raue Hand aus und streichelt das Fell des Hundes. Die Berührung tut beiden gut. Vielleicht begann so die gemeinsame Geschichte von Menschen und Hunden. So lange beide die Gesellschaft des anderen schätzten, sollten sie verbunden bleiben. Irgendwann in ferner Zukunft sollte dann auch die Geschichte von Königen und ihrer Reiche das Zeichen der Hundepfote tragen.

Hunde retten Leben

Wie oft hing das Schicksal eines Menschen oder sogar einer Nation am Halsband eines Hundes? Ohne Hunde wären die letzten Kaiser von China vielleicht nicht gestürzt worden; vielleicht wäre die Kolonialisierung Amerikas durch Kolumbus gescheitert; einige Wagneropern wären niemals geschrieben worden; es hätte keine Amerikanische Revolution gegeben; die Befreiung der amerikanischen Sklaven hätte sich um Jahrzehnte verzögert; wir würden gehörlose Kinder anders ausbilden und so berühmte Bücher wie Sir Walter Scotts *Ivanhoe* wären nie geschrieben worden.

Dogge Bounce rettet Dichter Pope das Leben

Die meisten Menschen akzeptieren, dass es in der Geschichte zwischen Hunden und Menschen enge Beziehungen gab und gibt, beschränken diese jedoch auf Tätigkeiten wie Jagd, Viehhüten, Spüren und Kriegsdienste. Geht es aber um Politik, Sozial- oder Kulturgeschichte, werden wohl die meisten Menschen einen Einfluss von Hunden leugnen. Es gibt allerdings eine ganze Reihe Beispiele dafür, dass ein einzelner Hund das Leben eines bestimmten Menschen veränderte – und so auch die weitere Geschichte mittelbar beeinflusste. Diese nur selten erzählten Geschichten sind besonders faszinierend.

Ich denke dabei zum Beispiel an den brillanten Satiriker Alexander Pope, der als der beste englische Dichter des 18. Jahrhunderts gilt. Von Pope stammen Sätze, wie „etwas zu lernen ist sehr gefährlich", „Irren ist menschlich, Vergeben göttlich", und „wo Engel sich fürchten aufzutreten, trampeln Dummköpfe herum". Viele seiner Gedichte, wie *Der Lockenraub* und *Die Dummkopfiade* oder auch *Ein Versuch über den Menschen* und *Ein Versuch über die Kritik* gehören in englischsprachigen Ländern zum schulischen Kanon.

Pope wurde 1688 in London geboren. Vermutlich wandte er sich wegen seiner körperlichen Schwäche der Literatur und dem Schreiben zu. Als Kind litt er unter einer Form von Tuberkulose, die das Rückgrad angreift und das Wachstum hemmt. Ausgewachsen war Pope daher nur 138 cm groß. Zusätzlich litt er sein ganzes Leben lang unter Kopfschmerzen und war äußerst schmerzempfindlich. Die Erkrankung seiner Wirbelsäule machte jedes Bücken und andere Bewegungen zu einem schmerzhaften Unterfangen. Manchmal konnte Pope ohne fremde Hilfe nicht aus dem Bett steigen oder sich auf einen Stuhl setzen; er brauchte einen Diener, der ihm beim An- und Ausziehen half.

Dennoch konnte Alexander Pope ein charmanter Gesprächspartner und Gastgeber sein. Er war zwar von kleinem Wuchs, hatte aber ein hübsches Gesicht und sah attraktiv aus. Menschen fühlten sich in seiner Gegenwart wohl.

Auf seinem großen Besitz in Twickenham an der Themse nahe London empfing Pope viele berühmte Gäste: Dichter, Philosophen und hohe Regierungsbeamte, Damen der Gesellschaft und sogar Mitglieder aus dem Königshaus. Wenn man ihn besuchte, konnte man Berühmtheiten wie Jonathan Swift treffen, Autor von *Gullivers Reisen*, oder den Staatsmann und Redner Henry St. John Viscount von Bolinbroke, der später selbst schrieb, vielleicht auch Robert Harley, den Ersten Earl von Oxford, der später Königlicher Schatzmeister werden sollte, und sogar Frederick, den Prinzen von Wales. Häufig lustwandelten Popes viele Besucher in seinem großartigen und sorgfältig gestalteten Garten, und man verbrachte zahlreiche Stunden bei geistreicher Konversation.

War Pope allein, machten ihn seine Leiden reizbar. Von seinen engsten Vertrauten wissen wir, dass er bei der kleinsten Störung in Rage geriet. Kritisierte man ihn, geriet er außer sich und ließ seine Wut an den Nächstbesten aus – gewöhnlich an einem Diener. Dass das Personal häufig kündigte oder entlassen wurde, machte die Haushaltsführung schwierig.

Pope hatte aber noch andere Schrullen: Trotz seines Reichtums und einer außergewöhnlichen Großzügigkeit gegenüber seinen Gästen war er in einigen persönlichen Dingen sehr geizig. So kaufte er häufig kein Papier, sondern schrieb seine Gedichte auf alte Umschläge seiner umfangreichen Korrespondenz. Er misstraute Banken und machte nur selten Geschäfte mit ihnen. Stattdessen hob er sein Vermögen in einem Tresor auf, der in die Wand seines Hauses eingelassen war, den Schlüssel trug er ständig an einer Kette um den Hals.

Zeit seines Lebens liebte Alexander Pope Hunde. Sein Lieblingshund allerding passte denkbar schlecht zu des Dichters Größe und Konstitution: Es war eine große Dogge mit Namen Bounce. Wenn sich Pope und Bounce gegenüber standen, waren sie fast auf Augenhöhe. Bounce erwies sich jedoch als guter Gefährte. Arbeitete sein Herr, verhielt er sich still und unauffällig. Bounce freute sich über Gesellschaft und freundete sich mit jedem an, der ihm Aufmerksamkeit schenkte.

Prinz Frederick war von dem guten Benehmen und von Bounces Erscheinung so angetan, dass er wünschte, auch ein solches Tier zu besitzen. Pope war geschmeichelt und einige Zeit darauf kehrte der Prinz von einem Besuch in Twickenham mit einem Welpen von Bounce zurück – einem Geschenk des Dichters. Der Welpe wurde im königlichen Zwinger von Kew untergebracht, der Sommerresidenz der königlichen Familie. Kurz darauf schickte Pope ein weiteres Geschenk, ein Halsband für Fredericks Hund, dem folgender Vers eingraviert war:

Ich bin seiner Hoheit Hund in Kew,
Ich frage dich, wessen Hund bist du?

Obwohl Bounce gewöhnlich freundlich war, beschützte er dennoch seinen Herrn. Da der 60-jährige Jonathan Swift ziemlich schwerhörig war, musste Pope die Stimme erheben, wenn er mit ihm redete. Dieser Lautstärke wegen war Hund Bounce ziemlich misstrauisch Swift gegenüber und legte sich stets schützend zwischen ihn und seinen Herrn. Wenn Swift beim Sprechen zu stark gestikulierte, stand Bounce auf – bereit, Pope zu helfen. Manchmal stieß er sogar ein warnendes Knurren aus.

Pope brauchte zwar nicht vor Swift beschützt zu werden, dennoch sollte sich Bounces Wachsamkeit als segensreich erweisen.

Wieder einmal hatte der temperamentvolle Dichter einen Kammerdiener unter wüsten Beschimpfungen entlassen. Als man aus dem knappen Angebot einen neuen Diener auswählte, beschnupperte Bounce den Mann und zog sich mit einem Ausdruck des Missfallens hinter seinen Herrn zurück. Der Diener jedoch schien seine Arbeit zu beherrschen und gewissenhaft zu sein. Am Abend hob er Pope aus dem Stuhl und half ihm ins Schlafzimmer. Dort entkleidete er den Dichter für die Nacht und legte ihn aufs Bett. Nachdem er die schweren Bettvorhänge vorgezogen hatte, verließ der Diener leise den Raum.

Bounce schlief nachts gewöhnlich vor dem Kamin im Erdgeschoss, wo er die Restwärme des Feuers genoss. In dieser Nacht schlüpfte er jedoch in das Zimmer von Pope und legte sich vor dem Bett zum Schlafen nieder. Stunden später glaubte Pope, Lärm zu hören. Als er vorsichtig die Vorhänge auseinander schob, war er gelähmt vor Schreck: Er konnte die dunkle Silhouette eines Mannes sehen, der sich offenbar dem Bett näherte. Pope erkannte die im Mondlicht glänzende Klinge eines Messers. Wegen seiner Krankheit konnte sich der Dichter nicht zur Wehr setzen. Ihm blieb nur, nach dem Diener im Nebenraum zu rufen.

Als er den Schrei seines Herrn hörte, sprang Bounce auf und griff den Mann an. Der ließ das Messer fallen und wurde von Bounce zu Boden gedrückt; gleichzeitig bellte der Hund laut, um Hilfe zu rufen. Als endlich andere Mitglieder der Dienerschaft herbeigeeilt waren, stellte sich heraus, dass der Angreifer der neue Diener war – jener Diener, den Bounce gleich misstrauisch beschnuppert hatte. Der Mann hatte von dem Geld gehört, das Pope im Haus aufbewahrte, und beschlossen, ihn zu töten, um den Tresorschlüssel und den Inhalt des Safes zu rauben. Ehe jemand aufwachte, hätte er das Haus dann längst leise verlassen.

Dank Bounce blieb Pope am Leben und wir verdanken vermutlich diesem Hund ein weiteres Epigramm des Dichters: „In der Geschichte gibt es mehr Beispiele für treue Hunde als für treue Freunde."

Wie Gisoolg den Hund erschuf

Hunde gelten in fast allen Kulturen als Beschützer. Viele Menschen sehen sogar die vorrangige Aufgabe der Hunde im Schutz der Familie vor Gefahren. Ein Beispiel dafür liefert eine Geschichte von den Mik'Mak-Indianern Nordamerikas, die lange vor der europäischen Besiedlung des Kontinents ihren Ursprung hat.

Die Legende erzählt von Gisoolg, dem großen Gott und Schöpfer, der Ootsitgamoo (die Erde) schuf und sie dann mit den unterschiedlichsten Tieren bevölkerte. Nach der anstrengenden Arbeit ruhte er sich aus und schlief. Während Gisoolg im Schlaf lag, wurde die große Schlange, die er geschaffen hatte, ehrgeizig und gierig. Mit Hilfe eines Zaubers machte sie ihren Biss giftig, sodass sie die größten Tiere töten konnte, und erklärte sich zum König aller Lebewesen.

Als Gisoolg wieder erwachte, plante er ein Tier zu erschaffen, das zum König über die anderen werden könnte. Er holte sich etwas Ton aus einem versteckten Platz und formte ihn einen Tag lang, bis ein Mensch daraus entstanden war. Er hauchte dem Menschen Leben ein, doch der war noch so schwach, dass er liegen blieb, um Kraft zu sammeln. Gisoolg legte sich erneut zum Schlafen nieder.

Der Schlange missfiel es zutiefst, dass Gisoolg ein Wesen geschaffen hatte, dass klüger und mächtiger war als die übrigen Tiere. Daher schlich sie in der Nacht herbei und tötete den Menschen. Als Gisoolg aufwachte, war er über den Tod seiner Schöpfung bestürzt. Er nahm sich einen weiteren Tag Zeit, einen neuen Menschen zu formen, und legte sich erneut zum Schlafen nieder. Doch auch dieser Mensch fiel der Schlange zum Opfer. Am dritten Tag stand Gisoolg sehr früh auf. Und ehe er mit dem Menschen begann, formte er einen Hund als Wächter. Als der Mensch fertig war, hatte der Hund bereits genügend Kraft gesammelt, um jenen zu bewachen. Wieder legte sich Gisoolg schlafen.

Als sich die Schlange im langen Gras mit Mordlust im Herzen und mit gifttropfenden Zähnen näherte, wurde sie rechtzeitig von dem Hund entdeckt. Er schlug laut an, ergriff die Schlange und biss sie kräftig. Durch die Verletzung war die Schlange geschwächt, das

Überraschungsmoment zudem verloren. Überdies wurde Gisoolg durch das Hundegebell geweckt und eilte sofort herbei.

„Hinterhältige Schlange, du hast kein Recht, dich in meine Schöpfung einzumischen. Als Strafe für deine Tat werde ich dich deiner Beine berauben, damit du und all deine Nachfahren auf ewig auf dem Bauch kriechen müsst. Außerdem warne ich dich! Ich habe dem Menschen, den ich Glooscap nenne, den Wächter E'lmutc gegeben. Der Hund wird stets beim Menschen bleiben und ihn beschützen. Wenn du dumm genug bist, Glooscap und seine Familie anzugreifen, wird E'lmutc dich bemerken und Alarm schlagen. Glooscap aber werde ich die Weisheit geben, sich mit Waffen zu verteidigen. Sei gewarnt, Schlange: Wenn dich beim nächsten Mal nicht die Zähne von E'lmutc fassen, wird dich die Hand von Glooscap treffen."

In dieser Geschichte kommen die Menschen nur vor, um von einem Hund beschützt zu werden. Obwohl es sich nur um eine Legende handelt, zeigt sie doch deutlich, dass viele Menschen – auch historische Personen – den Hunden die gottgegebene Eigenschaft zusprechen, den Menschen zu beschützen.

Der heilige Don Bosco und sein Hund Grigio

In der Biografie von Giovanni Melchior Bosco (bekannt als Don Bosco) kommt ein Hund vor, der plötzlich wie ein Schutzengel aus dem Nichts auftauchte, um Don Bosco zu beschützen. Die Geschichte beginnt in den 40er Jahren des 19. Jahrhunderts in den Elendsvierteln von Turin (Italien).

Dort herrschte schreckliche Armut, die Menschen arbeiteten in primitiven Manufakturen; es gab gefährliche Maschinen, Kinderarbeit und Hungerlöhne. Schon als Junge träumte Bosco davon, die Kinder aus der schrecklichen Armut zu erlösen. Nach der Priesterweihe wanderte er durch die Straßen und besuchte Fabriken und Gefängnisse, um nach besonders leidenden Jungen zu suchen.

Schon bald traf er sich einmal wöchentlich mit einer ständig wachsenden Gruppe zerlumpter Jugendlicher. Am Anfang fanden diese Treffen an wechselnden Orten statt. Die Gruppe besaß kein Heim und konnte auch keines finden, weil sich die Menschen in jener unsicheren Zeit fürchteten, wenn arme Jugendliche in großen Gruppen auftraten. Jeden Sonntag versammelte Bosco seine Jungen an einem anderen Ort – manchmal in einer Kirche, in einer Friedhofskapelle oder auf einem leer stehenden Grundstück. Dort nahm der Priester die Beichten ab und zelebrierte eine einfache Messe. Dann folgte eine Stunde religiöser Unterweisung in verständlicher Sprache, die häufig durch Jonglieren oder Zaubertricks aufgelockert wurde, um die Jungen bei guter Laune zu halten. Schließlich zog Bosco mit den zerlumpten Jugendlichen los, um auf dem Land ein Picknick zu machen und zu spielen.

Im Jahr darauf hatte Don Bosco genügend Geld gesammelt, um ein Grundstück in einem heruntergekommenen Viertel der Stadt zu kaufen. Es war bis auf einen wackeligen Schuppen völlig unbebaut, grenzte an ein Gasthaus und auf der anderen Straßenseite an ein Hotel mit zwielichtiger Reputation. Dennoch war es ein Anfang – vor allem, da Bosco geträumt hatte, dass auf dem Grundstück Turiner Märtyrer begraben wären. Bosco verwandelte den Schuppen in eine Kapelle, schuf Raum für Versammlungen und einen kleinen Vorraum. Hier versammelten sich jeden Sonntag etwa 500 arme Jungen und quetschten sich zur Messe in die Kapelle.

Der Hund, um den es nun gehen soll, tauchte um 1848 auf. Es war eine riesige, schwerfällige, graue Promenadenmischung, den Don Bosco „Grigio" nannte. Niemand schien zu wissen, woher Grigio kam. Eltern und Abstammung lagen ebenso im Dunkeln wie die der vielen der heimatlosen Kinder, die der Heilige um sich versammelte. Die Stunde von Grigio schlug, als Don Bosco eines Abends durch die engen Gassen zu seiner Kapelle strebte.

Schon lange hatten einige zwielichtige Zeitgenossen in der Nachbarschaft gemutmaßt, dass Don Bosco über viel Geld für sein Haus und die Speisung der Kinder verfüge. Als Don Bosco durch eine dunkle Gasse kam, sprang ihn ein Mann von hinten an, packte den künftigen Heiligen und verlangte Geld. Don Bosco hatte jedoch niemals Geld bei sich – er gab alles unmittelbar für die Kinder aus. Als der Angreifer dies hörte, hielt er dem Geistlichen das Messer vors Gesicht und sprach: „Wenn du kein Geld hast, nutzt du mir nichts und ich werde dich töten. Wenn du mir Geld gibst oder mir zeigst, wo du es in der Kapelle versteckt hast, werde ich dein Leben schonen." Später erinnerte sich Bosco daran, dass er in diesem Moment die Augen schloss und ein Gebet sprach: Er hatte mit dem Leben abgeschlossen.

Plötzlich wurde der Dieb von einem wilden, grauen Bündel angesprungen und zu Boden geworfen. Das Messer fiel ihm aus der Hand. Das Bündel stellte sich als riesige, graue Promenadenmischung heraus, die sich knurrend zwischen dem Dieb und dem Priester niedersetzte. Als der Dieb nach dem Messer griff, hielten ihn das Knurren und das mahlende Geräusch der Hundezähne davon ab, sein Ziel weiter zu verfolgen. Er sprang auf seine Füße und lief, so schnell er konnte, die Straße hinunter.

Don Bosco war zwischen Dankbarkeit und Furcht hin- und hergerissen. Als der Hund ihn ansah, bemerkte der Priester vor allem dessen gefährliche Zähne, und er überlegte sich, ob er dem Beispiel des Diebs folgen sollte. Da schloss der Hund das Maul, senkte den Kopf etwas und begann mit dem Schwanz zu wedeln. Bosco streckte vorsichtig die Hand aus und strich dem Hund über das raue, graue Fell. Der Hund dankte mit einem zufriedenen Winseln. Dann folgte er dem Heiligen und die beiden teilten sich ein bescheidenes Mahl.

Von diesem Augenblick an war Grigio immer da, wenn Bosco in Gefahr war – was offenbar häufiger vorkam, denn auch andere Diebe aus der Gegend versuchten immer wieder, in den Besitz des nicht vorhandenen Reichtums zu gelangen. Außerdem begleitete der Hund Bosco auch in den seltenen Fällen, in denen der Priester tatsächlich etwas Wertvolles für seine Schutzbefohlenen bei sich trug. Dank der imponierenden Größe des Hundes trauten sich nur wenige Menschen in Don Boscos Nähe. Häufig verschwand der Hund auch für einige Tage, tauchte aber – wie am ersten Tag – stets und plötzlich wieder auf, wenn es galt, Bosco zu verteidigen.

Immer wieder glaubten skrupellose Fabrikbesitzer, dass ihnen Don Bosco schaden könnte. Boscos Bemühungen, den Lebensstandard seiner Jungen zu verbessern, wirkte sich unmittelbar auf die Verfügbarkeit billiger Arbeitskräfte aus.

Eines Abends kam Bosco von einem Besuch in einer Fabrik zurück. Er hatte mit dem Fabrikbesitzer über die Gefahren unsicherer Maschinen und die langen Arbeitszeiten der Kinder geredet. Auf dem gewohnten Heimweg sprang Grigio plötzlich vorwärts und versperrte dem Priester den Weg. Als Bosco versuchte, den Hund beiseite zu schieben, wich der nicht von der Stelle. Da die beiden oft zusammen beobachtet worden waren, bemerkten auch Passanten den merkwürdigen Vorgang und winkten einen Polizisten herbei. Als in einem nahegelegenen Haus jemand das Licht anmachte, beleuchtete dessen durch die Fenster dringender Schein zwei bewaffnete Männer. Wie sich später herausstellte, hatte ein Fabrikbesitzer die beiden finsteren Gesellen gedungen, um den unbequemen Priester zu töten.

Irgendwann konnte Don Bosco die politisch Verantwortlichen dafür gewinnen, eine von ihm geleitete Schule einzurichten. Von da an funktionierten seine Schulen und andere sozialen Projekte gut und reibungslos. Außerdem gelang es Bosco, die Öffentlichkeit und sogar den Untergrund von seinen lauteren Absichten überzeugen: Er wurde nicht mehr bedroht oder belästigt.

Wer einen übersinnlichen Zusammenhang zwischen Bosco und dem Erscheinen Grigios sieht, müsste vermuten, dass der Hund nun nicht mehr nötig gewesen wäre. Übersinnlich oder nicht – eines Abends, Don Bosco saß im Speisesaal, erschien der Hund noch einmal bei ihm. Grigio rieb seinen grauen Kopf an der Soutane des Priesters, leckte ihm ruhig die Hand und legte ihm die Pfote auf das Knie. Dann drehte sich der riesige Hund zur Seite und verschwand in die Nacht. Er kam niemals wieder.

Als Don Bosco 1888 starb, hatte er 250 Häuser für unterprivilegierte Kinder und Jugendliche ohne Schulbildung gegründet. Eine von ihm ins Leben gerufene Gesellschaft, die Salesianer, betrieben Hospize und Schulen in mehreren Ländern. Insgesamt kümmerte sich die Gesellschaft um 130 000 Kinder, von denen jedes Jahr 18 000 einen Schulabschluss erlangten, um sich ihren Lebensunterhalt verdienen zu können.

Im Haupthaus in Turin unterrichtete Don Bosco die klügsten seiner Schüler in Italienisch, Latein, Französisch und Mathematik. Aus ihnen rekrutierte sich der Lehrkörper für die neuen Häuser. Als Don Bosco starb, hatten schließlich über 6 000 Priester das Seminarprogramm der Don-Bosco-Häuser durchlaufen, und 1 200 von ihnen blieben der Stiftung treu. All dies wäre nicht geschehen ohne einen geheimnisvollen Hund namens Grigio.

Wie ein Mops dem Prinzen von Oranien das Leben rettete

Es waren nicht immer nur große Hunde wie die Dogge von Alexander Pope oder die graue Promenadenmischung von Don Bosco, die das Leben ihrer Herrn beschützten, sodass diese die Geschichte der Menschheit gestalten konnten. Dass auch kleine Schoßhunde die Zukunft verändern können, zeigt das Beispiel Wilhelms I., des Prinzen von Oranien, in den Niederlanden – auch bekannt als Wilhelm, der „Schweiger". Wilhelm gehörte zu den Vorreitern der niederländischen Unabhängigkeit und bereitete der Toleranz in religiösen Fragen den Weg.

Wilhelm kam im Jahr 1533 zur Welt. Obwohl seine Eltern Protestanten waren, wurde er katholisch erzogen und an den Hof des Heiligen Römischen Kaisers Karl V. nach Brüssel geschickt. Wilhelm avancierte zum Favorit des Kaisers und erfüllte die sozialen, militärischen und diplomatischen Pflichten, die man von ihm verlangte. Auch unter Philip II. – dem Sohn des Kaisers und dessen Nachfolger als König von Spanien und Herrscher von Burgund – erfüllte er seine Aufgaben hervorragend. Nicht zuletzt dieser Dienste wegen wurde Wilhelm 1555 zum Statthalter (Gouverneur und Herrscher) von Holland, Seeland und Utrecht ernannt.

In den 1560er Jahren begannen Wilhelm und andere Statthalter der Region, sich gegen die Herrschaft von Philipp zu erheben. Philipp war hart, kompromisslos und nicht bereit, die Macht zu teilen. Er hob die Bürgerrechte auf, schloss die Volksvertretung aus der Regierung aus und schränkte die persönlichen Freiheiten (soweit es sie damals gab) ein. Außerdem tolerierte Philipp keinerlei Abweichung vom strengen Katholizismus. Er hatte in den Niederlanden die Spanische Inquisition eingeführt: Viele Protestanten und selbst „gemäßigte" Katholiken wurden von ihr angeklagt und hingerichtet.

Wilhelm, von den humanistischen Ansichten des Philosophen Erasmus von Rotterdam beeinflusst, forderte größere religiöse Toleranz. Als es zu ersten Aufständen gegen Philipps harte Kontrollen kam, schickte der den Herzog von Alba, um die Aufstände niederzuwerfen. Alba richtete einen eigenen Gerichtshof ein, den „Rat der Unruhen", auch „Blutrat" genannt. Dort wurden alle Fälle von Rebellion und Häresie verhandelt; das Gericht sprach über 1000 Todesurteile aus.

Schließlich trat Wilhelm offen für politische und religiöse Freiheit ein und stellte sich gegen Philipp. Es sollte ein langer Kampf mit vielen militärischen Rückschlägen und politischen Intrigen werden. Am Ende wurden die Spanier aus dem Land vertrieben und ein Friedensvertrag, der Frieden von Gent, unterzeichnet. Er besiegelte die Einheit der 17 Staaten, die seither die Niederlande heißen und eine gemeinsame Regierung erhielten. Wilhelm überlebte alle Gefahren dieser Periode und begründete die niederländische Königsdynastie – allerdings nur dank der Hilfe eines kleinen Hundes.

Wie viele Herrscher jener Zeit besaß auch Wilhelm zahlreiche Hunde. Viele davon waren Jagdhunde, einige aber auch kleine Hunde, die Wilhelm „Zimmerhunde" nannte. Sie dienten ihm als Gefährten. Seine Lieblinge waren die kurz vorher aus China eingeführten Möpse. Man nannte sie *camuses*, was soviel bedeutet wie „flachnasig". Wilhelm hatte stets einen oder mehrere dieser Hunde bei sich, sogar auf Feldzügen.

Das hier interessante Ereignis geschah 1572 in einem Lager bei Hermingny. Der Vorgang wurde 1618 von Sir Roger Williams, der unter Wilhelm gedient hatte und ihn gut kannte, in seinem Geschichtswerk *Actions of the Low Countries* beschrieben.

Wilhelm, Prinz von Oranien, hatte sich ins Lager zurückgezogen. Julian Romero, einer der treuesten Generäle des Herzogs von Alba, hatte mit dessen Duldung ein nächtliches Attentat auf Wilhelm vorbereitet. Um Mitternacht preschte Julian mit 1000, überwiegend mit Piken bewaffneten Männern aus den Schützengräben hervor. Sie überrumpelten die Wächter und drangen rasch bis vor das Zelt des Prinzen vor, wo sie zwei seiner Sekretäre ermordeten. Dem

Prinzen gelang in letzter Sekunde die Flucht, und man erzählt sich, dass er dies einem Hund zu verdanken hatte.

Der Angriff kam so überraschend, dass die Wächter erst Alarm schlagen konnten, als die Feinde fast vor dem Zelt standen. Der Hund – er schlief immer auf dem Bett des Prinzen – hörte den Lärm, begann zu kratzen und zu winseln und weckte den Prinzen auf, bevor seine Männer etwas bemerkten. Der Prinz schlief stets in voller Rüstung und einer seiner Lakaien hielt stets ein aufgezäumtes, gesatteltes Pferd bereit. Während dem Prinzen die Flucht gelang, wurden einer seiner Stallknechte und mehrere seiner Diener erschlagen. Aus Dankbarkeit hielt sich der Prinz bis zu seinem Tode stets mehrere Hunde der Rasse Mops – wie später auch viele seiner Freunde und Nachfolger.

Über dem Grab Wilhelms in der Kathedrale von Delft hängt ein Bildnis des Prinzen mit dem Mops zu seinen Füßen. Als sein Sohn und Nachfolger, Wilhelm II., in Torbay ankam, um sich zum König krönen zu lassen, führte er ein großes Gefolge mit sich, darunter auch einige Möpse. Dank dieser königlichen Wertschätzung avancierten Möpse für mehrere Generationen zu Modehunden.

Der Dalai Lama und seine kleinen Löwenhunde

Ähnliche Geschichten – ein kleiner Hund rettet das Leben eines Menschen, der wiederum die Welt verändert – spielten sich mehrfach in vielen Ländern und vielen Kulturen der Welt ab.

Im 17. Jahrhundert hatte der fünfte Dalai Lama Ngag-dbang-rygam-tsho politische Kontakte zu den Mongolen aufgenommen. Damit verschaffte er seinem Orden in Tibet zwar eine Vormachtstellung, schuf sich aber auch Feinde.

Der Dalai Lama hielt sich kleine Lhasa Apsos als Schoßhunde. Die Rasse trägt ihren Namen nach der tibetischen Hauptstadt Lhasa, in der der Dalai Lama seinen Sommerpalast erbaute. Eines Nachts schlichen sich Attentäter in den Flügel des Palastes, in dem der Dalai Lama lebte und schlief. In den Vorräumen töteten sie leise einige Soldaten und schlichen bis vor das Schlafzimmer des Dalai Lama. Plötzlich begann einer der Lhasa Apsos im Schlafzimmer laut zu bellen. Die persönlichen Wachen des Dalai Lama wurden aufmerksam, andere hörten den Lärm, eilten herbei und konnten den Anschlag vereiteln.

Auf diese Weise gestaltete der kleine Wachhund des Staatspräsidenten und religiösen Führers – mit 25 cm Schulterhöhe und 15 Pfund Gewicht – das Geschick eines Landes mit. In Tibet erinnert der Name des Hundes an dieses Ereignis, *abso seng kye*: „bellender-Löwe-Wachhund".

Die Wachhunde von Korinth

Seit jeher leben Hunde in der Umgebung von Dörfern und Siedlungen und schlagen Alarm, wenn sich ein Fremder nähert. Da Hunde nur sehr wenig Aufmerksamkeit und Kontrolle brauchen, sind sie für diese Aufgaben geradezu prädestiniert. Während in den bisherigen Beispielen ein Hund das Leben eines Menschen rettete und damit Einfluss auf die Geschichte nahm, gab es deshalb auch Hunde, die ihre ureigene Aufgabe des Wachhunds erfüllten und dabei ganze Städte retteten.

Als Beispiel dafür mag die Stadt Korinth dienen, heute eine Drehscheibe zwischen Nord- und Südgriechenland und wichtigster Exporthafen für Obst, Rosinen und Tabak. Im Jahre 456 v.Chr., während des Krieges gegen die Perser, war Korinth von strategischer Bedeutung: Es kontrollierte nicht nur den Landweg zwischen Attika und dem Peloponnes, sondern auch den Verkehr zwischen dem Ägäischen und Ionischen Meer. Auf einer gepflasterten Straße konnten Schiffe und Ladungen über die Landenge von Korinth zwischen den beiden Häfen der Stadt geschleppt werden. So blieb ihnen der langwierige Weg um die Südspitze des Peloponnes erspart. Rund um die Stadt waren etwa 50 Hunde postiert, um vor Eindringlingen zu warnen.

Eines Nachts schickten die Perser im Schutz der Dunkelheit eine kleine Eingreiftruppe aus. Sie sollten die Stadt überfallen und so lange halten, bis eine größere Armee von hier aus einen Überraschungsangriff gegen Griechenland unternehmen konnte. Da persische Spione von den Hunden erfahren hatten, galt ihr erstes

Ziel diesen Wachtposten: Sie sollten getötet werden, um einen organisierten Widerstand der vorgewarnten Städter zu verhindern.

Obwohl die Hunde gut ausgebildet waren, gelang es den Persern, alle Tiere zu töten bis auf eines. Der überlebende Hund – Sotär (das altgriechische Wot für „Retter") war sein Name – entfloh und weckte die Soldaten. Dank dieser Warnung schlug die korinthische Garnison den Angriff der Perser zurück. Es blieb sogar noch Zeit, Boten auszusenden und die Nachbarstädte zu informieren, ehe die Stadttore geschlossen wurden. Sotär erhielt eine Pension und ein silbernes Halsband mit der Inschrift: „Für Sotär, den Verteidiger und Retter Korinths, der unter dem Schutz seiner Freunde steht."

Über 2 000 Jahre später erinnerte sich Napoleon an diese Geschichte und ließ Hunde um Alexandria postieren, um seine Garnison vor überraschenden Angriffen zu schützen.

Wie Florence Nightingale durch einen Hund zur Heilerin wurde

Nicht immer war der Einfluss von Hunden auf eine Person (und die Geschichte) so unmittelbar wie in den vorgenannten Beispielen, in denen die Tiere als Wachhunde im weiteren Sinne dienten. Wesentlich indirekter wirkten sie in manchen Fällen als Partner des Menschen oder in ihrer Rolle als Hüte- bzw. Jagdhund. Mitunter erlangten Geschehnisse, an denen ein Hund beteiligt war, auch symbolische Bedeutung. So handelt die nun folgende Geschichte von einem Hund, dem ein Mädchen half. Der Hund wurde zum Symbol und letztlich einem Auslöser von Ereignissen, die vielen Menschen das Leben retteten.

Die meisten Menschen kennen Florence Nightingale als englische Krankenschwester und Begründerin der modernen Krankenpflege. Sie hatte ihr Leben den Kranken und Kriegsverletzten gewidmet. Besonders bekannt ist ihr Einsatz im Krimkrieg, wo sie 1854 eine Hilfstruppe von 38 Krankenschwestern aufstellte. Am Ende des Krieges war sie zur Legende geworden. Viele Soldaten erinnerten sich an sie unter dem Spitznamen „die Dame mit der Lampe", weil sie die Eigenart hatte, nachts nach den Verletzten zu sehen und dabei eine Lampe trug.

Nach dem Krieg richtete Florence Nightingale eine Schwesternschule am St. Thomas Hospital in London ein. Ihr Einfluss war so groß, dass sie als erste Frau den Britischen Verdienstorden erhielt (*British Order of Merit*). Ohne einen bestimmten Hund wären jedoch all diese Ereignisse vermutlich anders verlaufen.

Florence Nightingale wurde während eines kurzen Italienaufenthaltes als zweite Tochter von William Edward Nightingale und seiner Frau Frances geboren. Sie erhielt den Namen nach ihrer italienischen Geburtsstadt Florenz. Florence wuchs auf dem Land in Derbyshire, Hampshire und in London auf; ihre wohlhabenden Eltern besaßen dort jeweils ein Haus. Ihr Vater, der sie auch mehrere Sprachen lehrte (darunter Griechisch, Latein, Französisch, Deutsch und Italienisch), dazu Geschichte, Philosophie und Mathematik, übernahm die Ausbildung der Tochter. Während ihres ganzen Lebens las Florence viel. Ihr gesellschaftliches Leben war jedoch unbefriedigend und sie fühlte sich nutzlos.

Eines Nachmittags, zu Beginn des Februars 1837, Florence war 17 Jahre alt, sollte ihre Zukunft vorbestimmt werden. Beteiligt war der Schäferhund Cap. Er gehörte dem Schäfer Roger, der in der Nähe von Matlock in Derbyshire lebte. Nicht weit entfernt stand das Haus der Nightingales.

Roger lebte allein mit seinem Hund in einer Hütte am Rand des Waldes. Eines Tages bewarfen einige Dorfjungen den auf der Schwelle schlafenden Cap mit Steinen. Als der Hund aufstand, um sich zu wehren, traf ein Stein so unglücklich eines seiner Beine, dass er nicht mehr auftreten konnte. Roger liebte das Tier zwar, dennoch brauchte er einen gesunden Schäferhund. Er war zu arm, um einen Hund durchzufüttern, der nicht helfen konnte. Voller Trauer brach er zu seinen Schafen auf und suchte nach einem Strick, um Cap aufzuhängen.

Als Roger bei seinen Schafen war, ritt Florence in Begleitung eines Geistlichen vorbei. Da sie den Schäfer kannten, hielten sie an, um etwas mit ihm zu plaudern. Florence liebte Hunde und hatte immer gerne mit Cap gespielt, also erkundigte sie sich nach ihm. Als Roger die Geschichte erzählte, erregte sich Florence sehr. Sie setzte den Ritt fort und überredete den Geistlichen, an der Hütte zu halten, um nach Cap zu sehen. Vom Nachbarn liehen sie einen Schlüssel und betraten die Hütte.

Cap erkannte Florence sofort, kroch unter dem Tisch hervor und begrüßte sie unter Schmerzen. Während Florence den Kopf von Cap hielt, untersuchte der Geistliche dessen Bein. Er erklärte Florence, dass das Bein keineswegs gebrochen war, wie Roger dachte, sondern nur eine schwere Prellung aufwies. Dann schlug er vor, die Schwellung mit einer heißen Kompresse zu behandeln, wodruch die Verletzung binnen weniger Tage zu heilen sein müsste. Unter seiner Anleitung zerriss Florence einige alte Stofffetzen, entzündete ein Feuer und brachte Wasser zum Kochen. Dann tauchte sie die Bandagen hinein und legte sie um das Bein des Hundes.

Als sie die Hütte verließen, um nach Hause zu gehen, trafen sie Roger, der ihnen mit hängenden Schultern und einem Strick in der Hand entgegen kam. Sie konnten ihn davon überzeugen, den Hund nicht aufzuhängen, und versprachen, am nächsten Tag wiederzukommen und die Bandage zu erneuern. Zwei Tage später trafen sie Roger mit seinen Schafen auf einem Hügel. Bei ihm war ein aufgeregter Cap – immer noch humpelnd, aber offensichtlich auf dem Weg der Besserung. Er lief auf Florence zu und drückte seine Dankbarkeit aus, indem er freudig an ihr hochsprang. Sie sah den ersten Patienten an, den sie jemals geheilt hatte, und lächelte vor Freude. Schon in der nächsten Nacht hatte Florence einen Traum oder gar eine Vision. Die Stimme Gottes verkündete ihr ihre Mission. Glücklich darüber, Caps Leben gerettet zu haben, war sie davon überzeugt, Gott hätte ihr mit diesem Ereignis gezeigt, dass sie ihr Leben dem gesundheitlichen Wohl anderer weihen müsse.

Ihr Vater weigerte sich jedoch, sie auf eine Schwesternschule im Krankenhaus zu schicken und zwang sie, das Parlamentswesen zu studieren. Widerstrebend gab sie nach, doch schon nach drei Jahren galt sie unter Freunden als Expertin in Gesundheitsfragen und in der Behandlung von Kranken.

Erst neun Jahre später dachte sie wieder an ihre Mission. Im Jahre 1846 schickte ihr ein Freund das Jahrbuch der protestantischen

Diakonissinnen aus dem deutschen Kaiserswerth. Diese Vereinigung bildete einfache Mädchen mit gutem Charakter zu Krankenschwestern aus. In der Nacht erinnerte sie sich an ihre Vision im Zusammenhang mit dem Schäferhund und diesmal konnte ihr niemand die Entscheidung ausreden. Kurze Zeit später trat sie den Diakonissinnen bei, nahm an allen Kursen teil und begann, als Krankenschwester zu arbeiten.

Wie im Fall des Don Bosco veränderten auch in diesem Beispiel ein Traum und ein Hund die Geschichte.

Heilige und ihre Hunde

Der heilige Rochus und die Pest

Angeblich sollen Hunde vorausahnen, wenn ein böses Ereignis bevorsteht. Daher gilt bei manchen auch heute noch das Heulen eines Hundes als böses Omen, z. B. für einen Todesfall in der Familie. Andererseits spricht man Hunden auch die Fähigkeit zu, Wahrheit und Aufrichtigkeit zu erkennen. Daher spielen Hunde in den Lebensberichten vieler Heiliger und frommer Menschen eine Rolle. Einige Geschichten von Heiligen und Hunden sind allgemein bekannt, beispielsweise die Geschichte vom Heiligen Rochus.

Dieser Heilige wurde um 1295 in Montpellier mit einem kreuzförmigen, roten Mal auf der Brust geboren. Viele Menschen glaubten an ein Zeichen: Das Kreuz weise das Neugeborene als heiligen Menschen aus, der große Taten vollbringen werde.

Seine Eltern starben, als er 20 Jahre alt war. Rochus hielt ihren Tod für eine göttliche Strafe, da er sich – trotz seines Males – einer kirchlichen Laufbahn verweigert hatte. Er hatte vielmehr den leichteren Weg einer politischen Karriere gewählt, was relativ einfach war, da sein Vater der Stadtverwaltung vorstand. Rochus überdachte sein Leben neu, übergab die Regierungsgeschäfte dem Onkel und beschloss, sein Leben den Armen zu widmen. Er kleidete sich schlicht und machte sich auf eine Pilgerfahrt nach Rom, nur den Familienhund behielt er als Erinnerung an sein altes Leben.

Unterwegs machte er in Aquapendente Halt, wo die Bevölkerung unter der Schwarzen Pest litt. Er versuchte, die Leiden der Kranken zu lindern, so gut es damals möglich war. Dabei fiel ihm auf, dass sich sein Hund den Kranken furchtlos näherte und sogar ihre Hautgeschwüre ableckte. Die Menschen ließen sich dies gefallen, denn nach einer alten Überlieferung – zurückgehend auf den Asklepios-

Tempel in Athen – vermochte die Zunge eines Hundes Wunden und Geschwüre zu heilen.

Heute wissen wir übrigens, dass Hundespeichel in der Tat medizinisch wirksam ist. Er reinigt nicht nur Wunden, sondern enthält, wie Wissenschaftler entdeckten, auch eine entzündungshemmende Substanz. Rochus sah darin allerdings das Zeichen, dass er die Kranken berühren müsse. So zeichnete er jedem Kranken, der ihn um Hilfe bat, ein Kreuzzeichen auf den Leib. Auf wunderbare Weise begannen die Geschwüre zu heilen und die Menschen wurden wieder gesund.

Anschließend besuchte Rochus Cesena und einige Nachbarorte, bis er schließlich Rom erreichte. In jeder Stadt geschah das Gleiche: Rochus und sein Hund besuchten die Orte, an denen sich die Kranken versammelt hatten. Er berührte sie, betete, machte das Kreuzzeichen und die Krankheiten verschwanden. Nun war Rochus sicher, seine Bestimmung gefunden zu haben: Er zog mit seinem Hund von Stadt zu Stadt und heilte die Kranken.

Unglücklicherweise steckte sich Rochus in der Nähe von Piacenza selbst mit der Pest an. Da er sich schwach fühlte und niemanden mit seiner Krankheit belasten wollte, ging er nicht in die Stadt, sondern zog sich stattdessen in eine kleine Hütte zurück, einen primitiven Unterstand, in dem die Waldarbeiter Schutz vor Unwetter suchten oder gefälltes Holz vor dem Verkauf trockneten. Er kroch in die Hütte, deckte sich zu und legte sich schlafen. Wieder erwacht, konnte er sich zwar aus einer Regentonne mit Wasser versorgen, aber er war zu schwach, um nach Nahrung zu suchen. Sein Hund leckte ihm die offenen Wunden und schien ihm beistehen zu wollen.

Als die Sonne unterging, stand Rochus' Hund auf und ließ seinen fiebernden Herrn zurück. Er lief die Straße hinunter, bis er nach etwas mehr als einem Kilometer zur Burg eines Adligen mit Namen Gothard kam. Der Hund trat durch den Haupteingang ein und ging ins Haus. Die Bewohner saßen im Speisezimmer zusammen und sahen voller Erstaunen, wie der Hund seine Pfoten auf den Tisch legte und ein Brot nahm. Er biss aber nicht hinein, sondern trug es behutsam aus der Tür.

Gothard fand das zunächst lustig, doch als der Hund den Diebstahl an den darauf folgenden Tagen wiederholte, wurde er neugierig. Er sah aus dem Fenster und bemerkte erstaunt, dass der Hund auch im Hof nicht von dem Brot fraß, sondern damit die Straße entlang fortlief und auf einem Weg in den Wald verschwand. Am vierten oder fünften Tag folgte Gothard dem Hund und sah, wie das treue Tier zu der Hütte lief, in der sein Herr lag. Gothard beobachtete, wie der Hund das Brot fallen ließ und vorsichtig die Wunden von Rochus ableckte.

Von der Fürsorge des Hundes ergriffen, kümmerte sich nun Gothard weiter um Rochus. Zur Überraschung aller erholte sich Rochus vollständig von der Pest und behielt nicht einmal die üblichen Narben zurück. Der ergriffene Gothard trat darauf selbst in die Dienste der Kirche.

87 Jahre nach Rochus' Tod kehrte die Pest zurück und brach in Konstanz aus. Die Stadtregierung ordnete öffentliche Gebete und Prozessionen zu Ehren des Heiligen Rochus an und – die Pest kam sofort zum Stillstand. In den Gebeten wurde der Hund, dessen Name nicht überliefert ist, nicht erwähnt. In Darstellungen wird der Heilige Rochus jedoch meist zusammen mit seinem Hund, der ihm sanft die Wunden leckt, gezeigt.

Die heilige Margaret von Cortona

Häufig begleitet der Hund zwar sein Leben lang als treuer Gefährte einen Menschen, doch zu bemerkenswerten Vorfällen kommt es wie im Fall der heiligen Margaret von Cortona nur ein- oder zweimal.

Margaret war ein hübsches Bauernmädchen, das 1247 in der Toskana zur Welt kam. Ihre Mutter starb, als sie sieben Jahre alt war. Der Vater heiratete wieder, doch die Stiefmutter kümmerte sich kaum um das lebhafte Mädchen. Da Margaret zu den Menschen gehörte, die sich nach Liebe sehnen, suchte sie außerhalb der Familie nach ihr. Im Alter von 17 Jahren lernte sie einen jungen adeligen Kavalier kennen. Die leidenschaftliche Beziehung hielt mehrere Jahre an, dann gebar Margaret einen Sohn. Mehrmals versuchte sie, den Freund zur Heirat zu bewegen, doch der wich ständig nur aus. Dennoch blieb sie ihm treu und gewogen und ihre freundliche Art machte sie bei den Bewohnern des Schlosses und der Umgebung beliebt. Sie ging gerne mit dem Lieblingshund des jungen Adligen spazieren und freundete sich sowohl mit Bauern als auch Edelleuten an.

Nachdem sie neun Jahre zusammen verbracht hatten, wurde der Liebhaber plötzlich unter mysteriösen Umständen ermordet und verschwand. Da man den Leichnam nicht finden konnte, suchte Margaret zusammen mit dem Lieblingshund des jungen Mannes nach ihm. Als der Hund den Toten aufgespürt hatte, holte er Margaret herbei, indem er so lange an ihren Kleidern zerrte, bis sie dem Tier zu dem ermordeten Geliebten folgte.

Margaret war verzweifelt. Sie begann, ihre eigene Schönheit zu hassen, weil sie glaubte, ihren Geliebten dadurch von einem besseren Leben abgelenkt zu haben. Zuerst gab sie den Verwandten des Geliebten Schmuck und Land zurück, das jener ihr geschenkt hatte, dann verließ sie ihre Heimat. Sie nahm nur etwas Kleidung mit sich, ihren Sohn und den Hund, der den Toten gefunden hatte. Als sie zu ihrem Vater zurückzukehrte, wurde sie von der Stiefmutter verstoßen.

Da sie kein Geld für ihren Unterhalt besaß, beschloss sie, in die nächste Stadt zu gehen und ihren Körper im Bordell zu verkaufen. Unterwegs zog der Hund plötzlich erneut an ihrem Kleid. Eingedenk des letzten Vorfalls folgte sie ihm. Der Hund zog sie zu einer Kirche. Sie trat ein, kniete nieder und begann zu beten.

Als sie um Schutz bat, glaubte sie eine Stimme zu hören, die ihr die Absolution versprach. Sie erhob sich, streichelte den Hund und machte sich nach Cortona auf, um sich unter den Schutz der Franziskaner zu stellen. Später nahm sie den Schleier entgegen, führte ein frommes Leben und fand ihren Frieden. Schließlich wurde sie zur Schutzheiligen der Heimatlosen und unverheirateten Mütter.

Der Hund begleitete sie ihr ganzes Leben lang als Freund und Gefährte. Historische Darstellungen und Skulpturen zeigen die heilige Margaret gewöhnlich mit dem Hund, der am Saum ihres Kleides zieht oder an der Leine geht.

Sankt Patrick von Irland

Bei manchen Heiligen zieht sich die Verbindung zu Hunden durch ihr ganzes Leben. Das vielleicht verblüffendste Beispiel dafür liefert die Geschichte eines jungen Mannes, der bei seiner Geburt Sucat genannt wurde. Besser kennt man ihn unter dem Namen des heiligen Patrick von Irland. Wir wissen zwar nicht besonders viel über das Leben des Heiligen, aber was wir aus seinen wenigen Aufzeichnungen, den schriftlichen Berichten von Zeitgenossen und den Balladen und Erzählungen erfahren, weist darauf hin, dass sein Leben und die Legenden um ihn eng mit Hunden verknüpft waren. Patrick wurde um 387 n. Chr. in der Nähe von Dumbarton in Schottland geboren. Sein Vater Calpornius stammte aus einer aristokratischen, römischen Familie und war britischer Diakon. Seine Mutter Concessa war aus einer frommen Familie und mit dem späteren Heiligen Martin von Tours verwandt, dem Schutzheiligen von Frankreich. Vielleicht erhielt der junge Sucat deswegen eine christliche Erziehung. Allerdings fanden seine Erziehung und Ausbildung ein jähes Ende, als er im Alter von 16 Jahren von irischen Plünderern entführt wurde.

Nach ihrer Rückkehr nach Irland verkauften die Männer Patrick als Sklaven an einen lokalen Häuptling mit Namen Milchu, dem er als Schafhirte dienen musste. Sechs Jahre lang hütete Patrick Milchus Herden nahe der heutigen Stadt Ballymena. Die Arbeit eines Hirten ist einsam und wochenlang war ein schwarzweißer, langhaariger Schäferhund sein einziger Gefährte.

Während seiner langen Nachtwachen hatte Patrick Zeit zum Meditieren und so seinen Glauben zu stärken. Mitunter sprach er in Keltisch, der irischen Nationalsprache, zu seinem Hund und erklärte ihm dabei, welche Einsichten er in Gott und Christentum gewonnen hatte. Ob der Hund durch solche Predigten erleuchtet wurde, werden wir niemals erfahren. Immerhin aber erlernte Patrick dabei die keltische Sprache, was ihm später zugute kommen sollte.

Im Jahr 407 oder 408 hatte Patrick im Traum eine Begegnung mit einem Engel, der ihm befahl, sofort an die Küste zu reisen. Dort würde ein Schiff auf ihn warten und ihn zurück in die Heimat bringen – sein erster Schritt im Dienste Gottes.

Obwohl man ihn geraubt und in die Sklaverei verkauft hatte, fühlte sich Patrick seinem Herrn verpflichtet. Milchu hatte sich ihm gegenüber für damalige Zeiten vergleichsweise fair verhalten und ihn niemals misshandelt. Wenn sich Patrick allerdings die Zeit genommen hätte, die Herde zu Milchu zurückzutreiben, wäre dessen Misstrauen geweckt und die Flucht noch schwieriger geworden. Alles, was er tun konnte, war, die Schafe in der Obhut seines Hundes zurückzulassen. Er flüsterte dem Hund ins Ohr: „Bewache sie gut und bring sie nach Hause", dann sprach er ein Gebet, damit Gott dem Hund beistehen möge. Er schaute mehrmals über die Schulter zurück, ob ihm der Hund nicht folgte. Nach einigen Tagesmärschen fand Patrick tatsächlich das Schiff, von dem er geträumt hatte.

Um zu verstehen, was im folgenden Jahr geschah, muss ich einige Veränderungen erläutern, die sich während der römischen Herrschaft über Europa ergeben hatten. Während sich die Aristokratie vor allem bei der Jagd entspannte, liebte das einfache Volk Gladiatorenkämpfe. Im Laufe der Jahre hatten sich die Menschen an kämpfende Männer gewöhnt, sodass man immer häufiger wilde Tiere in die Arena ließ. Auch Hunde waren dabei sehr beliebt und nahmen häufig an den Kämpfen teil. Als der Wunsch nach neuen und grausameren Hunde-Gladiatoren stärker wurde, stiegen die Preise für große und kräftige Hunde wie z. B. schwere Mastiffs und große Wolfhunde stark an.

Auch die veränderten Jagdgewohnheiten ließen den Adel nach neuen Hunderassen verlangen, die im römischen Reich nicht üblich waren. Die ursprüngliche Jagd der Römer ging langsam vonstatten: Man stellte zunächst Netze auf. Dann trieben Männer mit Trommeln oder anderen Lärminstrumenten und Hunden, vor allem Greyhounds, die Tiere auf diese Netze zu. Das Ziel solcher Jagden war es, Fleisch zu beschaffen und die Tiere zu fangen, die die Ernten auf den Feldern vernichteten oder das Nutzvieh rissen – die Jagd als sportliche Freizeitbeschäftigung war unbekannt.

All dies änderte sich, als die Römer das heutige Frankreich und England eroberten. Dort gab es verschiedene Hunderassen, aus denen

später Deerhounds, Wolfshunde und Harrier gezüchtet wurden –
alles Hunde, die für die Jagd geeignet waren. Am Ende des ersten
Jahrhunderts hatte sich die Jagd zu einer wilden Hatz entwickelt;
nur gute Reiter auf schnellen Pferden konnten den flinken Hunden
folgen. Deshalb stand diese Art der Jagd nur jenen Bevölkerungsschichten offen, die sich die entsprechenden Pferde und Hunde
leisten konnten. Hadrian, römischer Kaiser von 117 bis 138, schrieb
über den Reiz, sein Lieblingspferd zu reiten. Borysthenes, so der
Name des Pferdes, konnte danach „über die Ebene fliegen" und den
Hunden folgen, die einen Eber vor sich her trieben.

Das Verlangen der Römer nach schnellen, kräftigen Hunden war
unersättlich. Julius Caesar erwähnte Hunde als besonders wertvolle
Beutestücke von den Britischen Inseln. Es gibt Berichte, nach
denen die römischen Kaiser in Winchester einen Beamten hatten,
der den Titel *Procurator Cynegii*, „Hunde-Prokurator", trug. Seine
Aufgabe bestand ausschließlich darin, große Mastiffs für den
Kampf in der Arena und schnelle Jagdhunde für die Jagd der Adligen auszuwählen und abzutransportieren.

Das Verlangen nach schnellen Hunden von den Britischen Inseln
überlebte das römische Reich und die Gladiatoren-Spiele. Hunde,
die kräftig genug waren, Hirsche und wilde Eber zu überwältigen,
erzielten auf dem Festland fantastische Preise. Da die gejagten Tiere
kräftig und gefährlich waren, war selbst für die besten Hunde das
Risiko groß, verletzt oder getötet zu werden. Aus diesem Grund
lebte ein guter Jagdhund höchstens drei bis vier Jahre und da zu
einer Meute mehrere Dutzend Hunde gehörten, überstieg der
Bedarf das Angebot bei weitem. Natürlich gab es auch eine Art Wett-
streit um den größten, schnellsten und stärksten Hund der Gegend
– die Reichen waren bereit, große Summen für ein solches Pres-
tigeobjekt auszugeben. Die höchsten Preise erzielten die heutigen
Irischen Wolfshunde (*Irish Wolfhound*).

Das Schiff, auf dem Patrick seiner Sklaverei entfloh, war ein *curagh*,
ähnlich jenem, auf dem die irischen Plünderer ihn einst entführt
hatten. Es war vertäut und wartete noch, weil der Kapitän versuchte, eine volle Ladung Wolsfhunde als Fracht nach Gallien zusammen zu bekommen. Patrick profitierte von der Verzögerung. Er bat

den Kapitän, ihn mitzunehmen. Da er nur ein mittelloser, entlaufender Sklave war, verwundert es kaum, dass sein Ansinnen abgelehnt wurde. Er hatte keine Erfahrung als Seemann und konnte daher auch nicht seine Arbeitskraft als Gegenleistung für die Reise anbieten.

Patrick war traurig und sein Glauben begann zu schwinden, als er über die Gangway zurück an Land ging. Kaum hatte er jedoch einen Fuß an Land gesetzt, da wurde er zurückgerufen – der Grund waren die Hunde.

Das Boot war nicht nur vom selben Typ wie das von Patricks irischen Entführern, auch die Moral des Kapitäns unterschied sich kaum von jener der Sklavenhändler. Um seinen Profit zu maximieren, hatte der Kapitän zahlreiche seiner etwa 100 Irischen Wolfshunde, die nun in den Käfigen und unter Deck saßen, nicht ehrlich gekauft, sondern gestohlen. Wolfshunde sind keine unkomplizierten Schoßhunde. Noch heute gehören sie mit ihrer Schulterhöhe von 90 cm und einem Gewicht von über 60 kg zu den wirklich großen Rassen. Moderne Wolfshunde sind allerdings Nachzüchtungen, denn die ursprüngliche Rasse war um die Mitte des 19. Jahrhunderts nahezu ausgestorben. Weil die Tiere, die mit ihnen gejagt wurden – Wölfe, Eber und Elche – aus den Wäldern verschwanden, verschwanden auch sie. Es ist nur einem schottischen Hundenarren, Hauptmann George A. Graham, zu verdanken, dass die Rasse nicht gänzlich ausstarb. Er fand einige Exemplare und züchtete aus ihnen die heutigen, „handlicheren" Schläge heraus. Aus den Beschreibungen der Hunde aus dem 4. Jahrhundert wissen wir, dass die damalige Rasse etwa 13 cm höher und fast 20 kg schwerer war als die heutige. Ein Hund dieser Größe ließ sich verständlicherweise kaum bändigen, sobald er aggressiv wurde.

Aus ihrer vertrauten Umgebung herausgerissen, gebärdeten sich auch die riesigen Hunde auf dem Schiff wild und wie verrückt – die Situation wurde untragbar. Einigen der Seeleute war aufgefallen, dass Patrick bei seinem kurzen Besuch auf dem Schiff mit einzelnen Hunden geredet und sie dadurch beruhigt hatte. Als sich der junge Mann näherte, hatten die Hunde zum ersten Mal seit ihrer Ankunft auf dem Schiff mit dem Schwanz gewedelt. Die Legende sagt zwar, die Hunde hätten die Heiligkeit des zerlumpten Mannes erkannt; vielleicht hatten sie aber auch nur bemerkt, dass Patrick die letzten sechs Jahre in der Gesellschaft von Tieren verbracht hatte, und ihn deswegen akzeptiert. Warum auch immer – offenbar konnte sich Patrick sicher unter den Hunden bewegen und sie unter Kontrolle bringen. Als Gegenleistung für seine Hilfe im Umgang mit den Hunden – dazu gehörten Füttern, Säubern der Käfige und Pflege der Hunde – bekam Patrick seine Reise auf den Kontinent.

Noch am selben Tag wurde der Anker gelichtet und die Reise begann. Das Schiff hatte viel zu wenig Proviant an Bord, denn der Aufenthalt hatte länger gedauert als erwartet und die riesigen Hunde fraßen mehr als der Kapitän kalkuliert hatte. Schon nach einigen Tagen auf See wurden die Vorräte und das Trinkwasser knapp. Bei der ersten sich bietenden Gelegenheit steuerte das Schiff die gallische Küste an. Weite Teile der Küste waren unbewohnt, denn die Bewohner fürchteten sich vor den Überfällen der Seeräuber und lebten lieber in befestigten Städten im Inland.

Als das Schiff vor Anker ging, waren die Vorräte der Besatzung fast vollständig aufgebraucht: Nur für noch knapp einen Tag gab es Nahrung für Männer und Hunde. An der öden Küste aber sahen die hungrigen Seeleute nirgendwo eine Gelegenheit, sich mit Nahrung zu versorgen.

Da die Hunde mehr wert waren als das Schiff, nahmen die Seeleute so viele wie möglich mit sich, verließen das Schiff und machten sich auf den Weg ins Landesinnere. Zu ihrem Unglück stießen sie aber auch während eines langen Tages weder auf Bewohner noch Nahrung. Sowohl die Männer als auch die Hunde waren dem Hungertod nah.

Der Besitzer des Schiffes wusste, dass Patrick ein Christ war und reizte ihn mit der Bemerkung: „Wenn dein Gott so groß ist, dann bitte ihn doch, uns Essen zu bringen." Patrick war jedoch keineswegs verletzt, sondern begann laut zu beten. Nach der Überlieferung geschah daraufhin ein Wunder, wenngleich Skeptiker eher an einen Zufall glauben würden: Mitten aus der menschenleeren Wildnis tauchte wie aus dem Nichts plötzlich eine Herde wilder Schweine auf. Sie rannten nicht etwa fort, wie man vielleicht erwarten könnte, sondern ließen sich von den Männern und den Hunden fangen. Alle hatten wieder etwas zu essen und waren gerettet.

Wie zu erwarten, stieg das Ansehen Patricks bei der Mannschaft erheblich. Ursprünglich hatten sie geplant, Patrick in der ersten Stadt als Sklaven zu verkaufen, um ihre Kosten zu senken – jetzt behandelten sie ihn wie ein Mitglied der Mannschaft. Nachdem sie die Hunde verkauft hatten, gaben ihm die Männer sogar etwas Geld und Proviant mit auf den Weg.

Patricks Beziehung zu Hunden sollte allerdings nicht in Gallien enden. Viele Jahre später, nach zahlreichen Abenteuern und einer ausgiebigen Unterweisung in Kirchenlehre durch den heiligen Germain, kehrte er nach Irland zurück. In seinen Träumen hatte er die Stimmen der Iren gehört, die nach ihm riefen: „Oh heilige Jugend, komm zurück nach Erin und wandele wieder unter uns."

Diesmal kehrte er im Auftrag der Kirche zurück, um „die Iren unter dem Mantel Christi zu vereinen." Es hatte zwar schon vorher Missionare gegeben, doch waren sie bei den Iren auf wütende Ablehnung gestoßen. Die lokalen Häuptlinge glaubten noch immer an die alte Religion der Druiden; sie scheuten keine Maßnahme – nicht einmal Mord – um die Überlegenheit der alten Religion zu beweisen. Es sollte zu Patricks Lebensaufgabe werden, das Christentum in diesem feindlichen Land zu verbreiten.

Wahrscheinlich landete Patrick zusammen mit einigen anderen Priestern im Sommer 433 in Irland. Sofort begannen die Druiden, den Widerstand zu organisieren.

Die ersten Erfolge verdankte Patrick einem Ereignis mit einem Hund. Die Legende berichtet von einem Stammesführer mit Namen Dichu, der von der Landung eines merkwürdigen Schiffes erfuhr. Dem Schiff entstiegen Männer mit kahl rasierten Köpfen, sie trugen weiße Roben und sangen in einer merkwürdigen Sprache. Die Druiden erzählten ihm, dass diese Männer gekommen seien, um die alte Religion zu zerstören und das Land in den Ruin zu treiben.

Dichu war erregt und brach zur Küste auf, um selbst zu sehen, ob gehandelt werden musste. Er erreichte den Rand der Steilküste, gerade als sich Patrick und seine Männer näherten. Dichu wurde wie immer von seinem großen irischen Wolfhund Luath begleitet, der für seine Grausamkeit bekannt war. Luath trug ein schweres Halsband aus Metall mit spitzen Stacheln und eine Schutzkleidung aus Leder, die ihn in der Schlacht vor Schlägen und Messerstichen schützte. Dichu hatte den Hund schon oft gegen seine Feinde eingesetzt und der Anblick dieser gewaltigen Bestie verfehlte nie ihre Wirkung auf den Feind.

Nachdem er die Mönche eine Weile beobachtet hatte, entschied sich Dichu, sie einfach zu töten. Er schickte Luath mit einem Wink und einem Befehl los. Der Hund stürzte sich voller Wut und mit lautem Gebrüll wie ein Tiger auf die Männer. Dichu zog sein Schwert und wartete darauf, dass die Priester vor Furcht auseinander stöben. Dann wollte er seine Männer losschicken, um die Mönche einzeln zu töten.

Angeblich geschah nun das erste Wunder Patricks in Irland. Nach der Legende kniete Patrick sich nieder und sprach ein kurzes Gebet. Der Hund hielt wie verzaubert an und leckte Patricks Hand. Dichu sah die Szene und war für einige Sekunden gebannt.

Skeptiker mögen einwenden, dass Patrick immerhin über reichlich Erfahrung mit großen, aggressiven Hunden verfügte. Dass er also ruhig knien blieb, um dem Hund zu zeigen, dass er keine Bedrohung darstellte. Dass für den Hund keine Rolle spielte, ob Patrick ein Gebet sprach oder nur leise und beruhigend auf ihn einredete – der singende Tonfall der menschlichen Stimme würde häufig ausreichen, einen Hund zu beruhigen. Ob es sich bei dem Geschehen um ein göttliches Wunder oder um die kluge Reaktion eines Hundekenners handelte, sei dahingestellt – das Ergebnis war jedenfalls eindeutig: Dichu war von dieser Szene so ergriffen, dass er den Angriff abbrach. So sehr war er beeindruckt, dass er gar mehr über diese neue Religion erfahren wollte.

Kurze Zeit darauf stellte der Stammesführer eine Scheune zur Verfügung, in der Patrick Gottesdienste und Versammlungen abhalten konnte. Diese großzügige Spende machte Patrick vertrauenswürdig und wurde zum ersten christlichen Stützpunkt in Irland. In späteren Jahren kehrte Patrick immer wieder in diese Halle zurück, um zu meditieren. Schließlich entstanden hier ein Kloster und eine Kirche. Das keltische Wort für Scheune ist *sabhall*, und der Ort ist noch heute unter dem Namen Sabhall bekannt.

Da große Teile von Patricks Leben nur aus Legenden und mündlicher Überlieferung bekannt sind, ist es schwierig, Mythen und Realität zu trennen. Wenn man den Legenden jedoch Glauben schenken möchte, gab es zwei weitere wichtige Begegnungen mit Hunden.

Die erste fand in *Ard Mhacha* statt, dem heutigen Armagh. Dort hatte Daire, der Stammesführer des Distriktes, Patrick Land für den Bau einer Kirche geschenkt. Das Grundstück lag in einem Tal zu Füßen eines Hügels, doch Patrick war mit dem Platz nicht zufrieden. Er spazierte mit dem jungen Mönch Benan umher, der als Nachfolger Patricks in der Kirchenhierarchie auserkoren war. In Gedanken an die neue Kirche versunken, lief Patrick den ganzen Tag hin und her, bis der Nachmittag hereinbrach und die Sonne unterging.

„Dieser Ort ist nicht richtig", sagte er „wir brauchen einen besonderen Ort, um die Gebete für unseren Herrn zu singen." In diesem Augenblick hörten die beiden Mönche ein lautes, ekstatisches Heulen und schauten zum Hügel. Oben auf dem Gipfel stand ein großer, grauer Hund mit einem weißen Abzeichen auf der Brust. Der unregelmäßig geformte Fleck war in der Mitte breiter als oben oder unten, sodass er den beiden Männern wie ein Kreuz erschien. Patrick sah darin ein Zeichen, seine Kirche auf dem Hügel zu errichten, dort, wo der Hund zu Ehren Gottes sang. Später gelang es ihm, Daire davon zu überzeugen, dass dies eine Botschaft Gottes sei – so entstand die wichtigste Kirche Irlands auf dem Hügel von Armagh.

Derselbe Hund war auch – so die Legende – am Tod und an der Beisetzung Patricks beteiligt. Als die Gesundheit des Heiligen schwand, hatte er eine Vision. Sie eröffnete ihm, dass er nicht in Armagh, sondern in Sabhall sterben würde, der ersten Kirche Irlands. Patrick bat seinen treuen Gefährten Benan, seinen toten Körper auf einen Wagen zu legen, der von zwei Ochsen gezogen wurde. Die Tiere sollten den Wagen nach Belieben ziehen dürfen und Patrick wollte dort begraben werden, wo die Ochsen anhielten.

Patrick starb am 17. März 493 und Benan tat wie ihm geheißen. Die ganze Nacht über beschien das Licht der Engel seinen Körper, der auf dem Ochsenkarren aufgebahrt lag.

Bei Sonnenaufgang tauchte ein großer, grauer Hund auf. Der erstaunte Benan glaubte, in ihm denselben Hund mit der weißen Zeichnung zu erkennen, den er und Patrick schon einmal gesehen hatten – vor fast 50 Jahren! Der Hund lief auf den Wagen zu, ganz gezielt, wie es schien, und hielt vor dem Gespann an. Die Ochsen zogen an und der Leichenzug setzte sich in Bewegung. Sie liefen langsam und zielstrebig etwa zwei Meilen weit bis zu einem Ort, der *Dún Leathghlaise*, die „Festung des Häuptlings", genannt wurde. Hier stoppte der Hund und begann zu heulen – der Ton erinnerte Benan sehr an das Geheul, das er vor vielen Jahren mit Patrick auf dem Hügel von Armagh gehört hatte. Da auch die Ochsen stehen blieben, wurde Patrick an dieser Stelle begraben.

Der Ort, den der Hund bestimmt hatte, war besonders heilig; angeblich wurden hier später die Leichname zweier weiterer Heiliger beerdigt, der heiligen Brigitte und der heiligen Columbia. Allerdings sind mit deren Ruhestätten keine Geschichten von großen, grauen, irischen Hunden oder anderen Rassen verbunden.

Der wütende Prinz und
der kluge Cylart

Die Geschichten des vorigen Kapitels über die Heiligen stammen aus den verstreuten Schriften ihrer erhaltenen Korrespondenz, von unmittelbaren Zeugen oder von Menschen, die ihre Informationen von Zeitgenossen erhielten, sodass die mündliche Überlieferung eine Mischung aus Wahrheit, Legenden und Mythen ist. Obwohl die folgenden Geschichten über die Beteiligung von Hunden an der Geschichte der Menschheit durch zahlreiche, historische Quellen belegt sind, in denen skeptische Leser den Wahrheitsgehalt überprüfen können, möchte ich zunächst noch von einem Vorfall berichten, in dem sich Fakten und Legenden nicht völlig trennen lassen.

Die Geschichte spielt im mittelalterlichen Wales und hat schon häufig Anlass zu Diskussionen unter Historikern, Literaturwissenschaftlern und Altertumsforschern gegeben. Schuld daran sind ein Wirt, der Besucher in seine Schänke locken wollte, und ein Dichter, der die Geschehnisse aufzeichnete und dabei mit seiner eigenen Fantasie ausschmückte.

Letzterer war der Dichter William Robert Spencer, der die Ballade *Beth-Gêlert* verfasste. Diese Ballade erzählt die tragische Geschichte eines heldenhaften Hundes mit Namen Gelert und seines zornigen, fehlgeleiteten Herrn. Spencer veränderte Details und Namen, um seine Geschichte auszuschmücken, und hielt sich nicht an die historische Wahrheit. Ich möchte die Geschichte nach der Quellenlage erzählen, die von zwei Professoren (für Geschichte und für klassische Literatur) ausgegraben und erforscht wurde – beide arbeiteten vor etwa 20 Jahren an der Universität von Cardiff in Wales.

Prinz Llywelyn der Große hatte lange und erfolgreich das walisische Königreich Gwynedd regiert. Gwynedd war im Norden und Westen vom Meer und im Süden und Osten von mächtigen Gebirgsketten umgeben, also eine natürliche Festung, die Eroberern über Jahrhunderte Widerstand zu leisten vermochte. Im Gebirgszug Snowdonia liegt der Snowdon, der höchste Berg von Wales und England. Die Täler boten gutes Weideland für die Tiere und auf der nahen Insel Anglesey wuchs Getreide.

Llywelyn wurde wahrscheinlich auf Burg Dolwyddelan geboren. Während er aufwuchs, herrschte kein Frieden: Der Adel kämpfte um die Vorherrschaft im Land. Erst nutzte Llywelyn 1202 einen Streit unter seinen Onkeln aus, um an die Macht zu kommen. Die Schlacht gegen die eigene Familie war hart und blutig und Llywelyn ließ jeden töten oder ausweisen, der sich gegen ihn stellte. Schon bald galt er als Mann von heftigem Temperament, der spontan und ohne viel Überlegung handelte. Mit seinem Mut und seiner Energie gelangen ihm zahlreiche militärische Siege und nach dem Tod von Lord Rhys war er der mächtigste unter den walisischen Herrschern.

Zu jener Zeit wurde England von König Johann, dem Bruder des Richard Löwenherz, regiert. Johann beobachtete die Expansion von Llywelyns Reich kritisch und schätzte ihn als Bedrohung ein. Llywelyn war klug genug, die wachsende Spannung zwischen ihm und dem englischen König zu bemerken und versuchte deshalb, die Wogen durch eine politische Heirat mit Johanns Tochter zu glätten. Dann schloss er sich Johann als Bundesgenosse in einem Kampf gegen König Wilhelm von Schottland an.

Als Dank für die Hilfe und zur Festigung der neuen Familienbande schenkte Johann Llywelyn einen irischen Wolfhund, den dieser Cylart nannte. In vielen Quellen wird Cylart auch als Greyhound bezeichnet, doch damals nannte man jeden Hund, der nicht zu groß oder zu massig war, Greyhound (ähnlich, wie heute viele Menschen jeden Hund mit dichtem Fell, spitzer Schnauze und Ohren sowie einem buschigen Schwanz, der gebogen über dem Rücken getragen wird, als „Husky" bezeichnen). Cylart war schon bald ein enger Gefährte und Wachhund, der seinen Herrn Llywelyn fast überall hin begleitete.

Angeblich war Cylart ungewöhnlich intelligent und konnte den Charakter eines Menschen an dessen Stimme oder anderen Merkmalen erkennen. Wenn Llywelyn feindlich gesinnte Menschen zugegen waren, schob sich der Hund stets zwischen seinen Herrn und die Fremden und begann zu knurren, wenn die Stimmen erregt klangen.

Zu solchen Ausbrüchen kam es häufig, denn Llywelyn hatte seine Stellung durch Gewalt erobert. Er wurde vom Adel zwar respektiert und vor allem gefürchtet, aber keineswegs geliebt. Die Adligen verdankten ihre Stellung dem Geburtsrecht auf Landbesitz, was ihnen die Arbeitskraft von Bauern und Sklaven sicherte. Ihre einzige Pflicht war es, die Brücken und Straßen auf ihrem Land in standzuhalten und zu Kriegszeiten Truppen zu stellen. Der König konnte einem Gefolgsmann diese Privilegien jedoch entziehen.

Manch ein Adliger fühlte sich stark genug, den Wünschen des Königs Widerstand zu leisten. Wer dies tat und wagte, den Entscheidungen des Königs zu widersprechen oder seine Macht gegen ihn einzusetzen, bekam den Unwillen des Königs, der rasch in Wut umschlug, zu spüren. Dann sprang der König von seinem Thron herunter, um den Widersacher persönlich zu maßregeln. Meist griff Llywelyn dabei zum Schwert. Wer sich nun diesem kräftigen Mann mit gezogenem Schwert und dem großen, grauen Hund an der Seite gegenübersah, lenkte gewöhnlich rasch ein und verhielt sich respektvoller.

Cylart war auch der persönliche Leibwächter von Llywelyns Frau Joan und ihrem jungen Sohn Dafydd. Der junge Dafydd war zu jener Zeit noch fast ein Baby und konnte kaum mehr laufen als ein paar Schritte. Mehrmals bewahrte Cylart den Jungen vor Verletzungen: Einmal zog er ihn oben an einer Treppe zurück, die der Kleine beinahe heruntergefallen wäre. Ein anderes Mal hatte ein Funke des Herdfeuers einen Teppich entzündet, auf dem der Kleine lag. Cylart schlug so lange Alarm, bis jemand erschien und Dafydd noch rechtzeitig aus dem Feuer rettete.

Außerdem tötete Cylart viele der Ratten, die sich im Kinderzimmer herumtrieben. Damals kamen in jedem Haus Ratten vor. Sie hielten sich bevorzugt in der Nähe von Kindern auf, weil dort relativ häufig Nahrung auf den Boden fiel. Die damaligen Ratten waren aber alles andere als friedlich und es ist bekannt, dass sie schlafende Menschen bissen. Die Wunden infizierten sich nicht selten, sodass die Betroffenen Finger oder Glieder verloren oder sogar starben. Da der treue Cylart über Joan und Dafydd wachte, konnte sich Llywelyn recht sicher sein, dass seiner geliebten Familie daheim kein Unglück drohte.

Im Laufe der Jahre verschlechterte sich das Verhältnis zu König Johann. Llywelyn hatte sein Reich weiter ausgedehnt und einigen Adligen walisisches Land weggenommen, das sie von König Johann erhalten hatten. Außerdem stärkte Llywelyn seine Position im eigenen Land, indem er die Eroberungen mit dem niederen Adel teilte und so dessen Loyalität und Unterstützung gewann. Seine Alliierten hatten Llywelyn den Titel „König von Wales" angeboten, doch war er klug genug, bescheiden abzulehnen. Stattdessen akzeptierte er den Titel „Prinz von Wales" – durchaus in dem Bewusstsein, dass König Johann ihm keineswegs königlichen Status zubilligen würde.

Der grausame und ehrgeizige John beschloss also, das verlorene Land wieder zurückzugewinnen und Llywelyn, wenn nötig, im Kampf zu besiegen. Im Jahre 1210 brach er zunächst mit kleinen Überfällen und schnellen Vorstößen in Wales ein, die im folgenden Jahr in eine regelrechte Invasion mündeten.

Die Lage wurde immer bedrohlicher und Llywelyn versuchte mit kleinen Gruppen bewaffneter Männer, den Raubzügen auf seinem Territorium ein Ende zu setzen. Da Joan wieder schwanger war, schickte Llywelyn sie in die nahe Abtei Beth Kelert, wo er sie in Sicherheit wusste und man sich um sie kümmerte. Als die englischen Truppen bereits fast vor seinem Haus standen, schickte Llywelyn auch seine Diener fort in eine nahe Burg. Den Thronerben Dafydd wollte er jedoch mit sich nehmen.

Zu Füßen eines Hügels fanden die Männer Spuren von den feindlichen Engländern. Llywelyn entschied, mit einen Stoßtrupp auszuziehen und festzustellen, ob noch Engländer in der Nähe waren. Da er seinem Sohn nicht die gefährliche Klettertour auf allen Vieren über die Hügel und steile Wände zumuten wollte, entschied er sich, den Jungen zurückzulassen. Mit seinen Männern baute er rasch ein einfaches Schutzzelt auf und beschloss, einen Wächter zurückzulassen, der treuer und vertrauenswürdiger war als jeder seiner Männer – den tapferen Hund Cylart. Es war nicht das erste

Mal und Cylart hatte sich stets als guter Babysitter erwiesen. Außerdem wurde Dafydd sicher in einem Laufstall untergebracht und das Zelt hinter einem vorspringenden Felsen versteckt, sodass ein Vorbeikommender es nicht unmittelbar entdecken konnte. Das Baby bekam eine ordentliche Flasche mit Ziegenmilch und blieb unter Aufsicht von Cylart zurück.

Eigentlich hatte Llywelyn nur wenige Stunden abwesend sein wollen, doch stießen er und seine Männer auf einen Trupp englischer Soldaten. Nach einem Scharmützel und einer kurzen Verfolgungsjagd kehrte man deshalb erst am Spätnachmittag zurück, als das Licht bereits schwächer wurde.

Als Llywelyn mit seinen Männern um die das Lager abschirmenden Felsen bog, sah er sofort, dass etwas passiert war. Das Zelt lag am Boden und der Stoff war an mehreren Stellen zerrissen. Noch erschreckender war der Anblick roter Spritzer auf dem Zelt und die große und unübersehbare Blutlache, die unter dem Zeltstoff hervorsickerte. Ein Blick auf Cylart zeigte sofort, dass er an dem Blutbad beteiligt gewesen war. Sein Fell, die Lefzen und Zähne waren von Blut getränkt, das eben zu gerinnen begann. Statt mit Schwanzwedeln auf seinen Herrn zuzulaufen, blieb er bei dem zerrissenen, blutverschmierten Zelt sitzen, die Ohren zurückgelegt, den Blick gesenkt, und schlug nur einmal zögerlich mit dem Schwanz.

Llywelyn war war ohnehin schon verärgert, denn der Tag war nicht nach seinem Geschmack gewesen. Eine routinemäßige Patrouille war in einen Kampf ausgeartet und einer seiner Männer verletzt worden. Schon das hätte gereicht, ihn reizbar zu machen, außerdem war Llywelyn müde und besorgt. Und nun sah er eine Szene vor sich, die zusammen mit dem merkwürdigen Verhalten des Hundes seine schlimmsten Fantasien anregte. Er starrte den Hund an und rief: „Mein Gott, Cylart, du Ungeheuer! Du hast mein Kind getötet!" Voller Wut griff er sich den Speer eines Mannes und lief auf den Hund zu.

Dass der Hund nicht vor Schreck zur Seite sprang, hätte Llywelyn nachdenklich machen sollen, doch er war blind vor Zorn und sann voller Schmerz nur auf Rache. Mit einem Jaulen starb Cylart unter dem Speer seines Herrn.

Dann blickte Llywelyn unter die Reste des Zeltes – später verwünschte er sich, weil er das nicht gleich getan hatte. Unter dem Stoff fand er nicht etwa ein getötetes oder gar zerrissenes Baby, sondern begrüßte ihn sein Sohn mit lautem Geschrei. Neben dem Kind lag ein toter Wolf, dessen Größe und gefährlichen Zähne noch im Tod beängstigend aussahen. Das Blut auf Cylart, das Llywelyn so erschreckt hatte, stammte von dem Wolf und dem tapferen Hund selbst, der das Baby gerettet hatte.

Llywelyn war schnell mit dem Speer gewesen, doch noch schneller lief er nun auf den sterbenden Cylart zu. Seine Hände spürten nicht nur die Speerwunde, sondern viele andere Verletzungen aus dem Kampf mit dem Wolf. Diese Wunden erklärten auch Cylarts merkwürdiges Verhalten: Er war einfach zu schwach und zu sehr von den Schmerzen gepeinigt gewesen, um seinen Herrn zu begrüßen. Der kriegerische Prinz, der so grausam sein konnte, saß nun neben dem gekrümmten Körper des Hundes und weinte. Während die Tränen flossen, hob Cylart zum letzten Mal seinen Kopf. Er leckte sanft die Hand, die er so sehr liebte und die ihn getötet hatte, und hauchte sein Leben aus.

Man sagt, dass Llywelyn den Tod des Hundes ebenso beklagte wie den Tod seines Bruders. Der Hund wurde unter seinem Lieblingsbaum in der Nähe von Llywelyns Haus begraben.

Die meisten Legenden über dieses Ereignis aus dem Jahr 1210 enden hier. Etwa 600 Jahre später kommt jedoch der Wirt des *Goat's Inn* ins Spiel. Aufgrund wiederholter fehlerhafter Aussprache wurde aus Cylart Gelert. Die Gegend in Wales ist heute unter dem Namen Beddgelert bekannt, was als „Gelerts Grab" übersetzt wird. Tatsächlich jedoch hieß die Landschaft Beth Kelert, nach der Abtei, die hier über viele Generationen stand.

Im Jahre 1794 schlug der Wirt den Bewohnern des Ortes vor, dass man den Touristen unbedingt ein Grab anbieten müsse, dass sie untersuchen könnten. Noch heute kann man in Beddgelert ein leeres Grab und einen Gedenkstein besichtigen, die dem eingangs erwähnten William Robert Spencer als Grundlage für sein Gedicht dienten. Spencer war vor allem am dramatischen Aspekt der Geschichte interessiert. Man kann ihm wohl nachsehen, dass er den falschen Ort, eine falsche Hunderasse und -namen wählte und auch einige andere Details der Geschichte verfälschte. Immerhin erreichte er sein Ziel – ein bewegendes und bemerkenswertes Gedicht.

Cylarts Beitrag zur walisischen Geschichte besteht aber in weit mehr als einem hübschen Gedicht und einer Touristenfalle. Indem er das Leben von Dafydd rettete, ermöglichte er eine geordnete Thronfolge. Von großer Bedeutung sollte auch sein Einfluss auf das spätere Leben Llywelyns werden.

Am Ende des Jahres von Johanns Invasion musste sich Llywelyn in die westlichen Berge zurückziehen. Da Johann jedoch Schwierigkeiten mit dem Papst, König Philipp von Frankreich und mit einigen seiner Barone hatte, konnte er Llywelyn nicht endgültig besiegen. Llywelyn nutzte die Chance und eroberte das verlorene Land zurück.

Normannische Lords, die der König auf strategisch wichtigen Ländereien eingesetzt hatte, kontrollierten fast das gesamte englische Land an der Grenze zu Wales. Wegen seiner jüngsten Erfolge und gestärkt durch das Bündnis mit den walisischen Prinzen glaubte Llywelyn, es sei an der Zeit, diese Normannen anzugreifen. Er hielt eine Versammlung ab, um den Angriff vorzubereiten. Er beabsichtigte, sofort und ohne Gnade anzugreifen, um dem englischen König zu verdeutlichen, dass seine Aktionen nicht ungestraft blieben. Madog ap Gruffudd, ein Lord der nördlichen Provinzen, widersprach. Seit Llywelyns ersten Kämpfen um die Macht, war Madog stets ein treuer Gefährte gewesen. Auch als Llywelyn von der unglücklichen Patrouille mit dem toten Cylart zurückkam, war Madog zugegen gewesen. Dieser Madog stand nun feierlich auf und begann: „My Lord, ich höre Sie sagen: ‚sofort zurückschlagen‘, oder: ‚Wir werden uns rächen‘. Sie haben schon einmal spontan reagiert, um sich für eine Gewalttat zu rächen und das hat Ihren Hund Cylart das Leben gekostet. Er war nicht nur treu und verlässlich, er hat auch das Leben ihres ältesten Sohnes gerettet. Ihm zu Gedenken sollten wir abwarten und überlegen, welche Alternativen es gibt."

Prinz Llywelyn gab nach. Er griff die anglo-normannischen Lords nicht an, sondern versuchte stattdessen, Bündnisse zu schließen. Schließlich stärkte er seine Position durch die Heirat seiner Töchter mit normannischen Fürsten. So sorgte er für Frieden in einer Zeit, in der Krieg die Regel war. Außerdem machte er es zu seiner Maxime, jede Entscheidung gründlich zu überlegen, statt übereilt oder mit Gewalt zu reagieren – so hätte er auch das Leben von Cylart gerettet. Diese Einstellung beeinflusste seine weiteren politischen Entscheidungen zu seinem Vorteil. Er schloss sich den englischen Adligen an und sorgte dafür, dass in die Magna Carta von König Johann drei Klauseln des walisischen Rechts aufgenommen wurden. Nach dem Tod von Johann huldigte Llywelyn, der nun als echter Prinz anerkannt wurde, dem jungen König Heinrich III. und lebte friedlich bis zu seinem Tod 1240 in der Abtei von Aberconway. Angeblich bereute Llywelyn seine rasche Reaktion, die zum Tode von Cylart geführt hatte, lebenslang. Vielleicht lebt Cylart deswegen in einem walisischen Sprichwort weiter: *Yr wýn edivaru cymmaint dr Gwr a laddodd ei Vilgi*, was so viel bedeutet wie: „Ich bin so traurig und voller Reue wie der Mann, der seinen Greyhound erschlug."

Hunde und der englische Bürgerkrieg

Hunde haben schon immer Einfluss auf die Geschicke der Menschen genommen und so den Gang der Geschichte verändert. Wenn man in den üblichen Geschichtsbüchern oder Biografien nachschlägt, wird man allerdings nichts finden, was auf diesen Einfluss hindeutet. Das liegt daran, dass die meisten Historiker ausschließlich über politische, militärische oder persönliche Fakten berichten. Offenbar gehen sie davon aus, dass nur der Mensch in der Geschichte zählt. Historiker wissen zwar, dass manche dieser Menschen Hunde besaßen, messen dieser Tatsache jedoch kaum Bedeutung bei. Natürlich gab es einige Ereignisse, bei denen auch ein Hund Erwähnung in einer Biografie fand – wenn etwa ein Hund symbolhafte Bedeutung erlangte. Danach wandte man sich allerdings sofort wieder den „wichtigen" Themen zu.

Wer jedoch die Beteiligung der Hunde verschweigt, verzichtet auf Zeitkolorit und unterschätzt manchmal deren Einfluss auf spätere Ereignisse. Außerdem wird der Charakter von historischen Persönlichkeiten greifbarer, wenn wir erfahren, dass sie Hunde liebten. Ich werde nun über einen Hund berichten, der zu Beginn einer Revolution eine Rolle spielte, und einen anderen, der an einem verlorenen Krieg beteiligt war.

Berichten Historiker von der englischen Revolution oder dem englischen Bürgerkrieg, konzentrieren sie sich vorrangig auf den Konflikt zwischen Parlament und König in Bezug auf Steuern und Truppenerhebungen, auf militärische Aktionen und Glaubensfragen. Manche Historiker erwähnen die Charaktere des unseligen Charles I. und seines Vaters James I. Beide hielten unbeirrt am Glauben fest, dass es das göttliche Recht des Königs sei, ganz nach eigenem Belieben zu herrschen – ohne jede Kontrolle durch eine Regierung. Dass sie bei dieser Einstellung die parlamentarischen Minister ablehnten, überrascht kaum.

Widerstand regte sich aber auch aus einem weiteren Grund gegen die Krone. Charles glaubte an die absolute Autorität der Kirche von England. Als ihr oberster Führer bestand er darauf, die religiösen Zeremonien zu bestimmen. Sein Versuch, eine neue Liturgie auf der Basis des Englischen Gebetbuches durchzusetzen, stieß auf den Widerstand der Schotten, die einen Angriff auf ihren presbyterianischen Glauben fürchteten.

Alle diese Faktoren sollten die nun folgenden Ereignisse bestimmen. Ganz sicher war die Unzufriedenheit mit der Stuart-Dynastie zur Mitte des 17. Jahrhunderts so groß geworden, dass eine Rebellion vertretbar schien. Allerdings verschweigen alle Historiker und Chronisten die wichtige Rolle von Hunden bei der allgemeinen Unzufriedenheit, die zum englischen Bürgerkrieg führte.

König James I. und seine Jagdleidenschaft

Der Einfluss von Hunden auf den Ablauf dieses Abschnitts der englischen Geschichte beginnt mit James I., dem Vater von Charles I. Vor James waren die Jagdausflüge der Adligen zwar erfolgreich, aber nicht besonders aufregend. Auf der Suche nach Unterhaltung und Nervenkitzel entwickelten die Edelleute die nüchterne, erfolgsorientierte Jagd während der Regierungszeit von James in eine Mischung aus Spektakel und Schießstandvergnügen.

Die neuen „Prunk-Jagden" fanden in den Wäldern der Adligen oder in geschützten königlichen Parks statt. Die Jagdteilnehmer standen auf Schießplattformen, von denen sie gefahrlos auf die Tiere schießen konnten. Treiber und Hunde trieben das Wild auf engen Korridoren genau vor die Schießplattformen. Den adligen Herren und Damen reichte man gespannte Armbrüste, die mit schweren Pfeilen mit scharfen Metallspitzen bestückt waren. Die Edelleute warteten ab, bis die Hunde das Wild in Schussweite getrieben hatten und versuchten, es mit einem sauberen Schuss ins Herz oder durch die Kehle zu erlegen. Leider waren nicht alle gute Schützen, sodass auch viele Hunde von den Pfeilen verletzt oder getötet wurden.

Wie immer man über die Ethik solcher Jagden denken mag, hatte diese Freizeitbeschäftigung keine Auswirkungen auf die bürgerliche Bevölkerung. Die beteiligten Adligen trugen die Kosten und alles fand auf ihrem privaten Land statt, ohne dass die Landbevölkerung betroffen gewesen wäre.

Nach der Krönung von James I. verschwand diese Form der Jagd. Stattdessen wurde nun auf den Feldern und Wiesen des gesamten Landes gejagt. James hatte schon von Kind auf gejagt und schon das erste Porträt zeigt ihn im Alter von acht oder neun Jahren als Falkner.

Bis zu seinem Tod im Jahre 1624 ging James regelmäßig zur Jagd. Besonders liebte er – wie vor ihm schon viele andere Adlige der nach-römischen Ära – die Jagd im französischen Stil: Reiter gaben ihren Pferden die Sporen und hetzten sie bis zur Erschöpfung hinter den Hunden und dem Wild her.

Nachdem James Elizabeth I. auf den Thron gefolgt war, gründete er sofort eine große Jagdgesellschaft. Da er im französischen Stil jagen wollte, ließ er zunächst französische Hunde einführen und holte überdies französische Jäger ins Land, die ihn in der Jagdtechnik unterweisen mussten. Für sich selbst ließ James 50 Rothirsche aus den Wäldern König Heinrichs IV. in Fontainebleau einführen. Außerdem holte er einen Jäger und eine Hundemeute für seine Königin Anne von Dänemark ins Land. Die neuen Jäger, Hunde und Ideen sollten den Stil der englischen Jagd vollständig verändern.

James hielt für sein Jagdvergnügen große Hundemeuten. In seinen Zwingern lebten viele der heute noch bekannten Hunderassen, darunter Greyhounds, Irische Wolfshunde, Deerhounds, Harrier, Otterhunde, Field Spaniels (für die Falkenjagd), Wasserspaniels, Setter, Beagles und verschiedene Terrierrassen.

Seine Gegner warfen James vor, er lebe buchstäblich im Sattel – vielleicht, weil er zu Fuß keinen besonders eindrucksvollen Eindruck hinterließ. Wegen eines Geburtsfehlers oder einer Verletzung in der frühen Kindheit besaß er einen regelrechten Watschelgang, bei dem er die Hände hin- und herbewegte, um die Balance zu halten. Häufig musste er sich auf einen Helfer stützen, wenn er geradeaus gehen wollte. Ob er nun glaubte, dass er auf einem Pferd respektabler aussähe oder einfach nur gerne jagte, James verbrachte jedenfalls möglichst viel Zeit auf der Jagd. Damit unterschied er sich kaum von den anderen Adligen seiner Zeit. Die Jagd war alles, was diese Gentlemen interessierte. Schrieb jemand einen Brief an einen Freund, ohne die Ausbeute der letzten Jagd zu erwähnen, bekam er vermutlich die folgende Antwort: „Geht es dir wirklich gut? Ich habe in deinen letzten Briefen kein Wort über Pferde, Falken oder Jagdhunde gelesen."

Jagdvergnügen auf Kosten der Untertanen

Letztlich sollte James' Leidenschaft für die Jagd und die Hunde die Geschichte verändern. Die französischen Könige, darunter Wilhelm der Eroberer, Ludwig XI. und Charles VIII. hatten bestimmt, dass die Jagd ein „königliches Vorrecht" war, d. h. ein Privileg des Adels, der die Jagd auch kontrollierte. Man jagte nicht mehr zur Nahrungsbeschaffung, sondern zum Vergnügen.

Da die Jagd als offizielle Beschäftigung des Königshauses galt, wurde erwartet, dass die Bewohner einer Region, darunter Adlige, Priester und Bürger, also auch Landvögte, Bauern und Förster, als Hilfskräfte daran teilnahmen. Diese Unterstützung war notwendig, da während der Jagd oft große Entfernungen zurückzulegen waren. Nicht selten wurden die Jagdteilnehmer so sehr vom Jagdfieber ergriffen, dass sie sich am Ende des Tages 30 bis 70 km weit vom Ausgangspunkt der Jagd entfernt hatten. Waren die Jäger, Hunde und Pferde am Ende der Jagd todmüde, musste vor Ort ein Platz zum Ausruhen und Schlafen bereitgestellt werden. Allerdings nahmen die Ansprüche der ungebetenen Gäste im Laufe der Zeit zu. Diese waren bald nicht mehr mit einem einfachen Essen und einem Bett zufrieden, sondern wollten mit allem versorgt werden, was man für ein festliches Essen und ein nächtelanges Trinkgelage brauchte.

James hatte nicht nur den Stil der französischen Jagd übernommen, sondern auch die Überheblichkeit des französischen Adels. Vor jeder Jagd wurde die Bevölkerung mit zahllosen Befehlen und Forderungen überschwemmt. Wenn James auf die Hirschjagd ging oder mit Falken und Cockerspaniels auf Rebhühner und anderes

Flugwild jagte, war es den Bauern untersagt, enge Furchen zu pflügen und sie mussten ihre Schweine einpferchen, damit sie nicht im Boden wühlten. Furchen und Löcher hätten dem König beim schnellen Ritt gefährden können.

Außerdem mussten die Bewohner des Jagdgebiets alle Zäune, Mauern und Hecken einreißen, die dem König bei der Jagd hinderlich sein konnten. James verlangte von der Landbevölkerung sogar, die Zugänge in die Feldflur durch Tore zu verschließen, damit nur die Reiter der königlichen Jagd – sie besaßen Schlüssel – passieren konnten.

Je nachdem, auf welche Tiere gejagt wurde, änderten sich die Befehle. Während der Jagdzeit auf Fischotter mussten die Müller beispielsweise ihre Wehre schließen, damit die Otter weder entkommen noch sich zwischen den Mühlrädern verstecken konnten.

Noch schlimmer als die genannten Einschränkungen waren die Kosten der Jagden. Die französischen Jagden verliefen anders als die „alten" und lokal begrenzten Jagdvergnügen. Bei der Jagd auf Hirsche stellte man zunächst eine Hundemeute aus 20 bis 30 Tieren zusammen, dann wählte man einen Hirsch aus dem königlichen Rudel aus. Er wurde freigelassen, die Hunde wurden auf seine Spur gesetzt und die Jäger folgten den Hunden auf den Pferden. Bei dem hohem Tempo der Reiter war es unvermeidlich, dass die Ländereien Schaden nahmen. Getreide wurde zertrampelt, Zäune niedergerissen, Gärten zerstört und Schaf- und Rinderherden auseinandergesprengt.

Für die Bauern, Hirten und Eigentümer kleiner Landgüter war die Jagd mit enormen Kosten und viel Ärger verbunden. Die Landbevölkerung musste nicht nur die Verwüstungen auf ihrem Besitz ohne Entschädigung hinnehmen, der Adel verlangte auch, dass sie Treiber für die Jagd stellten. Diese Helfer fielen für ihre eigentliche Arbeit aus, nicht selten gerade zur Erntezeit.

Noch schlimmer war, dass die Bevölkerung Jäger, Pferde und Hunde verpflegen und versorgen musste. Da zahlreiche Jäger und Falkner in James' Dienst standen, waren das keine geringfügigen Aufwändungen. An einer eintägigen Falkenjagd waren 24 Falkner, ihre Hunde und Pferde sowie ein Dutzend Helfer beteiligt, dazu

Gäste und andere Teilnehmer. Für einen Bauern und seine Nachbarn entstanden horrende Kosten, und zwar mehrfach, denn der König jagte an mehreren Tagen in der Woche.

Wenn sich die Landbevölkerung an den König wandte, damit er ihnen die Kosten ersetzte oder sie doch zumindest etwas entlastete, erhielt sie keine Antwort. Entweder wollte der König nicht reagieren oder seine Untergebenen hielten die Nachrichten von ihm fern. Einmal versuchten einige verzweifelte Bauern, die bei der Jagd verletzt worden waren, einen Hund des Königs als Boten einzusetzen. Einer der königlichen Jäger bemerkte am Ende des Jagdtages, dass der Hund Jowler fehlte, einer der Lieblingshunde des Königs. Als am nächsten Morgen die Hunde für die nächste Jagd vorbereitet wurden, tauchte Jowler wieder auf.

Dem König fiel ein Stück Papier auf, das im Halsband des Hundes steckte. Man brachte es ihm und er las folgende Botschaft: „Guter Herr Jowler, wir bitten dich, mit dem König zu reden, denn er hört dich jeden Tag, während er uns nie zuhört. Sag deinem König, dass die Arbeit in diesem Land nicht getan werden kann, wenn er nicht nach London zurückkehrt. Unsere Vorräte sind bereits aufgebraucht und wir können ihn nicht länger unterhalten."

Bedauerlicherweise fasste James die Botschaft als Scherz auf, lachte herzlich und ging auf die Jagd. Für die Verfasser der Botschaft war der Spaß jedoch endgültig vorbei.

Hunde werden beschlagnahmt

Die vielleicht schwerste Last, die die englischen Untertanen zu tragen hatten, war mit der Art verbunden, in der James seine Jagdhunde beschaffte. Obwohl er eigene Zwinger besaß, ließ James seine Meuten häufig durch gute Hunde seiner Untertanen verstärken: Er nahm sich die Hunde einfach. Im Jahre 1616 ernannte er Henry Mynours zum *Master of the Otterhounds* und erlaubte ihm, „für uns und in unserem Namen aus allen englischen Regionen ... so viele Bluthunde, Beagles, Spaniel und Mischlinge, dazu Rüden und Hündinnen, für die Jagd auf Fischotter zu requirieren, wie Henry Mynours für angemessen hält." Selbst wenn ein Untertan einen Hund besaß, der sich nicht zur Jagd eignete, wie z. B. einen Wach- oder Schäferhund, musste er damit rechnen, dass sein Hund beschlagnahmt oder sogar getötet wurde, denn die Urkunde sagte weiter aus: „Hiermit autorisieren wir den genannten Henry Mynours, alle Hunde zu entfernen, die unsere Jagdtiere schädigen oder die Jagden behindern könnten." Damit war der *Master of the Otterhounds* berechtigt, Hunde aus ganz England zu beschlagnahmen.

Es gab Leute, die es ganz gerne sahen, dass ihre geliebten Hunde in den Meuten des Königs ein gutes Leben führten. Andere mussten jedoch mitansehen, wie ihnen ihre Hunde weggenommen und in den sicheren Tod getrieben wurden. James hatte nämlich noch eine weitere Passion, zu der er die Hunde seiner Untertanen brauchte. Als junger Mann hatte James eine Leidenschaft für den Bullen- und Bärenkampf entwickelt. Der Kampf von wilden Tieren ging auf die Römer zurück, die dieses Spektakel bis zum Tode als Sport ansahen. In Rom waren alle denkbaren Kombinationen von Menschen und Tieren an solchen Kämpfen beteiligt. In England fanden sie ohne menschliche Kämpfer statt – nur Tiere dienten als Gladiatoren.

Beim Bullenkampf band man einen Bullen in einer Grube an und ließ ihn gegen mehrere Hunde kämpfen. Wenn es einem der Hunde gelang, den Bullen an der Nase oder der Kehle zu packen und ihn zu Boden zu zwingen, galt der Kampf als entschieden. Tötete der Bulle dagegen einen der Hunde oder verletzte ihn schwer, hatte der Bulle gewonnen.

Manchmal band man statt des Bullen einen Bären an oder ließ zwei Hunde gegeneinander kämpfen. Dabei ging es keineswegs nur um Gewinn oder Niederlage, sondern auch um Geld:Die Zuschauer wetteten auf den Sieger, auf die Dauer der Kampfes, den ersten Blutverlust oder andere Dinge.

James war so besessen von diesem „Sport", dass er ständig nach neuen Nervenkitzeln suchte. So stieß er auf die Schriften von Abraham Ortelius, einem Reiseschriftsteller des 16. Jahrhunderts, der behauptete, ein englischer Mastiff sei mutig wie ein Löwe. Da man im Tower von London einige Löwen hielt, ordnete James einen Kampf zwischen einem Löwen und drei Mastiffs an.

James ließ die Hunde einzeln auf den Löwen los. Die ersten beiden überlebten den Kampf nicht, doch der letzte verletzte die Großkatze so schwer, dass sie sich in ein für sie eingerichtetes Versteck zurückzog. Der Hund wurde zum Sieger erklärt und erhielt ein fürstliches Gnadenbrot – der König stand auf dem Standpunkt, dass ein solcher Sieger sich nicht mehr mit gewöhnlichen Kreaturen abzugeben brauche. Dieser Hund hatte das große Los gezogen, denn üblicherweise musste der Sieger im nächsten Kampf gegen einen noch stärkeren Gegner antreten. Selten überlebten Hunde mehrere Kämpfe.

Neben Henry Mynours, der überall in England geeignete Hunde für das Vergnügen des Königs beschaffte, ernannte James Edward Alleyn zum „Oberaufseher, Leiter und Aufseher aller Spiele mit Bären, Bullen und Mastiffs". So hatte auch Alleyn das uneingeschränkte Recht, alle Hunde zu requirieren, die er für geeignet hielt. Dass der König Hunde für die Jagd und seine privaten Spiele holte, machte ihn äußerst unbeliebt. Die meisten Hundebesitzer gaben ihre Tiere nur äußerst widerstrebend ab. Je häufiger dies vorkam, desto feindlicher begegnete man den Boten des Königs, einige wurden sogar angegriffen oder geschlagen. Der Widerstand war so groß, dass sich die örtlichen Richter sogar weigerten, die Beschuldigten vor Gericht zu bringen.

Manche Städte einigten sich mit dem Königshof: Sie sandten einige gute Hunde, wenn man ihnen versprach, dass die verhassten Hundefänger des Königs keinen Fuß mehr in die Stadt setzten.

Nach einer Weile regte sich eine weitere Form des Widerstands. Die Puritaner, die damals die Mehrheit im Parlament stellten, hielten die Jagd für eine Sünde. Sie erinnerten James daran, dass der Gott des Alten Testamentes König Nimrod, den Jäger, verdammt hatte. Nimrod wurde als großer Jäger beschrieben und die Puritaner glaubten, dass seine Jagdleidenschaft sündig gewesen sei. Sie räumten zwar ein, dass Tiere dem Menschen dienen und ihn versorgen mussten, bestritten jedoch, dass Tiere auch für die grausamen Vergnügungen des Menschen herhalten mussten. Alles, was James unter dem Druck der Öffentlichkeit dazu einfiel, war ein Verbot der Sonntagsspiele. Ansonsten änderte sich nichts.

Hunde für den königlichen Sport

Nach James Tod 1625 bestieg sein unseliger Sohn Charles I. den englischen Thron. Es war eine Zeit großer sozialer, finanzieller und religiöser Umbrüche und Charles war nicht der richtige Mann für eine solche Zeit. Wie sein Vater glaubte auch er fest an das göttliche und unveränderliche Recht des Königs. Als er den Eindruck gewann, das Parlament behindere sein Tun, löste er es kurzerhand auf. Das führte zum Konflikt mit den Parlamentsmitgliedern, der immer weiter eskalierte. Da Charles außerdem nicht daran dachte, die unpopulären Jagden einzustellen und weiter Hunde einziehen ließ, verlor er auch auf dem Land immer mehr Gefolgsleute. Schließlich kamen weite Teile der Bevölkerung zu der Überzeugung, dass ein Bürgerkrieg unvermeidlich sei.

Charles unternahm nichts, um die blutrünstigen Tierkämpfe einzustellen, denn er liebte sie genau so wie sein Vater. Auch er stockte seine Hundemeute mit beschlagnahmten Tieren seiner Untertanen auf. Nur drei Jahre nach seiner Inthronisation geriet Charles in direkten Konflikt mit der Familie, die letztlich den Niedergang des Königtums und seine Hinrichtung zu verantworten hatte – mit Oliver Cromwell. Dieser Konflikt entzündete sich an der Requirierung von Hunden. Oliver Cromwell war kein General und Revolutionär, sondern ein puritanischer Landadliger, Onkel und Pate des späteren Bürgerkriegsführers.

Cromwell hatte schon James mehr als einmal mit „schnellen und ausdauernden" Hunden versorgen müssen. Offiziell waren sie als „Geschenk" an den König gegangen. Zu Charles' Zeiten wurden die „Geschenke" allerdings nicht mehr freiwillig übergeben, sondern mussten mit Gewalt eingezogen werden. Charles hatte Lord Compton zum Oberaufseher der königlichen Hundemeute ernannt und ihn ermächtigt, „Greyhounds und andere Hunde für den königlichen Sport und Erholung" einzuziehen. Einer der Betroffenen war Oliver Cromwell, der Ältere. Er wollte einen offenen Konflikt vermeiden und lieferte die Hunde aus – allerdings erst, als Lord Compton mit einem Trupp Soldaten vor seiner Tür stand. Man kann sich leicht die Gefühle von Cromwell und anderen Landadeligen angesichts ihrer Rolle als unfreiwillige Helfer für die königlichen Jagden von Charles vorstellen. Ihre Bitterkeit erhielt noch dadurch Nahrung, dass sie ihre Lieblingstiere abgeben mussten. Ihre Hunde waren nicht nur wichtige Helfer bei den eigenen, kleineren Jagden, sondern wurden vielfach auch als Teil der Familie geschätzt.

Als sich Charles dazu entschloss, die königlichen Wälder auszuweiten, wurden die Landedelleute mit einer weiteren Zumutung konfrontiert. Obwohl Charles bereits fast 70 Wälder besaß, wollte er die königlichen Bannforsten wieder auf die Gebiete ausdehnen, auf die das Königshaus schon seit Jahrhunderten verzichtet hatte. Nicht zuletzt wollte Charles damit seine Einkünfte erhöhen, denn nach seinem Streit mit dem Parlament hatten die Minister das Recht des Königs auf Steuereinnahmen beschnitten. Die Einwohner in den neuen königlichen Wäldern wurden zu Untertanen der Krone ernannt und waren dem König unmittelbare Steuern und Pacht schuldig.

Die neuen Besitzverhältnisse betrafen auch die Hundebesitzer außerhalb der Wälder, denn in den königlichen Wäldern war es Menschen und Hunden verboten zu jagen – nur dem König und seinen Gästen stand dieses Recht zu. Tatsächlich durfte jeder große Hund, der in oder nahe einem königlichen Wald entdeckt wurde, verstümmelt werden, sodass er nie wieder wildern konnte. Die Förster hatten das Recht, jedem wildernden Hund drei Vorderzehen abzuschneiden, die Kniesehen zu durchtrennen oder die Fußballen zu entfernen. Danach konnte sich ein Hund nur noch humpelnd fortbewegen und war unfähig, ein schnelles Tier zu verfolgen.

Nach der Ausweitung der Jagdbannwälder mussten Familien, die seit Jahrhunderten auf dem Land gelebt hatten, ihre Jagdrechte abgeben und auch damit rechnen, dass die königlichen Förster ihre Hunde verstümmelten. Diese Politik war so unbeliebt, dass der König seine Forderungen häufig nur mit Waffengewalt durchsetzen konnte. Viele der wütenden Hundebesitzer schlossen sich aus Enttäuschung später den Revolutionären gegen den König an.

Die englische Revolution begann im Oktober 1642. Die Anhänger der Parlamentarier wurden *Roundheads* („Rundköpfe") genannt, denn viele der Puritaner schnitten sich ihre Haare, indem sie sich einen Topf über den Kopf stülpten und am Rand abschnitten. Die Königstreuen wurden als *Cavaliers* bezeichnet, ursprünglich der Name für berittene Soldaten und Ritter. Während ein Kavalier früher für Ehrenhaftigkeit stand, verkehrte sich die Bezeichnung während der Revolution in ein Synonym für jeden Anhänger des Königs mit aristokratischem oder hochmütigem Gehabe.

In einer Hinsicht waren die Königstreuen erheblich im Vorteil: Da die Reiter gewöhnt waren, bei der Jagd hinter schnellen Hunden herzujagen, verfügte der König über eine schlagkräftige Kavallerie.

Prinz Rupert und der „Teufelshund" Boye

In den vorangegangen Zeilen habe ich über die allgemeine Ablehnung berichtet, die der König unter den Landbesitzern mit ihren Hunden heraufbeschworen hatte. Nun will ich von einem bestimmten Hund und seine Rolle im englischen Revolutionskrieg erzählen. Viele Hunde dienten im Krieg als Maskottchen: Sie sollten die Moral stärken oder halfen einzelnen Heerführern dabei, das seelische Gleichgewicht zu behalten. Solche Hunde bekamen die Gegner nur selten zu Gesicht, sodass sie wohl kaum einen Einfluss auf deren Moral oder Mut hatten. Eine Ausnahme war der Hund des Prinzen Rupert von der Pfalz – ein Hund, der unter dem Namen „Teufelshund der Cavaliers" bekannt wurde.

Prinz Rupert machte sich einen Namen als einer der besten Heerführer der königlichen Truppen. Zu Beginn des Krieges errang er dank seines taktischen Genies und seiner Hingabe als Kavallerieoffizier viele Siege. Rupert wurde 1619 in Prag geboren. Sein Vater war damals Kurfürst der Pfalz; schließlich wurde er als Friedrich I. König von Böhmen. Rupert war über seine Mutter, eine Schwester Charles I., mit dem englischen Königshaus verbunden. Als Rupert seinen Onkel Charles 1636 besuchte, war dieser von seinem geistreichen Neffen sehr angetan.

Rupert hatte das Kriegshandwerk schon als Kind erlernt. Er war intelligent, sehr tapfer und liebte es zu kommandieren, daher wurde er bereits im Alter von 18 Jahren zum Offizier ernannt –

seine königliche Verwandtschaft spielte dabei natürlich auch eine Rolle. Die wilde Jagd auf schnellen Pferden hinter den Hundemeuten hatte ihn zu einem hervorragenden Reiter gemacht und bestens auf sein Kommando vorbereitet.

Schon nach einem Jahr trat er in den Dienst des Kurfürsten und kämpfte im 30-jährigen Krieg gegen die kaiserlichen Truppen. In den Kämpfen zeichnete er sich durch eine besondere Hingabe aus – manche sprachen auch von Gewissenlosigkeit. Er war ein geschickter Taktiker und konnte seine Soldaten loyal hinter sich scharen.

Rasch stieg Rupert zum Kommandeur der Dragoner auf, einer schwer gepanzerten Reitertruppe. Als die kaiserlichen Truppen die Belagerung von Lemgo durchbrachen, musste sich Rupert mit den übrigen Truppen zurückziehen. Ob es an der unvollkommenen Übermittlung der Befehle lag oder der Kommandeur General James King einen taktischen Fehler beging – die Truppen marschierten genau auf die Hauptmacht der kaiserlichen Truppen zu. In der Schlacht bei Vlotho an der Weser war Rupert umzingelt und zahlenmäßig unterlegen. Man nahm ihn gefangen und hielt ihn drei Jahre im österreischischen Linz fest.

Damals mussten adlige Gefangene allerdings nicht in düsteren Verliesen schmachten. Sie wurden menschlich behandelt und hatten viele Annehmlichkeiten. Gewöhnlich durften sie in die Heimat zurückkehren, nachdem man von dort ein Lösegeld für sie bezahlt oder andere Zugeständnisse gemacht hatte. Rupert durfte seine militärische Ausbildung vollenden. Ihm wurde erlaubt, unter Aufsicht zu reiten und zu jagen. Die meiste Zeit brachte er jedoch in seinen Räumen zu und hatte kaum soziale Kontakte. Damals trat ein Hund in sein Leben.

Der weiße Pudel Boye

Der englische Botschafter in Wien war Lord Arundell. Charles hatte ihn gebeten, sich um Rupert zu kümmern, bis alle Verbindlichkeiten geregelt waren. Der Botschafter brachte Rupert einen Hund als Gefährten mit, In den Geschichtsbüchern wird dieser Hund Boye genannt und als großer, weißer Pudel beschrieben. Obwohl Boye in den zeitgenössischen Karikaturen und einem Porträt von Prinzessin Louise in der Tat als Pudel dargestellt wird, war er für seine Rasse sehr groß – groß und stark genug, um mit dem Pferd seines Herrn Schritt zu halten. Nach Angaben der Countess von Sussex, die Rupert einige Jahre später auf einer Jagd in Buckinghamshire begleitete, half Boye dabei, fünf Rothirsche zu bezwingen (eine enorme Leistung für einen Pudel!).

Während der Gefangenschaft war Boye der wichtigste Gefährte des Prinzen und Rupert verbrachte viele Stunden mit der Erziehung des Hundes. In dieser Zeit entstand eine tiefe Beziehung, die halten sollte, so lange der Hund lebte. Boye lernte jede Stimmung und jeden Wunsch Ruperts zu erahnen.

Unmittelbar nach seiner Entlassung kehrte Rupert nach England zurück, um seinem Onkel in dem beginnenden Bürgerkrieg beizustehen. Obwohl er gerade erst 23 Jahre alt war, erhielt er wegen seiner Erfahrungen in der Armee des Kurfürsten das Kommando über die Kavallerie. Rupert wurde ständig von seinem lockigen, weißen Pudel begleitet. Wenn er aß, war Boye an seiner Seite; hielt er Kriegsrat mit dem König oder militärischen Kommandeuren, wurde er von Boye begleitet. Selbst in der Kirche oder wenn Rupert die Parade seiner Truppen abnahm, wich Boye nicht von seiner Seite. Der Hund schlief sogar in Ruperts Bett.

Offenbar war Boye ein äußerst liebenswürdiger Hund. Wie ein Politiker erkannte er zielsicher, welche Besucher wichtig waren. Daher behandelte er König Charles – gleich nach seinem Herrn – mit der größten Zuneigung.

Charles, der Hunde zutiefst liebte, reagierte sehr positiv auf die Liebe des Hundes. Man sagte, dass der König selbst „weder aß noch trank, sondern den Hund zu füttern pflegte. Und womit? Mit Kapaunhälften und anderen großen Brocken".

Saß Charles bei anderen Gelegenheiten auf seinem Thronsessel, lud er Boye ein, neben ihm zu sitzen, während er sich mit seinen Beratern unterhielt. Ein Sympathisant der Roundheads schrieb: „Es ist zu erwarten, dass ihn der König zum Sergeant-Major-General Boye ernennt. Eines ist jedenfalls klar: Der König liebt den Hund so sehr, dass einige Höflinge das Tier beneiden."

Wegen seiner Größe und der weißen Farbe war Boye schon aus großer Entfernung zu erkennen. Wo Boye auftauchte, war auch der Prinz nicht weit, und da ihn seine Soldaten liebten, wurde der Hund zu einem ermunternden Symbol und zum Zeichen, sich zu sammeln. Unter dem Kommando von Rupert und seinem Hund Boye konnten die Royalisten einige glänzende Siege bei Bristol, Birmingham, Newark und Lancashire erringen und Boye wurde schon bald zum inoffiziellen Maskottchen der Armee. Nach jedem Sieg sprachen die Cavaliers Trinksprüche auf den Hund aus und manchmal sah man sie „auf den Knien, während sie auf die Gesundheit des Hundes von Prinz Rupert tranken".

Während die Anhänger des Prinzen Boye liebten und verehrten, fürchteten und hassten die gegnerischen Truppen seinen Anblick. Sie schrieben diesem „Teufelshund" alle möglichen übernatürlichen Kräfte zu. Rupert schien die Bewegungen und Pläne der parlamentarischen Armeen vorauszuahnen, daher raunten die Roundheads einander von den merkwürdigen Kräften des Hundes zu: „Boye kann sich und andere unsichtbar machen." Sie fürchteten, dass sich der Hund unsichtbar mit dem Prinzen in ihre Lager einschlich, sie ausspionierte und die Informationen gegen sie verwendete.

Da Rupert nie verwundet wurde, obwohl er stets in vorderster Front seiner Truppen kämpfte, vermuteten die Revolutionäre weitere übernatürliche Kräfte bei Boye. Sie glaubten, dass der Hund den Prinzen allein durch seine Anwesenheit unverwundbar machte. Ein Spion der Roundheads, der sich T. B. nannte, beschrieb Boye folgendermaßen: „Er ist gefeit gegen jede Waffe und kann seinen Herrn ebenfalls beschützen. Weder mir selbst noch einem anderen unserer Attentäter ist es gelungen, ihm zu schaden. Er muss durch mehr als einen Hexenzauber geschützt sein."

Kopfgeld auf Boye

Sir Edward Southcote beschreibt in seinen Memoiren, dass Boye fast mehr gefürchtet wurde als Prinz Rupert: „Die Roundheads hielten ihn für den Teufel und fürchteten, er könne sich gegen sie wenden!" John Cleveland bezieht sich in seinem Gedicht *Rupertismus* auf diese Furcht: „Sie fürchteten sogar seinen Hund, den vierbeinigen Cavalier." Cleveland fügt noch hinzu, dass die Parlamentarier glaubten, Boye sei „ohne Zweifel ein Teufel".

Da der Anblick des Hundes derart demoralisierend auf die Truppen der Parlamentarier wirkte, setzte man einen Preis auf seinen Kopf aus. Die Soldaten wurden angewiesen, den Hund auf jeden Fall zu töten, wenn sie ihn sahen – selbst auf die Gefahr hin, dass dadurch Rupert oder einer seiner kommandierenden Offiziere verschont würde. Es wird behauptet, dass Sir Thomas Fairfax, der Oberbefehlshaber der Roundhead-Truppen, zu seinen Offizieren sprach: „Mir ist zu Ohren gekommen, dass wir nur dann siegen werden, wenn es uns gelingt, diesen Höllenhund zu töten."

Boyes Tod und die verheerende Niederlage

Am 2. Juli 1644 endete die Serie von Ruperts Siegen und damit die Hoffnung auf den Gesamtsieg der Royalisten in der Schlacht von Marston Moor – hier verlor Boye sein Leben. Trotz der Siege der königlichen Armeen waren die Roundheads keineswegs bereit, den Kampf aufzugeben, und König Charles begann bereits zu verzweifeln. In dieser Stimmung schrieb er an Rupert. Rupert interpretierte den Brief als Befehl, nach York zu marschieren, um die belagerte Stadt zu befreien und die Schlacht mit der Hauptmacht des Feindes zu suchen. Rupert war stets loyal und gehorsam, und obwohl er die Situation strategisch anders bewertete und keine Chance auf Erfolg sah, glaubte er, gehorchen zu müssen.

Dem brillanten und tapferen Rupert gelang es, die Belagerer zu überwinden und die Stadt zu befreien. Er hielt es für das Beste, innezuhalten und seinen Truppen nach dem Sieg Ruhe zu gönnen. Der König jedoch verlangte von ihm, sich den Truppen der Parlamentarier zuzuwenden. Nach einer Jagd von sieben Meilen gelang es der parlamentarischen Armee unter Sir Thomas Fairfax, verstärkt durch schottische Truppen unter Alexander Leslie, Rupert in der Nacht beim Marston Moor zu überraschen. Oliver Cromwell kommandierte den linken Flügel der parlamentarischen Truppen. Es gelang ihm, die Kavallerie Ruperts zu zerstreuen, sie rechts zu umgehen und zum Zentrum der königlichen Truppen vorzustoßen.

Charles Armee musste die erste militärische Niederlage hinnehmen – und die endete in einer Katastrophe. Die Royalisten verloren 4 000 Mann, genauso viele wurden gefangen und die meisten Kanonen erbeutet. Damit verlor Charles nicht nur die Kontrolle über York, sondern über den gesamten Nordteil des Landes.

Die Niederlage der Cavaliers im Marston Moor hatte für zwei der Teilnehmer große Konsequenzen. Während Oliver Cromwell nach seinem Erfolg zum wichtigsten Heerführer der Roundheads aufstieg, war die Niederlage für Prinz Rupert eine persönliche Katastrophe – er hatte nicht nur seine Armee verloren, sondern auch seinen geliebten Gefährten Boye.

Es gibt unterschiedliche Geschichten über Boyes Ende. Manche behaupteten, man habe vergessen, den Hund vor der Schlacht anzubinden. Andere glaubten, Boye habe sich selbst befreit und sei zwischen die Kämpfenden geraten. Wieder andere erzählten, dass Boye wie immer als Ruperts Maskottchen an der Schlacht teilgenommen habe, diesmal jedoch den Feinden zu nah kam.

Ein Offizier der Roundheads behauptete, man habe mehrere bewaffnete Männer zu dem Ort geschickt, an dem Boye gehalten wurde. Dort habe man den Hund gebunden und lebend auf das Schlachtfeld mitgenommen, um die Cavaliers zu demoralisieren. (Vielleicht nahmen sie auch an, es bedürfe des Beistands von Kirchenmännern, um die teuflische Macht des Hundes zu brechen.) Wie auch immer: Boye wurde mit mehreren Kugeln im Leib und vielen Stichwunden gefunden – offenbar wollten ihn die Angreifer auf jeden Fall töten.

Als Rupert diese Nachricht hörte, konnte er seine Tränen kaum zurückhalten. Er bemühte sich nach Kräften, seine Bestürzung nicht zu zeigen, und tat dieses Unglück als eine weitere Katastrophe des tragischen Tages ab. Den Tod seines Hundes kommentierte er allerdings mit dem größten Kompliment, das ein Kavallerieoffizier einem Tier machen konnte: „Es wäre mir lieber gewesen, ich hätte mein bestes Pferd verloren." Als er diese Worte sprach, brach ihm die Stimme und seine Tränen flossen erneut. Um kein weiteres Zeichen von Schwäche zu zeigen, drehte er sich um und verließ seine Offiziere.

Als die Nachricht von dem Sieg bei Marston Moor das Parlament erreichte, kannte die Freude unter den Roundheads keine Grenzen. Während man in Schriften die Siege der eigenen Generäle pries, waren die extremen Puritaner besonders froh über den Tod Boyes und Ruperts offenkundige Trauer. Schon bald verbreitete sich ein Gedicht mit dem Titel „Die Elegie eines Hundes oder Ruperts Tränen". Daraus hier einige Zeilen, die die Freude der Roundheads verdeutlichen.

Klagt, arme Cavaliers, heult und jault
Um den großen Verlust eures bösartigen Welpen.
Er ist tot! Er ist tot! Nie wieder kann er
eure Dämme beschützen oder Siege erringen.
Wie traurig, dass der Sohn des Blutes hören musste
vom Tod seines struppigen Cavaliers.
Er tobte, zerriss seine Perücke und schwor,
nie wieder gegen die Roundheads zu kämpfen.

Tatsächlich schien die Zuversicht Ruperts gebrochen. Er hatte nur wenige persönliche Freunde, und Boye hatte ihm den Rückhalt und die Gesellschaft gegeben, die seine Seele im täglichen Leben brauchte. Nach dem Verlust von Boye schien der junge Kommandeur sogar seinen Schneid verloren zu haben: Bei allen noch folgenden militärischen Konflikten mied er große Risiken. So lange Rupert noch in Diensten von Charles stand, wurde er regelmäßig von Depressionen geplagt. Manchmal nahm er bei Tisch einen Bissen in die Hand und blickte traurig zur Seite, wo sonst Boye gesessen und auf einen Leckerbissen gewartet hatte. Auch Ruperts Truppen waren nicht mehr so zuversichtlich wie früher. Die sonst üblichen Scherze wie z. B. Trinksprüche auf „unsere lockige Siegesflagge" oder auf die Gesundheit „unseres Helden und seines Hundes", die die Stimmung unter den Sodaten gehoben hatten, gehörten auf ewig der Vergangenheit an.

Die Truppen des Parlamentes wähnten mit dem Tod von Ruperts Höllenhund auch alle übernatürlichen Kräfte, die den Cavaliers hätten helfen können, geschwunden. Da ihre Furcht erloschen war, stiegen ihr Mut und ihr Kampfeswillen. Als die royalistischen Truppen unter Rupert in der Schlacht von Nasby die vermutlich entscheidende Niederlage erlitten, ermunterten die Roundheads ihre Truppen mit dem Schlachtruf: „Ruperts weiße Hexe ist tot. Wir können sie schlagen!"

Prinz Rupert siegte nie wieder in einer Schlacht gegen die parlamentarischen Armeen. Letztlich verloren die Royalisten den Krieg und Charles sogar sein Leben. Zumindest in gewisser Weise war am Beginn des Krieges die Liebe eines Königs zu Hunden und der Jagd beteiligt. Und vielleicht wurde auch der Krieg in gewisser Weise durch den Tod eines lockigen, weißen Hundes beim Marston Moor entschieden.

Friedrich II. und seine Hunde

König Friedrich II. von Preußen ging als brillanter militärischer Stratege in die Geschichte ein. Er siegte in vielen Schlachten und mehrte Preußens Macht und Einfluss. Außerdem war er – sehr ungewöhnlich für jene Zeit – ein Sozialreformer mit großer religiöser Toleranz. Er komponierte Musik und schrieb Gedichte, dazu zahlreiche Bücher über Geschichte, Staatsführung, Politik und militärische Strategie. In seiner Regierungszeit setzte er wichtige Reformen in Gerichtswesen, Landwirtschaft, Handel und vielen anderen Bereichen durch – all das trug dazu bei, dass ihm der Ehrentitel „der Große" verliehen wurde. Der französische Autor und Philosoph Voltaire sagte 1772 über ihn: „Er führt Schlachten ebenso selbstverständlich wie er eine Oper schreibt ... er hat mehr Bücher geschrieben als andere Fürsten seiner Zeit uneheliche Kinder haben; und er hat mehr Schlachten gewonnen, als Bücher geschrieben."

An seinem Krönungstag notierte Friedrich: „Eine Krone ist nur ein Hut, der den Regen durchlässt", und später: „Mir ist nie ein Hund begegnet, den ich nicht leiden konnte." Seine Erfahrungen aus der Jugendzeit ließen ihn die Krone so beiläufig annehmen und waren auch die Ursache dafür, dass er menschlichen Beziehungen misstraute. Als Ersatz für fehlende, enge Beziehungen zu anderen Menschen entwickelte Friedrich eine hingebungsvolle Liebe zu seinen Hunden (vielleicht war es sogar eine psychologische Abhängigkeit). Friedrichs Hunde waren kein Teil der Geschichte, sondern Bestandteil des Lebens eines äußerst erfolgreichen, aber sehr verletzlichen Mannes.

Die Kindheit Friedrichs des Großen

Auch die Kinder eines Königs waren in früherer Zeit nicht vor Ablehnung oder Misshandlungen gefeit. In gewisser Weise unterlagen Prinzen während ihrer Jugend sogar einem höheren Risiko von Misshandlungen als andere Menschen. Denn schon damals schritten zwar Polizei und Richter ein, wenn eine ernste Kindesmisshandlung bekannt wurde, sei es auch nur in Form eines Verbots oder um ein Exempel zu statuieren, doch wer holte die Polizei, wenn ein König sein Kind misshandelte?

Der junge Friedrich litt unter solchen körperlichen und seelischen Züchtigungen – sie sollten sein Leben verändern. Warum er derart drakonische Strafen erleiden musste, ist auf die Geschichte seines Vaters (Wilhelm I.) und Großvaters (Friedrich I.) zurückzuführen. Friedrich wurde 1712 in Potsdam bei Berlin geboren. Seine beiden älteren Brüder überlebten die frühe Kindheit nicht. Seine ältere Schwester Wilhelmine stand ihm sehr nah, doch Friedrich fühlte sich eher zu seinen jüngeren Brüdern und Schwestern hingezogen – mehr als jene sich in den späteren Jahren zu ihm. Die dominante Figur in den ersten 28 Jahren von Friedrichs Leben war sein Vater, König Wilhelm I.

Für den Großvater, Friedrich I., waren Prunk, Mode und die Repräsentation des Königtums von herausragender Bedeutung. Er liebte die Kunst, die Kultur und den Lebensstil des französischen Königs Ludwig XIV. und übernahm diesen Stil an seinen eigenen Hof. Es gab viele Minister, deren Aufgabe allein darin bestand, den Tagesablauf zu organisieren, und die dafür mit Titeln, Ländereien und hohen Pensionen belohnt wurden. Letztlich trieb Friedrich I. das Land mit seiner Prunksucht in den finanziellen Ruin. Wilhelm I. hielt seinen Vater für leichtsinnig und setzte unmittelbar nach seiner Krönung drastische Änderungen durch.

Wilhelm war ein harter, militärischer Mann, dem alles daran lag, sein Land zu stärken und zu einigen. Er beschnitt den Einfluss der Minister oder übernahm ihre Aufgaben selbst. Er war zwar kein guter Redner (daher war es oft schwierig, seine Anweisungen und Wünsche nachzuvollziehen, zumal er diese nur selten schriftlich festhielt), verstand aber sehr viel von Wirtschaft und Verwaltung und war für die damalige Zeit ein guter Außenpolitiker. Nach seiner Überzeugung stand es einem König nicht zu, ein „Weiberleben" zu führen, vielmehr musste ein König stets die Kontrolle über alles behalten. Wilhelm bezeichnete sich als „König von Preußen, Finanzminister und Oberbefehlshaber". Er kam mit dieser Politik gut zurecht. Häuser, Fabriken, Arsenale und Krankenhäuser ließ er bauen, um seinem durch den 30-jährigen Krieg entvölkerten Land wieder Bevölkerungszuwachs zu sichern. Schon bald hatte Preußen eine gut funktionierende Wirtschaft und volle Staatskassen.

Wilhelm gründete zwei Dragonerregimente, um die Armee beweglicher und schlagkräftiger zu machen. Die Dragoner waren mit Musketen und Säbeln ausgerüstet – ein neues Bewaffnungskonzept in der damaligen Zeit. Außerdem übernahm er die modernsten Kampfstrategien seiner Militärexperten: Seine Truppen marschierten im Gleichschritt und führten Angriffe mit den Bajonetts durch.

König Wilhelm hasste alles, was sein Vater geliebt hatte, insbesondere jeglichen französischen Einfluss, sei es in der Kultur, Tradition oder beim Essen. Auch das französische Schulsystem lehnte er ab, damit auch die Ausbildung in den klassischen Fächern wie Latein, Kunst, Musik usw. Die Privilegien des Hofes wurden beschnitten. So sehr war Wilhelm gegen jeglichen Prunk, dass er alles Silber der königlichen Residenzen verkaufen ließ und seinen Gästen das Essen auf Holz- und Zinngeschirr servierte. Weder er noch seine Söhne durften reich geschmückte Kleidung tragen, da sie in seinen Augen „weibisch" war.

In diesem nüchternen Klima wuchs Kronprinz Friedrich auf. Wilhelm hatte eine klare Vorstellung davon, wie die Entwicklung eines Prinzen auszusehen hatte, der ein guter Herrscher und General werden sollte – und er setzte seine Überzeugung mit harter Hand durch. Vermutlich litt Wilhelm unter einer Stoffwechselkrankheit, die in einem Ungleichgewicht der Porphyrine besteht. Je nach Patient wird diese Krankheit von starken Unterleibsschmerzen, Lähmungserscheinungen, Blasenproblemen und Stimmungsschwankungen begleitet. Auch der britische König George III. litt unter dieser Krankheit, die sich in der englischen Königsfamilie bis zu der schottischen Königin Maria zurückverfolgen lässt. In der Frühphase dieser Krankheit kommt es zu heftigen Temperamentsausbrüchen. Und in solchen Phasen wurde Wilhelm seinen Kindern gegenüber gewalttätig.

Wann immer der König in Rage geriet, schlug und trat er auf Friedrich ein, um seinen Befehlen Nachdruck zu verleihen. Schon bald stellte sich heraus, dass der junge Prinz ein zierlicher und zarter Junge war und Gewalt verabscheute.

Obwohl er Hunde und Pferde mochte und auch gerne ritt, lehnte er die Jagd – eine der wenigen akzeptierten Freizeitbeschäftigungen eines Mannes – ab. Friedrich las gerne und liebte die Musik. Seine Mutter Sophia Dorothea wollte ihn zu einem literarisch und kulturell gebildeten Mann erziehen. Daher sorgte sie hinter dem Rücken ihres Mannes dafür, dass Friedrich Französisch und Latein und das Flöten-, Lauten- und Klavierspiel erlernte. Wilhelmine, die ältere Schwester von Friedrich, war seine Vertraute und mit der Hilfe ihrer Mutter beschaffte sie Friedrich die notwendigen Bücher, meist in Französisch.

Sobald der Vater an seinem Sohn etwas entdeckte, was nach Kultur „roch", oder wenn Wilhelm das Gefühl hatte, dem Knaben fehle „männliche Zurückhaltung", geriet Friedrich in Schwierigkeiten. Er wurde geprügelt, wenn er französische Gedichte las, mit einer silbernen Gabel aß oder bei kaltem Wetter Handschuhe trug und selbst dann, wenn ihn ein bockendes Pferd abwarf. Die Züchtigungen fanden meist vor Zeugen statt: vor Familienmitgliedern, Höflingen, Soldaten oder sogar Besuchern.

Für den Prinzen gab es keine ungefährlichen Begegnungen mit dem Vater. Eines Tages wandte sich Wilhelm ganz väterlich an seinen Sohn, um mit ihm über seine zukünftigen Aufgaben zu sprechen: „Glaube mir, denke nicht an Eitelkeiten, sondern tue, was richtig ist. Achte auf eine schlagkräftige Armee und sorge für gefüllte Staatskassen – das ist die Sicherheit und Gemütsruhe eines Prinzen." Und doch konnte er es nicht lassen, seine Unterweisung durch einen Schlag ins Gesicht des Prinzen zu bekräftigen.

Der König versuchte, alle Schritte Friedrichs zu kontrollieren. Sein Lehrer wurde geschlagen und entlassen, weil er Friedrich erlaubt hatte, ein in Latein geschriebenes Geschichtsbuch zu lesen. Als neuer Lehrer wurde Jaques Duhan de Jandun eigestellt, ein hugenottischer Soldat, der Wilhelm während der Belagerung von Stralsund aufgefallen war. De Janduns Vater war der Sekretär des großen französischen Generals Turenne, daher hielt man ihn für den geeigneten Lehrer, einen zukünftigen, großen General auszubilden.

Im Alter von sechs Jahren wurde Friedrich einer eigenen Kadettengruppe von 131 Jungen zugeteilt und mit ihnen gedrillt. Das lief nicht etwa spielerisch ab, sondern sollte ihn daran erinnern, dass sich sein zukünftiges Leben um die Armee mit ihrer strengen Disziplin und Kommandostruktur drehen würde.

Als Kind hatte Friedrich kaum Freunde, offene Gespräche konnte er nur mit seiner Schwester Wilhelmine führen. Seine Mutter stärkte ihm zwar gelegentlich den Rücken, war aber viel zu sehr mit ihren eigenen politischen Angelegenheiten beschäftigt – ihr Ziel war es, die Kinder bestmöglich zu verheiraten. Da der König seinen ältesten Sohn genau überwachte, hatte Sophia Dorothee nur wenig Gelegenheit, mit Friedrich zu sprechen. Dafür verbrachte sie so viel Zeit wie möglich mit den anderen Kindern. Aus diesem Grund wuchs Friedrich bis auf die gelegentlichen Kontakte mit seinen Kadetten recht isoliert auf.

Vierbeinige Gefährten

So überrascht es kaum, dass der einsame Junge versuchte, sich einen Gefährten unter den Hunden zu suchen. Schon als kleinem Jungen erlaubte man ihm, einen italienischen Greyhound zu halten. Der Hund ist auf einem Porträt dargestellt, das den jungen Friedrich im Alter von etwa vier Jahren mit seiner Schwester Wilhelmine zeigt.

Italienische Greyhounds sind die kleinsten Vertreter der Greyhounds. Heute erreichen sie etwa 30 bis 35 cm Schulterhöhe. Trotz des Namens stammt die Rasse vermutlich aus Ägypten, wo man ähnliche, mumifizierte Tiere in einem Pharaonengrab gefunden hat. Römische Soldaten brachten die kleine Greyhound-Rasse nach Italien. Dort wurden ihre Vertreter als Geschenke zwischen reichen Familien ausgetauscht und stiegen schließlich zu königlichen Ehren auf: Der englische König James I., in Russland Zarin Katharina die Große und Peter der Große sowie Anne von Dänemark besaßen solche Hunde. Vermutlich erhielt Friedrich seinen ersten

Hund als Geschenk von seinem Onkel, König George II. von England. Diese frühe Erfahrung sollte Friedrich zu einem lebenslangen Freund der italienischen Greyhounds werden lassen.

Leider erlaubte man ihm nicht lange, den Hund zu behalten. Nach Meinung des Königs war die Rasse zu klein und damit nutzlos für die Jagd und nur als Schoßhund für Frauen und kleine Kinder geeignet. Als Friedrich sechs oder sieben war, nahm man ihm den Hund wieder ab und brachte ihn bei einer seiner Tanten in Potsdam unter. Der Junge war sehr enttäuscht und bat einen der königlichen Diener, ihm den Hund doch zurückzubringen. Als der Diener gehorchte und der König davon erfuhr, geriet er wie so oft in fürchterliche Wut. Der Diener wurde geschlagen und musste einen Monatslohn Strafe bezahlen. Auch Friedrich bekam Schläge und der Hund blieb nur aus Rücksicht auf die englische Königsfamilie am Leben. Allerdings wurde er ins Exil geschickt, sodass Friedrich künftig nur ab und zu mit den Hunden seiner Schwestern spielen durfte.

Fluchtversuch

Dauernde Kritik, soziale Isolation und grausame körperlichen Strafen führten dazu, dass Friedrich sich in Täuschungen und Betrügereien flüchtete – manchmal mit Hilfe seiner Schwester Wilhelmine. Im Alter von 18 war seine Situation hoffnungslos. Er begann seine Flucht zu planen, wollte bis Holland kommen und von dort nach England zu seinem Onkel, König George II., übersetzen. Friedrich hoffte dort Asyl zu finden, um nach dem Tode seines Vaters seinen Anspruch auf den Thron geltend zu machen. Mit der Hilfe von zwei Freunden aus der Armee, den Leutnants Hans Herrmann von Katte und Peter Charles Christopher Keith, wollte er den Plan in die Tat umsetzen.

Unglücklicherweise wurde der Plan jedoch aufgedeckt. Keith geriet in Panik und verriet den Plan an Wilhelm. Er übergab einen Brief Friedrichs an von Katte, in dem er diesem in den Plan seiner Flucht und der späteren Rückkehr einweihte. Man hielt Friedrich fest und brachte ihn auf die Yacht seines Vaters, wo gerade ein Empfang stattfand. Als Wilhelm seinen Sohn sah, geriet er in Rage, klagte ihn des Verrats an und zog seinen Säbel. General Henrik Magnus von Buddenbock stellte sich mit den Worten „nur über meine Leiche" vor den Prinzen. Wilhelm ließ den Säbel fallen und griff zu einem Rohrstock. Als man den Prinzen schließlich in Sicherheit brachte, war sein Gesicht blutüberströmt. Schließlich wurde er in der Festung von Küstrin eingesperrt. Dorthin brachte man auch von Katte, und Friedrich musste mitansehen, wie sein Freund hingerichtet wurde.

Eine Zeit lang schien es, als würde Friedrich das Schicksal seines Freundes teilen. Allerdings war er ein kluger junger Mann und arrangierte sich mit seinem Vater. Nach Wilhelms Überzeugung hatte Friedrich nicht nur den König, sondern auch seine Pflichten als Thronerbe verraten. Als Strafe wurden seine königlichen Privilegien gestrichen, er verlor seinen militärischen Rang und musste als einfacher Beamter in der Verwaltung dienen. Der Verlust der Privilegien und der Selbstbestimmung hatte verheerende Auswirkungen auf Friedrich. Da seine Mitarbeiter den König kannten und fürchteten, dass jedwede Kontakte zum Prinzen von Wilhelm oder anderen missverstanden werden könnten, vermieden sie es, sich Friedrich zu nähern. Obwohl der Prinz ständig von Menschen umgeben war, blieb er auch weiterhin isoliert. Dieser Zustand hielt etwa ein Jahr an. Als Friedrich versprach, seinen vollen militärischen Dienst und die königlichen Pflichten wieder aufzunehmen, ließ sich sein Vater erweichen. Außerdem willigte Friedrich in eine arrangierte Heirat ein.

Die vernachlässigte Ehefrau

Es wird sich kaum mit Sicherheit nachweisen lassen, welchen Einfluss das brutale Verhalten des Vaters auf Friedrichs Entwicklung hatte. Schwierig einzuschätzen sind auch die Einflüsse der sozialen Isolation und fehlender Privatsphäre in seiner Jugend. Immerhin scheint sicher, dass die Heirat für Friedrich nur ein Mittel war, der Kontrolle des Vaters zu entfliehen, denn er durfte nun außerhalb der königlichen Residenz leben.

Friedrich war kaum daran interessiert, Elisabeth von Braunschweig-Bevern, eine Angehörige des Fürstenadels, zu heiraten. Er hielt seine Frau für langweilig und uninteressant und ignorierte sie zunächst völlig. Unmittelbar nach der Hochzeit verließ er Berlin und trat für ein Jahr in den Dienst des großen österreichischen Feldherrn Eugen von Savoyen, der im Rheinland gegen die französische Armee kämpfte. Nach seiner Rückkehr zog Friedrich in das Schloss von Rheinsberg bei Berlin. In den nun folgenden Jahren lebte er mit seiner Frau zusammen – das einzige Mal in seinem Leben. Elisabeth Christine hatte sechs Hofdamen und einen Kaplan, erfuhr aber kaum Zuwendung und Gefühle von ihrem Mann.

Dennoch waren die Rheinsberger Jahre die beste Zeit in Friedrichs Leben. Zum ersten Mal im Leben durfte er seinem eigenen Willen folgen. Er verschlang sechs bis acht Stunden täglich zahlreiche Bücher über militärische Taktik, internationale Beziehungen und Wirtschaft. Die Ideen, die er damals in sich aufnahm, sollten seine eigene königliche Herrschaft bestimmen. In jener Zeit entstand auch sein erstes eigenes Buch, der *Antimachiavell*. Es erschien 1740 nach Ermunterung von Voltaire und stellte die Thesen des italienischen Staatsmannes und Philosophen Niccolò Machiavelli einer friedlichen und aufgeklärten Staatsführung gegenüber. Insgesamt veröffentlichte Friedrich viele Bücher, Traktate und Artikel; seine gesammelten Werke umfassen 30 Bände. Außerdem spielte er Flöte und komponierte Musik sowohl für Kammerensembles als auch für große Orchester.

Friedrich beschränkte seine sozialen Kontakte auf ein Minimum; er korrespondierte zwar mit den führenden Denkern seiner Zeit, hatte aber nur wenige Besucher. Zu Offizieren der Armee bestanden berufliche Kontakte. Einige davon waren loyale Anhänger des Prinzen und blieben dies bis an ihr Lebensende. Obwohl Friedrich ein unterhaltender und amüsanter Gesellschafter war, hatte er Schwierigkeiten, Wärme zu zeigen – vermutlich, weil ihm Erfahrungen mit anderen Menschen fehlten und seine eigenen von den Misshandlungen in seiner Kindheit geprägt waren.

Zu leiden schien Friedrich unter der fehlenden Zuneigung, die seine Jugend bestimmt hatte, allerdings nicht. Aus seiner emotionalen Isolation wurde er durch ein Geschenk seiner Schwester Wilhelmine befreit – eine italienische Greyhound-Hündin. Kurz darauf kaufte er einen weiteren italienischen Greyhound als Partner dazu. Diese beiden Hunde waren die ersten von etwa 35, die Friedrich sein weiteres Leben lang begleiteten und zu seinen ständigen Gefährten wurden. Wenn er morgens aufwachte, kamen sie zu ihm, und wenn er später seinen täglichen Ausritt unternahm, rannten sie bellend neben ihm her. Wenn Friedrich las, rollten sie sich auf dem Sofa neben ihm zusammen, saß Friedrich auf einem Stuhl, lagen sie zu seinen Füßen. Besucher und Mitarbeitern fiel auf, dass er häufiger mit seinen Hunden als mit seiner Frau sprach, und dass er für die Tiere mehr Zuneigung empfand als für die Menschen in Rheinsberg. Dieses Verhaltensmuster sollte Friedrich in den noch folgenden 48 Jahren seines Lebens nicht mehr verändern.

Wilhelm starb 1740. Nachdem Friedrich den Thron bestiegen hatte, machte er seinen Ministern sofort klar, dass nur er allein über die Staats- und Militärpolitik zu entscheiden hatte. Eine seiner ersten Amtshandlungen war die Abschaffung der Folter außer für Kapitalverbrechen wie Mord und Landesverrat. Er gewährte eine gewisse Rede- und Pressefreiheit sowie religiöse Toleranz und ließ sogar Jesuiten in sein vorwiegend protestantisches Land. Friedrich sorgte für gerechtere und geregelte Gerichtsverhandlungen und vereinheitlichte die bestehenden Gesetze in einem Gesetzbuch. Allerdings war er kein moderner Sozialreformer, sondern bestand auf traditionellen Unterschieden in Rang und Privilegien – dies zum Teil sicherlich auch, weil er auf die Unterstützung des Adels angewiesen war, aus dem sich der Nachwuchs für Beamte und das Offizierscorps rekrutierte.

Außerdem reorganisierte Friedrich sein Privatleben. Noch am selben Tag, an dem er vom Tod seines Vaters erfuhr, ließ er seiner Frau mitteilen, ihre Anwesenheit sei „immer noch notwendig". Er schickte Elisabeth nach Berlin, um den Palast einzurichten, und bereitete die Trennung ihrer beiden Leben vor. Sie lebte im Winter im Berliner Palast und im Sommer in Schönbrunn – mit allen Ehren einer Königin. Ausländische Diplomaten hielten fest, dass Friedrich sehr genau wusste, wer sich ihr gegenüber höflich verhielt und dies auch entsprechend würdigte. Obwohl sich König und Königin gelegentlich im selben Haus aufhielten, teilten sie niemals das Schlafzimmer.

Dennoch schlief Friedrich nicht allein. Direkt neben seinem Bett standen zwei Stühle mit bestickten Seidenkissen für die Hunde. Vor jedem Stuhl stand ein niedriger Hocker, damit die Hunde ihre Schläfplätze leichter erreichen konnten. Später ließ er ähnliche Hocker vor das Bett stellen, damit sein Lieblingshund bei ihm im Bett schlafen konnte.

Nachdem Friedrich seine privaten und Staatsangelegenheiten geregelt hatte, dauerte es nur wenige Monate, bis er in den Krieg zog. Als Karl VI., der österreichische und Habsburger Kaiser, starb, hinterließ er sein Reich der Erzherzogin Maria Theresia. Friedrich verlangte von Maria Theresia die Provinz Schlesien (im heutigen Polen) im Austausch für die Ratifizierung eines Vertrages, der ihr die Kontrolle über die meisten österreichischen Gebiete sicherte. Als Maria Theresia sich weigerte, begann Friedrich mit der disziplinierten und gut ausgebildeten Armee seines Vaters einen Krieg gegen Österreich. Friedrich stellte sich als guter Heerführer und Stratege heraus, unter dem Preußen zu einer respektierten Macht in Europa wurde. Trotz seiner hervorragenden militärischen Erfolge hielt er sich nur selten an Absprachen mit Alliierten. So stieß er seine französischen Verbündeten zweimal vor den Kopf, als er separate Friedensverträge mit Maria Theresia abschloss (1742 und 1745), um sein Ziel – die Vereinigung Schlesiens mit Preußen – zu erreichen.

Während des Krieges verdoppelte sich die Zahl der italienischen Greyhounds Friedrichs auf vier. Die Hunde sorgten für sein persönliches Wohlbefinden und er nahm sie sogar mit ins Feld. Die Hunde hatten eine eigene, von sechs Pferden gezogene Kutsche und der Kutscher war angewiesen, sie mit äußerster Sorgfalt zu behandeln. Wenn die Hunde z. B. nervtötend laut bellten, antwortete der Kutscher gewöhnlich: „Mademoiselle, würden Sie bitte ruhig sein und nicht so laut bellen."

Für die Pflege der Hunde war Friedrichs persönlicher Kammerdiener verantwortlich, dem zwei Lakaien zur Hand gingen. Wann immer es ihm möglich war, fütterte Friedrich seine Hunde jedoch selbst. Als er noch in Rheinsberg wohnte, hatte Friedrich den Marquis d'Argens in seine Privatgemächer eingeladen. Der sah ihn auf dem Boden sitzen, mit einer großen Platte getrockneten Fleisches auf dem Schoß. In seiner Hand trug er eine kleine Rute, um die wimmelnden Hunde zu kontrollieren. Ab und zu spießte er darauf ein Stück Fleisch auf und fütterte einen von ihnen. Es fiel dem Marquis nicht schwer, Friedrichs Liebling herauszufinden, denn der bekam die besten Stücke.

In dieser Zeit ließ Friedrich sein prachtvolles Schloss Sanssouci (französisch für „sorglos") bauen. Dazu gehörte ein großer Terrassengarten mit Glashäusern zur Zucht tropischer Pflanzen. Im Schloss gab es ein Musikzimmer, in dem viele Kompositionen Friedrichs gespielt wurden. Eine spezielle Galerie war ausschließlich für die Hunde reserviert.

Bekamen die Hunde Zähne oder hatten sie später selbst Welpen, litten Möbel und Vorhänge im Schloss gewaltig. Friedrich lachte nur, wenn man ihn davon in Kenntnis setzte, und ließ zu stark beschädigte Teile ersetzen.

Biche – des Königs Liebling

Einer der Hunde Friedrichs trug sogar zu den Schwierigkeiten Preußens im Krieg bei. Biche, wie diese Hündin hieß, dürfte wohl der absolute Liebling des Königs gewesen sein, sie begleitete ihn auf allen Wegen und saß sogar auf seinem Schoß, wenn Staatsangelegenheiten diskutiert wurden. Obwohl einige seiner Minister dieses Verhalten äußerst merkwürdig fanden, rechtfertigte Friedrich es gegenüber seiner Schwester in einem Brief: „Biche hat einen guten Geist und versteht viel – mir begegnen täglich Menschen, die sich weniger rational verhalten als sie. Wenn diese Hündin spürt, wie ich sie liebe, dann gibt sie mir dieses Gefühl zurück – und dafür liebe ich sie umso mehr."

Die politische Situation Friedrichs spitzte sich zu, als Maria Theresia Schlesien zurückerobern wollte und ein Bündnis mit Russland schloss. Friedrich war unsicher, wie er sich verhalten sollte. Damals mischte sich Biche entscheidend in die Politik ein und war dafür verantwortlich, dass Preußen mit Frankreich seinen wichtigsten Verbündeten verlor.

Biche löst den Siebenjährigen Krieg aus

In Sanssouci gab es einen großen Speisesaal, in dem sich die Gäste – Politiker, Botschafter, Philosophen und Militärs – zum Essen trafen und mit dem König diskutierten. Friedrich legte viel Wert auf gemischte Gäste und beteiligte sich rege an den Gesprächen über den Zustand der Welt, über Kunst und Literatur, philosophische Theorien – oder an Klatsch und Spekulationen über heimische oder internationale Politik und Menschen. Zu solchen Diners waren so gut wie nie Frauen geladen – bis auf seine italienischen Greyhounds, die alle weiblichen Geschlechts waren.

Bei einem dieser Treffen drehte sich das Gespräch um den französischen Hof unter König Ludwig XV. Besonders die Beziehung des Königs zu Madame Pompadour war Thema des Abends.

Madame Pompadour, eine geborene Jeanne Antoinette Poisson, war eine brillante Frau mit politischem Verstand, sehr kultiviert und ehrgeizig. Ludwig hatte ihr im Palast von Versailles einen Raum im Obergeschoss einrichten lassen, abseits vom üblichen gesellschaftlichen Verkehr im Schloss. Jeanne Antoinette nutzte die Gelegenheit, alle politisch wichtigen Geister der Zeit kennen zu lernen.

Nach etwa fünf Jahren als königliche Geliebte ließ ihr Ludwig im Erdgeschoss ein königliches Appartement einrichten. Bald darauf verlieh ihr der König den Titel Marquise de Pompadour, nach dem Namen des Landsitzes (Pompadour), den er ihr geschenkt hatte.

Obwohl Ludwig nun andere Geliebte hatte, blieb Madame de Pompadour Teil des Hoflebens. Ludwig schätzte ihren scharfen Verstand und ihr Urteil, daher ging er mit ihr wie mit einem Staatsminister um. Für fast zwei Jahrzehnte behielt sie starken Einfluss auf die Angelegenheiten des Staates. Da niemand ein Amt ohne ihre Zustimmung erhielt, waren ihr viele der Mächtigen verpflichtet. Außerdem nahm sie eine Mittlerstellung zwischen den Ministern und dem König ein und konnte die Informationen beeinflussen, die ihn erreichten.

Bei dem besagten Abendessen genoss Friedrich die Gespräche über den französischen Hof. Mit seinem bekannt scharfen und zynischen Witz ergriff er das Wort und zeigte auf die neben ihm sitzende Biche: „Das ist meine Madame Pompadour. Sie schläft in meinem Bett und flüstert mir Ratschläge ins Ohr. Der einzige Unterschied zwischen meiner Pompadour und der von Ludwig ist die Tatsache, dass er ihr den Titel einer Marquise verliehen hat und mein Hund den Titel *Biche* trägt." Die Gruppe lachte herzlich, denn das französische Wort hat eine Doppelbedeutung – es bedeutet sowohl Hündin als auch liederliche, lüsterne Frau.

Diese Worte kamen Madame de Pompadour zu Ohren und sie erregte sich ob dieser Beleidigung so sehr, dass sie Ludwig bedrängte, sich gegen Friedrich und Preußen zu stellen. Sie setzte sich tatsächlich durch und sorgte sogar dafür, dass Frankreich sich mit seinem traditionellen Feind Österreich verbündete. An der Seite von so mächtigen Verbündeten wie Russland und Frankreich begann Österreich unter Maria Theresia den Siebenjährigen Krieg gegen Preußen, das nur England an seiner Seite hatte.

Zunächst schlugen sich die Preußen sehr gut. Friedrichs Armeen siegten bei Rossbach und Leuthen (1757). Im Laufe der weiteren Kriegshandlungen musste Friedrich allerdings eine große Niederlage bei Kunersdorf hinnehmen und Maria Theresias Truppen konnten 1760 sogar Berlin einnehmen. Angeblich war Friedrich in jener für ihn fürchterlichen Zeit dem Selbstmord nahe. Seine Schwester wollte ihn aufheitern und ließ in ganz Europa nach besonders hübschen italienischen Greyhounds für seine Sammlung suchen. Immerhin besserten sich seine Depressionen dadurch so weit, dass die Selbstmordgedanken aus seinen Briefen verschwanden.

Das Schicksal sorgte für die Rettung Preußens: Als die Zarin Elisabeth von Russland, die Friedrich nicht gewogen war, starb, wurde Peter III., ein erklärter Verehrer Friedrichs, ihr Nachfolger. Peter zog die russischen Truppen zurück, sodass sich Maria Theresias Hoffnungen auf eine Rückeroberung Schlesiens zerschlugen. Um die Kriegsgefahr endgültig zu bannen, unterzeichnete Friedrich einen Friedensvertrag mit Russland.

Biche war ständig an seiner Seite und verließ ihn selbst dann nicht, wenn er in die Schlacht zog. Manchmal rannte sie neben dem Pferd her, bellte aufgeregt und ließ ihn unter keinen Umständen allein. Gelegentlich trug Friedrich den Hund sogar vor sich auf dem Sattel. Als Friedrich sich einmal weit von seinen Truppen entfernt hatte, wurde er von einem Trupp ungarischer Dragoner überrascht, die in der österreichischen Armee dienten. Der König und seine Eskorte versteckten sich rasch hinter einer Holzbrücke. Friedrich nahm Biche in seine Arme. Sie war stets ein lauter Hund gewesen und der König wusste, dass diesmal ein einziges Bellen zu seiner Gefangenschaft oder Schlimmerem führen würde. Er flüsterte ihr ins Ohr: „Wir müssen still sein oder werden sterben." Tatsächlich gehorchte Biche und blieb still, bis die feindlichen Soldaten passiert hatten. Als sie außer Sicht waren, kehrte Friedrich zu seinen besorgten Generälen zurück und erklärte Biche zum Helden und besten Freund.

Biches Entführung

Bei der Schlacht von Soor (1745) stürzte Biche Friedrich in große Sorgen. Wie üblich riskierte der König zu viel und entfernte sich weit von seinen Truppen, und wie immer lief der Hund frei neben ihm, obwohl die Schlacht bereits begonnen hatte. Bei einem feindlichen Vorstoß sah ein Österreicher den kleinen Hund und packte ihn. Die silberne Plakette am Halsband wies den Hund als Friedrichs Eigentum aus, also brachte man Biche zu General Radaski, den Kommandeur der österreichischen Truppen.
Radaski wusste, wie sehr Friedrich an seinen Hunden hing. Er hielt das Eigentum des Königs aber für eine außergewöhnliche Kriegstrophäe und für guten Gesprächsstoff. Also schenkte er Biche seiner Frau.
Friedrich war außer sich. Er wütete im Lager herum und sprach von „einer Entführung eines Mitglieds der königlichen Familie". Er erinnerte seine Kommandeure daran, dass Biche nicht nur ein Freund und Schoßhund war, sondern ein preußischer Held, der unter der Brücke das Leben des Königs gerettet hatte. Friedrich

beauftragte seinen alten Freund, General Friedrich Rudolf Rothenburg, mit Verhandlungen über die Freilassung des Hundes.

Rothenburg war nicht nur ein anerkannter militärischer Führer, sondern auch der Neffe des früheren französischen Botschafters in Preußen und besaß damit politische Verbindungen zu beiden Konfliktparteien. Nach langen Verhandlungen gelang es Rothenburg, den österreichischen General davon zu überzeugen, Biche im Rahmen eines Gefangenenaustausches wieder freizulassen.

Da der König weder den genauen Ort noch den Zeitpunkt des Austausches kannte, war er vollständig überrascht, als Rothenburg Biche in den Palast brachte. Als der General den Flügel von Sanssouci betrat, in dem der König lebte, erkannte Biche den Ort und sprang aus seinen Armen. Sie lief schnurstracks in den Raum des Königs, wo Friedrich saß und Briefe schrieb. Der kleine Hund sprang mit einem Satz auf den Schreibtisch, legte die Pfoten um den Hals des Königs und leckte ihm über sein Gesicht. Friedrich brach in Tränen aus und rief: „Biche! Meine Liebe! Mein Freund! Mein Held!" Er legte die Arme um den Hund, drückte Biche an seine Brust und lief durch die Säle, um allen mitzuteilen, dass seine Familie wieder komplett sei.

Biches Tod

Als Biche 1752 krank wurde, brachte ihr Friedrich mehr Zärtlichkeit und Zuneigung entgegen, als er je für einen Menschen empfunden hatte. Er berief nicht weniger als zehn Ärzte, die sich um den Hund kümmerten. Der britische Botschafter James Harris war Zeuge dieser Szenen und bewegt von einem König, der „einem kranken Greyhound ebenso viel Zuneigung schenkt wie eine Mutter ihrem liebsten Kind." Andererseits war er verwundert, wie kalt und gefühllos der König gegenüber Menschen war – das ging so weit, dass Friedrich die Krankheit seines Bruders ignorierte und ihm gegenüber wegen der geringsten Kleinigkeit seinen tiefen Unwillen ausdrückte. Biche starb trotz aller Anstrengungen der Ärzte. Friedrich drückte seinen Kummer in einem Brief an Wilhelmine aus: „Ich habe einen häuslichen Verlust erlitten, der meine Philosophie völlig umgekehrt hat. Ich muss dir meine Schwäche gestehen: Ich habe Biche verloren und ihr Tod hat mich an den Verlust aller meiner Freunde erinnert ... es beschämt mich, dass ein Hund meine Seele so tief bewegt hat. Aber mein zurückgezogenes Leben und die Treue dieser armen Kreatur haben mich an sie gebunden, ihr Leiden hat mich so bewegt, dass ich nun traurig und bedrückt bin. Muss man so hart sein? Muss man so unsensibel sein? Ich glaube, dass jemand, den die Treue eines Tieres nicht beeindruckt, auch gegen seinesgleichen nicht dankbar sein kann. Wenn man also wählen müsste, ist es sicher besser, zu sensibel zu sein als zu hart."

Nach dem Tod von Biche ließ sich Friedrich etwas Tiermedizin und -pflege beibringen und kümmerte sich später persönlich um seine kranken Hunde.

Noch im selben Jahr musste der Preußenkönig selbst wegen Gicht das Bett hüten. Da er medizinische Hilfe brauchte, schickte er nach einem Arzt. Der Mann, für den er sich entschied, war Dr. Cuttenius, der sich nur durch eine einzige Eigenschaft von den anderen unterschied: Als Einziger im Palast hatte er sich geweigert, Biche zu behandeln, und war daher in den Augen Friedrichs nicht am Tod seines Lieblings beteiligt.

Friedrich und sein Hunderudel

Nach dem Krieg kümmerte sich Friedrich mehr um die Belange des preußischen Volkes und sogar auch um die Menschen in seiner Nähe. Er versuchte, die Wirtschaft in dem vom Krieg verwüsteten Land wieder aufzubauen. Friedrich unterstützte das traditionelle Handwerk wie Metall- und Textilmanufakturen, siedelte aber auch neue Industrien wie Porzellan-, Seiden- und Tabakmanufakturen an. Er holte Experten ins Land, die den Bauern neue Methoden von Ackerbau, Viehzucht, Fruchtwechsel sowie die Aussaat von Boden verbesserndem Klee und Futterpflanzen lehrten. Außerdem setzte er durch, dass preiswertere Grundnahrungsmittel wie Rüben oder Kartoffeln angebaut wurden.

Überdies ließ der König die sumpfigen Niederungen von Oder und Weichsel trockenlegen und andere Gebiete aufforsten. Die strengen

Einwanderungsgesetze wurden gelockert, sodass sich in den entvölkerten Regionen etwa 300 000 Einwanderer niederließen und das vormals verwaiste Land ackerbaulich nutzten. Es gelang Friedrich zwar nicht, die Leibeigenschaft vollständig abzuschaffen, aber er verbesserte das Los der Pächter und förderte Künste, Musik und Wissenschaft. Die vielleicht wichtigste Errungenschaft seiner Regierungszeit war die Einführung eines allgemeinen Schulsystems in ganz Preußen.

Obwohl Friedrich an den gemeinschaftlichen Abendessen und den Schlosskonzerten festhielt, verbrachte er seine restlichen Jahre in relativer Einsamkeit. Während seiner vielen Arbeitsstunden für den Staat wurde er gewöhnlich nur von einigen Hunden begleitet.

Jeder Morgen begann mit demselben Ritual: Er ritt aus, begleitet von zwei bewaffneten Dienern, die jeweils einen seiner Lieblingshunde vor sich im Sattel hielten. Auf der Hälfte der Allee hob Friedrich seinen Stab über den Kopf. Auf dieses Zeichen stiegen die Diener ab und setzten die Hunde auf den Boden.

Die Hunde rannten sofort bellend auf den König zu und der begrüßte sie mit den Worten: „Nun Alkmene, Diana, wer wird heute die Ehrendame sein?" Daraufhin bellten die beiden wie auf Kommando noch lauter und versuchten, in den Sattel des Königs zu springen. Sobald es einem der Hunde gelungen war, rief der König zum Beispiel: „Alkmene hat gewonnen! Ja, Alkmene ist heute Hofdame und Diana ihre Begleitung." Gewöhnlich begleitete die „Hofdame" den König den ganzen Tag. Er spielte mit ihr und nahm sie mit sich, wenn er spazieren ging oder Besucher empfing. Die Hündin bekam Bonbons oder Geflügelstücke, während die Begleitung wartete und dann bekam, was übrig blieb.

In späteren Jahren nahm Alkmene zwar die Stellung der heiß geliebten Biche ein, doch Friedrich hatte viele andere Hunde, die er fast ebenso liebte. Phyllis, Thisbe, Pan, Diana, Amoretto, Superbo, Pax und Lulu gehörten zu den elf Hunden, die Friedrich auf dem Palastgelände von Sanssouci begraben ließ. Jedes Grab war mit einer einfachen Sandsteinsäule markiert, die den Namen des Hundes trug. Friedrich nahm die Beerdigungen sehr ernst: Er legte jeden seiner Lieblinge persönlich ins Grab.

Der König nahm es nicht leicht, wenn er einen Hund verlor. Als Alkmene älter wurde, schrieb er an seinen Bruder Heinrich: „Ich habe häuslichen Kummer. Mein armer Hund wird sterben und um mich zu beruhigen, sage ich mir, dass jeder sterben muss – wenn der Tod gekrönte Häupter nicht verschont, dann muss auch Alkmene dieses Schicksal erdulden." Alkmenes Tod kan dann jedoch früher als erwartet, während Friedrich gerade bei einem Manöver weilte. Da die Angestellten im Palast nicht wussten, was zu tun sei, hielten sie es für das Beste, Alkmene sofort zu beerdigen.

Als der König vom Tode des Hundes erfuhr, ordnete er dessen Exhumierung an und kehrte sofort zum Palast zurück. Mit einigen geflüsterten Worten, die niemand verstehen konnte, legte er den Sarg ins offene Grab. Dann stand er auf, blickte auf das Mausoleum hinter den Hundegräbern und sagte: „Du brauchst dich nicht einsam zu fühlen, Alkmene. Auch ich werde hier einst ruhen und dann sehen wir uns bis in alle Ewigkeit."

Friedrich hatte angeordnet, seinen Körper in einer Krypta in der Nähe der Hunde zu beerdigen. Der letzte Hund, der neben dem König gelegen hatte, sollte auch neben ihm begraben werden und auf diese Anordnung bezogen sich seine Worte.

Als er selbst auf dem Totenbett lag, bemerkte Friedrich, dass sein damaliger Lieblingshund neben dem Bett auf dem Boden lag. Da italienische Greyhounds nur wenig Fett haben, frieren und zittern sie schnell. Friedrich sah dies und wies seinen Kammerdiener an: „Deck sie mit einer Decke zu." Dann bekam er einen Hustenanfall und starb.

Trotz Friedrichs Anweisungen hielt man es für unpassend, einen König im Garten seines Schlosses zu beerdigen und trug ihn stattdessen neben seinem Vater in der Garnisonskirche von Potsdam zu Grabe. Dort ruhten beide von 1786 bis 1945. Da man befürchtete, die anrückende russische Armee könnte die Überreste Friedrichs zerstören, exhumierte man die Gebeine des preußischen Königs und versteckte sie in einem Salzbergwerk. Nach dem Ende des Zweiten Weltkrieges wurde der Leichnam Friedrichs in die Elisabethkirche in Marburg und 1952 in das Schloss Hohenzollern bei Stuttgart verlegt.

Erst 1991 kehrten die sterblichen Reste des Königs endgültig nach Sanssouci zurück. Dort durfte er endlich neben seinen Hunden ruhen – den Namen des letzten kennen wir nicht. Friedrich war bei dessen Tod bereits selbst verstorben und konnte den Namen nicht mehr eingravieren lassen. Andere Menschen hielten es nicht für wichtig, den Namen der Nachwelt zu überliefern. Immerhin konnte Friedrich zwei Jahrhunderte nach seinem Tod sein Versprechen gegenüber Alkmene erfüllen und liegt nun in Sichtweite seiner „Hunde-Familie".

In gewisser Weise hat Friedrich sein Verhältnis zu seinen Gefährten und der Welt im Allgemeinen in einem viel zitierten Satz zusammengefasst: „Je besser ich die Menschen kennen lerne, desto mehr liebe ich meine Hunde."

Die Kampfhunde des Christoph Kolumbus

Als Kolumbus Amerika entdeckte, begründete er eine neue Epoche der politischen, militärischen und ökonomischen Menschheitsentwicklung. Viele von uns wissen jedoch nicht, welche Rolle Hunde bei der Eroberung der Neuen Welt durch die Europäer spielen. Leider ist dies eines der grausamsten Kapitel in der langen Geschichte von Menschen und Hunden. Vielleicht haben wir es nicht vergessen, aber aus unserer kollektiven Erinnerung verbannt.

Obwohl viele Lücken und noch mehr Legenden im Zusammenhang mit Kolumbus existieren, sind sich die meisten Wissenschaftler einig, dass Cristoforo Colombo 1451 im italienischen Genua geboren wurde. Sein Vater war Wollweber und Lokalpolitiker. Er nahm den jungen Christoph häufig mit sich, und der Junge lernte rasch, mit den Vertretern von Macht und Autorität umzugehen. Christoph und sein Bruder Bartolomeo wurden gemeinsam erzogen. Sie lernten in der Schule der Handwerkerzunft Lesen und Schreiben, dann wandten sie sich der Kartografie, Wettervorhersage und der Navigation zu.

Christoph Kolumbus arbeitete eine Zeit lang in einer Buchhandlung, wo er außerordentlich viel über Geografie und Reiseberichte von Forschern las, die Afrika und den Orient bereist hatten. Dabei bekam er Lust auf das Reisen und in seinem Kopf setzte sich der Gedanke fest, dass in weit entfernten Ländern Reichtum und Ruhm auf ihn warteten.

Obwohl man in der damaligen Zeit in der Regel immer noch davon ausging, dass Söhne den Beruf des Vaters erlernten und weiterführten, deuteten sich bereits Veränderungen an. Genua war ein wichtiges Handelszentrum für Textilien, Lebensmittel, Gold, Holz, Schiffsgerät, exotische Gewürze und Luxusgüter aus dem Orient und vor allem für Zucker. Das Mittelmeer war jedoch auch eine Kri-

senregion mit scharfen Trennlinien zwischen religiösen Einfluss-
sphären. Christliche und islamische Staaten kämpften um Gläubi-
ge und Landbesitz.

Als Kolumbus zwei Jahre alt war, eroberten die Muslime das christliche Konstantinopel. Da der ägäische Markt ausfiel, verlegten sich
die Genuesen auf den sehr modern erscheinenden, lukrativen
Export von Wissen. Schon bald lebten in Städten wie Lissabon,
Sevilla, Barcelona oder Cadiz Seefahrtsexperten aus Genua, vor
allem Seefahrer und Schiffsbauer. Außerdem lieferte Genua Kaufleute, Bankiers und andere Experten, die den neuen Unterneh-
mungen der Seefahrt zu Erfolg verhelfen sollten. Daher war es nicht
überraschend, dass Christoph Kolumbus beschloss, sich auf dem
Meer seinen Lebensunterhalt zu verdienen. Er arbeitete eine Zeitlang als einfacher Matrose, und als seine Fähigkeiten als Navigator
und Kartograf auffielen, stieg er zum Offizier auf.

Die Beschäftigung auf einem privaten Kaperschiff, das im Dienste
von René d'Anjou stand – eines Franzosen, der Ansprüche auf den
Thron von Neapel erhob – sollte zum Wendepunkt seiner Karriere
werden. Dem Kaperschiff gelang vor der Küste Nordafrikas ein
Überraschungsangriff auf eine große spanische Galeone. Allen
Matrosen auf dem Schiff stand ein Anteil der Beute zu. Da Kolumbus zu den Offizieren gehörte, war sein finanzieller Anteil so groß,
dass er sich nun auf seine eigenen Pläne konzentrieren konnte. Er
nahm aber weiterhin in verschiedenen Positionen an Schiffsreisen
teil, bis er ein eigenes Kommando erhielt. In jenen Jahren vervoll-
kommnete Christoph Kolumbus sein Wissen über das Wetter, Meeresströmungen und Navigation. Außerdem war er beeindruckt von
den exotischen Schätzen, die an abgelegenen Orten zu heben waren
und später zu Geld gemacht werden konnten.

Die viel zitierte Erklärung, dass Kolumbus nach Westen segelte,
weil er den Orient erreichen und damit beweisen wollte, dass die
Erde eine Kugel ist, entspricht nicht ganz der Wahrheit. Immerhin
stellten bereits Griechen und Römer die Theorie auf, dass die Erde
eine Kugel sei. Schon die damaligen Kosmografen schlugen vor,
dass es nur ein gewaltiges Weltmeer und nur einen einzigen Kontinent gäbe. Europa läge an einem Ufer des großen Ozeans, Asien an

einem anderen. Wenn die Theorie stimmte, brauchte man keine lange und gefährliche Landreise Richtung Osten nach China zu unternehmen, sondern nur nach Westen zu segeln, um über den Ozean nach Asien zu gelangen.

Allerdings waren sich die frühen Geografen nicht über die tatsächlichen Entfernungen einig. So zeichnete Ptolemäus eine Karte der damals bekannten Welt und ordnete das bekannte Land an der Küste des Ozeans an. Da er den Ozean prinzipiell für unendlich hielt, bezeichnete er die zentralen Bereiche des Meeres als „nicht schiffbar". Kolumbus akzeptierte zwar die Gestalt der ptolemäischen Welt, glaubte jedoch nicht an einen endlosen Ozean.

Kolumbus siedelte nach Portugal über, das damals von Heinrich – später als „Heinrich der Seefahrer" bekannt – regiert wurde. Mit seiner Unterstützung hatten die Portugiesen begonnen, die Welt zu erforschen und Handel entlang der afrikanischen Küste zu treiben. Kolumbus heiratete Felipa Perestrello e Moniz, deren Famile zum portugiesischen Adel gehörte. Obwohl die Familie seiner Frau arm war, besaß sie Verbindungen zum Hof und zum König.

Kolumbus nutzte diese Beziehungen und studierte die umfangreiche Dokumentensammlung des Hofes. Sie gehörte früher dem Gouverneur einer der portugiesischen Inseln im Atlantik. Für Kolumbus war die Sammlung eine reiche Quelle an Informationen, vor allem wegen der detaillierten Tabellen mit darin verzeichneten Meeresströmungen. Außerdem las er Berichte von Seeleuten, die eine Strecke in einer Weströmung getrieben waren – offenbar gab es dort also Land. Kolumbus begann, mit dem betagten Kosmografen Paolo del Pozzo Toscanelli in Florenz zu korrespondieren. Jener stimmte ihm zu – zum Teil aufgrund Kolumbus' Informationen –, dass man nach einer Seereise von unter 5 000 km Richtung Westen den Orient erreichen könne.

Kolumbus war sehr daran interessiert, den Westen zu erforschen. Dort gab es Ruhm und großen Reichtum zu gewinnen – nicht nur für den Entdecker, der die schnellste Handelsroute Richtung Orient fand, sondern auch für den Staat, der ihn dabei unterstützte. Asien war schon damals als Lieferant kostbarer Gewürze und Stoffe bekannt und man erzählte sich von sagenhaften Gold- und Edelsteinfunden. Wichtiger noch erschien den Staatslenkern vielleicht die Möglichkeit, die eigene Machtbasis auszuweiten, denn die Asiaten galten als unterentwickelt. Ihre Kolonisierung durch die besser ausgebildeten und technisch überlegenen Europäer hätte diese mit billigen Arbeitskräften und leicht verfügbaren Soldaten für die Landesverteidigung versorgt.

Schließlich gab es noch die Aussicht, Heiden zu missionieren. Die katholische Kirche stand unter Druck und Kolumbus war ein gläubiger Katholik. Papst Pius II. hatte ausgiebig über die Notwendigkeit geschrieben, die zahlreichen Heiden auf der Welt zu missionieren. So sollte der Glaube an Christus unter andauernder Anleitung (und unter Kontrolle) der Kirche verbreitet werden. Für Kolumbus wurde die Reise zur Glaubensfrage, und er sah ein Zeichen in seinem Namen Christoph, der „Christträger". Er wollte ausfahren und nicht nur Reichtum erwerben, sondern glaubte auch, eine göttliche Mission erfüllen zu müssen.

Kolumbus schrieb 1500 darüber an seine Frau: „Ich glaubte, die göttliche Hand zu spüren. Er zeigte mir, dass die Reise nach Westen und nach Asien möglich sei ... und er gab mir die Willenskraft, das Projekt zu verfolgen ... Der Herr hat mir prophezeit, dass etwas Wunderbares auf der Reise nach Indien passieren wird ... Gott hat mich zum Botschafter des neuen Himmels gemacht ..."

In seinen Breifen schrieb Kolumbus häufig, dass er von der Bibel geleitet werde oder dass manche Bibeltexte gleichsam prophetisch auf ihn zugeschnitten seien. Insbesondere eine Passage aus Jesaja (60, V. 9) zitierte er häufig: „Die Inseln harren auf mich und die Schiffe im Meer von längsher, dass sie Deine Kinder von Ferne herzubringen samt ihrem Silber und Gold, dem Namen des Herrn, Deines Gottes, und dem Heiligen in Israel, der Dich herrlich gemacht hat." Es ist leicht vorstellbar, dass Kolumbus von diesem Text beeindruckt war, denn er erkannte darin sein eigenes Streben nach fernen Ländern, nach Gold und Gott.

Zunächst versuchte Kolumbus, einen königlichen Gönner zu finden. Für einen Forschungsreisenden des 15. Jahrhunderts war diese königliche Unterstützung zwingend, denn nur ein Monarch besaß die Souveränität, eine neue Entdeckung zu legitimieren und diplomatische Beziehungen mit fremden Völkern herzustellen. Auch für die Besiedelung einer neuen Kolonie war ein König erforderlich: Nur er konnte das Land schützen und verteidigen, Gesetze erlassen, um die Ordnung zu wahren. Ein König musste die Ausbeutung der Reichtümer überwachen und Belohnungen vergeben. Private Investoren, selbst solche mit Macht und Geld wie hervorragende Kaufleute oder Bankiers, verfügten nicht über die erforderlichen Ressourcen. Um Entdeckungen zu machen oder gar eine neue Kolonie zu gründen, brauchte man einen starken politischen und militärischen Rückhalt.

Kolumbus wandte sich zuerst an die Portugiesen, weil er auf die familiären Verbindungen seiner Frau und die lange Erfahrung der portugiesischen Seefahrer in der Nachfolge Heinrichs vertraute. Der König leitete Kolumbus' Antrag an seine geografischen Experten weiter. Diese kamen zu dem Entschluss, dass Kolumbus die Entfernungen unter- und die zu erwartenden Reichtümer überschätzte.

Kolumbus zog weiter nach Frankreich, England und schließlich nach Spanien. Obwohl die spanische Königin Isabella an der Idee eines Seewegs nach Westen Gefallen fand, war sie durch den Krieg gegen die Mauren im eigenen Land zu stark gebunden. Daher verwiesen sie und König Ferdinand das atlantische Projekt von Kolumbus an eine Expertenkommission. Diese so genannten weisen Männer von Salamanca kamen zu dem Entschluss, „die Vorschläge und Versprechungen von Kapitän Kolumbus sind nichts wert und sollten abgelehnt werden ... Das westliche Meer ist unendlich groß und nicht befahrbar. Die Antipoden [so nannte man das Land am anderen Ufer des Meeres] sind lebensfeindlich und seine Ideen undurchführbar."

Die erste Überfahrt

Kolumbus gab aber nicht auf und sprach 1491 nochmals vor. Diesmal standen seine Sterne günstiger. Ferdinand und Isabella hatten gerade die Schlacht von Granada gewonnen und die Mauren aus Spanien vertrieben. Da nun wieder Friede herrschte, konnten sie sich anderen Aufgaben zuwenden. Auch die Kosten für den Krieg gegen die maurischen Armeen waren nun entfallen, und die Regenten hielten die Ausgaben für die Expedition von Kolumbus für vertrebar, vor allem, da große Profite winkten. Dass Königin Isabella ihre Juwelen verkaufen musste, um die Expedition zu finanzieren, ist allerdings ein Mythos. Die Finanzberater des Königs wiesen darauf hin, dass er die Schulden der Stadt Palos eintreiben könne – die Stadt beglich ihre Schuld mit zwei Expeditionsschiffen. Außerdem konnte sich der König auf eine italienische Zusage stützen, einen Teil der Kosten zu übernehmen. Aus den eigenen Schatztruhen brauchte Spanien nur wenig beizusteuern.

Im September 1492 setzte Kolumbus die Segel für seine Reise in den Orient. Anders als die Legende erzählt, bestand seine Mannschaft keineswegs aus Sträflingen, sondern aus erfahrenen Seeleuten, die von den Brüdern Pinzon angeworben worden waren. Diesen gehörte eines der Schiffe und sie dienten als Offiziere. An Bord waren auch einige Staatsbeamte, allerdings weder Priester noch Soldaten, noch Siedler und auch keine Hunde. Es ging um eine kleine Entdeckungs- und Erkundungsreise, mehr nicht.

Die Schiffe waren winzig, kaum länger als ein Tennisplatz und nicht einmal neun Meter breit. Der hoch gewachsene Kolumbus konnte sich in seiner Kajüte kaum aufrecht hinstellen. Insgesamt nahmen nur 90 Männer teil – 40 auf der Santa Maria, 26 auf der Pinta und 24 auf der Nina. Auf den Decks stapelten sich Vorräte für ein Jahr; Kolumbus hatte keinen Bedarf an Hunden.

Obwohl die erste Reise einen Monat dauerte, verlief sie relativ ereignislos. Als die Europäer auf San Salvador landeten, sahen sie „Menschen, die so nackt waren, wie ihre Mutter sie geboren hatte", viele Früchte und grüne Bäume. Kolumbus und seine Kapitäne gingen bewaffnet an Land, wurden aber von den Eingeborenen freundlich empfangen. Als Kolumbus das königliche Banner entrollte und die Ländereien für den katholischen Souverän in Besitz nahm, schienen die Eingeborenen keine Einwände zu haben. Kolumbus kommentierte den Vorgang mit den Worten: „Ich glaube, dass man diese Menschen besser mit Liebe als mit Waffengewalt befreit [von ihrer heidnischen Religion und dem unzivilisierten Leben] und zur heiligen Kirche bekehrt." Ihm fielen einige wilde Hunde in der Neuen Welt auf; sie schienen jedoch nicht zu bellen und wurden von den Eingeborenen als Schlachtvieh gehalten. Kolumbus war wenig beeindruckt und nahm keines der Tiere, anders als andere Kuriositäten, mit zurück nach Spanien.

Als er Kuba und einige andere Inseln erkundete, geriet Kolumbus in Schwierigkeiten. Die Santa Maria lief auf Grund und konnte nicht mehr repariert werden. Dies hielt er allerdings für ein untergeordnetes Problem, denn das Schiff lieferte Bauholz für ein Fort und Männer, die zu den ersten Kolonisten werden konnten. Er ließ eine kleine Gruppe dieser Männer zurück und befahl ihnen, die Eingeborenen gut zu behandeln und ihre Frauen nicht zu „verletzen". Sie sollten nach Gold und einem Platz für eine feste Siedlung suchen. Kolumbus überzeugte den Häuptling Guacanagari von ihren friedlichen Absichten und gab der neuen Kolonie den Namen *La Navidad*.

Indianermassaker

Kolumbus' zweite Reise begann 1493 und verlief gänzlich anders. Die Flotte bestand aus 17 Schiffen, 1200 Männern und Jungen, darunter Seeleute, Soldaten, Kolonisten, Priester, Staatsbeamte und Höflinge, einigen Pferden und 20 Hunden. Die Hunde waren eine Idee von Don Juan Rodriguez de Fonseca, dem Erzbischof von Sevilla und persönlichen Beichtvater des Königs und der Königin. Don Juan war verantwortlich für die Verpflegung und Ausrüstung: Neben Musketen und Säbeln setzte er Mastiffs und Greyhounds als Waffen auf die Liste.

Die spanische Armee hatte erst kürzlich erfolgreich versucht, mit Hunden gegen unbewaffnete Gegner vorzugehen. Als Spanien die Kanarischen Inseln eroberte, musste es gegen die Guanchen, die intelligenten, tapferen und stolzen Ureinwohner der Inseln, kämpfen – den Portugiesen war es nie gelungen, sie zu besiegen. Der spanische Gouverneur setzte große Kriegshunde ein, die unter den Eingeborenen wüteten und viele töteten. Als die Soldaten sahen, wie effektiv diese Hunde waren, wurden sie auch beim Kampf

gegen die Mauren von Granada eingesetzt. Die nur leicht gepanzerten Mauren waren für die Mastiffs jener Zeit – sie wogen bis zu
115 kg und hatten eine Schulterhöhe von fast 90 cm – keine ernst
zu nehmenden Gegner. Mit ihren kraftvollen Kiefern konnten sie
Knochen durch die ledernen Rüstungen brechen. Die damaligen
Greyhounds wogen rund 45 kg und hatten eine Schulterhöhe von
etwa 70 cm. Diese leichteren Hunde waren schneller als jeder
Mann, und wenn sie angriffen, rissen sie in Sekunden dem Gegner
den Bauch auf. Mehrere der Hundeführer, die schon vor Granada
gegen die Mauren gekämpft hatten, nahmen an Kolumbus' zweiter
Reise teil.

Fonseca wollte die Hunde mitnehmen, weil er Schwierigkeiten
befürchtete. Sowohl der König als auch die Königin hatten
gewünscht, die Indianer friedlich zu behandeln und rasch zu Christen zu bekehren. Außerdem erwarteten die Monarchen, dass das
Land besiedelt, Gemeinden und Handelszentren gegründet und
Rohstoffe und Schätze per Schiff nach Spanien gesandt würden.
Fonseca war klar, dass diese Erwartungen nicht gleichermaßen
erfüllt werden konnten und Kompromisse zwischen religiösen und
materiellen Erwartungen notwendig sein würden. Große Profite
würden nur zu erzielen sein, wenn die Kolonisten auf billige Arbeiter oder sogar Sklaven aus der Neuen Welt zurückgreifen konnten.
Selbst wenn die Indianer wirklich so friedlich waren, wie Kolumbus
behauptet hatte, war es doch unwahrscheinlich, dass sie die Ansprüche der neuen Kolonisten widerspruchslos akzeptierten. Vermutlich ließ sich auch die Ausbeutung des Landes, die Suche nach Ressourcen und Schätzen nicht ohne Gewalt durchführen. Da die
Eingeborenen weder Waffen noch Rüstungen besaßen, würden die
Hunde sehr wirkungsvolle Druckmittel sein. Die 20 Hunde, die
Kolumbus mit sich nahm, und die übrigen, die noch folgten, sollten eine blutige Spur durch die Neue Welt ziehen.

Als Erstes wollte sich Kolumbus bei seiner Rückkehr nach Amerika
über den Zustand der kleinen Kolonie informieren. Alle Besat-
zungsmitglieder waren begierig darauf zu landen, jeder wollte Gold
suchen oder Land besiedeln. Bei der Ankunft vor *La Navidad* feuerten sie eine Kanone ab. Sie erhielten allerdings keine Antwort – nie-

mand erwiderte den Salut, niemand schwenkte Fahnen. Als die Siedlung in Sichtweite geriet, sahen Kolombus und seine Männer voller Entsetzen, dass alle Bewohner von *La Navidad* massakriert und das Fort verbrannt worden waren. Auf der Suche nach Spuren ihrer Landsleute stießen sie auf ein Massengrab, in dem mehrere Spanier lagen. Außerdem fanden sie das Dorf von Kolumbus' gutem Freund, des Häuptlings Guacanagari – ebenfalls zerstört. Was genau geschehen war, werden wir wohl nie erfahren, doch angeblich waren die Siedler zu gierig geworden und hatten nach Schätzen und Nahrung verlangt. Außerdem hatten sie indianische Frauen vergewaltigt und andere grausam behandelt. Als Reaktion darauf griffen die Indianer die Siedlung an und wandten sich gegen alle Europäer.

Da sich das Verhalten der Siedler bei den anderen Stämmen herumgesprochen hatte, wurde rasch klar, dass die Hunde Fonsecas zum Einsatz kommen würden.

Kolumbus' Kriegshunde

Gleich beim ersten militärischen Konflikt zwischen Indianern und Europäern wurde auch ein Hund zu militärischen Zwecken eingesetzt – der erste Kriegshund in der Neuen Welt.

Als Kolumbus sich im Mai 1494 der Küste von Jamaika, dem späteren Puerto Bueno, näherte, entdeckte er eine Gruppe bewaffneter Eingeborener mit Kriegsbemalung. Die Flotte brauchte Holz und Wasser, und der noch zornige Kolumbus wollte Rache für die Zerstörung von *La Navidad*. Vielleicht hoffte er auch, die Eingeborenen durch eine Demonstration militärischer Stärke so sehr einschüchtern zu können, dass sie in Zukunft auf feindselige Akte verzichteten.

Drei Schiffe näherten sich der Küste. Die Soldaten feuerten ihre Armbrüste ab, einige wateten ans Ufer und schlugen mit ihren Schwertern auf die Eingeborenen ein, während die anderen ihre Pfeile abschossen. Die Indianer waren von der Brutalität des Angriffs vollständig überrumpelt, und als die Spanier einen ihrer Kriegshunde losließen, ergriff sie panisches Entsetzen. Sie flohen vor dem wütenden Tier, das wild um sich biss und viele von ihnen verletzte. Dann betrat der Admiral den Strand und erklärte die Insel zum Eigentum der portugiesischen Krone. Kolumbus schrieb über diesen Vorfall in sein Tagebuch, dass ein Hund im Kampf gegen die Indianer so wirkungsvoll wie zehn Soldaten gewesen sei. Wenig später korrigierte er seine Meinung und schätzte, dass die Hunde 50 Männer ersetzten.

Damit war die weitere Vorgehensweise festgelegt. Die Männer setzten Waffen ein, um ein Gebiet zu erobern und zu kontrollieren, während die Hunde Furcht und Schrecken unter den Indianern verbreiteten. Als Kolumbus eine Expedition ins Innere Hispaniolas unternahm – heute liegen auf dieser Insel Haiti und die Dominikanische Republik –, ließ er die Hunde bei jedem Anzeichen von Widerstand frei, um die Indianer einzuschüchtern. Die Hunde töteten unzählige Eingeborene, die Überlebenden landeten auf dem Sklavenmarkt von Sevilla.

Auch ein indianischer Häuptling namens Guatiguana und zwei seiner Männer wurden von den Hunden in Schach gehalten und anschließend von den Spaniern gefangen genommen. Sie sollten am nächsten Morgen gehängt werden, doch es gelang ihnen, ihre Fesseln durchzubeißen und zu fliehen. Guatiguana setzte von da ab alles daran, die Spanier aus seinem Land zu vertreiben und organisierte einen Widerstand auf breiter Front.

Zunächst versuchten die Indianer, die Weißen dadurch zu treffen, dass sie keinen Mais mehr anbauten und alle Vorräte aus der Gegend fortschafften. Kolumbus geriet über diesen Versuch, ihn auszuhungern, in Rage und beschloss einen Einschüchterungsversuch, bevor der Häuptling zu mächtig wurde. Da viele seiner Männer krank und infolge des Nahrungsmangels schwach waren, konnte er nur eine Truppe von etwa 200 Soldaten zusammenstellen, die von 20 wilden, gut trainierten Hunden unterstützt wurde.

Diese erste offene Feldschlacht zwischen den europäischen Eroberern und den eingeborenen Indianern fand im März 1495 in Vega Real statt. Die Truppen von Guatiguana, die sich dem kleinen Trupp der Spanier näherten, zählten Tausende.

Kolumbus hatte die Hunde Alonso de Ojeda anvertraut, einem kleinen Mann, der sich durch Mut, Grausamkeit und Gewaltbereitschaft auszeichnete. Er rechtfertigte sein oft unmenschliches Verhalten damit, dass er zu Ehren der Jungfrau Maria handele, und trug tatsächlich stets ein kleines Bild von ihr bei sich.

Ojeda hatte in den Schlachten vor Granada gelernt, mit den Hunden umzugehen. Er stellte die Tiere an der äußersten rechten Flanke auf und wartete ab, bis die Schlacht in vollem Gange war. Dann ließ er alle 20 Mastiffs gleichzeitig mit dem Schlachtruf „Tómalos!" („Packt sie!") los. Die wütenden Hunde rasten geschlossen auf die Indianer los und fielen sie unbarmherzig an. Sie packten ihre Opfer am Bauch und an der Kehle. Fielen die Indianer zu Boden, zerfleischten die Hunden sie, um sich sofort dem nächsten Opfer zuzuwenden. So rissen sie breite Schneisen in die Reihen der Indianer. Bartolomé de las Casas, ein Beobachter der Schlacht, überlieferte, dass jeder Hund in weniger als einer Stunde mindestens 100 Indianer tötete. Da er ahnte, dass seine Leser ihm Übertreibung vorwerfen würden, führte las Casas aus, dass die Hunde ursprünglich darauf trainiert worden waren, Wild zu hetzen. Die menschliche Haut ließe sich jedoch leichter zerreißen als das Fell von Hirschen oder Wildschweinen. Wie schon Fonseca vermutet hatte, hatten sich die Hunde außerdem an den Geschmack menschlichen Fleisches gewöhnt.

Die Schlacht von Vega Real überzeugte Kolumbus endgültig von der fürchterlichen Waffe, die er mit den Hunden gegen die Eingeborenen besaß. Von nun an wurden die Spanier bei ihren Reisen über Land stets von Hunden begleitet. Dank der Furcht, die die Tiere verbreiteten, gelang es Kolumbus, alle Stämme Hispaniolas unter seine Kontrolle zu bringen.

Einfuhr aus der „Alten Welt"

Auf jeder weiteren Reise brachten die Spanier weitere Kriegshunde von Europa auf den neuen Kontinent, schließlich führten alle Konquistadoren auf ihren Expeditionen Hunde mit sich. Bekannte Eroberer, wie Ponce de Léon, Balboa, Velásquez, Cortés, De Soto, Toledo, Coronado und Pizarro nutzten die Hunde als Mittel zur Unterdrückung. Man trainierte die Tiere sogar darauf, sich an Menschenfleisch zu gewöhnen, indem man ihnen gestattete, ihre Opfer zu fressen. Schon bald spürten die Hunde erfolgreich jeden Indianer auf und unterschieden deren Spur sicher von der eines Europäers. Die grausamsten spanischen Heerführer setzten Hunde sogar bei öffentlichen Exekutionen ein. Sie ließen Häuptlinge und andere indianische Stammesführer von einer Hundemeute zerreißen. Die Eingeborenen, die das schreckliche Ende ihrer Häuptlinge mitansehen mussten, unterwarfen sich gewöhnlich den Spaniern, weil sie selbst keinen derart grausamen Tod erleiden wollten.

Im Gefolge dieser Grausamkeiten zeigten sich bei vielen Soldaten mehr und mehr ausgeprägt sadistische Züge. Manche ließen die Hunde nur auf die Indianer los, um ihnen beim Sterben zuzusehen. Sie nutzten die Gemetzel zu Wetten und setzten zum Beispiel darauf, welcher Hund als erster tötete, wie der Hund die tödliche Wunde setzte oder wie lange der Kampf dauern würde. Obwohl Berichte über das grausame Tun bis nach Spanien gelangten, unternahm man dort nichts, um es zu stoppen.

Während die meisten Hunde als Waffen oder Folterinstrumente namenlos blieben, gab es auch einzelne Tiere, deren Namen bis heute bekannt sind. Amigo, der Hund von Nuño Beltrán de Guzmán, spielte eine wichtige Rolle bei der Eroberung Mexikos.

Bruto, der Hund von Hernando de Soto, war entscheidend an der Eroberung Floridas beteiligt. Als Bruto starb, hielt man seinen Tod sogar geheim, denn schon die Nennung seines Namens rief Furcht und Schrecken unter den Indianern hervor und veranlasste sie, sich zu unterwerfen.

Dann gab es noch Becerrillo, den Hund von Juan Ponce de León, und dessen Sohn Leonico (was „kleiner Löwe" bedeutet), der Vasco Nuñez de Balboa gehörte. Leonico pflegte fast schon überlegt zu handeln und zu reagieren. Auf den Befehl, einen Indianer herbeizuschleppen, rannte er gewöhnlich los und packte den Arm des Mannes. Leistete der keinen Widerstand, geleitete Leonico ihn zu Balboa, ohne ihn zu verletzen. Wehrte sich der Indianer jedoch, tötete ihn Leonico sofort. Der Hund galt als so wertvoll, dass er den Rang eines Korporals erhielt: Er bekam Sold und einen eigenen Anteil am Gold oder an anderer Beute.

Wenn man die blutige Spur betrachtet, die die spanischen Kriegshunde durch Amerika zogen, ist man auch heute noch beschämt
und fragt sich zugleich, wie derart grausame Kreaturen zu Freunden und Gefährten des Menschen werden konnten. Dabei muss
man allerdings bedenken, dass alle Hunde mit Mut, Intelligenz und
einem Sinn für Treue geboren werden – nicht aber mit einem Sinn
für menschliche Moralvorstellungen. Das Urteil „richtig" oder
„falsch" sprachen die grausamen Herren der Hunde, die Hunde
übernahmen es nur. Die Menschen waren es, die die Tiere in
tödliche Waffen verwandelten. Auch in einem Mordprozess wird
nicht die Waffe, sondern der Täter angeklagt. Verantwortlich für
die Bluttaten waren die Eroberer, ihre Hunde aber handelten aus
angeborener Treue zum Herrn und führten einfach und sogar
mutig aus, was man ihnen befahl.

Becerillo zeigt Mitleid

Zumindest ein bekanntes Beispiel gab es in jenen grausamen Zei-
ten, bei dem das Verhalten eines Hundes an das Gewissen und die
Moral ihrer Besitzer rührte – wenn auch nur für kurze Zeit. Der
fragliche Hund war Becerrillo, der Hund des Juan Ponce de León.
Becerrillo war ein riesenhafter Hund (der Name bedeutet „kleines
Bullenkalb") und sah mit den Narben aus zahlreichen Schlachten
wirklich Furcht erregend aus. Da Ponce de León als Gouverneur von
Puerto Rico viele Pflichten zu erfüllen hatte, vertraute er seinen
Hund oft Hauptmann Diego de Salazar an, einem fürchterlichen
und gewissenlosen Mann. Salazar liebte es, Angst und Schrecken
zu verbreiten, um so die Indianer unter das spanische Joch zu zwingen. Becerrillo war gewöhnlich sein Werkzeug dazu. Salazar ließ
den Hund jeden Indianer zerreißen, der es wagte, Widerstand zu
leisten, und zwar öffentlich, damit es als abschreckendes Beispiel
diente. In der Schlacht ging von dem Hund eine vernichtende Wirkung aus.
Nachdem sich die Indianer zusammengeschlossen hatten, um alle
Christen zu töten, sandten sie Häuptling Guarionex mit einer Truppe von Kriegern gegen das Dorf aus, in dem Salazar und seine Män-

ner campierten. Mitten in der Nacht setzten die Angreifer die Stroh-
dächer der Hütten in Brand.

Becerrillo bellte laut und weckte die Truppen auf. Salazar sprang
schreiend aus dem Bett, griff nach Schwert und Schild und lief mit
Becerrillo an seiner Seite nackt in den Kampf. Den Schwertern und
Feuerwaffen der Spanier hatten die Indianer nur Keulen und Pfeile
entgegenzusetzen und ihre nackten Körper waren den Zähnen des
Hundes schutzlos ausgeliefert. Obwohl der Kampf nur etwa eine
halbe Stunde lang tobte, stellte sich anschließend heraus, dass
Becerrillo 33 Indianer getötet hatte.

In den nächsten Monaten jagten Salazar und Becerrillo Häuptling
Guarionex und den anderen überlebenden Führern hinterher.
Schließlich wurde die Angst der Indianer vor dem Hund so groß,
dass sie sich lieber in einer offenen Schlacht gegen 100 Spanier
stellten als gegen zehn Spanier mit Becerrillo.

Einmal hatten Salazar und Becerrillo bei einem Zusammenstoß mit
Indianern in der Nähe von Ponce de Leóns Hauptstadt Caparra
erneut den Widerstand der Gegner gebrochen. Nach der Schlacht
gab es für die Truppen nichts mehr zu tun, so warteten sie auf den
Gouverneur, dessen Ankunft in absehbarer Zeit erwartet wurde.

Um sich zertsreuen, kam Salazar auf eine grausame Idee. Er rief
eine alte Indianerin herbei, gab ihr ein zusammengefaltetes Stück
Papier und schickte sie mit dieser Botschaft an den Gouverneur auf
die Straße. Wenn sie sich weigere, so sagte man ihr, würde man die
Hunde auf sie hetzen. Die Frau hatte zwar Angst, hoffte aber auch,
Salazar ein wenig milde stimmen und ihren Leuten etwas Ruhe ver-
schaffen zu können.

Sie war noch nicht weit gekommen, als Salazar lachte und den
Hund Becerrillo mit dem Befehl „Tómala!" („Pack sie!") von der
Leine ließ. Der riesige Hund raste los und die Soldaten warteten auf
das widerwärtige Schauspiel, wie der Hund die Frau in Stücke riss
und von ihr fraß – so, wie er es mit schon vielen anderen Indianern
getan hatte.

Die unglückliche Indianerin sah den riesigen Hund, der mit
gefletschten Zähnen auf sie zu stürmte. Sie fiel auf die Knie, schlug
die Augen nieder und flüsterte bescheiden in ihrer Sprache: „Bitte,

lieber Herr Hund, ich bin unterwegs, um diesen Brief zu den Christen zu bringen. Ich bitte dich, Herr Hund, mich nicht zu verletzen!" Wer weiß, was mit Becerrillo geschah. Zeugen berichteten später, dass er fast menschliche Intelligenz und so etwas wie Mitleid zeigte. Vielleicht besänftigte ihn auch die geduckte und gänzlich defensive Haltung der Frau, vielleicht signalisierte ihm auch ihre leise und sanfte Stimme, dass dieser Mensch keine Bedrohung darstellte und kein Feind war.

Der Hund blieb jedenfalls stehen und starrte auf die alte Frau, die das Papier mit verschränkten Händen vor ihrer Brust hielt – so, als wolle sie dem Tier damit zeigen, dass sie die Wahrheit sprach, oder sich auch unbewusst dahinter verstecken. Becerrillo beschnupperte die Frau, stieß sie mit der Nase an, schnüffelte an ihren Händen und an dem Papier. Dann drehte sich die Furcht erregende Killerbestie weg, hob ein Bein und bespritzte die Frau mit Urin, um schließlich zur Seite zu gehen und zuzusehen, wie die zitternde Frau zu den Soldaten zurückging, die ihr den Tod bestimmt hatten. Da Salazar und seine Truppen Becerrillo sehr gut kannten und ihn schon oft mit einem von Blut triefenden Maul gesehen hatten, erschien ihnen dieser Ausgang wie ein Wunder. Sie waren davon überzeugt, dass göttliche Vorsehung im Spiel sein musste. Die Barmherzigkeit und Gnade eines Hundes hatte die Grausamkeit ihres „Scherzes" entlarvt – die Männer waren sichtlich bewegt.

Wenig später kam Ponce de León an und erfuhr, was geschehen war. Der Gouverneur schüttelte erstaunt seinen Kopf. „Sie wird frei gelassen", kommandierte er, „und schickt sie sicher zu ihren Leuten. Dann sollten wir diesen Ort für heute verlassen. Ich werde nicht zulassen, dass das Mitleid und die Fähigkeit eines Hundes zu verzeihen, jene eines wahren Christen übertrifft."

Sir Walter Scott und sein Hunderudel

Man kann sich einen Hund zwar durchaus als Gefährten, Wächter und sogar als Waffe vorstellen, aber wohl niemand käme auf die Idee, diesem Tier eine Rolle in der Literatur zuzumessen – es sei denn als Gegenstand von Erzählungen wie *Der Ruf der Wildnis, Der Hund von Baskerville* oder Thomas Manns *Herr und Hund*. Dennoch haben sie häufig eine Rolle in der Literatur- und Kunstgeschichte gespielt, weil sie Schriftsteller anregten und inspirierten.

Wer an Ritter und Rüstungen in Literatur denkt, denkt automatisch auch an die darin beschriebenen, klassischen Turniere und an Gestalten wie den jungen Ritter Ivanhoe, der geschlagen und verzweifelt am Boden liegt. Doch dann taucht aus dem Nichts der Schwarze Ritter auf, fordert die normannischen Krieger des schurkenhaften Prinzen John zum Kampf und stellt die Ehre der unterdrückten Sachsen wieder her. Diese Szenen aus dem Roman Ivanhoe wurden mehrfach in Film und Fernsehen verarbeitet. Es ist kaum zu glauben, das an der Entstehung dieses berühmten Buches – wie auch an der mehrerer anderer Literaturklassiker – Hunde beteiligt waren. Tatsächlich entstand nicht nur dieses Buch, sondern die gesamte Gattung des historischen Romans zumindest teilweise aus der Liebe zu Hunden heraus. In der folgenden Geschichte geht es um den schottischen Dichter Sir Walter Scott.

Unbeschwerte Kindheit

Sir Walter Scott wurde 1771 in Edinburgh geboren. Als junger Mann litt er unter einer schweren Krankheit (vermutlich Kinderlähmung), die ihm für den Rest seines Lebens ein lahmes rechtes Bein bescherte. Man hoffte, dass sich sein Zustand durch einen längeren Aufenthalt auf dem Land bessern würde. Also schickte man ihn auf den Hof seines Großvaters an der schottischen Grenze.

In der folgenden Zeit gewöhnte sich Scott an, entspannt und ruhig mit Menschen und Hunden umzugehen. Scotts Großvater züchtete Rinder und Schafe und war ein leidenschaftlicher Reiter. Daher gab es auf seinem Hof zahlreiche Arbeitshunde, z. B. Collies als Hütehunde für die Schafe, und Terrier, die Ratten und andere Schädlinge unter Kontrolle halten sollten. Für die seltenen Jagdausflüge standen einige Greyhounds und Spürhunde zur Verfügung.

Die Schäfer und Hirten ließen Scott frei umherstreifen und nahmen ihn auf den Rücken, wenn das Gelände zu rau wurde. Der Junge sah ihnen bei der Arbeit zu, redete mit ihnen und freundete sich bald mit ihnen an. Nicht zuletzt dank dieser frühen Erfahrungen fand sich Sir Walter Scott später in allen Gesellschaftsschichten zurecht und war offen gegenüber allen Menschen. Dies kam ihm später selbst zugute, denn er wurde Rechtsanwalt und sammelte überdies bei der Landbevölkerung alte Geschichten und Balladen. Außerdem mochte er Tiere und hatte sie gern um sich.

Doch zurück zum Hof des Großvaters. Der Junge kannte die Namen aller Hunde auf dem Bauernhof und erkannte sogar die meisten Schafe und ihre Lämmer an der Fellzeichnung. Als ihm sein Onkel ein Pony schenkte, lernte er rasch das Reiten. Im Spiel ahmte er die Erwachsenen nach: Er ritt mit den bellenden Hunden an seiner Seite über Land und spielte „jagen".

Oft wurde Scott der Obhut seiner Großmutter und Tante anvertraut, die ihm viele Stunden lang vorlasen. Der Junge nahm oft einen Hund mit ins Zimmer und lehnte sich an ihn, während er den Frauen zuhörte. Gelegentlich benutzte er die Hunde wie ein Kopfkissen, hörte den Gedichten und klassischen Erzählungen zu, ein Ohr auf dem Herz des Hundes, dessen Schlag sich mit dem Rhythmus der Erzählungen verband.

Da Scott das einzige Kind im Haus war, wurde er verwöhnt – später nannte er sich selbst ein „verwöhntes Balg". Aus jener Zeit stammte auch seine Begeisterung für die Geschichte und Geschichten der schottischen Grenzregion, auf die seine Verwandten so stolz waren. Da seine Tante ihm nicht ständig vorlesen konnte, lehrte sie ihn das Lesen, als er noch recht klein war. Scott lernte schnell und entwickelte sich zu einem begeisterten Leser, der alles verschlang, was er fand: Geschichte, Dramen, Märchen, Romanzen und epische Gedichte.

Als Scott alt genug für die Schule war, kehrte er ins Haus seiner Eltern zurück. Obwohl er nun nur eines von sechs Kindern im Haus war, brauchte er wegen seines Leidens immer noch besondere Aufmerksamkeit und wurde zum Lieblingskind seiner Mutter. Er schlief im Ankleidezimmer seiner Mutter, einem kleinen Raum neben dem Schlafzimmer. In diesem Raum stand neben anderen Besonderheiten ein Bücherregal mit Werken von Shakespeare und anderen Klassikern. Außerdem besaß der Raum eine eigene Tür, sodass Scott heimlich einen Hund mitnehmen konnte. Später schrieb er darüber: „Ich werde nie das Entzücken vergessen, das ich empfand, wenn ich im Hemd lesend beim Licht des Feuers saß. Ich verließ mich auf das das scharfe Gehör meines kleinen, gelben Terriers. Er hörte das Rumoren, wenn sich meine Familie vom Esstisch erhob und warnte mich rechtzeitig, damit ich wieder ins Bett kriechen konnte, wo man mich gegen neun Uhr sicher zu liegen glaubte."

Scotts Familie war für damalige Zeiten gut erzogen und hoch gebildet. Sein Vater übte den Beruf eines Rechtsanwalts aus und die Mutter war die Tochter eines Medizinprofessors. Schließlich entwickelte sich die Persönlichkeit Scotts zu einer Mischung aus dem rationalen Denken seiner Eltern und den romantischen Traditionen des schottischen Erbes, das sich in Gedichten und Erzählungen äußerte. Er blieb ein begeisterter Leser und dehnte seine Lektüre bald auf Literatur jeglicher Art aus. Dennoch erhielt er sich seine Neigung für die heroischen Balladen und Legenden, die er in seiner schottischen Kindheit auf dem Hof des Großvaters gehört und gelesen hatte.

Der erfolglose Anwalt

Die beiden älteren Brüder Scotts hatten sich für Berufe entschieden, die eines Gentlemans jener Zeit würdig waren – einer wurde Offizier in der Marine, der andere in der Armee. Da sich die beiden jüngeren

Brüder nicht besonders viel versprechend entwickelten, entschied sein Vater, dass Walter Jura studieren und Rechtsanwalt werden sollte. Nach Abschluss seiner Ausbildung in Edinburgh trat Scott in die Kanzlei seines Vaters ein und arbeitete dort fünf Jahre lang.

In der beruflichen Praxis stellte sich bald heraus, dass Walter vor allem für den in der Juristerei anfallenden Schriftverkehr geeignet war. So konnte er hervorragend Anklageschriften abfassen, in denen das Verbrechen beschrieben und der Täter formell angeklagt wurde (im Vorfeld der eigentlichen Verhandlung vor einem Schwurgericht).

Scott war zwar in der Lage, eine eigene Kanzlei zu führen, doch vertrat er vor allem mittellose Gefangene, was ihm nicht viel Honorar eintrug. In seiner Kanzlei in Jedburgh bildeten vor allem Wilderer und Schafdiebe seine Klientel. Obwohl seine Verteidigungsplädoyers häufig literarisch anspruchsvoll und sehr humorvoll waren, führten sie zum Leidwesen seiner Klienten nur selten zum Erfolg. Einmal sollte er beispielsweise einen Pfarrer verteidigen, der „mit den Gefühlen einer Frau gespielt" und in betrunkenem Zustand unsittliche Lieder gesungen hatte. Scott baute seine Verteidigung vor Gericht auf dem Unterschied zwischen einem notorischen Trinker und einem gelegentlichen Trinker auf. Er verlor seinen Fall, obwohl sowohl der Richter als auch der Ankläger und auch der unglückliche Angeklagte seine Argumente faszinierend und erhellend fanden.

Ein Einbrecher rät zum Terrier

Einer seiner ersten Fälle sollte Scotts Vorliebe für eine bestimmte Hunderasse wecken, die ihn später begleitete. Damals musste er einen Einbrecher verteidigen, für den er sogar einen Freispruch erwirkte, obwohl der Angeklagte in der Tat schuldig war – nicht nur des verhandelten, sondern auch anderer Verbrechen.

Der Mann riet Scott aus seiner Erfahrung als Einbrecher: „Halten Sie sich stets einen laut bellenden Terrier als Wachhund. Große Hunde sind nur scheinbar bessere Wächter, doch sie schlafen die meiste Zeit. Es kommt nicht auf die Größe, sondern auf die Lautstärke an." Scott befolgte den Rat und hielt unter seinen Hunden stets mehrere Terrier; wachsame, kleine Hunde, die bereits beim ersten Anzeichen eines Fremden Alarm schlugen.

Obwohl die Neigungen Scotts in der Literatur lagen, gab er die Hoffnung auf eine juristische Karriere nicht auf; er strebte insbesondere das Richteramt an. Da er leicht Freundschaften schloss, pflegte er viele Kontakte und schließlich bot man ihm den Posten des Sheriffs im County Selkirk an. Das war ein guter Anfang und verschaffte ihm ein sicheres Einkommen für den Rest seines Lebens.

Einige Jahre später nahm Scott dann die Stelle eines Gerichtsschreibers in Edinburgh an – eine Stellung, die ihm zusätzliches Einkommen und Prestige verschaffte. Allerdings verwandte Scott schon bald keinen rechten Ehrgeiz mehr auf eine juristische Karriere, denn sein Interesse an der Literatur gewann endgültig die Oberhand. Er verbrachte viel Zeit damit, Bücher in Italienisch, Spanisch, Französisch, Deutsch, Latein und Griechisch zu lesen, schaffte es sogar, einige Werke zu übersetzen und andere herauszugeben.

Der „Balladen-Sammler"

Wegen seiner Liebe zur schottischen Geschichte entwickelte sich Scott zu einem, wie er es nannte, „Balladen-Sammler". Hierfür war ihm seine juristischen Tätigkeit von Nutzen, weil er als Sheriff häufig über Land reisen musste. Er besaß die nicht selbstverständliche Fähigkeit, mit der ländlichen Bevölkerung ins Gespräch zu kommen. Diese Leute waren gewöhnlich sehr misstrauisch gegenüber Gesetzeshütern und fühlten sich in Gegenwart gebildeter Menschen aus Großstädten wie Edinburgh unsicher. Scott war ein Vertreter des Gesetzes, kam aus der Stadt und war gebildet – eigentlich hätte er der Letzte sein müssen, dem die einfachen Leute ihre kostbaren, alten Lieder erzählten. Dennoch gelang es Scott in seiner verbindlichen Art, Kontakte zu den Menschen zu knüpfen und seine Liebe zu Hunden half ihm dabei.

Auf nahezu jedem Bauernhof und bei jedem Haus auf dem Land lebte ein Hund oder sogar mehrere. Ein Mann namens Robin Shortreed begleitete Scott auf seinen offiziellen Reisen als Führer und Gefährte. Er beschrieb, wie Scott oft genug über diese Hunde Zugang zu den Menschen fand.

Einmal kamen Scott und Shortreed auf eine Farm, deren Besitzer sie bereits erwartete. Obwohl der Bauer eingewilligt hatte, sie zu beherbergen, beschwerte er sich schon bei ihrer Ankunft über das „hochgeborene Volk" in seinem Haus. Während Shortreed auf die Tür zuging, in der der grummelnde Bauer stand, sprang Scott vom Pferd und befasste sich mit der Hundemeute aus Terriern und Spürhunden, die auf die Fremden zuliefen. Scott hatte zu allen Hunden einen guten Draht – wenn er mit Hunden spielte, vergaß er rasch alle Menschen in seiner Umgebung.

Als der Bauer das sah, öffnete er mit einem Lächeln seine Tür. Er drehte sich zu Shortreed um und flüsterte: „Nun ja, Robin, der Teufel soll mich holen, wenn ich mich immer noch vor ihm fürchte. Er ist ein Kind wie wir, denke ich. Mit einem Mann, der so herzlich mit Hunden umgeht, kann auch ein Bauer reden, so einen Mann kann auch ein Bauer verstehen."

Nachdem Scott ausgiebig mit den Hunden gespielt hatte, wurde er herzlich eingeladen, die Nacht im Haus zu verbringen. Als er am nächsten Tag abreiste, hatte er wieder einige alte Balladen und Erzählungen aufgezeichnet – nach einem langen Abend, den er trinkend und redend, die Hunden an seiner Seite, in einem dämmerigen Raum verbracht hatte.

Schon bald veröffentlichte Scott einige der gesammelten Balladen. Zuerst übersetzte er sie in andere Sprachen, doch wenig später fand sein Interesse an den Balladen aus dem schottischen Grenzgebiet in einem ersten Buch Ausdruck: *Ministrelsy of the Scottish Border* (Balladen aus dem schottischen Grenzland). Darin wiederholte er die Balladen nicht im selben Wortlaut, wie er sie gehört hatte – die über Generationen mündlich überlieferten Texte waren oft stark verändert –, sondern versuchte, die Urtexte zu rekonstruieren. Manchmal entstanden dadurch kraftvolle Gedichte von ausgesprochen romantischer Natur. Später verwendete Scott Motive und Themen und formte sie in eigene Erzählungen und Gedichte um (wie *Die Dame vom See*). Damit schuf Scott eine neue Form der Literatur.

Schließlich wurde er so berühmt, dass man ihm die Position eines Englischen Hofdichters anbot. Er lehnte jedoch ab.

Traumhaus mit Hundemeute

Scotts Ruhm wurde größer, die Zahl seiner Publikationen stieg und mit ihr das Einkommen. Schließlich konnte Scott sich sein Traumhaus leisten, ein Anwesen in Abbotsford. In dessen Herrenhaus war es Lady Scott endlich möglich, große Gesellschaften zu geben, und das Haus bot genügend Platz für die wachsende Familie. Direkt nach der Familie standen in Scotts Werteskala die Hunde, die ihn sein ganzes Leben lang begleiteten. So hatte er auch seinen Arbeitsplatz so eingerichtet, dass die Hunde stets um ihn sein konnten. Einmal schrieb er einem Freund, dass er sich kaum vorstellen könne, ohne einen Hund zu seinen Füßen zu schreiben.

Im Haus lebten mehrere Hunde, darunter die beiden Greyhounds Douglas und Percy, die Scott auf die Jagd begleiteten und perfekte Hasenjäger waren. Die beiden Hunde waren recht ruhelos und obwohl sie häufig neben dem Schreibtisch lagen, ließ Scott stets die Tür offen, damit sie kommen und gehen konnten, wie sie wollten. Ein verlässlicherer Gefährte beim Schreiben war der Bullterrier Camp. Scott schrieb ihm „große Kraft" zu. Er sei sehr hübsch, extrem scharfsinnig, liebe die Menschen, sei aber bissig gegenüber den Artgenossen. Während Scott am Schreibtisch arbeitete, blieb Camp im Arbeitszimmer. Wurde er angesprochen, sah er sofort auf. Dies kam relativ oft vor, denn Scott pflegte mit seinen Hunden wie mit Menschen zu reden. Angeblich konnte Camp recht gut verstehen, was man zu ihm sagte – vielleicht ja, weil er dauernd von Scott angesprochen wurde.

Als Camp in späteren Jahren aufgrund einer Rückenverletzung nicht mehr neben dem Pferd seines Herrn laufen konnte, blieb der alte Hund so lange liegen, bis er herausfand, auf welchem Weg Scott zurückkehrte. Wenn jemand aus dem Haushalt sprach: „Camp, mein alter Freund, der Sheriff kommt über die Furt zurück", stand der Hund auf und ging voller Schmerzen zum Fluss. Wenn es hieß:

„Der Sheriff kommt über den Hügel", drehte der Hund um und erwartete seinen Herrn aus der anderen Richtung.

Ein Beispiel für Scotts Umgang mit seinen Hunden gab der amerikanische Schriftsteller Washington Irving, Autor bekannter Erzählungen wie *Rip Van Winkle* und *Die Sage von Sleepy Hollow*, nach einem Besuch bei Scott: „Während wir spazieren gingen, unterbrach er regelmäßig unser Gespräch, um nach den Hunden zu sehen und mit ihnen zu reden, als seien sie denkende Partner. In der Tat wirkten diese treuen Gefährten, die an Scotts regelmäßige Zuwendung gewöhnt waren, auf mich regelrecht verständig."

Später durfte einer der Greyhounds zusammen mit Scott für ein Porträt von Francis Grant sitzen. Während einer der Sitzungen hatte der Hund irgendwann genug: Er stand auf und stieß mit seiner Schnauze an Scotts Hand, die eine Feder hielt.

„Wie Sie sehen, Mister Grant, ist Bran der Meinung, dass es Zeit sei, zu den Hügeln zu gehen", sagte Scott. Der Künstler bat ihn, noch einen Augenblick in der Pose auszuharren, bis er Scotts Hand vollendet hätte. Da drehte sich der Dichter zu dem Hund um und erklärte: „Bran, mein Guter, siehst du diesen Gentleman? Er malt ein Bild von mir und bittet uns, noch ein wenig auszuharren, bis er mit meiner Hand fertig ist. Also leg dich noch eine Weile hin, dann gehen wir in den Hügeln spazieren."

Der Hund hatte aufmerksam zugehört und schien zu verstehen, denn er rollte sich sofort gehorsam wieder auf dem Teppich zusammen. Scott erklärte dem Maler: „Wenn die Menschen langsamer und deutlicher mit ihren Hunden redeten, würden die viel mehr verstehen, als wir ihnen zutrauen."

Als der geliebte Camp krank wurde, umsorgte Scott ihn wie eine hingebungsvolle Krankenschwester. Irgendwann verweigerte der Hund jegliche Nahrung, da flößte Scott ihm mit einem Löffel Milch ein, bis sich das Tier wieder erholte. Wenige Jahre später starb Camp in Edinburgh und Scott begrub ihn im Garten, sodass er die Ruhestätte von seinem Schreibtisch aus sehen konnte. Die ganze Familie versammelte sich weinend am Grab. Scott ließ sich am selben Abend bei einem formellen Empfang „wegen des Todes eines guten, alten Freundes" entschuldigen.

Verlagsgründung mit Folgen

Um seine Werke besser im Blick zu behalten, wurde Scott Teilhaber eines Verlages, der James Ballantyne und dessen recht verantwortungslosem Bruder John gehörte. Obwohl die Verbindung zunächst erfolgreich war, trieb sie Scott bald in den finanziellen Ruin. Der Schriftsteller wollte unbedingt ein eigenes Anwesen besitzen und ein „vermögender Gutsherr" sein. Deshalb hatte er Abbotsford mit Geldern erworben, die er noch gar nicht besaß und auf deren Eingang er nicht gewartet hatte. Scott und sein Verleger spekulierten, wobei ihr Zahlungsmittel Wechsel auf noch nicht erschienene Arbeiten des Schriftstellers waren. Eigentlich versprachen sie nur, ihre Rechnungen eines Tages zu bezahlen. Diese Praxis war zwar damals durchaus üblich, doch manchmal drängte eine Bank und die Gläubiger verlangten ihr Geld kurzfristig zurück. Als dies Scott und seinem Mitstreiter widerfuhr, standen sie kurz vor dem Bankrott. Seine Kinder wusste Scott zwar gut versorgt – er hatte ihnen Treuhandkonten eingerichtet, als es ihm finanziell gut ging –, doch er musste damit rechnen, sein Landhaus und allen Besitz zu verlieren. Er fürchtete, Abbotsford gebrochen und ohne einen Penny verlassen zu müssen und das war zu viel für ihn. Doch woran dachte er in dieser ernsthaften Krise? An seine Hunde.

Scott schrieb in sein Tagebuch: „Ich hatte eigentlich vor, am Sonntag voller Freude und Glück meine Freunde zu empfangen – meine Hunde werden vergeblich warten – es ist dumm – aber der Gedanke, mich von diesen dummen Kreaturen trennen zu müssen, nimmt mich mehr mit, als alle dunklen Gedanken, die ich niedergeschrieben habe – arme Dinger, ich muss ihnen freundliche Besitzer suchen. Doch jetzt muss ich aufhören, ich darf nicht die Fassung verlieren, sonst werde ich mit den Problemen sicher nicht fertig. Und doch fühle ich die Füße der Hunde auf meinen Knien – ich höre sie winseln, sie suchen nach mir – das ist Unsinn, aber genauso würden sie sich verhalten, wenn sie wüssten, wie es um mich steht."

Der schottische Richter Lord Henry Thomas Cockburn berichtete, dass Scott nur wenige Tage, nachdem er von dem drohenden Ruin

erfahren hatte, wieder bei der Arbeit im Gericht erschien. Dort
boten ihm Freunde Geld an, damit er seine Schulden begleichen
konnte. Das lehnte er freundlich aber bestimmt ab, denn er hatte
bereits die persönliche Verantwortung für seine und die Schulden
Ballantynes übernommen. „Nein! Ich werde alles mit dieser rechten Hand abarbeiten ... weder meine Hunde noch meine Familie
werden sich ein neues Heim suchen müssen."

Anonyme Werke oder die Entstehung historischer Romane

Scott vertraute nur auf sich selbst und beschloss, alles zu schreiben,
was Geld einbrachte. Also wandte er sich dem Genre des Romans
zu, da er höheren Gewinn versprach als Balladen und Gedichte. Wie
heute noch, wurden auch damals Romane gerne gelesen – im
Unterschied zur Poesie oder geschichtlichen Werken galten sie aber
als Literatur zweiter Klasse. Etwas zugespitzt ausgedrückt, hatte der
Roman damals etwa den gleichen Stellenwert wie heutige Gro-
schenromane. Sie brachten Geld, wurden aber von den Kritikern
nicht wahrgenommen. So hatte beispielsweise der schottische *Edinburgh Review* (die führende literaturkritische Zeitschrift) in den ersten zwölf Jahren ihres Erscheinens nur zehn Romane besprochen –
und das jeweils nur mit einer begleitenden Entschuldigung dafür.
Jede Ausgabe enthielt aber mindestens einen Artikel über Gedichte, auch wenn ihre Verfasser heute längst vergessen sind.
Scotts erster Roman spielte in einer nicht allzu fernen Vergangenheit. Er beschrieb eine Episode der schottischen Geschichte, die
zu Scotts Lebenszeit die Nation erregte – den Jakobiter-Aufstand
von 1745. Das Werk mit dem Titel *Waverly* handelte von den Sitten
und der ausgeprägten Loyalität einer vergangenen schottischen
Highland-Gesellschaft. Der Roman war ungewöhnlich lebendig
geschrieben, weil Scott ein geborener Geschichtenerzähler war. Er
wusste genau, wie man eine große Zahl von Charakteren in einem
spannenden und turbulenten, geschichtlichen Roman unterbrin-
gen musste. Scott war Meister des Dialogs und er konnte sich
sowohl in der Umgangssprache der schottischen Landbevölkerung
als auch in der geschliffenen Sprache der Ritter und Adligen aus-

drücken. Außerdem kannte er sich in der schottischen Gesellschaft aus: Seine Arbeit als Sheriff, Gerichtsschreiber und Rechtsanwalt hatte ihn mit vielen Menschen aller Altersgruppen und sozialer Schichten in Kontakt gebracht. Daher wusste Scott einfühlsam und treffend alle Gesellschaftsgruppen zu beschreiben: Bettler, Bauern, Mittelklasse und Staatsdiener bis hin zum Adel. Hierdurch unterschied sich sein Roman von den Werken anderer, die sich ausschließlich mit dem Adel befassten.

Hinzu kam noch sein Gespür für pittoreske und spannende Situationen und die Fähigkeit, gewöhnliche und exzentrische Charaktere bildhaft zu beschreiben – kurz, es gelang Scott, ein lebendiges Bild der politischen und religiösen Konflikte im Schottland des 17. und 18. Jahrhunderts zu zeichnen. Die Leser von *Waverly* hatten das Gefühl, Teil des Geschehens zu sein, und sahen die geschichtlichen Abläufe mit den Augen von Romangestalten, mit denen sie sich identifizieren konnten. *Waverly* markierte die Geburtsstunde einer neuen Literaturgattung – des historischen Romans. Er gehörte zu den seltenen und glücklichen Beispielen in der Literatur, deren Originalität und Einzigartigkeit sofort erkannt, anerkannt und von einem großen Publikum geschätzt wurde.

Das Buch entstand in einem bemerkenswert kurzen Zeitraum. Scott brauchte nur einen Monat, obwohl er an fünf Tagen der Woche bei Gericht arbeiten musste. Er stand täglich früh morgens auf und schrieb mindestens drei Stunden. An arbeitsfreien Tagen schrieb er bis Mittag.

Bemerkenswerterweise tauchte Scotts Name nicht auf dem Titel von *Waverly* auf. Er wusste, wie gering Romane geschätzt wurden und wollte sich die Aussicht auf eine Literaturkarriere nicht verderben. Scott selbst erklärte es so: „Ich wollte nicht als Autor von *Waverly* auftreten. Der wichtigste Grund war, dass es mir die Freude am weiteren Schreiben genommen hätte ... Ich bin mir tatsächlich nicht sicher, ob man es mir, einem Gerichtsbeamten, nachsehen würde, dass ich Romane schreibe. Richter leben wie Mönche und die Gerichtsangestellten wie eine Art Laienbrüder, von denen man eine geradlinige Lebensweise erwartet. Was immer ich auch in dieser Richtung tun werde, ich würde gegen Windmühlen ankämpfen."

Scotts vierbeinige Begleiter

Zur Sicherheit ließ er von seinem Verlag eine Vertragsstrafe in Höhe von 2 000 Pfund festschreiben, falls seine Identität preisgegeben würde. In den folgenden 15 Jahren schrieb Scott zahlreiche Romane. Da sie alle anonym, allerdings mit dem Zusatz „vom Autor von Waverly", erschienen, kennt man sie unter dem Namen „Waverly-Romane". Die ersten Romane wie *Waverly*, *Guy Mannering*, *Alte Sterblichkeit* und *Rob Roy* spielten im Schottland des 17. und 18. Jahrhunderts. Sein bekanntester Roman *Ivanhoe* war im 12. Jahrhundert und *Quentin Durward* im Frankreich des 15. Jahrhunderts angesiedelt. Der Roman *Der Talisman* spielt in Palästina zur Zeit der Kreuzzüge.

Der finanzielle Erfolg der Bücher war so groß, dass Scott seinen Besitz in Abbotsford behalten und seine Schulden zurückzahlen konnte. Außerdem konnte er auch seine Hunde behalten, und davon gab es nicht wenige. Nachdem die beiden Greyhounds Douglas und Percy gestorben waren, besaß er drei weitere (Bran, Hector und Hamlet), dazu mehrere Pointer, unter ihnen sein Liebling Juno. Nach dem Tod des Bullterriers Camp leistete ihm Maida, ein Mischling aus Wolfshund und schottischem Deerhound, beim Schreiben Gesellschaft. Maida hatte eine Schulterhöhe von 120 cm und maß von der Nasenspitze bis zur Schwanzwurzel 180 cm. Während Scott schrieb, unterhielt er sich mit Maida, diskutierte Probleme und schrieb weiter, als ob er nun besser wisse, wie er fortfahren solle.

Maida war ein stiller Gefährte. Etwas wilder wurde er nur, wenn er Kater Hinse scheuchte. Dieser Familienkater schlief gerne oben im Arbeitszimmer auf der Leiter, mit der Scott an seinen hohen Bücherregalen emporstieg. Scott gewöhnte sich irgendwann an Hinse, erklärte dazu aber in seinem Tagebuch: „Vermutlich ist es ein Zeichen meines Alters, dass ich beginne, diesen Kater zu mögen." Maida wurde zum echten Seelenverwandten Scotts und als der Hund an Altersschwäche starb, gab Scott bei einem Steinmetz eine Statue des Hundes mit folgender Inschrift in Auftrag:

Unter dieser Skulptur seiner letzten Gestalt
schläft Maida tief vor der Tür seines Herrn.

Scotts nächster Gefährte war der Wolfhund Nimrod. Der Schriftsteller mochte es sehr, wenn „Nym" ihm selbst auf kurzen Entfernungen aufmerksam folgte, und sei es nur, wenn Scott ein Buch aus
dem Regal holte. Für Scott war es ein großer Trost, den Hund um
sich zu haben. Er schreib in seinem Tagebuch: „Ich bin gerne an
diesem Ort, wo alle so freundlich blicken, von dem alten Tom [ein
Freund, der in Abwesenheit des Totengräbers von Abbotsford dessen Arbeit übernahm] bis zum jungen Nym."

Es gab aber noch mehr Hunde in Abbotsford. Scott besaß mehrere
Terrier, lang gestreckt und kurzbeinig, die alle die Namen von
Gewürzen trugen: Da gab es *Mustard* (Senf), *Pepper* (Pfeffer), *Spice*
(Gewürz) und einen *Ketchup*. Lady Scott besaß viele Spaniel, die sich
jedoch offenbar auch lieber mit ihrem Mann befassten. Daneben
besaß die Familie mehrere Spürhunde und Setter, für die ebenfalls
gesorgt werden musste. Scott arbeitete hart, um seine Familie, seinen Besitz und seine Hunde zu versorgen und die Last seiner Schulden loszuwerden. Er schrieb in sein Tagebuch, wenn es ihm möglich wäre, den Berg zu erklimmen, der die Befreiung von seinen
Schulden symbolisierte, würde er dies nur in Begleitung seiner
Hunde tun.

Wie die Hunde den Romanautor verrieten

Da Scott von seinen Hunden überaus angetan war, tauchten sie
natürlich auch in seinen Romanen auf. Der furchtlose „Bevis", der
in mehreren Episoden des Romans *Woodstock* das Leben und die
Ehre der Heldin Alice retten darf, ist ganz sicher Maida. In *Der Talisman* lebt Maida wieder als der tapfere Roswal auf, der die Ehre
seines Herrn Kenneth, des schottischen Kronprinzen, rettet.

Während in Scotts Gedichten nur selten Hunde auftauchen, spielen
sie in seinen Romanen stets eine zentrale Rolle, manchmal sogar
unter den wirklichen Namen ihrer Vorlagen. Beim Happy-End von
Waverly, der Befreiung des Barons, tauchen Bran und Buscar (der

Name eines seiner Spürhunde) auf. Ein anderer seiner Hunde, Juno, erscheint mit einer exakten Beschreibung der Größe und Farbe als ein Pointer in *Der Altertümler*.

Der vermutlich bekannteste Hund aus den Werken Scotts taucht in *Guy Mannering* auf. In diesem Roman beschreibt Scott die Geschichte des Bauern Dandie Dinmont, der ein Haus voller Hunde besitzt, darunter einige Terrier, die die „unsterblichen Sechs" genannt werden. Die Hunde heißen Auld Pepper, Auld Mustard, Young Pepper, Young Mustard, Little Pepper und Little Mustard („Senf" und „Pfeffer" bezogen sich zwar auf die Farbe der Romanhunde, waren aber auch Namen von Scotts Hunden). Die Terrier werden als kurzbeinig beschrieben, haben einen langen Körper und ein raues Fell. Überdies nennt Scott sie „tapfer und schneidig" und sie verteidigen sich mutig, wenn man sie angreift. Dandie Dinmont sagt in seinem schweren schottischen Dialekt über sie: „Sie fürchten sich vor nichts, was einen haarigen Pelz trägt."

Obwohl Dandie Dinmont eine fiktive Gestalt war, gab es einen Mann, der dieser Beschreibung recht nahe kam: James Davidson aus Hawick, der ganz in der Nähe von dem Ort lebte, an dem Scott seinen Helden wohnen ließ. Auch Davidson besaß eine Hundemeute, die der im Buch recht ähnlich war. Schon bald nannten ihn die Menschen Dandie Dinmont und wollten bei ihm Hunde wie die im Roman beschriebenen kaufen. Diese Rasse bekam später den Namen Dandie Dinmont Terrier und taucht weltweit noch heute unter diesem Namen in vielen Hundeshows auf.

Wie erwähnt, wollte Scott nicht als Autor der Romane bekannt werden, daher veröffentlichte er sie anonym. Allerdings konnte Scott seine Autorenschaft bald kaum noch verheimlichen – wegen der Hunde.

Nach dem Erfolg seiner historischen Romane war die literarische Welt natürlich sehr neugierig zu erfahren, welcher Autor hinter „*Waverly*" steckte. Die Leser suchten in den Büchern nach Hinweisen und Parallelen zu anderen Büchern, Scott aber war als Autor von Balladen und Gedichten sehr bekannt. Die literarischen „Detektive", die den Autor von *Waverly* aufspüren wollten, kamen schon bald zu dem Schluss, dass er Schotte und interessiert an Geschichte und Balladen sein müsse, überdies ein begeisterter Leser, ein Dichter, ein Jurist oder zumindest doch juristisch gebildet, dass er sich gerne im Freien aufhielt und ein Hundeliebhaber und -kenner war. Auf wie viele Autoren passte diese Beschreibung? Einer der Kritiker kündigte stolz an: „Welcher andere Autor als der von ‚Marmion‘, des ‚Lay of the Last Minstrel‘ und der ‚Lady of the Lake‘ [alle von Scott geschrieben] wäre auf die Idee gekommen, anonyme Romane zu schreiben, in denen Bevis, Roswal, Fangs, Wasp, Juno, die berühmten Terrier Mustard und Pepper und ein Dutzend anderer Hunde vorkommen?"

Nachdem man Scott erst einmal als Autor in Verdacht hatte, brauchte es nur etwas Spürsinn. Bald fand man heraus, dass Scott nicht nur Hunde mit denselben Namen wie die vierfüßigen Helden in *Waverly* besaß, sondern dass sie ähnlich gebaut und gefärbt waren und dieselben Eigenheiten zeigten. Das Geheimnis war nicht länger eines.

Ein gewisser Lord Meadowbank hielt im Jahre 1827 anlässlich eines Wohltätigkeitsessens zur Spendensammlung für ein Theater eine Rede, in der er alle Fakten zusammentrug, die über den unbekannten Autor von *Waverly* bekannt waren. Scott saß dabei, hörte zu und schüttelte jeweils den Kopf, wenn Meadowbank bei den Fakten auf ihn zeigte. Als Meadowbank jedoch auf die Hunde zu sprechen kam – Namen, Beschreibungen und das Verhalten von Scotts Hunden und jenen in *Waverly* –, verzog sich Scotts Gesicht zu einem breiten Grinsen. Er neigte seinen Kopf nach vorn, breitete die Arme aus, erhob sich von seinem Stuhl und verbeugte sich. Seine Hunde hatten dafür gesorgt, dass sein bestgehütetes Geheimnis gelüftet worden war.

Für Scott hatte die Enttarnung durchaus Vorteile. Zwar war seine juristische Karriere damit wirklich beendet, doch das lag vielleicht auch daran, dass er seinen Romanen wesentlich mehr Aufmerksamkeit schenkte als eben dieser Karriere. Scott gefiel der neue Ruhm und die Tatsache, dass er nun als der Autor so vieler wunderbarer Bücher bekannt war. Er schätzte den Respekt, den man ihm zollte.

Scott versuchte, auch weiterhin zu arbeiten wie zuvor, doch er bekam gesundheitliche Probleme. Seine Ärzte empfahlen ihm eine Reise nach Italien, damit er in dem warmen Klima und der entspannten Lebensweise dieses Landes genese. Das Letzte, was Scott vor seiner Abreise sagte, war: „Passt auf meine Hunde auf!"

Während seines Italien-Aufenthaltes verfiel der Schriftsteller zusehends, dennoch gelang es ihm, nach Hause zurückzukehren. Dort wurde er freundlich von seinen Hunden begrüßt. Scott versammelte alle Hunde um sich und setzte sich zur Ruhe. Die Hunde blieben bis zu seinem Ende stets in seiner Nähe.

Richard Wagners vierbeinige Musen

Hunde spielten aber nicht nur in der Geschichte der Literatur eine Rolle, sondern auch in der Musik. Wenn der Held der Oper *Siegfried* durch den Wald läuft, um den Drachen Fafnir zu suchen, erkennen nur wenige Zuhörer die Schritte eines Hundes in der Orchestermusik. Obwohl weder auf der Bühne noch in der Geschichte ein Hund vorkommt, dachte der Komponist ganz offenbar an einen Hund, als er diese Passage schrieb. Vermutlich hatte er auch bei der Komposition anderer Meisterwerke seine Hunde im Kopf. Nicht nur für Sir Walter Scott waren Hunde Trost und Inspiration, sondern auch für Richard Wagner.

Wagner gehört zu den brillantesten, aber auch recht umstrittenen Figuren in der Musikgeschichte. Zweifellos ist er der deutsche Opernkomponist, der den stärksten Einfluss auf die Musikgeschichte hatte. Sein wohl bedeutendstes Epos, die vier Opern des *Ring der Nibelungen* (der so genannte *Ringzyklus*), spielt in der Welt der germanischen und nordischen Mythologie und handelt von Göttern, Zwergen, Drachen, Helden, übernatürlichen Heldinnen und Magie. Mit dem Ringzyklus entstand das klassische Klischee der vollbusigen Opernheroine mit Plattenharnisch und gehörntem Helm. Wagner komponierte 13 Opern und zahlreiche andere Werke. Da der Stil seiner Opern neu und für die damalige Zeit ungewohnt war, begegnete man Wagner oft mit Ablehnung.

Doch noch umstrittener als seine musikalische Arbeit war vermutlich der Mensch Wagner. Er war durchaus politisch und ein sozialer Aktivist und nannte sich selbst den „deutschesten Menschen" (manchmal sogar den „Geist der Deutschen"). Man hat Wagner mit vielen Etiketten bedacht: Anarchist, Sozialist, Nationalist, Proto-Faschist und Antisemit; Heiratsschwindler, übertriebener Egoist, Kämpfer für das Recht der Tiere, Vegetarier und Frauenheld. Jedes dieser Klischees enthält ein Körnchen Wahrheit, aber selbst die größten Kritiker gestehen ein, dass Wagner ein Genie war, und das nicht nur als Komponist und Librettist, sondern auch als Autor von mehr als 230 Büchern und Artikeln. Wagners Arbeiten umfassen Opern- und Musiktheorie, politische Werke und soziale Kommentare bis hin zu einer zweibändigen Autobiografie. Dazwischen fand er noch Zeit für Tausende von Briefen.

Wagner inspirierte seine Mitmenschen und forderte ihren Widerspruch heraus: Mehr als 14 000 Bücher und Artikel sind bibliografisch verzeichnet, die über ihn geschrieben wurden. Nur wenige Biografen hielten es allerdings für erwähnenswert, dass Wagner in seinem Leben stets mit Hunden zu tun hatte.

Seine Hunde bereiteten ihm Sorgen und Freude und inspirierten ihn sogar zu philosophischen Ideen. Mindestens zweimal brachten ihn die Hunde auch in akute Gefahr. Einer seiner Hunde wurde sogar neben ihm begraben.

Die Künstlerfamilie

Wagner wurde 1813 in Leipzig geboren. Er war das neunte Kind Carl Friedrich Wagners, eines Polizei-Aktuars, und Johanna Rosine Wagners, die künstlerische Neigungen besaß und sich zur Schauspielerin berufen fühlte. Als Wagners Vater starb, lebte Johanna bereits seit Monaten im böhmischen Teplitz mit dem Schauspieler, Dramatiker und Porträtmaler Ludwig Geyer zusammen. Geyer heiratete Wagners Mutter im August 1814, daher lebte Wagner in den ersten Jahren seines Lebens als Richard Geyer und wurde als Lieblingssohn verhätschelt. Es besteht der Verdacht, dass Geyer in der Tat Richards wahrer Vater war, denn seine Affäre mit Johanna hatte lange vor Wagners Geburt begonnen. Die Familie zog nach Dresden um, wo Wagner zur Schule ging. Geyer starb, als Richard Wagner erst acht Jahre alt war.

Als Junge mochte Wagner Tiere und ganz besonders Hunde. Manchmal rettete er in der Nachbarschaft zusammen mit seiner Schwester Cecile unerwünschte Welpen, die ertränkt werden sollten. Dies gelang den Geschwistern des Öfteren und mehr als einmal schmuggelten sie die jungen Hunde in ihre Wohnung.

Allerdings nützte das wenig, denn Richards Mutter duldete die Welpen nicht. Immerhin respektierte sie aber die Gefühle ihrer Kinder und versuchte, ein neues Heim für die Hundewelpen zu finden.

Mit Blick auf den künstlerischen Hintergrund der Familie und die Interessen Geyers und Johannas überrascht es nicht, dass sich auch die Kinder für die darstellende Kunst interessierten. Einige der älteren Schwestern Wagners wurden Opernsängerinnen oder Schauspielerinnen, und auch Richard selbst interessierte sich bereits in jungen Jahren für Theater und Musik. Er war kein guter Schüler, hörte aber so viele Konzerte wie möglich und brachte sich selbst Klavierspielen und Komponieren bei. Außerdem las er viel, unter anderem die Werke von Shakespeare, Goethe und Schiller.

Wagner schrieb sich an der Universität von Leipzig ein, galt aber nicht als besonders vielversprechend. Er hatte seine Schulbildung niemals abgeschlossen und führte ein wildes Studentenleben. Als er jedoch begann, sich für Komposition zu interessieren, und bei Christian Gottlieb Müller studierte, änderte sich sein Leben grundlegend. Wagner fand zu der disziplinierten und höchst produktiven Arbeitsweise, die sein weiteres Leben kennzeichnen sollte.

In diesen wenigen Jahren schrieb er mindestens vier Klaviersonaten, vier Ouvertüren und eine Sinfonie. Noch zu Wagners Studienzeit wurden zwei der Ouvertüren in Konzerten aufgeführt, die Heinrich Dorn dirigierte. Dann nahm Wagner Stunden bei Christian Theodor Weinlig, einem Komponisten, Musiktheoretiker, Organisten, Kantor und Musikdirektor an der Leipziger Thomaskirche. Da er sich aber nicht mit den traditionellen Formen der Lehre anfreunden konnte, bestand seine Ausbildung vor allem darin, sehr sorgfältig die Werke der Meister zu studieren, insbesondere die Quartette und Sinfonien von Ludwig van Beethoven. Weinlig war so von Wagners Talent beeindruckt, dass er auf jegliche Bezahlung verzichtete und sogar für eine Veröffentlichung einiger Kompositionen des jungen Schülers sorgte. Außerdem ermöglichte er Wagner, die Aufführung seiner Ouvertüre in C-Dur und seiner Sinfonie in C-Dur selbst zu dirigieren. Damit trat Wagner erstmals ins Bewusstsein einer breiten Öffentlichkeit.

Wagners Mäzene

Wagner fand stets Mäzene, die seine Arbeit unterstützten. Er beeindruckte Weinlig und Dorn, der ihm den Weg zu den ersten musikalischen Erfolgen ebnete. Später fand Wagner weitere Förderer in dem Komponisten Franz Liszt sowie in Ludwig II., dem König von Bayern, und schließlich im umstrittenen Philosophen Friedrich Wilhelm Nietzsche.

Eine Reihe von Gründen sorgte dafür, dass Wagner immer genug Geldgeber fand, die seine Arbeit und seinen Lebensstil unterstützten. Natürlich besaß er großes Talent, das diese Mäzene erkannten und schätzten. Außerdem war er charmant und ein guter Unterhalter. Wenn er über das nötige Geld verfügte, pflegte Wagner einen großartigen und eleganten Lebensstil und hatte gerne Gäste. Er liebte es, Diskussionen über alle möglichen Themen zu führen, nicht nur über Musik, sondern auch über Politik, Philosophie, Literatur und Kunst. Wagner war ein attraktiver, humorvoller Mann, den die Frauen liebten.

Zu seinen negativen Eigenschaften gehörten sein aufbrausendes Temperament und seine feste Überzeugung, dass sich verschiedene ethnische Gruppen, insbesondere die Juden, gegen ihn verschworen hätten, außerdem gelegentliche Depressionen und Phasen der Unsicherheit. Der Wirkung dieser negativen Eigenschaften auf andere Menschen war sich Wagner aber durchaus bewusst. Mithilfe seiner guten Umgangsformen verbarg er seine inneren Gefühle und Überzeugungen vor der Öffentlichkeit. Nur engsten Freunden und Familienangehörigen offenbarte er sich – zumindest so lange, bis er aufgrund seiner Berühmtheit eine gewisse Immunität gegenüber Kritikern genoss.

Opern-Pleiten

Wagners erster Opernversuch sollte ein Dreiakter mit dem Titel *Die Hochzeit* werden. Da er ein äußerst belesener Mensch war, schrieb er das Libretto selbst – wie er später immer alle Texte für seine Opern selbst verfasste. Als seine Schwester Rosalie den Text für

Die Hochzeit kritisierte, stellte Wagner die Arbeit an der Oper ein, übernahm aber einige der Charaktere für seine erste vollendete Oper, *Die Feen*. Wie vielen seiner berühmten späteren Werke diente eine Volkserzählung als Grundlage. Sie erzählt von Oberon, dem König der Elfen und Feen. Wagner begann zu verstehen, wie schwierig es war, eine Oper zu produzieren: Es gelang ihm nicht, Investoren für eine Aufführung in Leipzig aufzutreiben.

Während Wagner noch mit diesem ersten Misserfolg seiner Karriere haderte, bot man ihm die Position eines Musikdirektors bei einer Theatergruppe in Magdeburg an. Da die Theatergruppe offenbar erfolglos war, lehnte Wagner den Posten zunächst ab. Seine Entscheidung änderte er allerdings rasch, als er eine der Schauspielerinnen, Christine Wilhelmine Planer, kennen gelernt hatte. Wagner erlebte seine erste Liebe – Minna.

Nach Antritt der neuen Position begann Wagner mit der Produktion des *Don Giovanni*. Zwischenzeitlich hatte er auch die Arbeit an dem Libretto für die Oper *Das Liebesverbot* aufgenommen, das auf dem Shakespearedrama *Maß für Maß* basierte. Diese romantische Oper war stilistisch an die damals modernen, zeitgenössischen französischen und italienischen Opern angelehnt. Wagner vollendet das Werk rasch, doch die kleine Theatertruppe war kaum in der Lage, das Stück aufzuführen. So nachlässig war geprobt worden und so schlecht vorbereitet die Schauspieler, dass selbst die Hauptdarsteller teilweise improvisieren mussten – die Oper fiel bei der Uraufführung durch. Es gab keine zweite Vorstellung mehr und die Theatergruppe löste sich auf.

Ohne Arbeit befand sich Wagner in einer ernsten Notlage, doch auch diesmal– wie so oft in seinem Leben – halfen ihm Freunde aus. Minna war eine bekannte Schauspielerin und fand rasch ein neues Engagement am Theater von Königsberg. Kaum angestellt setzte sie durch, dass ihr Liebhaber als Dirigent angestellt wurde. Kurz nachdem sie wieder beisammen waren, heirateten Wagner und Minna. Wagner hatte jedoch auch am Königsberger Theater keine Gelegenheit zur Bewährung, denn das Theater machte ebenfalls Bankrott. Nun schlug die Stunde eines weiteren Freundes: Heinrich Dorn, der schon die ersten Werke des jungen

Wagners dirigiert hatte, verschaffte ihm den Posten des Musikdirektors am Theater von Riga. Zu Wagners Aufgaben gehörte es,
Opern und Konzerte anderer Komponisten zu dirigieren. Außerdem begann er mit der neuen Oper *Rienzi* auf einer Grundlage des
englischen Autors Edward Bulwer-Lytton. Wie so oft geriet Wagner
in eine finanzielle Notlage. Sein Einkommen war dürftig, und
er schaffte oft selbst das Material für die Aufführungen wie z. B.
Partituren an, die eigentlich vom Theater hätten finanziert werden
müssen.

Der Neufundländer Räuber

Das vermutlich Beste, was Wagner in Riga widerfuhr, war ein
Hund mit Namen Räuber. Wagner sah den großen Neufundländer zum ersten Mal in einem Laden und war ihm von da an sehr
zugeneigt. Auch der Hund schien Wagner hingebungsvoll zu lieben. Räuber hatte offenbar beschlossen, den Komponisten zu adop-
tieren, und Wagner konnte nichts dagegen tun. Der Hund folgte
ihm wie ein Schatten, wartete vor Wagners Tür und hielt so
lange aus, bis der Komponist seinen Widerstand aufgab und Räuber ins Haus ließ. Wenn Wagner zu einer Probe in die Stadt unterwegs war, wurde er von Räuber begleitet, der jedoch immer einen
Abstecher zum Stadtgraben machte. Das Bad im Wassergraben
gehörte zu den Leidenschaften des Hundes, und er wollte selbst im
Winter nicht darauf verzichten, wenn ein Loch im Eis die Gelegenheit dazu bot.
Räuber begleitete Wagner regelmäßig zur Probe. Er setzte sich in
die Nähe des Dirigentenpultes und hörte schweigend zu. Einmal
saß er zu nahe beim Kontrabassisten, der mit seinem Bogen dem
Auge des Hundes immer wieder gefährlich nah kam. Der Hund
starrte den Musiker an und schien sich bedroht zu fühlen. Als der
Mann einmal besonders heftig ausholte, schnappte Räuber nach
ihm. Der Musiker schrie erschrocken: „Der Hund, Herr Kapellmeister!", worauf Wagner antwortete: „Der Hund ist ein guter Kritiker. Er will ihnen wohl sagen, dass Sie diese Partie mit mehr Zart-
gefühl spielen sollten."

Flucht aus Russland

Inzwischen war die finanzielle Lage Wagners ausgesprochen prekär geworden. Der Komponist trug sich mit dem Gedanken, nach Paris zu gehen und dort *Rienzi* zu produzieren, doch dafür brauchte er finanzielle Unterstützung. Also schickte er Sir George T. Smart, dem Präsidenten der Philharmonischen Gesellschaft in London, eine Kopie der Ouvertüre *Hail Britannia*. Wagner hoffte auf finanzielle Hilfe oder zumindest auf Kontakte zu potenziellen Geldgebern. Außerdem konnte er einige Mitglieder seines Ensembles für Benefiz-Vorstellungen gewinnen, bei denen Geld für Minna und ihn gesammelt wurde. Mit diesem Geld wollten die Eheleute zusammen nach Paris reisen, um dort persönlich Mäzene aufzutreiben. Die Benefiz-Vorstellungen musste Wagner jedoch aus eigener Tasche vorfinanzieren und das Unternehmen scheiterte: Es war die falsche Jahreszeit, das Wetter spielte nicht mit, außerdem traten zur gleichen Zeit beliebtere Theatergruppen auf. Die Vorstellungen endeten mit einem finanziellen Defizit.

Wagners Schulden waren nunmehr erdrückend. Riga, die Hauptstadt von Lettland, gehörte damals zu Russland, das nicht besonders sanft mit Schuldnern umging. Stellten die Gerichte fest, dass Wagner seine Schulden nicht zurückzahlen konnte, war es durchaus möglich, dass Wagner im Gefängnis landete. Angesichts der erschreckenden Höhe seiner Schulden war durchaus sogar eine Deportation nach Sibirien im Bereich des Möglichen. Wagners Gläubiger hatten bereits erste Maßnahmen ergriffen und seinen Pass einziehen lassen, damit er das Land nicht verlassen konnte.

Wagner verkaufte rasch seine Möbel und einen Großteil seines Haushaltes. Mit dem Geld konnten Minna und er mit einer fertigen und einer halb vollendeten (noch unveröffentlichten) Oper sowie einem ungewöhnlich großen Neufundländer aus Russland flüchten. Und wieder half ein Freund, diesmal war es Abraham Möller. Der Kaufmann und eifrige Theaterbesucher schmuggelte die kleine Truppe über die russische Grenze.

Es muss eine nachgerade bizarre Szene gewesen sein. Stellen Sie sich einen Mann vor, der mit seiner Frau um sein Leben rennt und dabei nichts besseres zu tun hat, als einen Hund mitzunehmen – und zwar nicht irgendeinen, sondern ein riesiges, 72 kg schweres Tier! Wenn der große, schwarze Hund nur ein einziges Mal gebellt hätte, während sie die Grenze überquerten, hätten die Grenzposten sie mit Kugeln durchlöchert.

In Preußen angelangt, konnten der kleine Flüchtlingstrupp weder die Eisenbahn noch eine Kutsche nach Frankreich nehmen. Ihre einzige Möglichkeit, nach Paris zu gelangen, bestand in einer Schiffsreise nach London und von dort nach Frankreich. Wären sie von der Polizei oder Grenzposten ohne gültige Papiere angehalten worden, hätte man sie eingesperrt. Daher mieden sie jedes Aufsehen, brachten Räuber heimlich an Bord und hielten ihn versteckt unter Deck. Der Hund verhielt sich ruhig und das kleine Schiff mit sieben Mann Besatzung und drei Passagieren (zwei Menschen, ein Hund) verließ sicher den Hafen.

Es war keine angenehme Reise. Die See war rau und Minna und Räuber litten unter Seekrankheit. Später verarbeitete Wagner diese Erfahrungen auf See in der Oper *Der fliegende Holländer*, einer Geschichte über einen unsterblichen, aber unglücklichen Seemann, der dazu verdammt ist, auf ewig auf der Suche nach Liebe über die Meere zu segeln.

In England angekommen, stießen Wagner und Minna auf weitere Schwierigkeiten. Wagner beschrieb das später so:

„So erreichten wir die London Bridge, den einzigartigen Mittelpunkt des dicht bewohnten Universums. Nach unseren schrecklichen drei Wochen auf See hatten wir endlich wieder festen Boden unter den Füßen, fühlten uns aber immer noch etwas schwindelig – wir waren immer noch an die schaukelnden Schiffsplanken gewöhnt – und ähnlich erging es Räuber. Der Hund bog um jede Ecke und war ständig in Gefahr, verloren zu gehen. Also nahmen wir drei eine Kutsche und ließen uns in die Horseshoe Tavern fahren, eine Seemannskneipe, die uns unser Kapitän empfohlen hatte. Hier machten wir uns Gedanken darüber, wie wir diese ungeheure Stadt erobern könnten ... Diese kleinen Kutschen waren für zwei Personen gedacht, die sich gegenüber saßen. Also mussten wir den Hund quer nehmen, sodass sein Kopf aus dem einen und der Schwanz aus dem gegenüberliegenden Fenster ragten."

Jahre in Paris

Nach einem kurzen und ziemlich ereignislosen Aufenthalt in London fuhr das Paar nach Paris. Die Stadt war damals ein politisches und kulturelles Zentrum und zog die Reichen und Mächtigen an. Das war gut für Wagner, denn er suchte in Paris vor allem Gönner mit Geld und Einfluss. Allerdings fehlten ihm die wichtigen gesellschaftlichen Verbindungen, um in diese Kreise vorzustoßen. Alles in allem erwies sich Wagners zweijähriger Aufenthalt in Paris als bittere Enttäuschung, obwohl alles so gut begonnen hatte. Wagner war zufällig dem deutschen Komponisten Giacomo Meyerbeer begegnet, dessen Bekanntheitsgrad und Einfluss in Frankreich zu jener Zeit unaufhörlich stieg. Meyerbeer hatte Wagner versprochen, seinen Einfluss zu nutzen und ihm die richtigen Türen aufzustoßen. Leider erwies sich die Pariser Kunstwelt als undurchsichtig geknüpftes Netz – alles, was Meyerbeer unternahm, endete in einer Sackgasse. Wagner und Minna blieb nichts übrig, als in einer armen deutschen Künstlerkolonie zu leben, wo der Komponist für einige Zeitschriften Musikkritiken und -beiträge schrieb, um zu überleben. Außerdem komponierte er einige populäre Melodien und nahm die Stelle eines Sekretärs bei einem Verleger an.

Berufliche Erfolge während des Paris-Aufenthaltes waren die Vollendung der beiden Opern *Rienzi* und *Der fliegende Holländer*. Wagners persönliche Glücksmomente hatten dagegen mit Räuber zu tun, der die ganze Stadt durchstreifte, durch Brunnen schwamm und sich mit allen Menschen anfreundete, denen er begegnete. In der Tat war Räuber in der Gegend sogar bekannter als sein Herrchen. Doch sowohl beruflich als auch privat erlitt Wagner Rückschläge: Er hatte kein Geld, um die Opern zu produzieren, und sein geliebter Hund ging verloren.

Man fand nie heraus, was dem Hund zugestoßen war. Da sich Wagner nicht immer darum kümmerte, wo der Hund steckte, war der riesige Neufundländer vielleicht auf der Straße einem Unfall zum Opfer gefallen. Wagner hatte sich auch zahlreiche Menschen zu Gegnern gemacht, da er seine unpopulären, sozialen Ansichten bei jeder Gelegenheit unverhohlen und lautstark verbreitete. Vielleicht hatte einer dieser Gegner den Hund entführt, denn die enge Beziehung Wagners zu dem Tier war allgemein bekannt. Vielleicht war Räuber aber auch einfach des kümmerlichen Lebens bei dem verarmten Komponisten überdrüssig geworden und hatte ihn ebenso verlassen wie seinerzeit den Vorbesitzer, den Ladenbesitzer in Riga. Der Verlust des Hundes gab Wagner den Rest und er entschied sich, Paris zu verlassen und nach Dresden zurückzukehren. Dort hatte er immer noch Kontakte zur Musikwelt, zu Familienmitgliedern, Freunden und ehemaligen Studenten, die vielleicht bereit waren, eine seiner Opern zu finanzieren. Dennoch wurde Räuber unsterblich, denn Wagner verewigte ihn in der 1841 veröffentlichten Geschichte *Ein Ende in Paris*. Die pathetische Handlung dreht sich um den Hund eines Musikers, der nach dessen Tod klagend an seinem Grab ausharrt.

Dresden war genau der richtige Ort für Wagners Karriere. Er fand rasch Geldgeber, die bereit waren, in seine Oper *Rienzi* zu investieren. Obwohl das Werk heute als weniger bedeutend eingeschätzt wird, traf es genau den Geschmack der Zeit. Bei ihrer Premiere 1842 war die Oper ein riesiger Erfolg. Daraufhin bot man Wagner den Posten eines Musikalischen Direktors am Königshof von Dresden an. Von nun an verlief das Leben Wagners etwas geordneter. Die Anstellung verschaffte ihm neue Sicherheit, die er für weitere Kompositionen und die Entwicklung eines neuen Musikgenres, das er „musikalisches Drama" nannte, nutzte. Im Jahr darauf stärkte und festigte er seine Position durch die erfolgreiche Produktion des *Fliegenden Holländers*.

Peps, der große Kritiker

Die materielle Sicherheit erlaubte Wagner, eine „Familie" zu gründen. Dazu gehörte auch ein Welpe, der die Rolle von Räuber übernahm. Die Ehe mit Minna blieb kinderlos, sodass Wagner ganz bewusst Hunde an Stelle von Kindern zu seinem Lebensglück erklärte, so zumindest schrieb er in einem Brief an seine Schwester Cecile: „Wir müssen uns mit Hunden zufrieden geben, denn es gibt keine Anzeichen von Nachwuchs. Wir haben einen neuen, gerade sechs Wochen alten Welpen, ein lustiges kleines Tier; sein Name ist Peps oder Striezel (weil er aussieht wie aus einem Lebkuchenmarkt). Er ist besser als Räuber, mein letzter." Wagner schloss den Brief an seine Schwester mit den Worten: „Allerdings hätte ich lieber einen Maxel", – so hieß der Sohn seiner Schwester. Wagner beschrieb seinen neuen Hund als „eine Art Spaniel" und aus Zeichnungen und anderen Beschreibungen wissen wir, dass es sich wohl um einen Englischen Toy Spaniel oder einen Cavalier King Charles Spaniel handelte.

Peps (oder Pepsel, wie ihn Wagner manchmal scherzhaft nannte) wurde rasch zum wichtigen Bestandteil im Leben des Komponisten. Der Hund genoss zwar nicht die Freiheiten von Räuber, war aber stets an Wagners Seite, wenn der Komponist zu Hause war. Dabei redete Wagner ständig auf Peps ein. Manchmal rollte er sogar neben dem kleinen Hund auf dem Boden herum und sprach in einer unverständlichen Babysprache mit ihm.

Inzwischen hatte Wagner begonnen, seinen charakteristischen Opernstil zu entwickeln und den Werken ausschließlich germanische und nordische Mythen zugrunde zulegen. Wagner glaubte, dass diese Mythen ewige Wahrheiten über zwischenmenschliche Beziehungen ausdrückten und mythische Opern wie keine andere das Gefühl der Zuhörer ansprächen. Die erste Oper dieses Stils war auch die erste seiner in Dresden komponierten Opern: *Tannhäuser und der Sängerkrieg auf der Wartburg*. Und schließlich war es die erste Oper, die er mit – manche sagen auch für – Peps komponierte. Der Hund musste Wagner beim Arbeiten Gesellschaft leisten. Er saß auf einem eignen Stuhl, kletterte aber manchmal auch auf andere Möbel, um besser sehen zu können. Wagner spielte Klavier oder sang ganze Passagen und blickte dabei auf Peps, um dessen Reaktion zu verfolgen. Es blieb nicht aus, dass der Hund durch diese besondere Aufmerksamkeit verwöhnt wurde und entsprechende Zuwendung auch von jedem Besucher verlangte.

Peps' Bedeutung für Wagners Kreativität wurde von Marie, der Tochter Ferdinand Heines (eines guten Freundes der Familie und Kostümbildners für das Theater) überliefert. Wagner und Minna empfingen Marie oft in ihrem Haus. Später schrieb Marie: „Ich habe viele angenehme und interessante Erinnerungen an Wagners beste Phase als königlicher Kapellmeister in Dresden. Damals habe ich viel Zeit in seinem gemütlichen Haus verbracht. Allerdings erinnere ich mich mit Schrecken an seinen geliebten Peps, ein weiß und braun geflecktes, kleines Monster, das den ganzen Haushalt tyrannisierte. Vermutlich glaubte der Hund, dass sein Herrchen nichts ohne ihn unternehmen könne.

Neben dem Klavier stand ein gepolsterter Hocker, auf dem Peps lag, während Wagner komponierte. Wenn der Hund nicht da war, geriet der ganze Haushalt in Unruhe und suchte nach ihm. Oft genug musste Minna ausgehen und Peps im Park an der Ostra Allee suchen. Wenn ich an Wagners Wohnung vorbeigehen musste, machte ich oft ängstlich einen weiten Umweg, denn sobald Peps mich bemerkte, kam er heraus und rannte jämmerlich jaulend um mich herum, bis wir zum Gespött aller Passanten wurden – nicht gerade angenehm für eine Schülerin!

Als ich mich später bei Wagner darüber beschwerte, brach er in Gelächter aus und sagte: ‚Nun mein liebes Mariechen, er kennt die Freunde des Hauses und möchte Sie nur begrüßen.'"

Peps war ein außergewöhnlich sensibler Hund. Wenn Wagner mit ihm redete (was er häufig tat) und dabei ausfallend gegenüber irgendeinem vermeintlichen Gegner wurde, reagierte der Hund auf die erregte Stimme seines Herrn: Er sprang auf, bellte und rannte dabei herum, als wollte er die Feinde Wagners ausfindig machen.

Peps war aber auch für Stimmungen in der Musik empfänglich. Wenn Wagner am Klavier saß und komponierte oder Passagen aus seinen Opern sang, fiel ihm auf, dass Peps auf bestimmte Tonarten reagierte. Beispielsweise wedelte er bei Passagen in Es-Dur gelegentlich mit dem Schwanz, während er bei E-Dur aufgeregt aufstand. Dies brachte Wagner dazu, bestimmte Tonarten mit speziellen Stimmungen in seinen Musikdramen zu verbinden. Im *Tannhäuser* setzte er Es-Dur für heilige Liebe und Erlösung ein, während er mit E-Dur körperliche Liebe und Ausschweifungen ausdrückte – durchaus angepasst an die Reaktionen von Peps.

Da Peps nun deutlich gezeigt hatte, wie stark bestimmte musikalische Elemente dramatischen Stimmungen entsprachen, nahm Wagner sich nochmals die Partitur des *Fliegenden Holländers* vor. Darin fielen ihm ähnliche Beziehungen auf, die er unbewusst bereits eingesetzt hatte. Immerhin war sich Wagner nun vollkommen sicher, dass er durch bestimmte musikalische Elemente die Stimmung und das dramatische Empfinden des Publikums beeinflussen und damit die Wirkung seiner Opern steigern konnte. In seinem nächsten Werk, dem *Lohengrin*, den er mit der Hilfe von Peps komponierte, setzte er diese Erkenntnis ganz konsequent um.

Obwohl auch der *Lohengrin* noch klassische Elemente der Oper wie Arien, Duette und Chorgesänge erkennen lässt, kennzeichnete Wagner darin die einzelnen Charaktere nicht nur durch bestimmte Tonarten, sondern auch durch spezielle Instrumente und Themen. Der Auftritt Lohengrins, des Ritters des Heiligen Grals, wird von Streichern in hohen A-Dur-Tonlagen umrahmt. Die böse Zauberin Ortrud ist dagegen mit tiefen Streichern und Holzbläsern in verschiedenen b-Tonarten assoziiert. König Heinrich tritt unter Blechbläsern in C-Dur auf. Daneben gibt es noch weitere Themen mit jeweils erkennbaren musikalischen Motiven. So wurden wichtige Charaktere und andere Aspekte des Dramas schon beim ersten Auftreten musikalisch definiert und waren so zu späteren Zeitpunkten der Handlung gleich wiederzuerkennen.

Während seiner Zeit in Paris hatte Wagner den Komponisten Franz Liszt kennen gelernt. Liszt wurde Wagners Freund, unterstützte ihn finanziell und dirigierte auch die erste Aufführung des *Lohengrin*. Als Liszt nach Deutschland kam, um dort zu dirigieren und komponieren, waren er und Wagner so oft wie möglich zusammen, um über Musik zu reden.

Liszt erkannte rasch, dass er für Wagner dieselbe Bedeutung als musikalischer Berater besaß wie Peps. Kurz nachdem die beiden Komponisten eine Zeit miteinander verbracht hatten, schrieb Liszt an Wagner: „Möge Gott geben, dass ich Sie bald wieder besuchen kann – Ihr Doppel-Peps, oder ‚double extract de Peps' oder ‚double stout Peps'."

In der Tat hatte Liszt den Spitznamen Peps bekommen und er benutzte ihn oft, um Briefe an Wagner zu unterschreiben. Es ist schon merkwürdig, dass ein großer Komponist – immerhin ist er Urheber einiger der besten Klavierwerke, außerdem revolutionierte er die Sonatenform – sich damit zufrieden gab, einem Komponisten-Kollegen so hilfreich zu sein wie dessen Hund!

Züricher Exil und Peps' Tod

Leider dauerte Wagners friedliches und erfolgreiches Leben in Dresden nicht lange. Schuld daran war sein soziales Engagement. Wagner ließ sich von der liberalen, anti-monarchischen Stimmung mitreißen und nahm an der Revolution von 1848 teil. Er schrieb eine Reihe revolutionsfreundlicher Artikel und beteiligte sich aktiv am Dresdner Aufstand im Jahre 1849. Als der Aufstand fehlschlug, wurde Wagner per Haftbefehl gesucht, sodass er mit Minna, Peps und einem grauen Papagei mit Namen Papo aus Deutschland floh. Da er nicht mehr zurückkehren durfte, konnte er an der Premiere des *Lohengrin*, von seinem Freund Franz Liszt in Weimar dirigiert, nicht teilnehmen.

Im Exil in Zürich fand Wagner in Otto Wesendonk und seiner Frau Mathilde erneut reiche Gönner. Das Ehepaar unterstützte Wagner finanziell und besorgte ihm ein Haus. Nachdem sich seine Lebensumstände wieder stabilisiert hatten, kehrte Wagner zu seiner üblichen Routine zurück. Inzwischen hatte er sich an sein ehrgeizigstes Projekt gewagt, einen Zyklus aus vier Opern unter dem gemeinsamen Titel *Der Ring der Nibelungen*. Der Zyklus erzählte eine mythologische Geschichte über Götter, Helden, Heldinnen, Zwerge, Drachen und einen magischen Ring. Ein neuer, lederner Hocker für Peps war ebenfalls besorgt, sodass der Hund ihm als Gefährte und Kritiker für das erste der vier Werke, *Das Rheingold*, und bei der Komposition des zweiten, *Die Walküre*, beistehen konnte.

Doch vor Vollendung der zweiten Oper wurde Peps krank. Schon eine Woche später ging es recht schlecht, sodass Wagner vorzeitig von einem – seinem zweiten – Besuch in London zurückkehrte. Der Komponist war verzweifelt und versuchte heldenhaft, den Hund zu retten. Dazu ruderte er sogar über den Vierwaldstätter See zu dem nächsten Tierarzt, um Medikamente zu besorgen.

Peps hatte immer in einem Korb neben Wagners Bett geschlafen. Jeden Morgen weckte er den schlafenden Komponisten vorsichtig mit den Pfoten. Wagner liebte Peps und der Hund gehörte zu den wenigen Lebewesen, denen Wagner sein tiefstes Inneres offenbart hatte. Er war nicht gezwungen, dem Hund ein respektables Leben vorzuspielen, dem Hund musste er nicht vortäuschen, ein Genie zu sein, das sein Leben völlig im Griff hatte.

Eines Tages war Liszt Zeuge geworden, wie Peps Wagner auf den Boden der Tatsachen zurückgeholt hatte. Wagner hatte für eine bestimmte Opernpassage etwas nachlesen wollen, als Peps zu ihm gekommen war und ihn sanft am Bein gekratzt hatte. Als das erfolglos geblieben war, hatte der Hund heftiger gekratzt und leise gewinselt. Wagner hatte den Hund über den Rand des Buches angesehen und in strengem Ton gefragt: „Warum störst du den großen Richard Wagner?" Dann hatte er sich offenbar besonnen, war in Gelächter ausgebrochen, hatte das Buch zur Seite gelegt und den Hund auf seinen Schoß gehoben: „Bist du gekommen, um mir eine neue Arie für die Rheintöchter vorzuschlagen, mein Pepsel?"

Jetzt aber lag dieser Peps, der musikalische Gehilfe, der Hund, den er den Mitautor des *Tannhäuser* genannt hatte, im Sterben. In großer Verzweiflung strich Wagner eine geplante Reise und viele Verpflichtungen und blieb die ganze Nacht bei dem Hund. Einige Tage später schrieb er, dass Peps „bis zuletzt mein Herz durch seine Liebe ergriffen hat. Selbst an der Schwelle zum Tod drehte er den Kopf – vielmehr seine flehenden Augen – zu mir, wenn ich nur einige Schritte beiseite ging. Schließlich, ohne ein Geräusch, ohne Kampf hauchte er in der Nacht zwischen neun und zehn Uhr friedlich sein Leben aus – am folgenden Tag nach Mittag begruben wir ihn im Garten. Ich habe hemmungslos geweint, ich konnte die Tränen nicht zurückhalten und fühlte eine tiefe Trauer für meinen 13-jährigen Freund, der stets mein Begleiter während der Arbeit und auf meinen Spaziergängen war. Er hat mir gezeigt, dass nur die

Welt unseres Herzens und unseres Gefühls zählt." In mehreren Briefen bat Wagner später um Verzeihung dafür, dass er offen um seinen Hund geweint hatte.

Wie Fips den Drachen in Siegfried „erfand"

Mit der Zeit verschlechterte sich Wagners Verhältnis zu seiner Frau Minna. In ihrer Beziehung hatte es von Anfang an gekriselt, doch als Wagner bekannter wurde, sein Ruhm zunahm und er immer weniger Zeit für sie hatte, wurde die Krise größer.

Mathilde Wesendonk, die Frau seines Zürcher Gönners Otto Wesendonk, schätzte Wagner sehr. Sie besorgte ihm einen Ersatz für Peps, einen Hund derselben Rasse, in den Wagner sich spontan verliebte. Der neue Hund bekam den Namen Fips und besetzte, wie einst Peps, den Hocker neben Wagners Klavier, wenn er arbeitete. Fips begleitete Wagner auf seinen Spaziergängen, so auch an einem Herbsttag, als sie durch einen Park gingen. Fips entdeckte etwas, vielleicht war ihm die Witterung eines Eichhörnchens in die Nase gedrungen. Der Hund raste durch die trockenen Blätter, die am Boden lagen, rannte hin und her und schleuderte das Laub in die Höhe. Wagner lachte und bemerkte: „Du sieht so verloren aus wie Siegfried auf seiner Suche nach dem Drachen." Dann blieb er kurz stehen und lauschte auf das Geräusch, das Fips' Pfoten beim Hin-und-her-Laufen auf den trockenen Blättern verursachten. „So was, Fipsel", sagte er laut, „du hast eben ein schönes Stück Musik komponiert. Ich sollte nach Hause gehen und es auf-schreiben."

Ehestreit

Als Wagner Zürich für mehrere lange Reisen verließ, um den Strei-tigkeiten mit Minna aus dem Weg zu gehen und sich von Schlaf-losigkeit, Verdauungsstörungen und anderen Leiden zu erholen, die seine Schaffenskraft lähmten, wurde er nur von Fips begleitet. Da er für mehrere Wochen weg blieb, mietete er ein Ferienhaus mit Blick auf den Mont Blanc. Wagner lebte ganz allein, nur mit Fips als

Gefährten, und mit seinem hündischen Mitarbeiter arbeitete er ein wenig an seiner neuen Oper *Siegfried*.

Minna war misstrauisch geworden und vermutete, dass Wagner eine Affäre mit Mathilde hatte. Nach Wagners Rückkehr las sie dessen Briefe an die jüngere und hübschere Frau und ihr Misstrauen nahm weiter zu. Schließlich war sie davon überzeugt, dass Wagner eine sexuelle Beziehung zu Mathilde unterhielt (was vermutlich nicht stimmte) und verließ ihn, um nach Paris zu gehen. Sie war so wütend, dass sie sogar Fips mitnahm, den ihre verhasste Rivalin ihrem Ehemann geschenkt hatte. Offenbar hoffte sie auf eine Versöhnung, denn sie wusste, dass Wagner wegen einer Neuaufführung des *Tannhäuser* vermutlich ebenfalls nach Paris kommen würde, um an der Produktion mitzuarbeiten.

Wagner war völlig niedergeschlagen – mehr über den Verlust von Fips als über den von Minna, denn der Hund war ihm ein besserer Gefährte gewesen als seine Frau. Nach seiner festen Überzeugung hatte Minna den Hund mitgenommen, um ihn zu verletzen und ihm den Gefährten zu entziehen. Als Wagner kurz darauf von Fips' Tod erfuhr, war er sicher, dass Minna den Hund aus Bosheit und aus Eifersucht vergiftet hatte. Das war mehr, als er ertragen konnte, und er beschloss, keinen Versuch zur Rettung der Ehe zu unternehmen. In seinem Tagebuch schrieb er: „Der plötzliche Tod dieses lebhaften und liebenswerten Tieres war der endgültige Bruch einer kinderlosen Verbindung, die schon lange unmöglich geworden war."

Zum Rettungsanker an diesem Punkt in Wagners Leben wurde eine Amnestie, die es ihm 1861, kurz nach dem Tod des Hundes, ermöglichte, nach Deutschland zurückzukehren. Zunächst zog der Komponist sich nach Wiesbaden zurück, um an der Oper *Die Meistersinger von Nürnberg* zu arbeiten. Seinen Hund vermisste Wagner sehr. Zu einem Zwischenfall kam es mit dem Bullterrier seines Vermieters. Als Wagner sich dem Hund einmal näherte, erschrak der und biss dem Komponisten so heftig in die Hand, dass Wagner mehrere Wochen lang nicht Klavier spielen konnte. Kurz nach seiner Genesung fuhr Wagner nach Wien.

Unglücklicherweise steckte Wagner erneut in finanziellen Schwierigkeiten. Die Pariser Aufführung des *Tannhäuser* war eine finanzielle Katastrophe geworden. Die Auseinandersetzungen um Wagners politische Anschauungen hatten dazu geführt, dass die Proben eingestellt wurden und große Schulden hinterließen. Wagner behielt seine Wohnung in Wien, wo er die erste Aufführung des *Lohengrin* hörte, und ging als Dirigent auf Europatournee.

Nach nur drei Jahren brachte ihn seine Lebensweise wiederum an den Rand des Ruins: Wagner gab zu viel Geld für seine persönlichen und beruflichen Liebhabereien aus und lieh sich dafür große Summen, ohne sie zurückzuzahlen. Erneut musste er aus einer Stadt fliehen, um dem Schuldturm zu entgehen. Und wie bei seiner Flucht aus Riga wurde er von einem großen Hund begleitet, der das Reisen erschwerte.

Der Name des neuen Hundes war Pohl, ein Sankt Hubertus Hund, eigentlich also ein Schweizer Laufhund. Er gehörte Wagners Vermieter in Wien. Der Vermieter hatte bemerkt, dass Wagner offenbar einen Hund als Partner brauchte, und ihm also seinen zur Verfügung gestellt. Da der Maestro häufig abwesend war, erschien dieses Arrangement für beiden Seiten vorteilhaft.

Als Wagner dann aus Wien floh, hinterließ er nicht nur unbezahlte Mietrechnungen, sondern nahm einfach auch den Hund mit, den er inzwischen sehr lieb gewonnen hatte. Ohne einen Pfennig Geld kamen Wagner und Hund in Stuttgart an. Der Komponist war 51 Jahre alt und fast am Ende seiner Kräfte, besaß keine Zukunft und in seiner Begleitung befand sich ein 90 Pfund schwerer Hund. Es brauchte ein Wunder, um ihn zu retten, und dieses Wunder geschah.

Der Ring der Nibelungen

Im Jahre 1863 veröffentlichte Wagner den Text des *Ring des Nibelungen*. Damit wollte er Geld verdienen, aber auch seinen Traum eines Zyklus aus vier Opern verwirklichen – sofern es gelänge, Mäzene und Investoren zu finden.

Der Text enthielt eine direkte Bitte an die Leser um finanzielle oder anders geartete Unterstützung. Im Vorwort des Buches appellierte Wagner ganz gezielt an die Bereitschaft deutscher Fürsten, seine Vision finanziell zu unterstützen. Und wieder fand er einen Mäzen.

Als Ludwig II. von Bayern mit 18 Jahren den Thron bestieg, war er bereits ein fanatischer Anhänger von Wagners Werk. Er hatte den *Ring* gelesen und sich entschieden, dem Komponisten finanziell unter die Arme zu greifen. Ludwig II. lud Wagner nach München ein, bezahlte seine Schulden, richtete ihm eine elegante Villa ein und bewilligte ihm einen großzügigen Unterhalt, damit er seine Arbeit vollenden konnte. Hund Pohl blieb bei ihm, lag neben ihm, wenn er am *Parsifal* komponierte, und nötigte ihn zu langen Spaziergängen, die Wagners körperlicher und geistiger Gesundheit förderlich waren. Kurz nachdem Wagner sich in München eingelebt hatte, zog Cosima von Bülow in seine Villa ein. Sie war die Tochter von Wagners Freund Franz Liszt und mit Hans von Bülow verheiratet, dem brillanten Pianisten, Komponisten und Musikdirektor der Münchner Hofoper. Cosima kannte Wagner bereits über ihren Vater und fand ihn anziehend. Jetzt gingen beide eine Affäre ein, deren Resultat in weniger als einem Jahr die Geburt eines Kindes war. Dass Wagner seine Affäre mit einer verheirateten Frau offen zeigte, verursachte einen Skandal, und die Mitglieder an Ludwigs Hof begannen, gegen den Komponisten zu intrigieren. Und tatsächlich wurde Wagner aus München vertrieben und kehrte in die Schweiz in ein Haus am Ufer des Vierwaldstätter Sees zurück. Pohl ging mit ihm.

Als Wagner dann nach Frankreich reiste, um einige seiner Werke zu dirigieren, musste der Hund in Genf zurückbleiben, da er erkrankt war. Während Wagners Abwesenheit starb Pohl. Etwa zur gleichen Zeit starb auch Wagners Frau Minna, die inzwischen wieder in Dresden lebte. Wieder war Wagner zerknirscht, und wieder nicht wegen seiner Frau, sondern wegen des Hundes. Er legte dem Hund ein Halsband mit seinem Namen und einer Widmung um und begrub ihn in einem eleganten Sarg. Über seinem Grab ließ er einen Marmorstein errichten. Das Grab seiner Frau besuchte Wagner niemals, nicht einmal irgendein Interesse daran zeigte er.

Wie Kos Wagner fast das Leben kostete

Cosima reiste bald darauf zu Wagner in die Schweiz. Als sie sich schließlich von Hans von Bülow scheiden ließ, hatten die beiden bereits drei uneheliche Kinder. Nach der Scheidung heirateten Wagner und Cosima im Jahre 1870.

Mit Cosimas Ankunft endete auch Wagners Trauer um Pohl, denn Liszts Tochter brachte einen kleinen Foxterrier namens Kos mit. Obwohl Kos eigentlich Cosimas Hund war, „adoptierte" Wagner ihn auf der Stelle und verbrachte die meiste Zeit mit ihm. Wie immer baute er eine starke Beziehung zu dem Hund auf, die ihn diesmal fast das Leben kostete.

Wagner und Cosima gingen neben den Eisenbahngleisen zur Post. Kos begleitete sie unangeleint. Als er einen anderen Terrier bemerkte, rannte er auf ihn zu. Der andere Hund kam Kos entgegen und beide lieferten sich mitten auf den Schienen einen Kampf. Wagner sah einen Zug kommen und lief los, um Kos zu retten. Er rannte und schrie, doch die kämpfenden Tiere nahmen die Gefahr nicht wahr. Endlich erreichte Wagner die Hunde, packte Kos am Halsband und brachte sich und den Hund gerade noch vor dem Zug in Sicherheit.

Das verzweifelte Manöver rettete zwar den Hund, führte jedoch zu einem harten Sturz. Als die verängstigte und erschrockene Cosima hinzugeeilt war, humpelte Wagner zwar, begrüßte sie aber mit einem Lächeln: „Nun, da ich sein Leben gerettet habe, könnte er mir auch ein Stück komponieren, so wie Fipsel." Allerdings erwähnt Wagner weder in seinen Unterlagen noch in den Tagebüchern, ob Kos ihm je diesen Gefallen tat.

Kinderhund Russumuck

Der nächste Hund in Wagners Leben war ein schwarzer Neufundländer mit Namen Russumuck, den der Komponist Russ nannte. Die Hausangestellte Vreneli Weidmann schenkte Wagner den Hund, nachdem er ihr begeistert von seinem ersten Hund Räuber erzählt hatte. Obwohl Wagner an keiner Stelle andeutet, dass Russ ihm je beim Komponieren half, war der Hund stets dabei. So lange die Kinder noch klein waren, passte Russ auf sie auf; er schwamm sogar hinter ihnen her, wenn sie mit dem Boot fuhren. Einmal rettete er dabei das Leben von Wagners Tochter Eva. Als das

Mädchen stolperte und aus dem Boot fiel, zog Russ es sofort aus dem Wasser.

Cosima hatte niemals einen so großen Hund wie Russ besessen. Er war nicht gerade gepflegt und sauber, denn er liebte es, im Wasser zu schwimmen und danach durch Wiesen und Wälder zu streifen. Cosima wollte den verdreckten Hund im Hof und nicht schmutzig durch das Haus laufen lassen. Wagner war damit nicht einverstanden. „Wenn er draußen schlafen muss, werde ich das ebenfalls tun", beschwerte er sich. Um den Maestro nicht zu verärgern, gab Cosima nach. Allerdings musste der Hund nach seinen Ausflügen immer erst in die Küche. Dort wurde er abgebürstet und getrocknet, ehe er den Rest des Hauses betreten durfte.

Russ hatte einen starken Beschützerinstinkt und manchmal ging seine Vorsicht selbst Wagner zu weit. Einmal hinderte er den Komponisten daran, in eine Kutsche zu steigen, sodass der gezwungen war, mehrere Kilometer zu Fuß zu laufen. Ein anderes Mal hatte Wagner die Kinder zum Eislaufen mitgenommen. Als der Vater sah, wie viel Spaß die Kinder hatten, wollte er es selbst versuchen, lieh sich Schlittschuhe und ging auf wackeligen Beinen zum Eis. Plötzlich lief Russ auf ihn zu und versuchte, ihm die Schlittschuhe von den Füßen zu zerren. Einer der Angestellten wollte Russ wegziehen, doch der Hund schnappte nach ihm. Da zuckte der Mann zurück und rief: „Der Hund ist zu treu! Sie können nicht Schlittschuh laufen." Als die Kinder Wagners Zwangslage bemerkten, breitete er verlegen die Arme aus und meinte, unsicher auf den Schlittschuhen wackelnd: „Vielleicht hat mich Russ ja vor Schlimmerem bewahrt."

Die Opern des *Rings* waren beinahe vollendet. Wagner war davon überzeugt, dass man diese Werke in einem normalen Opernhaus nicht adäquat aufführen könne. Also überzeugte er König Ludwig davon, ein völlig neues Opernhaus nach Wagners Plänen bauen zu lassen. Es entstand in der bayerischen Stadt Bayreuth, die schon bald zum Zentrum von Wagners Werk und seiner Musikrichtung aufstieg und auch heute noch eng mit dem Namen Wagner verbunden ist. Des Komponisten letzte Oper, *Parsifal*, wurde 1882 hier im Rahmen einer Zeremonie uraufgeführt, die fast einem Gottesdienst glich. Nach Wagners Tod übernahm Cosima die Leitung des

Bayreuther Hauses, und nach ihrem Tod ihre Kinder und Enkel. Bis heute wird es von den Nachfahren Wagners geleitet.

Die letzten Jahre in Bayreuth

Als die Arbeiten an dem Opernhaus in Bayreuth begannen, schenkte Ludwig dem Richard Wagner eine prachtvolle Villa, die Wagner *Wahnfried* nannte. Russ stieg zum obersten Haustier auf und wurde Wagners ständiger Begleiter. Russ starb, kurz bevor der Komponist nach Wien abreisen sollte, um dort ein Konzert zu geben. Wagner verschob die Reise um einen Tag, damit er Russ begraben konnte. Russ wurde am Kopfende von Wagners späterer eigener Ruhestätte begraben. Wagner ließ einen Grabstein mit der Inschrift „Hier liegt und wacht Wagners Russ" errichten.

Als ein Pfarrer Wagner mahnte, dass der Friedhof damit entweiht sei, wurde der Komponist böse: „Warum sollte ein Mann im Jenseits auf einen treuen Gefährten verzichten? Wenn man behauptet, dass Tiere aus dem Nichts geschaffen werden und nach dem Tod wieder im Nichts versinken, während Menschen, die ebenfalls aus dem Nichts kommen, nach ihrem Tode als unsterbliche Seele weiter leben, dann ist dies so absurd, dass es meinem gesunden Menschenverstand widerspricht!"

In Wagners späten Jahren gab es weitere Hunde in Wahnfried. Einer war ein Bernhardiner namens „Branke" und die beiden anderen waren Neufundländer: „Mollie", die Wagner als Partner für Russ schon zu dessen Lebzeiten erworben hatte, und ein großer Rüde mit Namen „König Marke". Mollie wurde krank und starb kurz nach einer Scheinträchtigkeit. Branke und Marke liefen jedoch regelmäßig über das Villengrundstück und wurden von vielen Besuchern der Opern wahrgenommen.

Ihre Eskapaden bereiteten dem alternden und kranken Wagner häufig Ärger und Verdruss. Branke tötete die Katze eines Nachbarn und beide Hunde wurden verdächtigt, Hühner zu wildern. Wagner hielt dies nur für ein übertriebenes Treibverhalten der Hunde und konnte sich nicht vorstellen, dass sie bewusst bösartig handelten. Die Bewohner des Ortes dachten allerdings anders darüber. Sie beklagten sich über die Zerstörungswut der Hunde und demonstrierten vor Wagners Tor und sogar während der Opernaufführungen. Wagner ersetzte die Schäden und König Ludwig garantierte sogar schriftlich, dass die Hunde besser bewacht und keine weiteren Schäden anrichten würden.

Marke lebte lange genug, um Wagner bis zu dessen Ende zu begleiten. Finanziell lief es jetzt sehr gut für Wagner, doch seine Gesundheit ließ nach. Marke blieb ständig bei dem Komponisten in der Villa, durfte aber wegen des Versprechens von Ludwig II. nicht mehr mit ihm verreisen. Als sich die Familie auf einen ein- bis zweimonatigen Winterurlaub in Wien vorbereitete, sprach Wagner offen zu Marke: „Ich fürchte, ich werde nicht mehr zurückkommen und dich sehen können. Sei treu und tapfer."

Von Marke erwartete Wagner zwar Treue, von sich selbst allerdings nicht. Cosima hatte mitbekommen, dass ihr Mann eine Schwäche für Carrie Pringle hatte, eines der Blumenmädchen aus der jüngsten *Parsifal*-Inszenierung. Als sie erfuhr, dass das Mädchen sie in ihrem Wiener Haus besuchen wollte, stellte sie ihren Mann am 13. Februar 1883 verärgert zur Rede. Der hitzige Streit verlief so laut, dass er den Rest des Hauses aufweckte. Wenige Stunden später fand man Wagner, gestorben an einem Herzinfarkt. Er lag über einem unvollendeten Essay mit dem Titel „Die ewige Natur der Frauen". Als man Wagners Leiche zur Beerdigung nach Wahnfried zurückbrachte, stand der treue Marke am Sarg und jaulte. Wagner wurde neben dem geliebten Russ beerdigt, wie er es gewünscht hatte. Marke war nicht dazu zu bewegen, Wagners Grab zu verlassen, und wenige Tage starb später der Hund dort – „an gebrochenem Herzen", wie Cosima sagte. Marke wurde in der Nähe von Wagners Grab unter einem Stein mit der Inschrift „Hier ruht Wahnfrieds Wächter und Freund, der gute, herrliche Marke" begraben.

Die Musik, die Wagner zusammen mit Peps und Fips und unter den wachsamen Augen von Räuber, Pohl, Kos, Russ, Branke und Marke schrieb, wird noch heute gespielt und geschätzt. Hören Sie genau zu, wenn Siegfried durch den Wald läuft, um nach dem Drachen zu suchen: Vielleicht hören Sie in der Musik die Pfoten von Wagners Hund Fips, die durch die Blätter rascheln.

Der Erfinder des Telefons und der sprechende Hund

Einer Studie zufolge haben etwa 20 % aller Hundebesitzer schon einmal versucht, mit ihrem Hund über das Telefon zu kommunizieren. Manche gaben zu, ein Familienmitglied gebeten zu haben, dazu dem Hund den Hörer ans Ohr zu halten. Andere sprachen eine Botschaft auf den Anrufbeantworter, weil sie hofften, der Hund sei in der Nähe und könne sie hören.

Ob Hunde in der Lage sind, eine über das Telefon gesprochene Botschaft zu verstehen, könnte sicher lange diskutiert werden. Im Leben von Alexander Graham Bell, dem Erfinder des Telefons, spielte jedoch ein Hund zweifelsohne eine entscheidende Rolle.

Die Erfindungen von Graham Bell

Viele Menschen glauben von sich, alles über das Leben und die Ziele von Alexander Graham Bell zu wissen, und doch unterschätzen die meisten, welche Bedeutung dieser Mann für unser modernes Leben wirklich hatte. Fast jeder Mensch kennt Graham Bell als Erfinder des Telefons, tatsächlich hat Bell jedoch weitaus mehr vollbracht. Das Geld, das er mit seiner Erfindung verdiente, verlieh ihm die Möglichkeit, weitere Projekte zu verfolgen und weitere technische Neuerungen zu entwickeln. Unter anderem erfand Bell ein Tragflächenboot. Um die Geschwindigkeit solcher Boote zu demonstrieren, baute er das HD-4, das mehr als 5 000 kg wog und eine Geschwindigkeit von 70 Meilen pro Stunde erreichte. Im Jahre 1919 war das der Geschwindigkeitsrekord für ein Schiff und er hatte über zehn Jahre lang Bestand.

Bell erfand die eiserne Lunge, das erste künstliche Atemgerät, das viele Leben rettete. Auch sein Magnetometer konnte Leben retten, weil es noch vor der Erfindung des Röntgengerätes ermöglichte, Kugeln oder Metallsplitter im Körper eines Patienten zu lokalisieren. Bell verbesserte den von Thomas Edison entwickelten Fonografen und baute das erste, kommerziell verwertbare Modell – unter anderem ersetzte er die von Edison verwendeten Zylinder durch Platten. Außerdem arbeitete er an einem Fotofon, um zu zeigen, dass man Töne mit Licht transportieren kann. Damit bahnte er frühzeitig Erfindungen wie den Tonfilm an. Bell hielt überdies einige Patente für Fluggeräte, seine Idee für ein dampfgetriebenes Flugzeug schien zwar zu funktionieren, wurde aber nicht weiter verfolgt. Zu seinen Erfindungen gehörte auch das bewegliche und stabilisierende Querruder an den Tragflächen des Flugzeugs, das noch heute fester Bestandteil der Flugzeugtechnik ist. Daneben fand Graham Bell noch die Zeit, eine besonders fruchtbare Schafrasse zu züchten. Mehr Zitzen als üblich sorgten dafür, dass die Lämmer besser gesäugt und versorgt werden konnten.

Bell diente der Wissenschaft nicht nur durch eigene Erfindungen, sondern auch auf andere Weise. Er gründete die Zeitschrift *Science*, die zum offiziellen Organ der *American Association for the Advancement of Science* wurde und noch heute zu den wichtigsten und meist gelesenen wissenschaftlichen Zeitschriften mit Originalbeiträgen gehört. Außerdem war er Mitbegründer, später auch Präsident der *National Geografic Society*. Auf seine Initiative geht die Umgestaltung der einstmals eher biederen *National Geographic* in die hervorragend bebilderte Zeitschrift zurück, als die sie heute bekannt ist. Bell war überzeugt, dass Bilder für eine „anschauliche Erziehung" wichtig seien.

Bell erfand das Audiometer, mit dem sich das nachlassende Hörvermögen eines Menschen feststellen lässt. Dies ist ein Hinweis darauf, dass sich der Wissenschaftler Zeit seines Lebens für das Phänomen der Gehörlosigkeit und Methoden zu ihrer Linderung interessierte. In diesem Zusammenhang gibt es eine interessante Begebenheit aus Bells Leben mit einer Beziehung zu Hunden, die noch in heutiger Zeit für Lehrer an Gehörlosen-Schulen von Bedeutung ist.

Redekunst und gehörlose Mutter

Bell wurde 1847 in Edinburgh (Schottland) geboren, doch seine Familie zog bald darauf nach London. Eloquenz gehörte zur Familientradition, denn der Großvater war ein Lehrer für Rhetorik und Bells Vater Alexander Melville Bell galt als führende Autorität auf diesem Gebiet. A. M. Bells Buch *The Standard Elocutionist*, wurde auch lange nach seinem Tod noch aufgelegt und durchlief in England fast 200 Auflagen.

Vater Bell hatte auch entscheidenden Anteil an der Entwicklung der „sichtbaren Sprache". Diese machte sich zunutze, dass allen Lauten bestimmte Lippenbewegungen und Zungenstellungen zuzuordnen sind. Wer gelernt hatte, diese Bewegungen und Stellungen zu erkennen und selbst auszuführen, konnte Töne produzieren, selbst wenn sie für ihn keine Bedeutung hatten. Alexander Graham und seine Brüder mussten das System erlernen – ihr Vater demonstrierte an ihnen, wie gut es funktionierte. Während der Vorstellungen verließen die Jungen den Raum und das Publikum trug verschiedene Texte vor, Lautkombinationen (z. B. Küssen und Saugen) und sogar fremdsprachige Laute von Französisch bis Gälisch. Der Vater übertrug alles in sein „Sprach-Alphabet", dann kamen die Jungen zurück und bildeten genaue Lautkopien dessen, was der Vater aufgeschrieben hatte. Ein Zuschauer schrieb: „Ich erinnere mich daran, wie gespannt wir waren und schließlich erstaunt, als die Jungen die Töne getreulich wiederholten; allerdings merkwürdig geisterhaft, weil alle Körperbewegungen fehlten, mit denen die Worte vorher kombiniert worden waren."

Grahams Mutter Eliza Bell weckte das Interesse des Sohns an gehörlosen Menschen. Alexander liebte seine Mutter sehr. Sie war eine gute Pianistin und der Junge besaß ähnliches Talent. Als er zwölf war, verlor die Mutter langsam ihr Gehör. Während andere Menschen während der Unterhaltung mit ihr in einen Gummitrichter brüllten, den die Mutter sich ans Ohr hielt, stellte Graham fest, dass er sich immer noch leise mit ihr unterhalten konnte, wenn er nur mit seinem Mund nahe an ihrem Gesicht war. Graham war klar, dass seine Mutter bis zu einem gewissen Maß gelernt hatte, von den Lippen zu lesen.

Graham lehrte seine Mutter, sich genau an die Ausspracheregeln des Vaters zu halten, sodass sie sich auch weiterhin verständlich ausdrücken konnte. Der junge Bell begann zu begreifen, dass man die Forschungsergebnisse seines Vaters zur Lippen- und Zungenbewegung dazu nutzen konnte, Gehörlosen das Sprechen beizubringen. Allerdings war sein Vater skeptisch, und über viele Jahre lang wurde der Gedanke nicht weiter verfolgt, bis Graham das Haus verließ und Lehrer für Musik und Redekunst wurde.

Oralisten und Manualisten im Widerstreit

Bell war noch nicht klar, dass er inmitten einer Kontroverse eine eigene Meinung entwickelte. Es gab damals – und es gibt sie noch heute – zwei völlig gegensätzliche Ansätze über den Umgang mit Gehörlosen. Die eine Linie vertritt die Auffassung, dass man Gehörlosen die normale Sprache beibringen muss, damit sie mit allen Menschen reden und so in das „normale" Gesellschaftsleben integriert werden können. Alle gehörlosen Menschen leben in einem sozialen Umfeld mit einer bestimmten Sprache. Wenn sie lernen, von den Lippen zu lesen, lernen sie auch die Sprache ihrer Umgebung zu verstehen. Daneben sollen sie lernen, diese Sprache selbst so deutlich wie möglich zu artikulieren, um von anderen problemlos verstanden zu werden. Bell drückte es so aus: „Gehörlose sollten vor allem lernen, sich den Hörenden sicher und verständlich mitzuteilen. Nur so ist eine Kommunikation zwischen ihnen und der Welt der Hörenden möglich. Das verstehe ich unter Eingliederung der Gehörlosen in unsere Gesellschaft." Dieser Standpunkt wird als *Oralismus* bezeichnet, weil er davon ausgeht, dass Gehörlose die Sprache erlernen können und müssen.

Ganz anders sehen dies die Anhänger der Zeichensprache. Da die Zeichen mit den Händen dargestellt werden, werden sie oft *Manualisten* genannt. Eine erste Zeichensprache für Gehörlose wurde im Frankreich des 18. Jahrhunderts von dem Abbé Charles Michel de l'Epée entwickelt, der auch die erste Schule für gehörlose Kinder in

Paris gründete. Seine Gründe, eine Zeichensprache zu entwickeln, hatten mit der katholischen Religion zu tun. Wenn es gelänge, den Kindern eine Art von Kommunikation zu ermöglichen, dann würden sie auch die Priester und Gott verstehen, sodass ihre Seele gerettet werden könnte. Da die Kinder an einer Internatsschule lernten, waren sie ständig von anderen Gehörlosen umgeben und lernten rasch, sich flüssig zu verständigen. Die Schule wurde zu einem Zentrum der Gehörlosenkultur und bald war de l'Epée fest davon überzeugt, dass es für Gehörlose natürlich und das Beste sei, sich über Zeichen zu verständigen.

In den Vereinigten Staaten nahm Edward Miner Gallaudet die Ideen von de l'Epée begeistert auf. Er wurde wie Bell von seinem Vater beeinflusst. Thomas Hopkins Gallaudet war ein Lehrer für Gehörlose, der nach Paris gereist war, um die dortigen Methoden kennen zu lernen, auch die Zeichensprache der Manualisten. Er brachte die Technik der Handzeichen in die USA und gründete dort die erste öffentliche Schule für Gehörlose (heute die *American School for the Deaf* in Hartford, Connecticut).

Wie Bells Mutter war auch Gallaudets Mutter gehörlos. Allerdings hatte seine Mutter niemals gut sprechen gelernt und konnte sich nur über Zeichensprache verständigen. In Gallaudets Augen war daher die Zeichensprache „eine Sprache, die den Gehörlosen die Natur geschenkt hat". Er fand die Zeichen überhaupt nicht künstlich, denn sie waren für ihn spontaner und natürlicher Ausdruck der gehörlosen Persönlichkeit. E. M. Gallaudet gründete sogar die erste Universität für Gehörlose, die heutige *Gallaudet University* in Washington D.C.

Bell war jedoch der Auffassung, dass der Ansatz über die Zeichensprache nicht ausreichend sei. „Die Vorstellung, dass die Zeichensprache die einzige Sprache sei, die gehörlos geborene Kinder natürlicherweise erlernen können, ist ebenso absurd wie die Vorstellung, dass hörende Kinder nur Englisch lernen können. Natürlich ist nur, dass ein amerikanisches Kind Englisch lernt, weil dies die Sprache der Menschen ist, denen es ständig zuhört."

Der Konflikt zwischen den beiden Ansätzen – und damit ihren beiden Vertretern – war unausweichlich. Es gab öffentliche Diskussio-

nen, unfreundliche Artikel in Zeitschriften und sogar hitzige Anhö-
rungen vor dem Kongress und dem Senat. Diese Auseinandersetzungen zogen eine Polarisierung der öffentlichen Meinung nach
sich. Und dabei ist es bis heute geblieben: In der Diskussion über
die „Gehörlosenkultur" gibt es auch heute noch sowohl Befürwor-
ter einer reinen Zeichensprache als auch strikte Gegner, nach deren
Auffassung gehörlosen Menschen ein wichtiger Teil des Lebens vor-
enthalten wird, wenn man Sie nur diese Zeichen lehrt. Dadurch, so
glauben sie, errichtet man eine Mauer zwischen den Gehörlosen
und der hörenden Mehrheit.

Bells Liebe zu Hunden

Warum jedoch war der Oralist Bell sich seiner Sache so sicher,
obwohl es doch für Gallaudet sprach, dass einige gehörlos Geborene nicht in der Lage waren, sinnvolle Laute hervorzubringen? Um
es kurz zu machen: Bell war sich wegen eines Hundes sicher.
Bell hatte ein ausgeprägtes Verhältnis zu Tieren. In seinen späteren
Jahren hielt er auf seinem Besitz im kanadischen Cape Breton
(Nova Scotia) viele Tiere – Pferde, Luchse, Adler, Schlangen, Schafe
und natürlich Hunde. Seine Tochter Daisy drückte es so aus: „Mein
Vater liebte alle möglichen Tiere. Allerdings nicht so sehr, dass er
sich um sie kümmerte. Er wusste, dass Mutter dies tat."
Bells Liebe zu Hunden verursachte bisweilen Probleme, vor allem
in den ersten Jahren nach seiner Heirat mit Mabel Hubbard. Das
Geld war knapp und seine Frau hatte Angst, dass er zu viel davon
für teure Hunde ausgab. Sie verstand, dass Bell Hunde um sich
brauchte, denn er arbeitete stundenlang und war immer allein. In
der Zeit als Lehrer für Gehörlose ging Bell tagsüber dieser Arbeit
nach, große Teile der Nacht verbrachte er damit, an seinen Erfindungen zu arbeiten. Später zog er sich oft länger allein zurück,
wenn er ein technisches Problem zu bewältigen hatte. Er verließ
dann Washington D.C., ging nach Kanada und arbeitete im Haus
dort längere Zeit. Dass so eine Reise länger dauern würde, war
Mabel immer klar, wenn Graham einen seiner Hunde zur Gesellschaft mitnahm.

Bell hatte ein sicheres Gespür für die Eigenarten seiner Hunde und für das Gefühl der Sicherheit, Menschen mit Hunden verbinden. Einmal schrieb ihm Mabel nach Kanada, dass die Hündin Becky das Haus unsicher gemacht hatte, weil sie „Geister" sah. Offenbar war die Hündin mitten in der Nacht aufgewacht und hatte gestört: „Sie lief wie wild durch das Haus, bellte und rannte in mein Schlafzimmer. Ich stand auf und sah, dass es Mitternacht war – alle schliefen. Was war los? Mir fielen schreckliche Geschichten über Einbrecher ein, die von Hunden gestellt wurden. Ich folgte Bec. Sie rannte erneut durch die Flure, wieder in mein Zimmer und lief bellend um mein Bett herum, völlig verängstigt."

Bell antwortete wie jemand, der sich sehr genau mit Hunden und Menschen auskennt, und gab seiner Frau folgenden beruhigenden Rat:

„Was ist meine kleine Frau nur für ein misstrauisches Wesen. Sie denkt an Diebe, Einbrecher und sogar Geister, kaum dass ich das Haus verlasse. Es ist schon überraschend, aber so lange ich noch im Haus war, kam ich mir nicht besonders wichtig vor. Und kaum bin ich weg, wird mein ganzer Haushalt durch ein kleines, bellendes Tier in Unordnung gebracht, das mir ständig auf die Nerven ging. Ich weiß aus Erfahrung, dass man keine Rücksicht auf Beckys Bellen nehmen darf. Der Hund weiß Freunde nicht von Feinden zu unterscheiden. Allerdings habe ich mir niemals die Mühe gemacht, herauszubekommen, warum sie solchen Lärm macht. Es gibt mir ein sicheres Gefühl, sie um mich zu wissen, wobei ihr Bellen nur eine Bedeutung hat: ‚Ich bin da.' Ich fürchte allerdings, dass sie jetzt deswegen so viel bellt, weil du dich nicht genug um sie kümmerst. Mich begrüßt sie sogar mit Knurren und Bellen, wenn ich mich zum Schlafen lege – das hat dich bisher doch nie gestört. Um das augenblickliche Problem zu lösen, brauchst du beide Hunde. Bring sie beide zu ihrem Schlafplatz und lass sie sich dort hinlegen, wo du sie hören kannst.

Wenn Bec dann ‚wau-wau' bellt, die ruhige, alte Yo aber zusammengerollt liegen bleibt und allenfalls ihren Schwanz bewegt – dann lass dich nicht stören, denn der Grund kann nur Nellie oder Miss Palmer oder Elsie oder Daisie sein. Stimmt Yo jedoch mit in das Bellen ein, ist etwas im Gange. Sie bellt niemals einfach so, sondern nur bei ungewöhnlichem Lärm.

Kümmere dich bitte um meinen kleinen Hund und stell ihm einen Korb mit etwas Heu bereit."

Wie Bell einem Hund das Sprechen beibrachte

Bells Verständnis für Hunde und der Umgang mit ihnen inspirierte ihn zu einem entscheidenden Experiment. Dessen Ergebnis veranlasste ihn, die Position der Oralisten in der Frage der Ausbildung von Gehörlosen einzunehmen.

Damals war Bell erst 20 Jahre alt. Er besaß zwar noch keine eignen Erfahrung mit der Ausbildung von Gehörlosen, war aber schon auf eine diesbezügliche Idee gekommen. Die vom Vater durchgeführten Analysen der Mund- und Zungenbewegungen als Grundlage einer „sichtbaren Sprache" schienen ihm geeignet, Gehörlose das Sprechen zu lehren. Die Manualisten hielten dagegen, dass Gehörlosen alle Informationen fehlten, um kontrollierte Laute von sich zu geben, da sie nicht hören konnten, was sie von sich gaben. Außerdem gingen die Manualisten davon aus, dass Gehörlose ohnehin nicht in der Lage seien, einen vernünftigen Laut zu bilden.

Für Bell schien die Antwort einfach: Man musste einem gehörlosen Menschen nur beibringen, auf Stichwort einen gleichförmigen Laut zu bilden. Die Art des Lautes war zunächst egal, denn man konnte ihn durch Zungen- und Mundbewegungen anschließend ja beliebig modulieren und zu Worten formen. Selbst wenn ein Wort vielleicht niemals perfekt ausgesprochen wurde, so doch so gut, dass es von dem der Sprache mächtigen Gegenüber verstanden werden konnte.

Um seine Theorie zu prüfen, entschied sich Bell für einen Probanden, der zweifelsohne noch schwerer sprechen lernen würde als jeder gehörlose Mensch – seinen Skye Terrier.

Skye Terrier sind klein, kurzbeinig und von langem Haar. Über die Entstehung der Rasse existiert eine Geschichte: Einst sank ein Schiff vor der Küste der Hebriden. Einige Malteser Hunde überlebten und paarten sich mit den dortigen Terriern – der Skye war geboren. Skye Terrier können sehr störrische, mutige, eigensinnige Hunde sein. Obwohl Bell sie als „sehr intelligent" beschreibt, lag mit dem Vorhaben, seinem struppigen, schwarzen Hund das Sprechen beizubringen, eine schwere Aufgabe vor ihm.

Zu Anfang des Experimentes berichtete Bell: „Es fiel mir nicht schwer, den Hund auf Kommando knurren zu lassen." Bell reduzierte die Futtermenge, sodass Futter zur begehrten Belohnung wurde. Nach einer Weile knurrte der Hund freudig, wenn ihm Bell Futter anbot.

Dann brachte er dem Hund bei, auf den Hinterbeinen zu sitzen und anhaltend zu knurren, bis Bell ihm Einhalt gebot. Jedes Mal, wenn der Hund gehorchte, wurde er mit Futter belohnt. Aufrecht sitzen musste das Tier, damit Bell leichter an dessen Maul gelangen konnte.

Von seinem Vater wusste Bell, wie er die Lippen des Hundes öffnen und schließen musste – während der anhaltend knurrte – um die Lautfolge „ma, ma, ma" zu erzeugen. Damit das wortähnlicher klang, musste der Hund lernen, das Knurren sofort einzustellen, wenn Bell seine Lippen losließ. Auch dies war unter Einsatz des belohnenden Futters nicht besonders schwierig. Nach einer gewissen Übungszeit gelang es Bell, dem Hund das Wort „Mama" beizubringen. Das Wort war nicht nur perfekt zu verstehen, sondern wurde auch in korrektem Englisch auf der zweiten Silbe betont.

Der zweite Laut, den der Hund erlernen sollte, war etwas schwieriger. Bell legte seinen Daumen zwischen die Unterkieferknochen des Tieres und drückte ihn mehrfach rasch nach oben. Dadurch entstanden die Silben „ga, ga, ga". Dank der Fingerfertigkeit, die Bell im Klavierspiel mit seiner Mutter erworben hatte, gelang es ihm bald, den Hund die Silben „ga, ma, ma" modulieren zu lassen. Nach einiger Übung wurde aus „ga-ma-ma" dann *grandmama* (Großmutter). Nachdem dieser linguistische Durchbruch gelungen war, gönnte Bell seinem Hund eine doppelte Ration Futter mit der Folge, „dass er ganz wild auf seine Sprachlektionen wurde".

Bell musste sich mit einigen rassenspezifischen Einschränkungen abfinden. Skye Terrier sind kleine Hunde mit entsprechend kleinen

Mäulern. Daher war es Bell nicht möglich, die Zungenstellung anders als durch Druck von unten zu beeinflussen. Also musste er sich vor allem auf die Manipulation der Lefzen beschränken. Dennoch war Bell nicht enttäuscht. Durch vorsichtige Bewegungen der Hundeschnauze erzeugte er einen Ton, der einem „ah" ähnlich war. Dann gelang es ihm, das „ah" wie ein „oo" klingen zu lassen. Aus der Verbindung beider Laute entstand das englische Wort *now*.

Die Übungen gingen rasch voran, doch der Hund gelangte an die Grenzen seiner „Sprachfähigkeit": Immerhin schaffte es Bell, das Tier verständlich den folgenden, ganzen Satz „sagen" zu lassen: „How are you, Grandmama?" („Wie geht es dir, Großmutter?"). Genau genommen war es natürlich nur die Lautfolge „ow ah oo, ga-ma-ma".

Die Kunde von Grahams „sprechendem Hund" verbreitete sich wie ein Lauffeuer unter den Anhängern seines Vaters. Schon bald strömten die Besucher ins Haus, um zu sehen, wie ein Hund auf den Hinterbeinen saß und mit Hilfe einer menschlichen Hand Hand „How are you, Grandmama?" sagte.

Die Nachrichten über die Sprachfähigkeit des Hundes begannen sich zu überschlagen. Von Bericht zu Bericht mehrten sich die Fähigkeiten des Tieres und Bell vernahm Geschichten, die nicht mehr das Geringste mit der Wahrheit zu tun hatten. Diese Übertreibungen fielen später natürlich auf Bell zurück, denn man unterstellte ihm, die Gerüchte von einem fast perfekt sprechenden Hund in die Welt gesetzt zu haben. Bell selbst hatte jedoch nur demonstrieren wollen – und dies auch getan –, dass man einen Hund dazu bringen kann, einen Ton zu erzeugen, und dass aus so einem Ton unter entsprechender Manipulation der Hundschnauze ein verständlicher Laut werden konnte. In einer Zusammenfassung seines Experimentes sagte Bell: „Ich habe versucht– allerdings erfolglos –, meinem Hund auch die eigenständige Erzeugung verständlicher Laute beizubringen. Obwohl das Tier auch an diesen Experimenten voller Freude teilnahm, gelang ihm niemals mehr als ein einfaches Knurren."

Dennoch war Bell von der Schlüssigkeit des Experiments überzeugt. Wenn sogar ein Hund lernen konnte, Laute zu erzeugen, sollte dies einem gehörlosen Menschen umso besser gelingen. Menschen besaßen immerhin die anatomischen Voraussetzungen, Lippen und Zunge koordiniert zu bewegen. Über das System seines Vaters wollte er den Gehörlosen diese Mund- und Zungenbewegungen vermitteln.

Bells Doppelleben

Bells Chance, die Ergebnisse seines Experiments bei einem Menschen anzuwenden, kam mit Susanna Hull. Diese Frau leitete eine kleine Gehörlosenschule in South Kensington (London) und gestattete Bell, mit ihren Kindern zu üben. Bell hatte sich dem Problem von der theoretischen Seite angenähert und verfügte über keinerlei Erfahrungen im Umgang mit gehörlosen Kindern. Im Mai 1868 begann er mit zwei gehörlosen Schülern zu arbeiten und hatte – wenn man seinen detaillierten Aufzeichnungen glauben will – unmittelbare Erfolge aufzuweisen. Bereits nach einer Stunde konnten beide Kinder völlig neue Laute bilden und in der fünften Stunde äußerten sie komplette und verständliche Sätze.

Unter Bezug auf die Experimente mit dem Hund und die Erfolge mit den beiden Kindern schrieb Bell: „Es ist nicht allgemein bekannt, dass wir den experimentellen Teil bereits verlassen haben und dass alle gehörlos Geborenen lernen können, verständlich zu reden."

Obwohl Bell glaubte, den Standpunkt der Oralisten nun nachhaltig gestärkt zu haben, war Gallaudet nicht überzeugt und blieb Anhänger der Manualisten. Die Kontroverse spitzte sich zu und ist auch heute wohl noch nicht restlos beigelegt. Inzwischen haben sich Kompromisslösungen durchgesetzt, denn in den meisten Programmen für Gehörlose wird sowohl die Zeichensprache als auch die Lautmodulation gelehrt, je nach Ausrichtung aber die eine oder andere Technik stärker betont. Heute sind die Gräben nicht mehr ganz so tief und formalistisch gezogen, heute sind die Unterschiede eher gradueller Natur.

Obwohl das vielleicht merkwürdig klingt, hätte Bell vermutlich niemals das Telefon erfunden, wenn er sich nicht mit dem Hund und danach mit den gehörlosen Kindern befasst hätte. Die Brücke wurde geschlagen, als Bell nach Boston zog und dort eine Schule für gehörlose Kinder eröffnete.

Damals führte Bell eine Art Doppelleben: Am Tag unterrichtete er gehörlose Kinder und Lehrer für Gehörlose, nachts – manchmal bis in die frühen Morgenstunden – arbeitete er an wissenschaftlichen und technischen Problemen.

Zwei seiner gehörlosen Schüler, denen er Sprechen beibrachte, waren George Sanders und seine spätere Frau Mabel Hubbard. Beide hatten reiche Eltern, die so sehr von Bell überzeugt waren, dass sie seine wissenschaftliche Arbeit finanziell unterstützten. So konnte sich Bell die notwendigen Geräte leisten und Thomas Watson, einen klugen Mechaniker und Modellbauer, einstellen. Bells Stärken lagen in der Theorie und der Erstellung von Entwürfen – ein geschickter Handwerker war er nie. Tatsächlich war es Watson, der das erste Telefon baute und als Erster die elektrische Übertragung am 10. März 1876 hörte.

Doch auch die Geschichte weiß nicht zu berichten, wann zum ersten Mal ein einsamer Mensch mit seinem Haustier über das Telefon kommunizierte ...

Hunde als Hörhilfe

Etwa ein halbes Jahrhundert nach Bells Tod hatten Hunde einen wesentlichen Anteil daran, dass Bells wichtigste Erfindung besser für die Gehörlosen genutzt werden konnte.

Das Telefon ist ein wichtiges Hilfsmittel für die Kommunikation von Menschen mit eingeschränktem Hörvermögen. Soweit Menschen nicht vollständig gehörlos sind und sprechen können, kann ihnen das Telefon durch eine entsprechende Einstellung der Lautstärke nutzbar gemacht werden. Eine ausgefeilte Computertechnologie ermöglicht heutzutage überdies eine interaktive Kommunikation in Echtzeit mithilfe des geschriebenen Worts. Ein Problem allerdings bleibt: Woher weiß ein gehörloser Mensch, dass jemand anruft, wenn er das Klingeln des Telefons nicht vernimmt? Optische Signale sind nur dann ein Antwort, wenn der Gehörlose auch im Raum ist und gerade in die richtige Richtung blickt, sodass er das Signal sehen kann.

Die Lösung dieses Problems und damit auch der grundsätzlichen Frage, wie Gehörlosen wichtige Lautsignale im Haus und bei der Arbeit übermittelt werden können, entstand 1974. Agnes McGrath war eine Hundetrainerin in einem Zwinger am White Bear Lake in Minnesota (USA). Eines Tages wurde sie von einer gehörlosen Frau gefragt, ob sie Hunde als „Hörhelfer" trainieren könne. Die Frau erklärte, dass ihr letzter Hund diese Aufgabe ganz von selbst übernommen hatte. Hatte der Hund das Telefon oder die Türglocke klingeln hören, hatte er auf sich aufmerksam gemacht und war einfach beständig zwischen der Geräuschquelle und der Frau hin und her gerannt. Leider war dieser bemerkenswerte Hund an Altersschwäche gestorben.

McGrath startete zunächst einen Versuch, um die Frage zu beantworten, und einige Jahre später begann das erste offizielle Trainingsprogramm bei der *American Humane Association* in Denver.

Heute gibt es etwa ein Dutzend solcher Programme. Die Hunde lernen, auf normale, aber wichtige Laute zu reagieren, nicht nur auf das Telefon, sondern auch auf Wecker, Türklingeln und -klopfer, auf das leise Geräusch eines Fensters, das geöffnet oder eingeschlagen wird, oder auf die Geräusche, die ein unrechtmäßiger Eindringling verursacht. Allerdings werden sich wohl die wenigsten der so ausgebildeten Hunde beim Klingeln des Telefons fragen, ob der Anrufer auch sie selbst sprechen möchte, nachdem er sich mit ihrem Besitzer unterhalten hat ...

Sigmund Freuds Therapiehunde

Sandy und die schweigsame Frau

Vor einigen Jahren wurde ich Zeuge eines therapeutischen Wunders, zumindest erschien mir das Ereignis damals wie eine wundersame Heilung.

Meine Freundin Frieda setzte ihren Golden Retriever Sandy innerhalb eines Therapieprogramms sein. Sandy war als so genannter Besuchshund registriert, d. h. Frieda nahm ihn in Kliniken und Privathäuser zu den Patienten mit. Für viele Patienten ist ein Hund eine willkommene Abwechslung und ein Mittel zur Bekämpfung ihrer Depressionen und Einsamkeit. In manchen Fällen werden Hunde auch ganz bewusst und sehr erfolgreich als Teil einer Psychotherapie eingesetzt.

In dem eingangs erwähnten Fall saßen wir vor einem Krankenzimmer und eine Schwester versorgte uns mit Informationen. „Das ist ein trauriger Fall", sagte sie. „Die Patientin heißt Eva und ist Mitte sechzig. Vor einem Monat hatte sie einen schweren Autounfall, ihr Wagen stieß mit einem großen Laster zusammen. Sie trug einige Schürfwunden und innere Verletzungen davon, die aber alle heilten. Ihr Mann, der einzige Sohn, dessen Frau und ihr Baby kamen bei der Katastrophe jedoch ums Leben. Als Eva erfuhr, was mit ihrer Familie geschehen war, zog sie sich von der Welt zurück. Seither hat sie mit niemandem gesprochen, sieht das Klinikpersonal kaum an und braucht häufig sogar Hilfe beim Essen. Die Ärzte sagen, es gäbe keine organischen Ursachen für dieses Verhalten. Der Psychiater hält es für eine traumatische Schockreaktion. Man hat uns erzählt, dass Eva Hunde mag, daher schlug der Psychiater vor, bei der nächsten Therapie einen Hund mit einzubeziehen."

Die Schwester wirkte nicht besonders zuversichtlich, als sie leise die Tür zum Krankenzimmer öffnete. Darin lag eine kleine, grauhaarige Frau in einem Nachthemd aus Flanell und starrte ins Leere. Sie bewegte sich nicht und blickte nicht einmal auf. Einen Moment glaubte ich, sie sei gestorben. Wir gingen – Retriever Sandy voraus – zu ihrem Bett.

Frieda stellte ihren Hund vor. „Hallo, ich bringe ihnen einen Besucher. Ihr Name ist Kassandra, aber wir nennen sie alle Sandy." Die Dame zeigte keinerlei Reaktion, nicht einmal ein Augenzwinkern. Der große, blonde Golden Retriever trat an das Bett und drückte die Nase gegen die Hand der Frau. Sandy leckte zärtlich Evas Hand und rieb vorsichtig ihren Kopf an den unbeweglichen Fingern. Dann richtete sie sich auf, legte ihre Vorderpfoten behutsam auf den Bettrand und blickte die teilnahmslose Patientin direkt an. Nun jaulte Sandy aufmunternd und legte anschließend auch ihren großen Kopf auf Evas Brust.

Einige Momente geschah nichts, doch dann bewegte Eva die Augen und sah den Hund an. Ihre Hand näherte sich ganz vorsichtig dem Kopf des Hundes und dann streichelte Eva ihn, strich mit den Fingern über die weichen Hundohren. Evas Augen füllten sich mit Tränen und nun sprach sie mit leiser Stimme die ersten Worte seit vier Wochen: „Du siehst aus wie meine Goldie. Ihre Ohren sind genau wie deine und sie kam zu mir ins Bett, wenn Ralph nicht da war." Inzwischen hatte Eva beide Hände auf den Kopf des großen, gelben Hundes gelegt und sah ihm direkt in die dunklen Augen. „Goldie wusste immer, wenn ich traurig war."

Das war der Durchbruch. Sandy wurde nun einige Wochen lang jeden Tag zu Eva gelassen. Eva begann wieder zu sprechen und reagierte auch auf die Psychotherapie zum Stressabbau. Schließlich durfte sie in Begleitung eines Toy-Spaniel-Welpen, den ihr der Bruder geschenkt hatte, wieder nach Hause und begann ein neues Leben.

Der wunderbare erste Schritt ihrer Heilung wäre vielleicht nie zustande gekommen, hätte es nicht einen anderen Hund gegeben. Das war ein langhaariger, rötlich-brauner Hund, der gerne neben dem Schreibtisch eines anderen, sehr bekannten Psychologen lag. Dieser Mann hielt vor rund 70 Jahren seine Sitzungen in Wien, in der Berggasse 19, ab.

Die Lehrjahre Sigmund Freuds

Wenn man irgendeinen Menschen nach dem Namen eines berühmten Psychologen fragt, fällt mit ziemlicher Sicherheit der von Sigmund Freud. Es ist nicht übertrieben zu behaupten, dass Freud unseren Blickwinkel auf den Menschen grundlegend verändert hat – er hat neben eine rein physiologische Betrachtungsweise die psychologische gestellt.

Freuds Theorien haben die erste Hälfte des 20. Jahrhunderts beherrscht. Während einige seiner psychodynamischen Theorien inzwischen abgeändert oder fallen gelassen wurden, gelten dennoch viele seiner Konzepte und Ansätze bis heute als gültig. Freud entdeckte das Unbewusste, die Bedeutung unterdrückter Erinnerungen und begriff psychologische Verdrängungsmechanismen. Auch die von Freud erforschte Bedeutung frühkindlicher Erfahrungen und ihrer subtilen und weit reichenden Auswirkungen auf das Erwachsenenleben ist immer noch anerkannt.

Freuds Liebe zu Hunden entwickelte sich erst in seinen beiden letzten Lebensjahrzehnten. Hunde gaben ihm den Lebensmut, eine schwierige Lebensphase zu überstehen. Dass Freud unter Einsatz von Hunden therapierte, war für viele Anlass, über neue Formen der psychologischen Behandlung nachzudenken, insbesondere über die Beteiligung von Haustieren – obwohl diese Ansätze nur wenig mit dem System der Psychoanalyse zu tun hatten, die Freud vertrat. Es gab allerdings eine Begebenheit im Zusammenhang mit einem Hund, die auch Freuds psychologische Denkweise veränderte.

Freud wurde 1856 in der kleinen Stadt Freiberg geboren. Diese Stadt gehörte damals zu Mähren in Österreich (heute Pribor in der Tschechischen Republik). Vater Jakob war ein Wollhändler, der gerade genug verdiente, um die Familie durchzubringen. Im Alter von 40, nach dem Tod seiner zweiten Frau, heiratete Jakob die 20-jährige Amalie, die ihm kurz darauf Sigmund gebar. Amalie war fröhlich und lebhaft und der junge Sigmund stand ihr schon bald viel näher als dem ernsten, strengen Vater. Sigmund war Mitglied einer großen Familie: Außer ihm waren da noch zwei Söhne aus der ersten Ehe und zwei weitere Söhne und fünf Töchter sollten noch folgen.

Wegen finanzieller Schwierigkeiten und antisemitischer Ausschrei-
tungen in Freiberg zog die Familie zunächst nach Leipzig und kurz
darauf nach Wien um. Hier sollte Sigmund die größte Zeit seines
Lebens verbringen.

Untersuchungen am Nervensystem

Sigmund war der Klügste der Söhne und immer der Beste seiner
Klasse. Daher galt er unter den Kindern als aussichtsreichster Kandidat für ein Studium. Er las bereits mit acht Jahren Shakespeare,
war sehr gebildet, und war früh mit altgriechischer, lateinischer,
französischer und deutscher Geschichte und Literatur vertraut.
Zunächst strebte Sigmund eine Karriere als Rechtsanwalt an, doch
dann wandte er sich der Naturwissenschaft, der Neurologie und
Medizin zu und studierte Medizin an der Universität Wien.
In seinem dritten Studienjahr begann Freud seine Untersuchungen
am zentralen Nervensystem. Er arbeitete im Labor des deutschen
Physiologen Ernst Wilhelm von Brücke. Brücke gehörte zu einer
neuen Generation von Wissenschaftlern, die sich von dem Dogma
lösten, dass Gedanken und Taten durch einen metaphysischen oder
heiligen, Leben spendenden Geist gesteuert werden. Man nannte
diese Wissenschaftler „biologische Reduktionisten", die ihre radi-
kalen Thesen in dem Satz „es gibt keine Kräfte im Körper außer den
physikalisch-chemischen Reaktionen" zusammenfassten. Diese
Ausrichtung hatte einen starken Einfluss auf Freuds Denkweise. Er
versuchte jahrelang, die menschliche Persönlichkeit auf einfache
neurologische und physiologische Prozesse zu reduzieren. Dies gab
er erst auf, als ihm klar wurde, dass die persönliche Geschichte
eines Menschen für bestimmte psychologische Krankheiten verantwortlich ist und nicht die Physiologie, und dass also die Heilung
solcher Krankheiten auf psychologischem Wege erfolgen muss und
nicht chemisch-physikalisch gelingen kann.
Freuds Suche nach der Wahrheit wurde manchmal obsessiv. Er war
so sehr mit der neurologischen Forschung beschäftigt, dass er vergaß, die erforderlichen Studienpraktika zu besuchen. Seine Untersuchungen verliefen jedoch erfolgreich und Freud entwickelte sogar

eine neue Methode zur Einfärbung der Nervenzellen im Gehirn, um leichter an ihnen forschen zu können. Andererseits hielt ihn die Forschung auch vom Studium ab, sodass er drei Jahre länger bis zu seinem Examen als Arzt brauchte, als es üblich war. Nachdem er ein Jahr bei der Armee gedient hatte, bekam Freud 1881 seine Zulassung und kehrte an die Universität und zu seinen Untersuchungen zurück. Er war nun für die Demonstrationsexperimente im physiologischen Labor verantwortlich. Das Gehalt war niedrig, aber Freud hatte die Möglichkeit zu forschen. Während dieser Zeit gelangen ihm wichtige Entdeckungen im Gehirnbereich der so genannten Medulla.

Die Heilung der Hysterie

Freie Arbeitsstellen gab es damals wenig und auch Freud bekam das zu spüren. Seine jüdische Glaubenszugehörigkeit verbesserte die Situation in jenen antisemitischen Zeiten nicht. Freud hatte um Martha Bernays geworben, doch verdiente er nicht genug Geld, sie zu heiraten und eine Familie zu gründen. Er musste eine besser bezahlte Stellung finden.

Brücke riet ihm, die physiologische Forschung aufzugeben und seine praktischen Erfahrungen zu mehren, um eine eigene Praxis eröffnen zu können. Freud war eigentlich dagegen, sah darin aber auch die einzige Möglichkeit zu größerer finanzieller Sicherheit. Deshalb arbeitete er drei Jahre lang am Allgemeinen Krankenhaus von Wien, wo er sich auf Psychiatrie, Dermatologie und nervöse Krankheiten spezialisierte. Seine Kompetenz und Kenntnis sowohl in der Theorie als auch in der Praxis verschafften ihm eine Anstellung als Dozent für Neuropathologie an der Wiener Universität.

Zurück an der Universität, konnte er sich um eines der seltenen staatlichen Forschungsstipendien bewerben. Trotz harter Konkurrenz durch zwei andere Bewerber erhielt er es dank Brückes Unterstützung. Mit dem Geld reiste Freud für vier Monate nach Paris, um sich bei dem Neurologen Jean-Marie Charcot weiterzubilden. Charcot leitete die klinische Abteilung der angesehenen französischen Klinik für Geisteskrankheiten. Der Neurologe untersuchte eine psychologische Krankheit mit Namen Hysterie. Bei dieser geistigen

Erkrankung rufen starke emotionale Konflikte spezifische Symptome hervor.

In der häufigsten Ausprägung, der so genannten Konversionshysterie, kommt es zu physischen Symptomen wie Muskellähmung, Blindheit, Taubheit, Brechreiz, Kopfschmerz, Verwirrung, Ohnmachten oder Zittern. Organische Ursachen für diese Symptome waren jedoch an keinem Patienten festzustellen.

In der so genannten dissoziativen Hysterie traten eher mentale und emotionale Symptome wie emotionale Schübe und der Verlust der Ich-Identität auf. Das Wort Hysterie kommt aus dem Griechischen und bedeutet Uterus. Nach der antiken Lehre begann der Uterus zu wandern, setzte sich in verschiedenen Körperteilen fest und induzierte dort eine Reihe unerklärlicher physischer Symptome. Offenbar konnte dies – da ja der Uterus daran beteiligt war – nur eine Frauenkrankheit sein. Jeder Mann, der ähnliche Symptome zeigte, war entweder ein Simulant oder fälschte die Symptome.

Charcot ging davon aus, dass es sich um ein psychologisches, kein physisches Problem handelte. Er schlug eine Therapie vor, die auf Hypnose basierte, und versuchte, seine Methode durch regelmäßige Vorträge und Demonstrationen bei Ärzten und in der Öffentlichkeit bekannter zu machen. Charcot konnte unter Hypnose hysterische Symptome erzeugen beziehungsweise heilen. Nach seiner Theorie entstand Hysterie aus einer Kombination von psychologischem Trauma und einer angeborenen Verletzlichkeit. Der Neurologe vermutete deshalb, dass die Empfänglichkeit gegenüber Hysterie dieselbe war wie die gegenüber Hypnose: Nur wer neurotisch war beziehungsweise neurotische Tendenzen entwickelte, ließ sich hypnotisieren.

Während seines Aufenthaltes bei Charcot schloss sich Freud Charcots Sichtweise, dass Hysterie ein psychologisches, nicht ein körperliches Problem sei, an. Außerdem lernte er mehrere Fälle von männlicher Hysterie kennen und stellte fest, dass einige Symptome der Hysterie tatsächlich durch Hypnose beseitigt werden konnten. Freud versuchte nun, seine Hypnosefähigkeiten zu vervollkommnen. Bald jedoch war er von den Möglichkeiten der Hypnose enttäuscht, denn viele Patienten konnten nicht hypnotisiert werden.

Freud fiel vor allem auf, dass der Erfolg der hypnotischen Behandlung offenbar stark von einem engen Verhältnis zwischen Therapeut und Patient abhing. Sobald sich diese Beziehung lockerte oder gestört wurde, waren alle bereits erzielten Ergebnisse zunichte gemacht und die Symptome kehrten zurück.

Anna O. und der Durchbruch in der Psychoanalyse

Freud kam zu der Erkenntnis, dass der wahre Grund für Hysterie in den schmerzlichen Erinnerungen des Patienten zu suchen sei. Da diese Erinnerungen nicht im Bewusstsein verankert waren, gewannen sie zunehmend an Intensität und suchten Wege der Äußerung, z. B. eben durch hysterische Symptome. Eine erfolgreiche Therapie musste demnach versuchen, solche Erinnerungen wieder ins aktive Bewusstsein zu holen, damit sie verarbeitet werden konnten. Dann würden die neurotischen Symptome – da sie keine Nahrung mehr erhielten – verschwinden. Die Aufgabe des Therapeuten bestand darin, den Patienten durch Fragen zu lenken und zu leiten, damit jener sich die Erinnerungen vergegenwärtigte und daran arbeitete, bis er geheilt war.

Die Bestätigung für Freuds Theorie lieferte eine Patientin, die er unter dem Pseudonym Anna O. bekannt machte. Der Fall zeigte beispielhaft die Natur der Hysterie auf und den Weg, sie zu heilen. Und er stand auch in direktem Zusammenhang mit einem Hund. Der Arzt Josef Breuer, der die Patientin bis dahin behandelt hatte, wurde zum Partner Freuds und Mitautor des Buches über Hysterie.

Als Anna in Behandlung kam, war sie 21 Jahre alt und hatte die meiste Zeit damit verbracht, ihren kranken Vater zu pflegen. Es war eine schwierige und undankbare Aufgabe: Sie musste den Vater ständig reinigen und sicherstellen, dass er sich nicht infizierte. Bald hatte sie einen Reinigungszwang entwickelt und glaubt, alles säubern zu müssen. Der emotionale Druck war extrem groß – in heutiger Zeit würden der große Druck, unter dem die junge Frau stand, und seine Folgen wohl kaum jemanden überraschen.

Als der Vater schließlich starb, geriet Anna in eine Krise und suchte medizinische Hilfe. Sie hatte Sprachschwierigkeiten und bekam unkontrollierte Krämpfe. Außerdem wurden ihre Hände und Füße taub und manchmal verengte sich ihr Gesichtsfeld zu einem engen Tunnel. Obwohl die junge Frau genau untersucht wurde, fand sich keine organische Ursache für ihr Leiden. Zuletzt litt sie unter Depressionen und unternahm einen Selbstmordversuch. Ein klarer Fall von Hysterie.

Freud wurde eingeschaltet, als Anna neue Symptome zeigte. Es war Sommer und Wien litt unter einer extremen Hitzewelle. Anna war sehr durstig, konnte aber nicht trinken. Immer wenn sie ein Glas Wasser an den Mund setzte und es ihre Lippen berührte, stieß sie es mit einem Zeichen von Angst und Ekel beiseite. Sie konnte nur überleben, weil sie stark wasserhaltige Früchte wie Wassermelonen gegen ihren Durst aß.

In der Therapie ließ Freud seine Patientin frei assoziieren, sie sollte aussprechen, woran sie gerade dachte. Wenn sie dabei ein Problem streifte, geleitete sie der Therapeut weiter, bis sie genauer über diese Dinge sprach. Je näher man dem Kernproblem kam, desto mehr gelangte Freud zu der Überzeugung, dass die Patientin in einen Zustand der Selbsthypnose gefallen war, sodass er das eigentliche Problem unsystematisch angehen und verschüttete Erinnerungen freilegen konnte.

In diesem Stadium der Assoziation begann Anna über ihre „englische Gefährtin" zu sprechen, die ihr im Haushalt half. Offenbar konnte Anna das Mädchen nicht leiden. In diesem Zusammenhang beschrieb Anna eine Begebenheit mit einem kleinen Hund, den die Engländerin in ihrem Zimmer hielt. Anna konnte den Hund wegen ihrer obsessiven Reinlichkeit nicht ausstehen und beschrieb ihn als schreckliches und schmutziges Wesen.

Eines Tages war Anna in das Zimmer der Engländerin gegangen. Sie sah mit an, wie der Hund aus einem Glas Wasser trank, das auf einem niedrigen Tisch stand. Die Engländerin schien den Vorfall nicht zu bemerken und Anna, die nicht unhöflich sein wollte, sagte nichts. Einige Augenblicke später hob die Engländerin das Glas und trank selbst. Als Anna die Szene beschrieb, war sie emotional äußerst erregt. Nackte Abscheu und Zorn über die Situation wurden offenkundig.

Nachdem die junge Frau ihre Gefühle ausgelebt hatte, verlangte sie nach etwas zu trinken. Ohne Probleme trank sie nun große Mengen Wasser: Dieses Symptom war von da an vollständig verschwunden und kehrte auch nicht mehr zurück.

Später schrieb Freud darüber: „Mit ihrer Erlaubnis würde ich hier gerne etwas verweilen. Noch nie war es jemandem gelungen, ein hysterisches Symptom durch diese Methode zu beseitigen oder einen derart tiefen Einblick in dessen Ursache zu gewinnen. Es konnte nicht falsch sein zu vermuten, dass auch andere Symptome dieser Patientin – vielleicht die meisten – auf ähnliche Weise entstanden waren und wieder verschwinden würden." Ein unhöflicher Hund, nicht mehr, hatte also einen tiefen emotionalen Schmerz bei Anna verankert und Freud eine Sternstunde beschert!

Offenbar war im Fall Anna O. der Hund Auslöser für ein emotionales Ereignis und stand nur stellvertretend für bestimmte Schlüsselerlebnisse, die einen Menschen emotional nachhaltig beeinflussen können. Als Freud älter wurde, spielten Hunde aber eine zunehmend wichtige Rolle in seinem Leben und schließlich ließen ihn die Spiele mit den Hunden einen neuen Weg der Psychoanalyse beschreiten.

Spät entdeckte Hundeliebe

Als Kind hatte Freud keinen Hund besessen, auch als junger Erwachsener nicht. Sein Haus mit sechs heranwachsenden Kindern wäre sicher auch zu klein gewesen. Erst im letzten Viertel seines Lebens wandte sich der berühmte Psychoanalytiker dann Hunden zu. Seine Liebe zu Hunden lässt sich letztlich auf zwei Frauen zurückführen.

Die Erste war seine jüngste Tochter Anna. Sie war ein lebhaftes Kind, das des Öfteren Unfälle hatte. Freud schrieb an seinen Freund Wilhelm Flies: „Anna ist durch ihre Ungezogenheit ausgesprochen hübsch geworden." Das Energiebündel erhielt später eine Ausbildung als Lehrerin und begann Psychoanalyse zu studieren. Anna kombinierte beide Gebiete in ihren Studien über Kinderpsychologie. In den kommenden Jahren wurde sie eine einflussreiche Kinderpsychologin, die zahlreiche wissenschaftstheoretische Beiträge verfasste. Später wurde sie sogar Direktorin der Wiener Psychoanalytischen Schule. Nach dem Umzug mit ihrem Vater nach England gründete sie die Hampstead Klinik (später Anna-Freud-Center genannt). Anna schrieb zahlreiche Bücher über den psychoanalytischen Zugang zur Kinderpsychologie und leistete wertvolle Forschungsarbeit an Kindern, die durch den Zweiten Weltkrieg traumatisiert worden waren, darunter auch Kinder, die das Konzentrationslager überlebt hatten.

Kurz nach dem Ersten Weltkrieg erfuhr Sigmund Freud, dass er an Kieferkrebs litt, vermutlich, weil er ein starker Zigarrenraucher war. Er litt infolgedessen unter chronischen Schmerzen und musste 33 Operationen über sich ergehen lassen, bis die Krankheit besiegt war. Trotz großer Beschwerden weigerte sich Freud, Schmerzmittel einzunehmen, denn er fürchtete, unter dem Einfluss von Narkotika und Beruhigungsmitteln nicht mehr klar denken zu können. Freud forschte und schrieb bis in die letzten Monate seines Lebens weiter.

Er machte sich oft lustig über die beiden Süchte seines Lebens. Am Beginn seiner Karriere hatte er über die Wirkung von Kokain geforscht und war selbst davon abhängig geworden. Von dieser Sucht konnte er sich selbst heilen, niemals aber schaffte er es, vom Tabak zu lassen, der ihn schließlich das Leben kostete.

Nachdem der Krebs diagnostiziert worden war, übernahm Anna die Pflege des Vaters und hielt zu ihm. Als Freud zur Operation nach Berlin musste, begleitete sie ihn. Sie pflegte ihn, beschaffte ihm die Unterlagen, die er zum Arbeiten brauchte, und sicherte ihm auch dann noch ein Höchstmaß an Lebensqualität, als sie an ihrer eigenen Karriere arbeitete. Das war notwendig, da Freuds Frau Martha ihn zwar pflegte und ihm beistand, aber nicht gut organisiert war und nicht verstand, was für ein Leben ihr Mann führte. Außerdem konnte sich Martha gegen ihren Mann nicht durchsetzen und deshalb nicht ihn zu den notwendigen Schritten veranlassen.

Anna und einige Hunde leisteten Sigmund ständig Gesellschaft, ihnen konnte er seine Zuneigung ausdrücken und seinen Sinn für Humor zeigen, den er bis zu seinem Tod behielt.

Der erste Hund in Sigmunds Leben war eigentlich ein Begleiter für Anna, die damals noch bei ihren Eltern lebte. Anna machte gerne Abendspaziergänge, doch die Straßen von Wien waren nicht sicher für eine Frau ohne Begleitung und schon gar nicht für eine Jüdin in einer antisemitischen Zeit. Also wurde ein großer Schäferhund mit Namen Wolf angeschafft. In Begleitung dieses großen und wachsamen Hundes fühlte Anna sich viel sicherer.

Obwohl Sigmund und Anna Wolfs Schutz schätzten, machte der Hund gelegentlich auch Schwierigkeiten. Als beispielsweise Ernest Jones, der Begründer der *British Psychoanalytical Association* und späterer Biograf Freuds, den Analytiker zu Hause besuchte, biss ihn der Hund. Später sagte Freud: „Ich musste ihn dafür bestrafen, war aber sehr gnädig, denn er – Jones – hatte es verdient." Für Jones war das Ereignis wohl traumatisch, denn einige Jahre später schrieb ihm Freud aufmunternd: „Ich freue mich und bin gleichzeitig etwas melancholisch, wenn ich an deinen kommenden Besuch zu Ostern denke. Ich weiß, dass ich wegen meines Alters meinen Pflichten als Gastgeber nur sehr unvollkommen nachkommen kann. Auch Wolf, der sich einst so unpassend benommen hat, ist nun auf hündische Weise ein alter Mann wie ich."

Wolf fährt Taxi

Einmal versagte Wolf als Beschützer, dennoch reagierte er bei der Begebenheit sehr schlau. Anna ging eines Morgens mit dem Hund spazieren, als Soldaten während einer Übung eine Salve in die Luft schossen. Wolf erschrak so sehr, dass er wie ein Blitz davon rannte. Anna wusste, wie sehr der Hund an ihr hing und rechnete damit, dass er rasch zurückkehren werde. Sie suchte die Gegend ab, rief seinen Namen, konnte ihn aber nicht finden. Traurig kehrte sie nach Hause zurück – und wurde von Wolf begrüßt! Der Hund war mit dem Taxi nach Hause gekommen ...

Der Taxifahrer erzählte, Wolf sei in den Wagen gesprungen und habe allen Abwehrversuchen sanft, aber bestimmt widerstanden. Dabei habe er seinen Kopf beständig hoch gehalten, damit der Fahrer Name und Adresse auf dem Schild an seinem Halsband habe

lesen können. Vermutlich hatte Wolf den Fahrer für etwas begriffs-
stutzig gehalten, weil der nicht gleich verstand, was dort zu lesen
war, „Professor Freud, Berggasse 19".

Zu Hause war man wegen Annas Ausbleiben ziemlich besorgt und,
als Wolf allein zurückkam, überzeugt, dass etwas mit Anna geschehen war. Dennoch, Wolfs Fahrt musste bezahlt werden. Also wandte sich Freud an den Fahrer. Der aber zuckte mit den Achseln und
meinte: „Her Professor, für diesen Fahrgast habe ich das Taxameter
nicht angestellt." Dennoch fuhr er mit einem Lächeln wieder fort,
denn Freud gab ihm ein großzügiges Trinkgeld zum Dank dafür,
dass er Wolf zurückgebracht hatte.

Obwohl Wolf manchmal streitsüchtig war, erfüllte er viele Wünsche
seines Herrn nach bestem Vermögen. Freud hatte einen starken
Familiensinn und liebte seine Kinder und Enkelkinder. Als Enkel
Heinerle starb, wandte sich Freud in seiner Verzweiflung dem
Hund stärker zu. Später machte er sich darüber lustig: „Warum
sind kleine Kinder so reizend? Wir haben so viel über sie gelernt,
was nicht unseren Idealen entspricht, dass wir sie eigentlich als kleine Tiere ansehen müssten; immerhin können auch Tiere reizend
sein und viel reizvoller als komplizierte, vielschichtige Erwachsene.
Genau das erlebe ich jetzt mit Wolf, der Heinerle fast ersetzt hat."

Ein Chow-Chow von Marie Bonaparte

War es Anna, die den Anlass für den ersten Hund in Sigmunds
Haus gegeben hatte, so bestimmte eine andere Frau die Rasse des
zweiten Hundes in Freuds Leben. Diese Frau war Prinzessin Marie
Bonaparte, eine direkte Nachfahrin von Lucian Bonaparte, Napoleons jüngerem Bruder. Sie war mit Prinz Georg von Griechenland
verheiratet, dem jüngeren Bruder Konstantins I., des Königs von
Griechenland. Über Familienbande war sie auch mit den königlichen Familien von Dänemark, Russland und England verbunden.
Marie hatte Freud zunächst als Analytiker aufgesucht, wurde später
aber selbst Psychoanalytikerin und ein führendes Mitglied in der
internationalen psychoanalytischen Bewegung. Ihr Hauptinteresse
galt der Kriminalpsychologie und sie schrieb ausführlich über die

Motive von Mördern und anderen Kriminellen. Im Laufe der Zeit entstand eine enge und andauernde Freundschaft zwischen Freud und Marie. Die Temperamente der beiden ergänzten sich gut: Beide waren intelligent, kompromisslose Wissenschaftler, ernst und freundlich, beide dachten sozial und moralisch. Außerdem verband sie eine weitere Eigenschaft – die Liebe zu Hunden.

Marie Bonaparte liebte Chow-Chows. Diese gedrungenen, kräftigen Hunde aus dem alten China sind bemerkenswert unabhängig. Sie haben gewöhnlich ein dichtes, zotteliges Fell in den unterschiedlichsten Farben. Sie tragen ihre großen, breiten Köpfe mit kurzen Schnauzen hoch, haben eine breite, schwarze Nase und tief liegende Augen. Charakteristisch ist ihre blau-schwarze Zunge in dem schwarz geränderten Maul. Chow-Chows haben eine breite, tiefe Brust und tragen den eingerollten Schwanz über dem Rücken. Ausgewachsene Hunde haben etwa 50 cm Schulterhöhe und wiegen rund 25 kg. Marie glaubte, dass die Chow-Chows mit ihrem Temperament – es sind gute Familienhunde, zurückhaltend aber freundlich zu Fremden – und ihrer mittleren Größe besser zu Freud passten als ein Schäferhund. Außerdem züchtete sie Chow-Chows, daher konnte sie Freud ein Tier aus eigener Zucht schenken. Der Hund hieß Lun Yug und wurde bei Freuds rasch ein geschätztes Familienmitglied.

Leider wurde Lun Yug schon bald überfahren. Da Freud verzweifelt war, beschaffte Anna gleich einen neuen Hund, doch den mochte der große Psychoanalytiker nicht einmal ansehen. Nachdem er mehrere Monate lang getrauert hatte, war er bereit für einen neuen Hund. Lun Yugs Nachfolger, ihre Schwester Jofi, wurde rasch jedermanns Liebling und wich Freud nicht mehr von der Seite. Später begann Anna mit Maries Hilfe eine eigene Chow-Chow-Zucht und noch lange nach dem Tod ihres Vaters gab es eine Hampstead-Linie von Chow-Chows.

Hunde-Geburtstage

Es ist schwer zu sagen, ob Freud Hunde einfach nur liebte oder ob die Tiere eine Lücke in seinem Leben füllten, die Menschen nicht ausfüllen konnten. Freud lebte in einer sehr förmlichen Zeit: Offene und spielerische Zuneigung wurde nur gegenüber kleinen Kindern ausgedrückt – und selbst das nur eingeschränkt – oder gegenüber Hunden. Auf den privaten Filmaufnahmen Freuds wird deutlich, wie gerne er mit seinen Hunden spielte und herumtollte.

Die Hunde halfen ihm auch über die schwierigen Zeiten seines Lebens hinweg. So hasste Freud beispielsweise Geburtstage, vermutlich, weil sie ihn an Alter und Tod erinnerten. Dennoch gelang es Anna mithilfe der Hunde, den Vater zu solchen Feiern zu locken. An den Geburtstagen Freuds versammelte sich die Familie um einen Tisch mit einem Geburtstagskuchen. Jeder der Hunde (inzwischen waren es drei: Jofi, Lun und Tattoun) saß auf einem Stuhl und trug, wie Freud selbst, einen Papierhut. Um den Hals eines der Hunde hing ein Umschlag mit einem Gedicht, das Anna geschrieben, aber im Namen eines der Hunde unterzeichnet hatte. Dann las Sigmund das Gedicht laut und mit ausgeprägter Betonung vor, dankte dem Hund und bot ihm die erste Scheibe des Geburtstagskuchens an.

Ehe ich fortfahre, sollte ich anmerken, dass die Berichte über Freuds Hunde manchmal etwas lückenhaft sind. Einer der Gründe dürfte sein, dass die Namen der Chow-Chows von Familienmitgliedern und Freunden unterschiedlich geschrieben wurden. Außerdem neigte Familie Freud dazu, Hundenamen mehrmals zu verwenden. Daher gibt es mehrere Luns (der Name des ersten Hundes), ein paar Tattouns (nach einem Lieblingshund von Marie Bonaparte) und mehrere Generationen von Jofis. Zumindest zwei Jofis wurden in Freuds letzten Lebensjahren wichtig.

Topsys Ende

Freud wusste, dass sein Krebsleiden vermutlich tödlich wäre, und ganz sicher war es schmerzhaft. Selbst wenn er niemals darüber sprach, hatte Freud Angst. Als sich sein Zustand verschlechterte, sah sich Marie einem ganz ähnlichen medizinischen Problem bei Topsy, einem ihrer Lieblingshunde, gegenüber. Wie Freud litt auch Topsy unter Krebs in Maul und Kiefer und wurde sogar ähnlich behandelt. Marie versuchte, den Schmerz zu verarbeiten, indem sie ein Buch über Topsy und ihren Zustand schrieb – weder rührselig noch enthüllend, sondern eine wohl überlegte Meditation über Krankheit, Liebe und Tod. Es erschien unter dem Titel, *Topsy: The Golden-Haired Chow.*

Freud las eine Kopie des Manuskriptes und war so bewegt, dass er anbot, den französischen Text ins Deutsche zu übersetzen. In seinem letzten Lebensjahr arbeitete er viel an diesem Buch und es war klar, dass er die Parallelen zwischen Topsys Situation und seiner eigenen erkannte. In Passagen wie „das Urteil über Topsy ist gesprochen: Es ist ein Lymphsarkom unter ihrer Lippe, das gerade anzuschwellen beginnt. Der Tumor wird wachsen, sich ausbreiten, vermehren, aufbrechen und sie töten. In ein paar Monaten wird sie den schrecklichsten aller Tode sterben" waren die Ähnlichkeiten unübersehbar. Das Gleiche hätte auch Freuds Arzt Max Schur über dessen Zustand schreiben können. Indem Freud *Topsy* übersetzte, konnte er die Gefühle, die ihn aufgrund seiner eigenen Situation bewegten, verarbeiten und Frieden finden.

Als die Nationalsozialisten in Österreich einmarschierten und seine persönliche Situation gefährlich wurde, mussten Freud und seine Familie fliehen. Die Nazis begannen bereits, seine Bücher öffentlich zu verbrennen und erklärten die Psychoanalyse zu einer jüdischen Verschwörung.

Eine von Freuds Schwestern und ihre Familie wurden in ein Konzentrationslager deportiert und verschwanden spurlos. Auch Anna war bereits einmal verhaftet und eingesperrt worden. Durch die Bemühungen von Marie Bonaparte, Ernest Jones und anderer bekamen Freud und seine direkte Familie die erforderlichen Ausreisepapiere und konnten nach England fliehen – fast ohne Gepäck und nur mit der geliebten Jofi.

Hart war für Freud, dass Jofi zunächst unter die obligatorische sechsmonatige Quarantäne kam. Deshalb besorgten Anna und Marie Bonaparte ihm sofort einen anderen Hund (er hieß wieder Lun wie der erste), der ihm bis zu Jofis Entlassung Gesellschaft leisten konnte.

In Freuds letzten Lebenstagen waren seine Hunde die wichtigste Abwechslung. Sie blieben dauernd an seinem Bett. Immer stärker verschlechterte sich sein Zustand, eine Metastase zerstörte seine

Wangen. Der Geruch war so schrecklich, dass sich die Hunde nicht in seine Nähe wagten und er sie nicht berühren konnte. Das war zu viel für den großen Psychologen. Er erinnerte Dr. Schur an eine Abmachung, die sie einst getroffen hatten. „Ich habe nur noch Schmerzen – keine Freude mehr – alles hat keinen Sinn mehr." Schur hielt sein Versprechen und am 23. September 1939 gab er dem Schwerkranken eine Überdosis Morphium. Freud starb friedlich im Schlaf.

Therapiesitzungen mit Hund

Die bisher geschilderte Geschichte des revolutionären Psychologen Sigmund Freud und seiner Hunde, die ihm in Zeiten des Schmerzes zur Seite standen, wäre schon interessant genug. Freuds Nähe zu seinen Hunden reichte jedoch noch weiter.

Sehr häufig nahm er einen der Hunde mit zu den Therapiesitzungen (meistens Jofi), denn die Reaktionen des Hundes gaben ihm Aufschluss über den Geisteszustand des Patienten. War der Patient ängstlich oder gestresst, verließ Jofi ihren normalen Platz am Tisch und legte sich weiter weg als üblich. Bei sehr depressiven Patienten legte sich Jofi direkt neben die Couch, sodass der Patient sie mit der Hand berühren und streicheln konnte.

Ernst, der älteste Sohn Freuds, vermutete einen weiteren Grund, aus dem Freud die Hunde gerne mit in die Therapie nahm. Wenn Jofi bei ihm war, musste Freud nicht auf die Zeit achten, um das Ende der Therapiestunde festzustellen. Ohne sich je zu irren, stand Jofi etwa 50 Minuten nach Beginn der Therapie auf, gähnte und ging zur Tür. Ernst erzählte, sein Vater war sicher, Jofi würde sich nie mit der Zeit irren: „Allenfalls, so mein Vater, machte sie mal einen Fehler von einer Minute zugunsten des Patienten."

Der Hund hob jedoch nicht nur die Stimmung des Therapeuten. Freud bemerkte, dass das Tier auch den Patienten half. Besonders auffällig war das bei der Therapie von Kindern und Jugendlichen. Die jungen Menschen sprachen bereitwilliger und offener über ihre Schwierigkeiten (insbesondere über schmerzliche Erfahrungen), wenn ein Hund im Raum war.

Auch Erwachsene fühlten sich in Gegenwart des Hundes sicherer. Wenn der Patient sich während einer Psychoanalyse dem Kern seines Problems nähert, baut er oft eine Barriere auf – er versucht, vermutlich unbewusst, sich vor dem psychologischen Schmerz und den tiefen Emotionen zu schützen, die mit dem Trauma verbunden sind. Während dieser Phase werden Patienten manchmal geradezu feindselig, arbeiten nicht mehr mit dem Therapeuten zusammen oder halten Informationen zurück. Nach Freuds Eindruck war der Widerstand weniger stark, wenn der Hund zugegen war.

Als sich Freud über die Rolle klar wurde, die seine Hunde bei der Therapie spielten, sann er über die Gründe nach. In einer psychoanalytischen Sitzung wird der Patient dazu aufgefordert, frei zu assoziieren – er sagt, was ihm gerade einfällt. Dazu legt sich der Patient entspannt auf ein Sofa und der Therapeut nimmt hinter ihm und außerhalb des Sichtfeldes Platz. Auf diese Weise kann der Patient den Gesichtsausdruck des Psychologen nicht verfolgen und ihn als Zustimmung oder Ablehnung interpretieren.

Der Sinn dieser Technik besteht darin, den Patienten völlig selbstständig durch Assoziationen zu seinem Problem gelangen zu lassen, ohne durch die Reaktionen des Therapeuten dorthin geführt zu werden. Ein Hund liegt jedoch völlig ruhig in Sichtweite des Patienten. Da er aber nicht auf die Assoziationen des Patienten reagiert, schloss Freud, fühle dieser sich sicher und akzeptiert.

Ein Hund reagiert auch dann nicht, wenn der Patient schmerzliche oder peinliche Ereignisse schildert, allenfalls sieht er ihn mit klarem Blick an. Dem Patienten verleiht das die Sicherheit, dass alles in Ordnung ist und er sagen kann, was er will. Das aber beruhigt ihn. Freud schrieb diese Beobachtungen auf, um eventuell Hunde systematisch in der Therapie einzusetzen.

Therapieprogramme mit Tieren

Tiere waren in der Vergangenheit immer wieder therapierender Bestandteil von Therapieprogrammen. So richteten die Quäker in England das *York Retreat* ein, wo geistig Kranke oder behinderte Menschen rehabilitiert wurden, bis sie ein normales Leben führen konnten. Man brachte ihnen bei, für sich selbst und für kleine Tiere (z. B. Kaninchen und Geflügel) zu sorgen, in der Hoffnung, sie so zu Selbstkontrolle zu befähigen. Diese Therapieansätze hatten allerdings eher zufälligen Charakter und wurden nicht durch wissenschaftliche Studien begleitet.

Die erste formelle Präsentation einer Therapie, die durch Tiere unterstützt wurde, präsentierte in den 6oer Jahren des vergangenen Jahrhunderts der Kinderpsychologe Boris Levinson von der New Yorker Yeshiva-Universität. Levinson arbeitete mit einem stark gestörten Kind und fand zufällig heraus, dass die Therapiesitzungen produktiver waren, wenn er seinen Hund Jingles bei sich hatte. Außerdem waren Kinder mit Kommunikationsschwierigkeiten viel ruhiger und schienen echte Fortschritte zu machen, wenn ein Hund anwesend war.

Levinson sammelte die Daten aus mehreren solcher Fälle und präsentierte sie bei einer Tagung der *American Psychological Association*. Er war verärgert, weil viele seiner Kollegen das Ganze nur belächelten. Einige witzelten sogar, ob er auch ein Honorar für den Hund verlangte.

Freuds Tod lag etwa 15 Jahre zurück und sein Einfluss wurde gerade wieder stärker. Zufällig waren mehrere neue Biografien über den Psychologen und viele seiner Briefe erschienen. Auch aus Büchern von Menschen, die ihn kannten, erfuhr man mehr über das Leben Freuds und damit auch über sein Verhältnis zu Hunden. Und lesen konnte man auch, dass Freud mit Jofi dieselben Erfahrungen gemacht hatte, wie sie Levinson in seiner Veröffentlichung beschrieb. Für Levinson und seine Anhänger war dies eine späte Genugtuung. Als die anderen Kollegen erkennen mussten, dass auch Freud ernsthaft über den Einsatz von Hunden in der Psychoanalyse nachgedacht hatte, lachten sie nicht mehr. Die Psychiater Sam und Elizabeth Corson begannen 1977 an der Ohio State University, an dem ersten Therapieprogramm mit Unterstützung durch Haustiere zu arbeiten. Bald darauf lieferten der Psychologe Alan Beck und der Psychiater Aaron Katcher solide wissenschaftliche Daten über die Stressreduktion bei therapeutischen Behandlungen, über verbesserte Behandlungserfolge und die Förderung der allgemeinen geistigen Gesundheit durch Tiere. 1980 gab es noch weniger als 20 solcher Programme, im Jahr 2000 waren es mehr als 1 000. Darunter fallen nicht nur Programme, bei denen der Psychiater einen Hund mit in die Therapie bringt, sondern auch diejenigen, in denen Hunde mit in Kranken- und Altenheime genommen werden. Außerdem gibt es Rehabilitationsprogramme, in denen Hunde als Gefährten zur mentalen Unterstützung der Patienten und zur Stärkung ihres Selbstvertrauens eingesetzt werden. Dies ist das nicht beabsichtigte Erbe eines rötlich-braunen Chow-Chows, der zu Füßen des Begründers der Psychoanalyse lag.

Freud hörte nie auf, darüber zu spekulieren, warum Hunde einen derart positiven Einfluss auf die Psychologie eines Patienten ausüben. In einem seiner Briefe an Marie Bonaparte aus dem Jahr 1963 spekulierte er: „Hunde lieben ihre Freunde und beißen ihre Feinde, ganz anders als Menschen, die zu wahrer Liebe nicht fähig sind und in ihren Beziehungen Liebe und Hass vermengen." Dann schrieb er weiter: „Das erklärt, warum man ein Tier wie Topsy oder Jofi mit derart großer Intensität lieben kann: Zuneigung ohne Ambivalenz und das einfache Leben ohne die kaum tragbaren Konflikte unserer Zivilisation, die Schönheit einer Existenz, die in sich ruht. Und schließlich, trotz aller Unterschiede in der organischen Entwicklung, habe ich ein Gefühl intimster Zuneigung und kompromissloser Solidarität. Häufig, wenn ich Jofi streichele, ertappe ich mich dabei, wie ich eine Melodie summe, die selbst ich, so unmusikalisch ich auch bin, als Arie aus Don Giovanni erkenne: ‚Ein Band aus Freundschaft vereint uns …'"

Die Anfänge des Tierschutzes

In Lauf der Geschichte wurden Hunde immer wieder zum Spielball der ethischen Vorstellungen des Menschen. Hunde sind diejenigen Haustiere, die am längsten mit dem Menschen zusammenleben. Seit Tausenden von Jahren wohnen sie mit uns zusammen und teilen sie unsere Stimmungen. Daher waren Hunde häufig von den Schwierigkeiten und Widersprüchen betroffen, die sich mit unserer Vorstellung von Moral, Humanität, Verantwortung, Anstand, Gerechtigkeit und sogar unseren Anschauungen zu Seele und Unsterblichkeit verbinden.

Geschichtlich betrachtet gibt es zwei unterschiedliche Sichtweisen über die angemessene Betrachtung und Behandlung des Tieres im Allgemeinen und speziell des Hundes durch den Menschen. Die eine Linie betrachtet und schätzt den Hund als Wesen, das nicht ausgenutzt werden darf und ein gewisses Maß an Freiheit besitzen muss, ganz so, wie sie der Mensch sich selbst zugesteht. Die zweite Sichtweise sieht in dem Hunde nur eine biologische Maschine, der eine humane Behandlung ebenso wenig zukommt wie anderen Maschinen – einen Gebrauchsgegenstand, den man benutzt und dann wegwirft wie andere Gegenstände auch.

Denkendes Wesen oder biologische Maschine

Viele Wissenschaftler und Philosophen glauben, dass Hunde keine eigentlich denkenden Wesen sind. Ihrer Meinung nach verhalten sich Hunde ohne Plan oder tiefere Einsicht. Diese „Experten" hängen immer noch den Thesen des französischen Philosophen Descartes an, der Hunde wohl auch für eine Art Maschine halten würde, gefüllt mit den biologischen Äquivalenten zu Getrieben, Flaschenzügen und Computerchips. Hunde denken nicht mehr als ein Computer, würde Descartes sagen. Man kann sie programmieren, bestimmte Dinge zu tun und auf Veränderungen der Umwelt zu reagieren.

Wenn Hunde nur Maschinen sind, die weder eine Seele noch ein Bewusstsein besitzen, brauchen wir sie auch nicht besonders freundlich zu behandeln. Was immer wir mit ihnen anstellen, es bliebe ohne moralische Konsequenzen, ähnlich wie bei einem Auto. Natürlich würde kein normal denkender Mensch eine „Gesellschaft zum Schutz vor Grausamkeiten gegen Cadillacs" gründen, die jeden mit moralischen und polizeilichen Sanktionen über normale Sachbeschädigung hinaus belegt, der willkürlich eine Stoßstange beschädigt oder eine Antenne abbricht.

Andererseits gibt es eine ebenso große Zahl von Wissenschaftlern oder Philosophen, die glauben, dass Hunde durchaus zu einer gewissen Logik und entsprechenden Schlussfolgerungen fähig sind und dass in ihnen ähnliche mentale Prozesse und Emotionen ablaufen wie im Menschen – wenn auch wesentlich einfacher. Sie gestehen Hunden den Status eines vierjährigen Kindes zu. Bei vielen Kulturen wie den Ainu in Japan, den Kalang in Java und den Niasese auf Sumatra gelten Hunde als Wiedergeburten der Ahnen. In einigen tibetanischen Klöstern bringt man einen Hund ins Zimmer eines sterbenden Mönches: Der Hund bewahrt nach Überzeugung der Mönche vorübergehend die Seele des heiligen Mannes, bis sie in einem neuen Menschen wiedergeboren werden kann.

Natürlich glauben die meisten Menschen, dass ihr Hund Gefühle hat, fröhlich, traurig oder wütend sein und sich fürchten kann. Wenn jemand Ihren Hund tötet oder ihm ein Bein abreißt, würden Sie sich wahrscheinlich viel mehr ärgern, als wenn jemand den Reifen Ihres Autos stiehlt oder Ihr Fahrrad zerstört, selbst wenn Ihr Fahrrad vielleicht viel mehr gekostet hat als ein Hund. Daher überrascht es kaum, was einmal über eine 76-jährige Witwe in einer Zeitung stand: Die Hündin der alte Dame war von einem betrunkenen, aggressiven Nachbarn getötet worden. Vor Gericht wurde die Tat nur als Sachbeschädigung und Vandalismus bewertet – so, als wäre ein Fenster zerbrochen worden. Der Mörder des Hundes wurde zum materiellen Ersatz des Tieres verurteilt, d. h. zur Zahlung eines Betrages von wenigen Euro, denn der Hund stammte aus dem Tierheim. Dass mit der Hündin auch die Lebensgefährtin der alten Dame getötet wurde, war in den Augen des Gerichtes jedoch keinen Cent wert.

Kein Wunder, dass die Bekannten der Witwe außer sich waren. Menschen riefen bei Radiosendern an und beklagten sich darüber, dass der Mörder des Hundes auch als solcher bestraft werden sollte. Die alte Dame erhielt Geldspenden und Sympathiebekundungen und irgendjemand schickte ihr sogar einen Welpen als neuen Begleiter. Für die meisten Menschen war der Hund ein lebendes, denkendes und fühlendes Wesen, dem wir moralisch verpflichtet sind.

Richard Martin und die Anfänge des Tierschutzes

Die Überzeugung, dass Hunde denken und Gefühle haben können und demzufolge auch ethisch vertretbar behandelt werden müssen, hat gelegentlich auch zu Veränderungen der menschlichen Gesellschaft geführt. In den meisten Fällen waren diese Veränderungen positiv für Hunde und andere Tiere, die innerhalb der menschlichen Gesellschaft leben. Doch lehrt die Geschichte auch, dass Veränderungen selten ausschließlich gut oder schlecht sind. Manche Ansätze zu einer menschlicheren Behandlung von Hunden hatten – zumindest kurzfristig – schreckliche Konsequenzen für die Tiere und manchmal auch für die Menschen, die sich aus Mitleid für die Verbesserung der Zustände eingesetzt hatten. Gleichwohl wurden durch solche Bestrebungen auch Menschenleben gerettet und viel Elend vermieden.

In Großbritannien wird die Idee des Tierschutzes gewöhnlich mit Richard Martin in Verbindung gebracht, einem großartigen, freundlichen Iren mit aufbrausendem Temperament. Martin wurde 1754 als Sohn von Robert Martin geboren, Mitglied einer reichen und angesehenen Familie. Als Richards Mutter starb, heiratete der Vater erneut, diesmal eine gewisse Mary Lynch, deren Familie ebenfalls vermögend war. Richard genoss eine gute Erziehung und studierte Jura in Cambridge. Auf einer Weltreise erweiterte er seinen Horizont und Ende der 1770er Jahre sorgten seine Erziehung und der Einfluss seiner Familie dafür, dass er für die Universitätsstadt

Galway ins Parlament ging und Oberst bei den so genannten Galway Volunteers wurde. Warum Martin begann, sich für den Schutz von Tieren einzusetzen, ist nicht bekannt.

Richard Martin besaß einen großen Landsitz, den er in Teilen unberührt und unkultiviert beließ, um dort zur Jagd zu gehen. Er hielt eine große Hundemeute aus verschiedenen Rassen und viele der Hunde durften mit ins Haus. Es gibt Vermutungen, die die Zuwendung Martins zu den Hunden auf Martins Schwierigkeiten mit seiner Frau Elizabeth zurückführen.

Parlamentarische, militärische und geschäftliche Pflichten hielten Martin von zu Hause fern. Gerüchten zufolge stammte zumindest eines seiner Kinder aus der Liaison zwischen Elizabeth und einem Hauslehrer, der Martins Söhne unterrichtete. Da ihr Mann häufig außer Haus war, ging Elizabeth weitere Beziehungen ein, und schließlich wurde eine skandalöse Affäre mit einem Herrn Petrie aus Paris bekannt – eine Scheidung war unausweichlich. Martin heiratete erneut, damit die Kinder versorgt waren. Einige Historiker vermuten, dass in dieser schwierigen Zeit nur die Hunde, die Martin auf seinen Reisen begleiteten, seine wirklichen Gefährten waren.

Vielleicht brachte Martin in einer Zeit, in der er nahezu aller engeren, sozialen Kontakte entbehrte, die Beziehung zu seinen Hunden dazu, an eine ausgeprägte Gedanken- und Gefühlswelt bei Hunden und anderen Tieren zu glauben. Wenn sein Glaube der Wahrheit entsprach, konnten Tiere also wie Menschen auch Schmerz, Liebe und Einsamkeit empfinden. Martin argumentierte entsprechend: Wenn es unmoralisch sei, dass Menschen von anderen Menschen physische oder emotionale Schmerzen zugefügt wurden, dann gelte auch dasselbe, wenn das Opfer ein Hund oder ein anderes Tier sei. Die tiefe Liebe zu den Hunden in Verbindung mit seinem aufbrausenden Temperament bescherte Martin eine Reihe ernster Konflikte, in denen es um die Misshandlung von Hunden ging. Im Jahre 1783 duellierte er sich sogar mit „Fighting" Fitzgerald, einem lokalen Landbesitzer, der den Hund eines Freundes erschossen hatte. In jener Zeit erwarb Martin sich den Beinammen „Pistolen-Dick", denn er wurde noch des Öfteren in entsprechende Duelle verwickelt. Allerdings gewann er auch die Freundschaft des Prinzen von

Wales, des späteren König Georg IV. Offenbar hatten beide Männer ähnliche Ideale und man sah sie oft im Parlament im Gespräch.

Schlagende Beweise

Martin wollte einen formalen Gesetzentwurf zur Regelung des ethisch korrekten Verhaltens gegenüber Tieren einbringen. Und tatsächlich legte er dem Unterhaus einen Gesetzentwurf vor, der Grausamkeit gegen Hunde unter Strafe stellte. Die Parlamentsmitglieder fanden seinen Antrag lächerlich und unterbrachen seine Rede mit Zwischenrufen, Gelächter und Pfiffen. Als Martin die Gegner dazu aufforderte, Stellung zu seinem Antrag zu nehmen, griffen sie ihn persönlich an. Sie kritisierten seinen irischen Akzent, zogen seine persönliche Integrität in Zweifel und versuchten, ihn für verrückt zu erklären.

Obwohl sein erstes Tierschutzgesetz abgelehnt wurde, gab Martin nicht auf. Er brachte sofort ein neues Gesetz ein. Nachdem der zweite Entwurf bis zur Unkenntlichkeit verändert und substanzlos geworden war, präsentierte er dem Parlament gleich ein neues – so ging es mehrere Jahre lang weiter.

Der Durchbruch gelang Martin schließlich durch sein aufbrausendes Temperament. Während einer seiner vielen Reden über die Grausamkeit gegen Tiere verhöhnte ihn ein Mitglied der Opposition. Der Mann lachte Martin aus und sagte: „Sie wissen doch nicht einmal, was Grausamkeit ist!"

Diesmal ließ Martin seinem Temperament freien Lauf: „Das weiß ich sehr wohl. Wenn Sie mit mir nach draußen kommen, werde ich es Ihnen erklären." Die beiden gingen aus dem Raum und verließen das Parlamentsgebäude.

Als sie an der Treppe standen, meinte der Oppositionspolitiker lachend: „Sie wollten mir eine Erklärung geben?" Martin starrte ihn an. Dann hob er den verzierten Spazierstock, schwang ihn zweimal und schlug den Mann zu Boden: „Das wäre zum Beispiel Grausamkeit. Wollen Sie noch mehr davon?"

„Nein", meinte der Politiker, als er wieder aufstand. „Ich hatte mehr als genug."

„Nun, Sir", sagte Martin, „ein armer Hund oder ein Pferd können nicht sagen, dass es genug ist oder zu viel, daher müssen Tiere geschützt werden."

Der Politiker der Opposition starrte Martin an. Er schwankte etwas und legte ihm die Hand auf die Schulter, um sich zu stützen. „Ich verstehe, was Sie meinen. Der Lernprozess war schmerzlich, aber gerade deswegen werde ich Ihren Antrag unterstützen."

Der Politiker hielt sein Wort. Mit Unterstützung der Opposition und der stillschweigenden Unterstützung König Georgs IV. wurde 1822 das erste Gesetz zum Schutz der Tiere erlassen. Es war noch sehr eingeschränkt, doch spätere Fassungen verschärften seine Inhalte. Der König gab Martin für seine Bemühungen den Spitznamen „Humanity Martin" – diesen Namen sollte er nie wieder loswerden.

Zwei Jahre später traf sich Martin mit einer Reihe von Leuten in London. Bei dem Treffen gründeten die Teilnehmer die *Gesellschaft zur Verhütung von Grausamkeit gegen Tiere* (SPCA = *Society for the Prevention of Cruelty to Animals*), um ein neues Tierschutzgesetz einzubringen. Reverend Arthus Broome, ein namhafter Londoner Vikar, stellte einen Mann namens Wheeler an, der zusammen mit einem Assistenten im ersten Jahr nach der Gesellschaftsgründung 63 Straftäter vor Gericht brachte.

Zunächst steckte die Gesellschaft in finanziellen Problemen, doch dann gingen immer mehr Spenden ein. Vor allem jedoch änderte sich die Einstellung der Gesellschaft gegenüber Tierquälern. 1835 gewann die Gesellschaft weiter an Ansehen, als sich die Duchess of Kent und ihre Tochter, Prinzessin Victoria, als Förderer anschlossen. Als die Prinzessin 1840 Königin Victoria wurde, verlieh sie der Gesellschaft den Ehrentitel „Königlich". Dies bedeutete weitere Unterstützung und im nächsten Jahr reisten bereits fünf Inspektoren durch das Land, um Anzeigen nachzugehen und Straftäter vor Gericht zu bringen.

Ohne Zweifel hat sich die *Königliche Gesellschaft zur Verhütung von Grausamkeit gegen Tiere* (RSPCA) im Laufe der Zeit Verdienste um die Tiere erworben. Ihr Wirken hatte jedoch auch seine ernst zu nehmenden Schattenseiten.

Am Anfang der Aktivitäten verfolgte die Gesellschaft zwei unmittelbare Ziele. Das erste führte dazu, dass die Reinheit einer Hunderasse Schaden nahm und das zweite kostete schätzungsweise 250 000 Hunde das Leben.

Verbot von Hundekämpfen

Das erste Ziel des RSPCA war ein Verbot von Hundekämpfen. Einem der vielen Mitglieder und Unterstützer der RSPCA, einem Quäker namens Pease, gelang es als erstem, ein effektives Gesetz ins Parlament einzubringen, das den blutigen Sportarten des so genannten „Bullenhetzens" – Bullen gegen Hund – und der Hundekämpfe ein Ende setzte. Das Gesetz passierte Ober- und Unterhaus, obwohl es sich als schwierig erwies, ein Verbot von Hundekämpfen effektiv zu kontrollieren. Anders als beim „Bullenhetzen" brauchte man dazu keine spezielle Arena, sodass die Teilnehmer an Hundekampfveranstaltungen nicht einfach festzustellen waren – und bis heute gibt es leider solche grausamen Veranstaltungen. Immerhin verschwand das „Bullenhetzen" und ohne Zweifel wurden allein dadurch auch viele Hunde gerettet und vor Schmerzen und Leid bewahrt. Ein Opfer zeitigte die Kampagne allerdings und das war die Rasse der Bulldoggen.

Die ursprünglichen Bulldoggen waren eine züchterische Meisterleistung. Sie hatten breite Schultern und ihre Beine setzten so weit seitlich an, dass sie sich tief auf den Boden ducken konnten, wenn der Bulle angriff. Kopf und Vorhand waren kräftig entwickelt, damit die Hunde ihr Opfer anspringen und sich in ihm festbeißen konnten. Wegen der leichten Hinterhand überstanden es die Hunde, anschließend heftig hin und her geschüttelt zu werden, ohne dass ihre Wirbelsäule Schaden nahm. Bulldoggen, die es geschafft hatten, sich in der Nase des Bullen zu verbeißen – das war das Ziel – und von dem mächtigen Tier auf dem Boden gedrückt wurden, konnten diese harten Stöße mit ihrem gewaltigen Brustkasten abfangen. Wahrscheinlich war der Kopf der Bulldoggen ihr spezialisiertestes Körperteil. Er war groß und breit, das Maul konnte weit geöffnet werden und bot Raum für kräftige Kaumuskeln. Der Unterkiefer war etwas länger als der Oberkiefer (Vorbiss). Hatte sich eine Bulldogge einmal verbissen, hielt sie bedingungslos fest. Selbst wenn ein solcher Hund während des Kampfes das Bewusstsein verlor, blieben seine Kiefer eisern geschlossen. Während die meisten anderen Hunderassen kämpften, indem sie zubissen und rasch wieder wegliefen, waren Bulldoggen eben darauf spezialisiert, einmal zuzupacken und dann auf Gedeih und Verderb festzuhalten. Die kurze Schnauze mit aufwärts gerichteten Nasenlöchern ermöglichte diesen Hunden auch dann zu atmen. Außerdem waren Bulldoggen schnell und beweglich wie die Terrier.

Nach dem Stierkampfverbot züchtete man Bulldogen nur noch nach optischen und kaum noch nach funktionellen Gesichtspunkten. Es entstanden Hunde mit dem heute für diese Rasse noch typischen Merkmalen: riesige Köpfe, extrem breite Brust, weit auseinander stehende Beine, stark fliehende Stirn und ausgeprägter Vorbiss. Größe und Form des Kopfes sind inzwischen so verunstaltet, dass die meisten Bulldoggen nur noch mit Kaiserschnitt geboren werden können. Die Welpen müssen mit der Flasche ernährt werden, denn Form und Größe ihrer Köpfe lassen kein Säugen durch die Mutter mehr zu. Die flachen, fliehenden Gesichter sind Garanten für alle möglichen Formen von Atmungsproblemen. In einer *Enzyklopädie der Hunde* von 1970 heißt es: „Am Ende eines langen Selektionsprozesses entstand eine Rasse, deren Hauptkennzeichen eine Reihe von Anomalien ist."

Erfolgreich waren die Züchter allerdings, was das Temperament der „neuen" Bulldoggen angeht. Diese nicht mehr kämpfenden Bulldoggen sind bemerkenswert friedlich – vielleicht der einzige Trost für eine Rasse, deren Vertreter wegen körperlicher Probleme früh sterben.

Es hat mehrere Versuche gegeben, die originale Bulldog-Rasse als American Bulldog und Old English Bulldog neu zu züchten. Diese Rassen sind wieder deutlich gesünder und kräftiger und sehen den Gemälden der historischen Bulldoggen schon ziemlich ähnlich. Allerdings sind diese Hunde – ebenfalls wie ihren historischen Vorläufer – auch wieder aggressiver. Offenbar haben ihre Züchter mit den körperlichen Eigenschaften der historischen Bulldoggen auch

deren Naturell wieder rückgezüchtet und müssen deshalb auf die
Sanftheit der jüngeren Rasse verzichten.

Das Ende der Zughunde

Der Verlust einer historischen Hunderasse ist vielleicht nicht so ent-
setzlich tragisch, doch das zweite Ziel der RSPCA – die Abschaffung
von Zug- bzw. Transporthunden – hatte für Tausende von Hunden
sofortige und fatale Konsequenzen.

Im 19. Jahrhundert war es bei vermögenden Menschen üblich, zum
Spaß von Hunden gezogene Kutschen zu benutzen. Im Jahr 1820
berichtete *The Sportsman's Repository*, ein populäres Magazin, das
sich mit Jagd, Rennen und anderen Freizeitvergnügen befasste,
über einen Hundebesitzer, der eine Kutsche mit sechs Hunden
besaß: „Die Hunde waren die größten und stärksten, die wir jemals
gesehen haben." Die Geschichte berichtete ferner über die Schnelligkeit der Hunde und das Vergnügen, mit dem leicht zu lenkenden
Wagen über Land zu fahren. In einer anderen Geschichte erfuhren
die Leser im selben Jahr etwas über einen Mr. Chabert, der von Bath
nach London gekommen war: „Er hat einen großen Sibirischen
Wolfshund dabei, den er für 200 Pfund verkaufen möchte. Er hat
außerdem einen leichten Kutschwagen konstruiert, in dem ihn dieser Hund 30 Meilen pro Tag ziehen kann." Die stolze Kaufsumme
von 200 Pfund konnten sich Arbeiter damals nicht leisten, denn sie
entsprach in etwa einem Jahreseinkommen.

Zughunde mussten allerdings auch viel schwerere Arbeiten ver-
richten. Ihr Einsatz zum Transport von Vorräten war seit langem
üblich. In der englischen Geschichte gibt es ein berühmtes Beispiel
für diese Tradition. Hunde retteten Robert, den Sohn Wilhelms des
Eroberers, und seine Männer im ersten Kreuzzug während der
Belagerung Jerusalems. Die meisten von Roberts Pferden und
Maultieren waren bereits dem Futtermangel, den harten Bedingungen sowie mehreren feindlichen Angriffen und Hinterhalten zum
Opfer gefallen. Daher entschied sich Robert, Vorräte und Ausrüs-
tung von Hunden transportieren zu lassen. Die Tiere schleppten
Waffen, Verpflegung und Belagerungsmaterial (natürlich auch die

reichliche Ausrüstung der Priester) vor die Mauern der heiligen Stadt, sodass Roberts Truppen den Sieg miterleben konnten.

Vor allem in großen Städten erwies sich der Transport mit Hunden als sehr praktisch. Die Nebenstraßen der alten Städte waren recht schmal und überaus stark frequentiert, sodass Pferde- oder Mauleselgespanne kaum hindurch gelangen oder manövrieren konnten. In Städten wie Bristol gab es verzweigte Weinkeller unter den Straßen – schwere Gespanne konnten leicht einbrechen.

Ein weiterer Vorteil der Hunde bestand in ihrer Wachsamkeit. Wenn die Händler Milch, Kleider, Gemüse, Fleisch oder Wein auslieferten und ins Haus brachten, bestand nämlich die Gefahr, dass Diebe währenddessen etwas von den auf dem Wagen verbliebenen Waren stahlen. Die Hunde wurden deshalb so locker angeleint, dass sie sich frei bewegen und den Wagen bewachen, aber doch nicht weglaufen konnten.

Für arme Bürger war ein Hundewagen die einzige Möglichkeit, ohne zu große Investitionskosten ein Transportgeschäft zu eröffnen. Pferd oder Maultier konnten sich diese Menschen nicht leisten, überdies fehlte ihnen der Platz, solche Tiere unterzubringen. Für einen Hund war jedoch auch in einem kleinen Zimmer genug Raum. Ein Hund konnte mit der Familie leben und mit Essensresten gefüttert werden.

Das Leben der Arbeitshunde war hart. Die RSPCA fand viele Beispiele für völlig überlastete Transporthunde, für schlecht gehaltene oder sogar verstoßene Hunde. So klagte man einen Mann vor dem Lambeth Police Court wegen Grausamkeit gegenüber seinen Hunden an. Der Magistrat stellte fest, dass die drei Hunde des Mannes halb verhungert und von Wunden übersät waren. Der Mann wurde schuldig gesprochen und zu 14 Tagen Gefängnis verurteilt. Seine Hunde wurden konfisziert und zwei davon in Pflege gegeben. Ein weiterer war in einem so schlechten Zustand, dass er eingeschläfert werden musste. Andere Hundewagenbesitzer wurden verurteilt, weil sie ihre Hunde weiter ziehen ließen, obwohl sie sich die Füße an scharfkantigen Steinen aufgerissen hatten, weil sie die Tiere bis zum Zusammenbruch arbeiten ließen oder weil sie sie mit der Peitsche blutig schlugen.

In solchen Fällen tat die RSPCA den Hunden zweifelsohne Gutes. Hätte sie an diesem Punkt aufgehört, wäre eine Tragödie vermieden worden, die viele Menschen in den Ruin trieb und zahllose Hunde das Leben kostete. In ihrem Bestreben, die „Zwangsarbeit" und „Sklaverei" der Wagenhunde zu beenden, strebte die RSPCA jedoch ein Verbot sämtlicher Hundearbeiten an.

Hierbei schoss sie oft über das Ziel hinaus, denn viele der Hundehalter gingen sorgsam mit ihren Tieren um. Vernünftige Menschen wussten nämlich auch damals schon, dass Hunde besser arbeiten, wenn sie gesund, richtig ernährt, ausgeglichen und ausgeruht sind. So wurden auch in jener Zeit die meisten Hunde unter den besten Bedingungen gehalten, die sich ihr Besitzer leisten konnte. Viele Menschen teilten mit ihren Hunden alles, was sie hatten. Da schließlich das Familieneinkommen von diesen Hunden abhing, waren die Tiere ein kostbarer Besitz, den man nicht vernachlässigen durfte. War ein Hund unterernährt, lag das häufig schlicht und einfach daran, dass die Familie selbst nichts zu essen hatte und die Kinder genauso dünn waren.

Die meisten Hunde lebten in der Wohnung ihrer Besitzer und wurden so zwangsläufig zu Haushunden. Es hatte viele Vorteile, den Hund im Haus zu halten: Er beschützte die Familie und spendete im Winter – Hunde haben ja eine etwas höhere Körpertemperatur als Menschen – zusätzliche Wärme als Fußkissen oder Bettwärmer. Mehrere Hunde in der Wohnung konnten allein einen kleinen Raum warm halten. Außerdem hatten Hunde auch soziale Bedeutung für Leute, die nur wenig Zeit für die Pflege von Freundschaften erübrigen konnten und selten Zuneigung oder Liebe erfuhren.

Widerstand und vernachlässigte Vierbeiner

Gegen das Verbot der Hundewagen gab es von vielen Seiten heftigen Widerstand. Der Parlamentsminister Barclay argumentierte, dass damit einer großen Gruppe von Leuten das Recht beschnitten werde, sich ein Einkommen zu verdienen: „Dabei handelt es sich vorwiegend um Messerschleifer und Kleinhändler, die mit verschiedenen Waren übers Land oder in die Städte ziehen. Hunde sind auch hilfreich für Bäcker, Metzger und andere Händler. Es ist nicht gerechtfertigt, die Hilfe von Hunden verbieten zu lassen mit dem Argument, sie würden grausam behandelt." Trotz solcher Proteste beschloss das Parlament 1839 ein Gesetz, dass es verbot, in der Umgebung von 15 Meilen um die geschäftige Londoner Charing Cross Station Zughunde einzusetzen.

Nach diesem ersten Erfolg kämpfte die RSPCA für ein vollständiges Verbot von Wagenhunden. In ihren eigenen Unterlagen finden sich die Argumente, die gegen das Vorhaben sprachen: „Gemüsehändler aus London haben eine Petition eingebracht, um dem Parlament zu beweisen, dass ihre Freundlichkeit Hunden gegenüber erwiesen sei. Nach dem neuen Gesetz könnten sie ihren Handel nicht mehr ausführen, weil sie sich keine Pferde leisten können." Die Gesellschaft nahm diese Argumente nicht ernst, sondern trieb ihre Kampagne zur Befreiung von Hunden „aus Grausamkeit und Dienst" weiter voran. Sie wollte den Arbeitseinsatz von Hunden mit einer hohen Steuer belegen lassen, weil sie hofften, damit die Hundebesitzer abzuschrecken und so die Hunde zu befreien.

Leider berücksichtigten die Leute von der RSPCA nicht, welche Auswirkungen ihre Absichten auf die Menschen haben würden. Sie fragten sich auch nicht, was mit all den „überflüssigen" Hunden geschehen werde, die nur von dem Wohlwollen ihrer Besitzer abhängig waren. Ein Journalist der Times sah die möglichen Konsequenzen bereits 1843 voraus. Er vermutete, dass bei einem Erfolg der RSPCA Tausende von Hunden einen schrecklichen Tod durch Vernachlässigung erleiden würden:

„Was soll aus den armen, arbeitenden Hunden werden, wenn ihre Arbeit plötzlich nicht mehr legal ist? Wird es ausgemusterte Mastiffs geben, die um die Ecken streichen oder vor den Metzgerläden herumhängen wie Kutscher, die durch die Eisenbahn arbeitslos geworden sind? Oder wird es eine noch grausamere Alternative geben [der Jounalist sah wohl voraus, dass Hunde getötet werden würden]? Warum sollen wir in Kauf nehmen, dass eine ganze Generation von vierbeinigen, respektablen Gefährten nutzlos wird? Wie viele Welpen werden in der Themse landen, weil es für sie nach dem neuen Gesetz keine Verwendung mehr gibt?"

Die Fürsprecher der RSPCA hörten allerdings nicht auf, von überarbeiteten Hunden zu reden, die nur dem Vergnügen ihrer grausamen Eigner dienten. Einer von ihnen, Lord Brougham, argumentierte im Parlament, dass „nichts schockierender ist als zu sehen, wie große, schwere Männer von Hunden gezogen werden ... Ich habe in der Tat gesehen, wie ganz in der Nähe dieses Hauses schwache Hunde alle möglichen Lasten schleppen mussten."

Die absurde Tollwut-Hypothese

Derart drastische Beschreibungen führten letztlich dazu, dass die Bewegung zum Verbot von Zughunden stärkere Unterstützung fand. Den letzten Anstoß gab die schreckliche, aber völlig falsche Theorie von Lord Brougham, dass nämlich die harte Arbeit der Hunde vor den Karren der wahre Grund für die Tollwut sei.
Als Brougham diese These vor dem Parlament äußerte, brach unter den einfachen Leuten fast eine Panik aus. Man verlangte von dem Komitee, das mit dem neuen Gesetz befasst war, diesen Sachverhalt aufzuklären. Darauf berief man einige Zeugen, die fast alle Mitglieder oder Unterstützer der RSPCA waren. Deren Aussagen waren nach heutigem Wissensstand absurd.
Einige Zeugen behaupteten, dass die Hundewagen auf unerklärliche Weise eine „etwas höhere Zahl von Tollwutfällen in den letzten Jahren" in der Stadt verursacht hätten. Andere argumentierten, dass die Wagenhunde jeden anknurrten oder sogar bissen, der sich ihnen näherte. Da Aggressivität aber ein Hauptmerkmal der Tollwut sei, zeigten sich hierin die Anfänge der Krankheit.
Wieder andere erinnerten an die schäumenden Mäuler tollwütiger Hunde. Und Zughunde produzierten natürlich viel Speichel, wenn sie Lasten zogen, vor allem, wenn die Ladung schwer war und die Hunde schnell laufen mussten.
„Beweise" dieser Art führten schließlich dazu, dass man glaubte, Wagenhunde seien anfälliger für Tollwut als andere. Heute erscheinen diese Argumentationsweisen lächerlich, doch das Komitee ging danach davon aus, dass der Zusammenhang zwischen Wagenhunden und Tollwut „medizinisch bewiesen" sei.

Der Biss eines tollwütigen Hundes zog unausweichlich einen schmerzhaften und schrecklichen Tod für das Opfer nach sich, sei das nun ein Mensch oder ein anderer Hund. Daher überrascht es kaum, dass auch eine verängstigte Öffentlichkeit der Tollwut-Argumentation erlag und die Steuer auf alle Wagenhunde unterstützte. Niemand dachte an die Konsequenzen für die betroffenen Menschen. Unter diesen waren auch Gruppen, die gar nicht direkt mit Wagenhunden zu tun hatten: Behinderte, die beispielsweise auf Transporthunde angewiesen waren oder Blinde, die von Hunden geleitet wurden, und nicht zuletzt auch Schafhirten oder Trüffelsucher, die ebenfalls auf ihre Hunde angewiesen waren.

Hunde-Mord und Kinderarbeit

Für die Hunde kam es genauso schlimm, wie der Artikel in der *Times* vermutet hatte: Die Zahl der Hunde in England nahm drastisch und rasch ab. Viele Menschen trennten sich schweren Herzens von ihren alten Arbeitshunden.

Noch schlimmer waren regelrechte landesweite Massaker. In Birmingham wurden innerhalb einer Woche über tausend Hunde getötet, in Liverpool starben ebenso viele Hunde in ein paar Tagen. In Cambridge lagen so viele Hundekadaver auf der Straße, dass die Stadtverwaltung zu deren Beseitigung aufgefordert wurde, damit die öffentliche Gesundheit nicht in Gefahr geriet.

Der Polizeichef von London berichtete von mehr als 400 toten Hunden in den Straßen, die er begraben ließ. Während der ersten Tage nach Verkündigung des Gesetzes wurden im Bereich der Hauptstadt über 20 000 Hunde getötet.

Die Vorahnungen des Times-Journalisten sollten sich weiter bestätigen, denn auch in der Themse schwammen zahlreiche Hundekadaver, die der „erfolgreichen" Kampagne der RSPCA geschuldet waren. Schätzungen zufolge wurden in England im ersten Jahr nach dem Verbot von Wagenhunden und der neuen Steuer auf Diensthunde zwischen 150 000 und 250 000 Hunde zwar aus der „Sklaverei" befreit, fanden aber stattdessen den Tod. Unzählige weitere Hunde überließ man einfach sich selbst.

Auch das Leid der Menschen war erschreckend. Viele Familien, die von dem Betrieb eines Hundewagens gelebt hatten, standen nun vor dem Ruin. In den ersten sechs Monaten nach Erlass des Hundewagenverbots und der Hundesteuer stieg die Zahl der ausgesetzten Kinder. Sie wurden in staatliche Kinderheime gebracht oder der Kirche übergeben, weil die Eltern sie ohne ihre Hunde nicht mehr ernähren konnten.

In einigen Fällen ließen verzweifelte Kaufleute, Kesselflicker und Messerschleifer sogar ihre Kinder anstelle der Hunde ihre Karren durch die Straßen ziehen. Damals gab es kein Gesetz, das Kinderarbeit verbot. Nach der „Befreiung" der Hunde durch die RSPCA mussten jetzt viele Kinder körperlich hart und bis an den Rand der Erschöpfung arbeiten.

Das erste Tierheim

Diese Zeit des frühen Tierschutzes hatte interessante Konsequenzen. Dieselben Menschen, die früher die RSPCA unterstützt hatten, wollten nun auch das Leid der zahllosen ausgesetzten Hunde lindern.

Zwei Freundinnen, eine gewisse Mrs. Tealby und eine Mrs. Major, gingen eines Abends spazieren, als sie einen verlassenen und beinahe verhungerten Hund fanden. Aus Mitleid nahmen sie das Tier mit nach Hause und bereiteten ihm ein Lager in der Küche. Dieses Beispiel als eines von vielen für das Schicksal verlassener Hunde vor Augen, begab sich Mrs. Tealby auf einen persönlichen Kreuzzug. Mit Hilfe ihres Bruders, Reverend Edward Bates, suchte sie nach einer Möglichkeit, ein privates Tierheim zu eröffnen. Da sich dies als kostspieliger erwies, als die beiden vermutet hatten, wandten sie sich über die Zeitungen an die Öffentlichkeit, um an Spenden zu gelangen. Das Ergebnis war eine Flut beleidigender Briefe an die Times: Wer solch ein Ziel verfolge, müsse offenkundig den Verstand verloren haben. Wenn man eine Hilfsaktion ins Leben riefe, dann doch wohl besser für die hungernden und obdachlosen Kinder. Trotz dieser ablehnenden Reaktionen gelang es Mrs. Tealby und ihren Helfern, ein Übergangsheim für streunende Hunde einzurichten. Angesichts der herrschenden Situation war das aber nicht mehr als der Tropfen auf den heißen Stein. Zu viele herrenlose Hunde streunten durch die Stadt.

Immerhin jedoch konnte Mrs. Tealby die Öffentlichkeit für das Problem sensibilisieren. Ihr Heim wurde zum Vorbild vieler Tierheime, die in den späteren Jahren gegründet wurden.

Der Tokugawa-Schogun und das Jahr des Hundes

Schon die Aktivitäten der RSPCA in England hatten zweifelsohne kurzfristige und schreckliche Auswirkungen für die Hunde. Im Folgenden aber soll ein Beispiel geschildert werden, in dem das Bemühen um das Wohl von Hunden noch direktere Konsequenzen für die Menschen hatte.

Es hat immer wieder besonders moralische Menschen gegeben – und es gibt sie noch heute –, deren Aktivitäten zum Schutz von Hunden und anderen Tieren die Lebensumstände der Menschen viel stärker als die der Tiere beeinflussten. Manche Maßnahmen des Tierschutzes bewirkten durchaus Positives, manche hatten jedoch schreckliche Konsequenzen für die Menschen. Ein besonders extremes Beispiel für letzteren Fall folgt nun.

Der Japanische ist dem Chinesischen Kalender insofern ähnlich, als er jedes Jahr durch ein Tier kennzeichnet – in einem zwölfjährigen Zyklus. Da die namensgebenden Tiere den Tierkreiszeichen entsprechen, liegt es nahe, dass diese Art des Kalenders auch in die Astrologie Eingang fand. Das Tier des Jahres bestimmt danach nicht nur, welche Erfolge und Misserfolge dieses Jahr bringen wird, sondern soll auch über den Charakter der Menschen entscheiden, die in diesem Jahr geboren werden. Diese Menschen sollen bestimmte Eigenschaften des ihr Geburtsjahr kennzeichnenden Tieres besitzen. Eines dieser Jahres-Tiere ist der Hund. Die Jahre des Hundes sind 1910, 1922, 1934, 1946, 1958, 1970, 1982, 1994, 2006, 2018, 2030, 2042 und 2054.

Nach der Überlieferung sind im Jahr des Hundes geborene Menschen ehrlich, übernehmen Verantwortung und Pflichten, arbeiten hart und besitzen hohe Moralvorstellungen. Sie hassen Unrecht und Grausamkeit, schätzen sich selbst hoch ein, sind eigensinnig und nicht kompromissbereit. Sie können selbstsüchtig, exzentrisch und geradezu besessen sein. Um ein Ziel zu erreichen, ist ihnen dann fast jedes Mittel recht.

Am 23. Februar im Jahr des Hundes 1646 wurde ein Mann geboren, der alle diese Eigenschaften besaß. Tokugawa Tsunayoshi, geboren in Edo (der alte Name für Tokio) war der fünfte von 15 Tokugawa-Schogunen. Deren Herrschaft begann im Jahr 1600 und endete 268 Jahre später. Tsunayoshi war der umstrittenste der Tokugawa-Schogune. Sein so genanntes Mitleidsgesetz wurde später von einigen japanischen Historikern das „schlimmste Gesetz in der Feudalgeschichte der Menschheit" genannt. Ursprünglich waren Tsunayoshis Gesetze zum Schutz von Hunden erlassen worden. Wegen dieser Gesetze erhielt Tsunayoshi auch den Beinahmen *Inu Kubo* (Hunde-Schogun).

Das Tokugawa-Regime basierte auf einer strengen Trennung der bäuerlichen Bevölkerung von den Kriegern, den Samurai. Unter den Tokugawa oblagen den Samurai sowohl kulturelle als auch militärische Aufgaben. Sie erhielten Land und einen Teil der Steuereinnahmen, die von der Regierung erhoben wurden. Daher waren die meisten hohen Staatsbeamten, Gelehrten und Adligen Samurai.

Vermutlich wollte Tsunayoshi den Staat reformieren und die Gesellschaft menschlicher gestalten. Der Grund für seine Reformpläne war die große Macht der Samurai: Obwohl diese in ihren neuen Positionen keine Krieger mehr sein mussten, pflegten sie ungebrochen weiterhin ihre militärischen Fähigkeiten und Traditionen. Die Fronten in der Gesellschaft waren verhärtet. Das einfache Volk lehnte die Lebensweise der Samurai, deren überhebliche Unfreundlichkeit und Intoleranz vollständig ab. Tsunayoshi glaubte fest daran, dass das japanische Volk, das sich ständig mit den rauen und barbarischen Praktiken der Samurai konfrontiert sah, dies auch der Regierung anlastete.

Der Geist buddhistischer Gelassenheit

Nachdem Tsunayoshi Schogun geworden war, bemühte er sich, den Geist buddhistischer Gelassenheit und die Ideale der taoistischen

Nächstenliebe und Wohltätigkeit in der japanische Gesellschaft zu verankern.

Am Anfang war er sehr erfolgreich. So setzte er beispielsweise Gesetze durch, die obdachlose Kinder schützten und die Obrigkeit verpflichteten, für die Kinder ebenso gut zu sorgen wie die Eltern. Damit unerwünschte Kinder nicht getötet wurden – damals eine übliche Praxis –, ließ Tsunayoshi schwangere Frauen und Kinder unter sieben Jahren registrieren. Er befahl den Staatsbeamten, Bettler und Ausgestoßene mit Nahrung und Wohnungen zu versorgen. Kranke Reisende, die man früher einfach auf die Straße gesetzt hatte, wenn sie sich eine Unterkunft nicht mehr leisten konnten oder man ihre Krankheit für ansteckend hielt, standen von nun an ebenfalls unter dem Schutz des Staates. Eine andere vorbildliche Maßnahme Tsunayoshis sorgte für verbesserte Lebensbedingungen von Gefängnisinsassen. Sie wurden nun besser untergebracht, durften mehrmals pro Monat baden und erhielten im Winter warme Kleidung. Straßenbanden, die die Bevölkerung mit Raub und Mord bedrohten und terrorisierten, ließ Tsunayoshi wirkungsvoll zerschlagen.

Tsunayoshis spätere Gesetze zum Schutz der Tiere waren zunächst gut gemeint, wurden dann aber immer strenger. Die Verletzung eines Hundes oder einer Katze konnte schließlich mit Verbannung oder sogar Tod bestraft werden. Sein Glaube bewegte den Schogun dazu, diese Gesetze zum Wohle der Tiere zu erlassen.

Nach dem Tod seines einzigen Sohnes konsultierte Tsunayoshi einen buddhistischen Priester namens Ryuko, der ihm sagte: „Wenn Menschen keinen Erben haben, liegt dies oftmals daran, dass sie in ihrem vorherigen Leben zu viel getötet haben. Wer sich nach einem Erben sehnt, sollte alle Lebewesen lieben und nicht töten. Wenn Ihre Hoheit sich einen Nachkommen wünschen, warum hören Sie dann nicht mit dem Töten auf? Da Sie im Jahr des Hundes geboren wurden, unter dem Zeichen des himmlischen Hundes, wäre es angemessen, sich vor allem um die Hunde zu kümmern und sie besonders zu schützen." Da auch Tsunayoshis Mutter diese Ratschläge für richtig erachtete, erließ der Schogun das „Gesetz zum Mitleid mit allen Lebewesen".

Das Gesetz zum Mitleid mit allen Lebewesen

Die Angelegenheit hatte große Bedeutung für Tsunayoshi: Etwa zehn Prozent der Gesetze, die während seiner Regierungszeit verabschiedet wurden, bezogen sich auf den Tierschutz. Obwohl sie dazu gedacht waren, alle Tiere zu schützen, waren die meisten Bestimmungen auf Hunde zugeschnitten.

Die Samurai und der Adel züchteten Rassehunde mit Stammbäumen. Sie dienten als Jagdhunde, halfen bei der Falkenjagd und waren Wachhunde und Gefährten. Dann gab es Kampfhunde, denn Hundekämpfe waren damals in Japan sehr beliebt. Wertvolle Hunde dienten als Geschenke und wurden Hochgestellten überbracht, wenn man einen Gefallen von ihnen erbitten wollte.

Die Zucht von Hunden in der Umgebung der Stadt verursachte ernste Probleme für die einfache Bevölkerung. Einige der Feudalherren (*Daimyos*) hielten in ihren Häusern in der Haupstadt Edo mehrere hundert Hunde. Vermutlich stammten die meisten streunenden Hunde in der Stadt aus eben diesen Zwingern. Viele ausgerissene Tiere suchten in Edo nach Nahrung, verunreinigten die Gehwege, kämpften miteinander, störten den Straßenverkehr und griffen manchmal auch Obdachlose und insbesondere Kinder an. So ist es kaum verwunderlich, dass die Anwohner solche Hunde recht grausam töteten. Berichten zufolge gehörten grauenvoll verstümmelte Hunde oder Hundekadaver zum Stadtbild Edos und gefährdeten die allgemeine Gesundheit.

Natürlich litten die Samurai hinter den Mauern ihrer Anwesen deutlich weniger unter diesen Zuständen als die einfachen Leute, die mit den marodierenden Hundemeuten unmittelbar konfrontiert waren – dabei waren gerade die Samurai für diese Zustände verantwortlich.

Die Kaste dieser Krieger war von den Gesetzen des Schoguns denn auch am stärksten betroffen. Die Gesetze verboten, Hunde auszusetzen. Konnte die Spur eines ausgesetzten Hundes zurückverfolgt werden, musste sein Herr mit Strafen rechnen. Außerdem hatte der Schogun verfügt, dass herrenlose Hunde nicht mehr getötet werden durften, sondern gefüttert werden mussten. Schließlich bestimmte

Tsunayoshi, dass die Hunde nach den „fundamentalen Prinzipien der Menschlichkeit" zu behandeln seien.

Die so unvermittelt erlassenen Gesetze konnten natürlich den von Tsunayoshi erhofften menschlichen Umgang mit Tieren nicht von jetzt auf gleich durchsetzen. Und so verstießen und schickten die Daimyos ihre Hunde nach wie vor und auf die Straße, wenn sie ihnen nichts mehr wert schienen. Da die Daimyos Samurai waren, drückte die Obrigkeit gewöhnlich ein Auge zu.

Darüber wiederum war der Schogun erzürnt: Er entließ einige seiner Beamten, weil sie seine Wünsche angeblich „missverstanden" hatten und führte ein öffentliches Register ein, in dem die Eigentümer ihre Hunde mit Fellfarbe und anderen charakteristischen Merkmalen aufführen mussten. Hundebesitzer, die ihre Tiere dort registriert hatten, konnten nun in die Verantwortung genommen werden. In bestimmten Abständen gab es Kontrollen, bei denen man sich ein Bild über den Zustand der Hunde machte.

Schwere Strafen für Hundemisshandlung

1702 ereignete sich ein Zwischenfall, in den einer der Tierärzte des Schoguns verwickelt war. Dieser Mann war bei der königlichen Familie hoch angesehen. Eines Tages drang jedoch ein Nachbarhund in seinen Garten ein und tötete eine der Lieblingsenten des Tierarztes. In einem Wutanfal kreuzigte der Mann den Hund am Zaun des Nachbarn.

Wegen seines hohen Rangs und seiner Zugehörigkeit zu einer Samuraifamilie kam der Fall vor das Höchste Gericht (kyojosho). Der Fall wurde untersucht und der Mann zum Selbstmord (seppuku) aufgefordert. Sein Tod wurde öffentlich angekündigt, um den Menschen zu demonstrieren, dass die Gesetze auch für hochrangige Japaner galten.

Immer enger wurde das Netz geknüpft, um der Menschen habhaft zu werden, die Hunde aussetzten. Damals reiste der deutsche Arzt Engelbert Kaempfer durch Japan und schrieb: „Wir kamen zu dem Platz in der Nähe des Burggrabens, auf dem öffentliche Ankündigungen angeschlagen wurden. Dort hing eine neue Ankündigung.

Darin wurde jedem eine Belohnung versprochen, der den jüngsten Mord an einem Hund aufklären konnte. Schon viele arme Leute wurden in diesem Land unter der Herrschaft des jetzigen Schoguns schwer bestraft – nur um eines Hundes willen."

Ob ein Hund einfach nur verschwand oder ob er der Obrigkeit nicht rechtzeitig vorgezeigt wurde, um seinen guten Zustand zu belegen – der Besitzer wurde allein auf einen Verdacht hin bestraft. Manch mitleidiger Bürger fütterte nicht länger mehr streunende Hunde, weil er damit rechnen musste, für den Besitzer der Hunde gehalten zu werden und die Verantwortung für sie übernehmen zu müssen.

Jeder, der einen Hund verletzte, tötete oder aussetzte, und auch der, der die Notlage eines Hundes nicht erkannte oder sich nicht darum kümmerte, riskierte schwere Strafen bis hin zu Verbannung oder Tod.

Wie viele Menschen aus dem einfachen Volk gefangen genommen und bestraft wurden, weil sie sich einem Hund gegenüber nicht gesetzeskonform verhalten hatten, werden wir nie erfahren, denn es gab keine regelmäßigen Aufzeichnungen über diese Gesellschaftsschicht. Vermutlich wurden Menschen ohne Verbindungen zum Adel bei einem Verdacht auf Hundesmisshandlung rasch verurteilt. Aus den wenigen verfügbaren Aufzeichnungen wissen wir, dass in einem Monat des Jahres 1687 mindestens 300 einfache Menschen zum Tode verurteilt wurden. Schätzungen zufolge wurden in jenem Jahr über 2 000 Todesstrafen verhängt.

Genauere Informationen sind von bestraften Samurai überliefert. Aus demselben Jahr 1687 sind folgende Fälle belegt:

Ein Mitglied aus der Gruppe der Daimyo tötete einen Hund, der ihn gebissen hatte und musste rituellen Selbstmord begehen.

Der Küchenchef des Schoguns wurde verbannt, weil er einen Hund ertränkt hatte.

Der persönliche Leibwächter eines Feudalherrn musste Selbstmord begehen, weil er einen knurrenden Hund getötet hatte – der Mann hatte seinen Herrn bedroht gesehen.

Der Stallmeister eines Daimyo wurde verbannt, weil er einen Hund getötet hatte, der die Pferde belästigte.

Ein Gelehrter verlor sein königliches Stipendium, weil er einen Hund schlug.

Ein Priester des Asakusa-Tempels musste seine Stellung aufgeben, weil er einen Hund ertränkte.

Ein Samurai wurde unter Hausarrest gestellt, weil er Hunde misshandelt hatte.

Hundesteuer

Aus jener Zeit existieren noch weitere Zeugnisse von Strafen wegen wirklicher oder vermuteter Verbrechen gegen einen Hund.

Obwohl Tsunayoshi seine Gesetze zum Wohle der Hunde hatte erlassen wollen, sah er rasch ein, dass die Folgen dieser Gesetze ganz und gar nicht seinen Erwartungen entsprachen. Im Gegenteil: Sein „Mitleidsgesetz" hatte dazu geführt, dass die Zahl streunender Hunde, die in Edo nach Fressbarem suchten, weiter zunahm. Die Hundemeuten wurden zusehends zum Problem, immer öfter auch zu einer Gefahr, und das vor allem, weil die Menschen aus Angst vor den Folgen nicht mehr wagten, einen Hund zu verscheuchen. Nach 15 Jahren Herrschaft wurde sich der Schogun im Jahre 1695 klar, dass er etwas unternehmen musste, um die öffentliche Sicherheit aufrecht zu erhalten. Viele Handlungsmöglichkeiten hatte er nicht, da er selbst Mitleid mit den Hunden gesetzlich eingefordert hatte. Hätte er die streunenden Hunde töten lassen, hätten seine Glaubwürdigkeit und Autorität irreparabel Schaden genommen. Also ließ er die Tiere in öffentliche Zwinger sperren. Finanzieren ließ er dies die Kaste der Samurai: Sie mussten die Zwinger erbauen.

Für die Verpflegung der Hunde wurde eine spezielle Steuer, die *inubucho* oder der „Hunde-Teil" erhoben, dessen Höhe sich nach der Länge der Häuserfront richtete. Da die Samurai größere Häuser besaßen als das einfache Volk, mussten sie höhere Steuern bezahlen. Wie zu erwarten nahm die Zahl der Hunde in den Straßen rasch ab, dafür stieg sie in den städtischen Zwingern in kurzer Zeit an. Nach nur zwei Jahren lebten über 40 000 Hunde in den Tierheimen. Die Tiere wurden gut versorgt und es gab viele von ihnen – der

„Hunde-Teil" entwickelte sich zu einer ernsthaften Belastung für die Steuerzahler.

Viele der Samurai waren mit der Situation äußerst unzufrieden. Sie wurden zwar selbst aus dem Steueraufkommen bezahlt, doch nun mussten sie ihrerseits für die Hunde aufkommen. Viele beklagten, dass die Hunde einen ähnlichen Status genossen wie sie selbst. In der Tat war es immer noch ein Verbrechen, einen Hund zu erschrecken oder zu züchtigen, wenn dem Hund nicht ein eindeutiges Fehlverhalten nachgewiesen werden konnte. Überdies durfte nur der Eigentümer oder der Leiter eines öffentlichen Zwingers einen Hund strafen.

Ein Samurai geriet so in Zorn, dass er einen Hund kreuzigte und neben dem Tier eine Nachricht anschlug: Der Hund habe die Autorität des Schoguns ausgenutzt und sich unverschämt und respektlos gegenüber den Menschen verhalten. Dafür sei er bestraft worden. Der Schogun kochte vor Wut und befahl, den Samurai zu verhaften. Der Mann versuchte zu fliehen, wurde am Stadttor gestellt und musste *seppuku* begehen.

Gesetzeslockerung

Als die Gesetze immer strenger überwacht wurden, hatten die einfachen Menschen dieselbe Angst vor Hunden wie vor höherrangigen Adligen – ihresgleichen durften sie immerhin schlagen, einsperren oder sogar töten, wenn sie nicht den nötigen Respekt zeigten. Hunde hingegen behandelten sie nun so, wie sie Adlige behandelten. Die Tiere wurden nicht mehr geschlagen oder verstoßen und man nannte sie *O-inu-sama* („Ehrenwerter und verehrter Hund") – eine Form der Anrede, die eigentlich Göttern oder sehr hochrangigen Menschen vorbehalten war.

Nun hatte sich das ursprüngliche Ziel, die Menschen zu mehr Nächstenliebe zu erziehen und die öffentliche Ordnung zu stärken, in ein schreckliches Gegenteil verkehrt: Das Wohlergehen der Menschen lag danieder – zugunsten von Hunden. Wir können heute kaum abschätzen, was Tsunayoshis Hundegesetze für die betroffenen Menschen wirklich bedeuteten. Während der 30 Jahre langen

Regierungszeit des Schogun wurden nach vorsichtigen Schätzungen 6 000 Menschen hingerichtet, nach anderen sogar 200 000.

Der Samurai-Politiker und Historiker Arai Hakuseki liefert einige Hinweise über das Ausmaß. Als Tsunayoshi 1709 starb, sprach Hakuseki bei Ienobu vor, dem Sohn und Nachfolger des Schogun. Hakuseki bat Ienobu um eine Amnestie für alle Gefangenen, die wegen Verstößen gegen den Tierschutz im Gefängnis saßen: „Im Rückblick auf die Herrschaftzeit des letzten Schogun fällt die Erbarmungslosigkeit der Gesetzesvollstrecker auf. Leichtfertig sprachen sie Todesstrafen gegen Menschen wegen eines einzigen Vogels oder eines anderen Tieres aus. Selbst die Familienangehörigen der Verurteilten waren vor Strafen oder Verbannung nicht sicher. Väter und Mütter, Schwestern und Brüder, Frauen und Kinder wurden voneinander getrennt, zerstreut und getötet. Niemand weiß genau, wie vielen Hunderttausenden dieses Schicksal widerfuhr. Wenn keine landesweite Amnestie ausgesprochen wird, wie sollen die Menschen dann wieder Hoffnung für die Zukunft schöpfen?"

Dann bat Hakuseki den neuen Shogun darum, zumindest die 8 831 Menschen freizulassen, die augenblicklich wegen des Mitleidsgesetzes im Gefängnis saßen.

Der sechste Tokugawa-Schogun Ienobu sah sich in einer schwierigen Situation. Sein Vater Tsunayoshi hatte ihm das Versprechen abgenommen, die Einhaltung der Gesetze weiterhin durchzusetzen. Ienobu wollte das Vermächtnis seines Vaters zu bewahren, andererseits aber auch die Leiden seines Volkes lindern. Also hielt er den Tod des Vaters vorerst geheim und verschob das Begräbnis. Am offenen Sarg des Vaters bat er den Verstorbenen – im Interesse einer guten Herrschaft – um Vergebung für seinen Ungehorsam. Anschließend versammelte Ienobu die Vertrauten Tsunayoshis um den Sarg und ließ sie der Aufhebung des „Hundegesetze" zustimmen. Da die Begräbnisfeierlichkeiten noch nicht stattgefunden hatten, erschien dieser Beschluss nach außen wie der letzte Wille des alten Schoguns.

Ienobu setzte die Gesetze zwar nicht vollständig außer Kraft, milderte aber die schlimmsten Folgen. Er argumentierte, dass der Geist dieser Gesetze richtig und nur die Bestrafungen zu hart waren. Da jeder Herrscher das Strafmaß für Gesetzesverstöße ändern konnte, bestimmte Ienobu, dass unter seiner Regierung Misshandlungen gegen Tiere nur als Vergehen und nicht als Verbrechen bestraft würden.

Dass sich viele Menschen trotz oder gerade wegen der Leiden, die aus Tsunayoshis Gesetzen entstanden waren, einen gewissen Pragmatismus und sogar Humor bewahrt hatten, verdeutlicht ein Witz aus jener Zeit. Wie bereits erwähnt, wurden auf dem Höhepunkt dieser geradezu absurden Ära Hunde wie Adlige behandelt. Man brachte ihnen Respekt und Ehre entgegen. Dazu gehörte auch ein ehrenvolles Begräbnis an einem angemessenen Ort, z. B. auf einem Berg. Also gingen einmal auch zwei Männer aus Edo einen Berg hinauf und jeder trug den Körper eines kürzlich verstorbenen Hundes. Der Tag war warm und das Gewicht der Hunde lastete schwer auf den Männern.

Einer der beiden ärgerte sich und murmelte: „Tsunayoshi und seine verrückten Gesetze. Warum müssen wir so hart arbeiten, um einen Hund zu ehren? Uns behandelt man auch nicht mit Respekt. Und jetzt laufen wir hier sogar und schleppen die Kadaver den Berg hinauf. Und das nur wegen seiner verrückten Idee – weil er im Jahr des Hundes geboren wurde."

Sein Begleiter knurrte Zustimmung: „Wahrscheinlich hast du Recht, aber wenn ich du wäre, würde ich meine Zunge im Zaum halten. Statt Tsunayoshi zu verfluchen, solltest du besser den Göttern danken. Stell dir die Last vor, wenn er im Jahr des Pferdes geboren worden wäre."

Die Rettung Mary Ellens

Die Geschichten über den Schogun Tokugawa Tsunayoshi und die ersten Jahre der Tierschutzbewegung *Royal Society for the Prevention of Cruelty to Animals* zeigten, welch unerwartete und schreckliche Konsequenzen das Bemühen hatte, den Schutz von Hunden und anderen Tieren gesetzlich durchzusetzen. Trotz gut gemeinter Absichten der Handelnden kamen in diesen Fällen nicht zahllose Hunde zu Tode, sondern mussten sogar Tausende von Menschen leiden oder sterben.

Meist waren solche Tierschutzbemühungen jedoch von Erfolg gekrönt und manchmal zeitigten sie sogar auch für die Menschen überraschende Vorteile. Ein berühmtes Beispiel fand 1874 in einem Gerichtssaal sein Ende.

Der Diplomat Henry Bergh

Der Hauptdarsteller der folgenden Geschichte ist der 1813 geborene Henry Bergh, Sohn eines berühmten Schiffsbauers. Während der ersten 50 Jahre seines Lebens zeigte er nur wenig Interesse an Hunden oder Tieren. Da sein Vater reich war, konnte er sich ein sehr angenehmes Leben leisten und hatte stets genügend Geld, um seinen Unterhalt angenehm zu bestreiten. Er war intelligent, ein guter Schüler und durchlief eine hervorragende Ausbildung mit den Schwerpunkten auf Recht, Literatur und Politik. Nachdem Bergh die Universität verlassen hatte, reiste er ohne besonderes Ziel durch Europa, besuchte Sehenswürdigkeiten und verfasste ab und zu ein Gedicht.

Nach seiner Rückkehr wurde Bergh leidenschaftlicher Theaterbesucher. Damit erweiterte sich sein Bekanntenkreis nicht nur um Schauspieler und Theaterbeschäftigte, sondern auch um Lokal- und Regierungspolitiker, Geschäftsleute und andere, die seine Leidenschaft für das Theater teilten (oder sich gerne in der feinen Gesellschaft aufhielten).

So war Bergh stets über die neueste Mode informiert. Er trug ausschließlich maßgeschneiderte Anzüge, Gamaschen und Zylinder, um seinen hohen Wuchs und seinen schlanken Körpers zu betonen und so Eindruck zu erwecken. Bergh trug überdies einen breiten, gepflegten Schnurrbart und benutzte einen Spazierstock mit verziertem Knauf. Wenn er in Erregung war und in seiner Rede einen Punkt besonders betonen wollte, pflegte er mit diesem Stock – mitunter bedrohlich – zu gestikulieren.

Bergh arbeitete zwar als Jurist, ging dieser Tätigkeit aber mit wenig Leidenschaft und eher halbherzig nach. Viel mehr interessierten ihn seine Besuche im Theater, an dem er überdies auch mit eigenen kleinen Stücken Erfolge feierte. Da er wegen seines Vermögens nicht auf eine Vollzeitarbeit angewiesen war, verbrachte Bergh etwa die Hälfte des Jahres in teuren Ferienorten in Amerika und Europa, die gerade en vogue waren. Den Rest des Jahres lebte er zu Hause in New York.

Berghs oberflächliche und egozentrische Lebensweise endete 1863. Abraham Lincoln war zum Präsident der Vereinigten Staaten gewählt worden und ernannte eine Reihe von Diplomaten. Bergh wurde zum neuen Sekretär der amerikanischen Botschaft im russischen St. Petersburg berufen.

Berghs Ernennung war in erster Linie eine diplomatische Geste, denn Lincoln war einigen mächtigen New Yorkern verpflichtet und diese hatten Bergh vorgeschlagen. Bis dahin war Bergh nur als intelligenter Dilettant aufgefallen, der sich auf dem gesellschaftlichen Parkett bewegen und die USA bei formellen Anlässen voraussichtlich gut vertreten konnte.

Wegen seines Reichtums war nicht zu befürchten, dass Bergh der Regierung hohe Spesenrechnungen für gesellschaftliche Anlässe vorlegen würde. Ansonsten galt Bergh als politisch wenig interessiert, obwohl er Lincolns Partei und die Politik der Sklavenbefreiung grundsätzlich unterstützt hatte. Zu jener Zeit gab es noch nicht den geringsten Hinweis, dass Bergh irgendein Interesse an Tieren und deren Wohlergehen hatte.

Das weinende Pferd

Bergh selbst schilderte später das Ereignis, das sein Leben grundlegend veränderte.

Eines Nachmittags spazierte er nach seiner Arbeit in der Botschaft durch St. Petersburg. Plötzlich hörte er einen Schmerzensschrei. Weiter entfernt bemerkte er in der Straße eine *droshky* – eine offene, vierrädrige Kutsche mit einer längs verlaufenden Bank. Die Passagiere saßen auf der Bank und ließen die Beine herunterbaumeln, Halt bot ihnen nur eine knapp über dem Boden verlaufende Stange. *Droshkys* waren sehr preiswerte Transportmittel, galten aber nicht gerade als sicher. Auf den schlechten, holprigen Straßen geschah es des Öfteren, dass Passagiere plötzlich aus den offenen Kutschen auf die Straße geschleudert wurden. Landeten sie unglücklich neben einem Rad der Kutsche, kam es mitunter zu schweren Verletzungen.

Bergh hielt die schrillen Schreie an jenem Morgen für das Wehklagen eines Kindes oder einer Frau, die aus der Kutsche gefallen und verletzt worden waren. Rasch lief er die Straße hinab, um seine Hilfe anzubieten. Als er die Kutsche erreicht hatte, erkannte er jedoch überrascht, dass die Schreie von dem Pferd stammten, das von dem wütenden Kutscher heftig geschlagen wurde. „Obwohl ich deutlich sah, dass nur ein Pferd die Peitsche zu spüren bekam, hörte ich immer noch die Stimme eines gequälten Menschen. Diese Schreie brannten sich für immer in meine Seele ein. Als der Kutscher endlich innehielt, sah ich eine arme Kreatur, deren Haut von Peitschennarben überzogen war. Und als ich dem Pferd ins Gesicht schaute, fielen mir die Tränen auf, die über seine Wangen liefen – Tränen, wie man sie auch bei gequälten und verletzten Kindern sieht."

Berghs Kreuzzug zum Schutz der Tiere

Das Bild des gequälten Tieres sollte Bergh sein Leben lang nicht mehr verlassen. Später gab er zu: „Ich war nie besonders an Tieren interessiert – obwohl ich ein natürliches Mitleid mit allen leidenden

Kreaturen hatte. Es bewegte mich außerordentlich, dass wir Menschen die Tiere zu unserem Vorteil einsetzten und ihnen im Gegenzug nicht einmal den geringsten Schutz gewährten."

Bergh begann nun, über die Grausamkeit gegenüber Tieren nachzudenken, und er hatte die Gedanken wohl noch im Kopf, als er Russland wieder verließ. Auf der Rückreise machte er für etwa eine Woche Station in London. Da viele Mitglieder des englischen Parlamentes und andere bekannte Persönlichkeiten aus Kunst und Theater Mitglieder der *Royal Society for the Prevention of Cruelty to Animals* waren, lernte er ihre Ziele kennen. Außerdem sprach er mit einigen Offiziellen des RSPCA über die Gesetze, die die Gesellschaft durchgesetzt hatten.

Kaum nach New York zurückgekehrt, startete Bergh einen Kreuzzug zum Schutz der Tiere und suchte nach politischer Unterstützung. Um entsprechende Gesetze und Programme durchzusetzen, warf er seine persönlichen Fähigkeiten als Dramatiker und Diplomat und seine sozialen und politischen Kontakte in die Waagschale. In seiner Heimatstadt New York begann Bergh seinen Kreuzzug für die Tiere, dort sprach er über den „durchschnittlichen Straßenhund", über Katzen, Hunde, Pferde und Farmtiere.

Bergh war sich sicher, dass sein Wunsch nach einem Schutz der „stummen Diener der Menschheit" von vielen Menschen aus allen sozialen Schichten geteilt wurde. Nach seinen Ansprachen oder öffentlichen Auftritten bat er um Unterschriften unter eine Erklärung für die Rechte der Tiere. Dieser Schriftsatz enthielt seine Vorschläge, mit denen Tiere vor grausamen und unmenschlichen Übergriffen geschützt werden sollten – mit der Unterschriftensammlung wollte er Druck auf die Politik ausüben. Schließlich konnte Bergh eine Petition mit Zehntausenden von Unterschriften vorlegen. Das Dokument erfüllte seinen Zweck: Die Regierung von New York State erließ mehrere Gesetze zum Schutz der Tiere. Am 10. April 1866 erhielt Bergh eine Stiftungsurkunde für die *American Society for the Prevention of Cruelty to Animals* (ASPCA). Bergh versah die neue Gesellschaft sofort mit Geldmitteln und nur neun Tage nach ihrer Gründung erhielt die ASPCA das Recht, die neuen Tierschutzgesetze durchzusetzen.

Obwohl ein Pferd den Anstoß für Berghs Aktivitäten gegeben hatte, bezogen sich die ersten Maßnahmen der ASPCA auf Hunde. Wie der englische Vorgänger arbeitete auch die amerikanische Gesellschaft an der Abschaffung von Hundekämpfen und einem Verbot des Einsatzes von Zughunden. Außerdem ging man gegen eine besondere Form der „Hundesklaverei" vor, die Verwendung so genannter Drehspießhunde.

Die Befreiung der Drehspießhunde

In jener Zeit brieten die Menschen Hähnchen und andere Braten auf einem horizontalen Spieß direkt über dem Feuer. Der Spieß musste ständig und sehr langsam gedreht werden, damit das Fleisch gleichmäßig Hitze erhielt. In den Küchen vieler großer Häuser und in Restaurants gab es eigene Tretmühlen, die mit dem Spieß verbunden waren. Diese Apparaturen glichen in etwa überdimensionierten Hamsterlaufrädern: Die üblichen Modelle bestanden beiderseits aus zwei Holzrädern mit vier Speichen, die über Querbretter miteinander verbunden waren. Auf den Brettern liefen eben die Drehspießhunde, deren hervorstechende Merkmale meist ein langer Körper und kurze Beine waren. Die Hunde waren kräftig gebaut, um die Last eines großen Bratens von 30 oder mehr Pfund bewegen zu können. Johannes Caius, der königliche Arzt und Hundeexperte beschrieb sie 1576 als besondere Rasse. Er bemerkte, dass sie den Spieß über „ein kleines Rad antreiben, das sie so gleichmäßig bewegen, wie es ein Koch oder Diener nicht besser könnte." Drehspießhunde hatten kein angenehmes Leben. Nur die Glücklicheren unter ihnen durften sich alle paar Stunden mit einem zweiten Hund abwechseln. Während die Hunde in dem Rad direkt vor dem heißen Feuer liefen, durften sie nicht trinken und trockneten also sehr stark aus. Mutmaßlich „faulen" Hunden warfen die Köche eine heiße Kohle ins Rad, damit sie schneller liefen.

Diese Hunde wurden überdies nicht nur zum Drehen von Bratspießen eingesetzt, sondern auch für Fruchtpressen, Butterfässer, Wasserpumpen und Getreidemühlen. Es gab sogar ein Patent auf eine Nähmaschine mit Hundeantrieb. Egal, wie die Aufgabe hieß, für die Hunde war sie niemals ein Vergnügen. Dies zeigt eine Anekdote im Zusammenhang mit einer anderen Funktion der Drehspießhunde.

Wenn die Hunde nämlich nicht in der Küche gebraucht wurden, wurden sie von ihren Besitzern regelmäßig mit in die Kirche genommen, damit sie den Herren dort die Füße wärmten.

Als der Bischof von Gloucester eines Sonntags eine Predigt in Bath Abbey hielt, bezog er sich auf einen Text aus dem zehnten Kapitel Hesekiel und wandte sich an die Gläubigen mit den Worten: „Dann sah Hesekiel das Rad". Als das Wort *Rad* fiel, also der Arbeitsplatz der geplagten Kreaturen genannt wurde, zogen die Hunde der Anekdote zufolge ihre Schwänze ein und rannten aus der Kirche.

Als Bergh von den Leiden der Drehspießhunde erfuhr, war er entsetzt. 1874 blickte er durch ein Fenster in einen New Yorker Salon und sah einen Drehspießhund, der unter unsäglichen Qualen im Rad einer Apfelpresse lief. Bergh beschrieb seine Eindrücke so: „Auf der Unterseite des Hundehalses hatte sich ein offenes Geschwür gebildet ... Der Hund schnaufte und versuchte immer wieder stehen zu bleiben, aber man hatte ihn so angebunden, dass er laufen musste oder sich an der Schnur erwürgte." Die Kompetenzen, die man dem ASPCA gegeben hatte, erlaubten Bergh, den Salonbesitzer zu inhaftieren. Der Mann wurde verurteilt, ging aber durch alle Instanzen bis zum Obersten Gerichtshof. Schließlich wurde er zur Zahlung von 25 Dollar verurteilt, einer für damalige Zeiten ansehnlichen Summe.

Berghs Aktionen wurden ein Thema für New Yorker Zeitungen. Regelmäßig sah man ihn in Wirtshäuser stürmen, in denen Hunde in Apfel- und Fruchtpressen liefen, regelmäßig zeigte er die Besitzer an. Wenn die Wirte protestierten, schrie Bergh, und wenn das nicht half, wedelte er so lange mit seinem silbernen Stock wie mit einer Waffe, bis die Leute klein beigaben. Später sagte Bergh, dass die „Wirtsleute nicht einsehen wollten, dass es meine Aufgabe war, die Hunde in ihren Cidre-Pressen zu kontrollieren. Was für einen Wert hatte ein Hund, der keine Arbeit leistete? Sollte man ihm den Kopf tätscheln und sonst nichts? – Das war ihre Einstellung."

Häufig endeten Berghs Aktivitäten in lauten Konfrontationen. Die Zeitungen beobachteten genau, was er und die anderen prominenten Mitglieder der ASPCA taten, denn diese Tierschützer lieferten gute Storys. Allerdings war das Echo in der Presse nicht immer freundlich. Die *New York Times* nannte Bergh beispielsweise „den großen Einmischer", da er sich bei seinem Tun ständig in die persönlichen Angelegenheiten der Menschen einmische.

Drehspießkinder

Während seines unermüdlichen Einsatzes für den Schutz der Hunde wurde Bergh klar, dass es eine enge Beziehung zwischen dem Missbrauch von Tieren und dem von Kindern gab. Bei zwei Gelegenheiten kontrollierte Bergh Betriebe, die bereits wegen Missbrauch von Drehspießhunden verurteilt worden waren, um sich davon zu überzeugen, dass die Besitzer sich nun an das Verbot hielten. Erstaunt und erschreckt sah Bergh, dass in den Rädern zwar keine Hunde mehr, stattdessen aber schwarze Kinder liefen.

Die Sklaverei in den Vereinigten Staaten war erst zehn Jahre zuvor abgeschafft worden. Bis dahin hatten Schwarze in Zuckerpressen und Mühlen gearbeitet, manchmal bis zur völligen Erschöpfung. Kinderarbeit war im 19. Jahrhundert durchaus üblich. Kinder waren „nützlich": Sie erhielten wenig Lohn und arbeiteten manchmal sogar ausschließlich für Unterkunft und Essen. Deswegen zog man sie häufig als Ersatz für die befreiten Sklaven zur Arbeit heran. Außerdem konnte man Kinder an gefährlichen Arbeitsplätzen einsetzen. Wurden sie verletzt oder gar verstümmelt, war für den Arbeitgeber die Gefahr einer Verurteilung geringer, als wenn ein Erwachsener zu Schaden gekommen wäre.

Es scheint daher schon fast folgerichtig, dass nun auch die Arbeitshunde durch Kinder ersetzt wurden – vor allem für so stumpfsinnige Tätigkeiten wie den Betrieb von Drehspießen und Fruchtpressen.

Diese Logik erzürnte Bergh. Für ihn war Kinderarbeit nichts anderes als eine neue Form von Sklaverei. Er erkundigte sich bei seinen Rechtsanwälten, ob es eine gesetzliche Handhabe gab, diesen Missbrauch der Kinder zu unterbinden, und musste erfahren, dass die Kinder auf der Basis legaler, von den Eltern unterzeichneter Verträge arbeiteten. Wenn sie nicht körperlich gezüchtigt wurden, bestand keine Möglichkeit, ihre Arbeit zu verbieten.

Man muss sich klar machen, dass in jener Zeit die in den Wirtshäusern arbeitenden Kinder keine Ausnahme darstellten. In den meisten größeren Städten jener Zeit schufteten Kinder in Fabriken – viele Stunden für geringen Lohn. Viele andere Kinder ohne Arbeit lebten und schliefen – und starben manchmal auch – auf der Straße. Diese Kinder mussten stehlen und im Abfall wühlen, um zu überleben. Es gab kaum Gesetze zum Schutz von Kindern. Wer ein Kind willkürlich schlug oder quälte, konnte zwar eingesperrt werden, keine Handhabe gab es allerdings gegen Misshandlungen durch Eltern oder Vormünder, insbesondere nicht gegen Misshandlungen in den eigenen vier Wänden.

Gegenüber Wirtshauseignern, die „Drehspießkinder" beschäftigten, waren Bergh die Hände gebunden und so sorgte er sich sehr um die Kinder. Für Bergh stand fest, dass Kinder- und Tiermissbrauch zwei Seiten derselben Medaille waren: „Menschen werden erst dann rücksichtsvoll mit anderen Menschen umgehen, wenn sie sich auch um die Tiere sorgen."

Die damaligen Einrichtungen, die sich um Waisen oder streunende Kinder kümmerten, arbeiteten mit einem System ähnlich einem Lehrvertrag. Heute ist das kaum noch vorstellbar, obwohl es eine lange Geschichte hat. Das System glich einer Form von Vertragsarbeit, bei der ein Mensch sich Geld leiht und es dann wieder abarbeitet.

Im Fall der Kinder bestand die Gegenleistung für das Geld in der Kinderpflege. Pflegeeltern nahmen ein Kind auf und behandelten es wie ihr eigenes. Sie erhielten jährlich eine Geldsumme und mussten das Kind einmal im Jahr vorstellen, um zu beweisen, dass es lebte und gut behandelt wurde.

Viele Eltern übernahmen solche Pflegekinder allerdings nicht vorrangig wegen des Geldes, sondern wegen der billigen Arbeitskraft, die damit ins Haus kam. Die Pflegekinder arbeiteten dann als Diener, in Mühlen oder Restaurants und in anderen Bereichen, die keine besonderen Qualifikationen erforderten. Für viele Kinder bedeutete die Aufnahme in die Pflegefamilie nichts weiter als eine neue Form von Sklaverei – für den Gegenwert eines Bettes und Essens. Der Vorteil für den Staat war offenkundig: Die Kinder lebten nicht mehr auf der Straße, man kümmerte sich um sie und für den Staat entstand weder personeller noch finanzieller Aufwand. Die Kinder aus den Straßenbildern verschwinden zu lassen, war politisch gewünscht, denn „aus den Augen, aus dem Sinn": Mit den Kindern verschwand auch ein drängendes soziales Problem aus dem Bewusstsein der Öffentlichkeit. Dass die Kinder unter zum Teil recht unwürdigen Bedingungen lebten, kümmerte da wenig.

Die traurige Kindheit von Mary Ellen

Ein besonderer Fall von Kindesausbeutung kam 1873 ans Licht. Mary Ellen war das Kind irischer Einwanderer. Vermutlich wurde ihr Vater 1864, in Mary Ellens Geburtsjahr, während des Bürgerkrieges in der Schlacht von Cold Harbor (Virginia) getötet. Da sich die Mutter nicht um das Kind kümmern konnte, gab sie es bei einer Frau namens Mary Score in Pflege. Als die Mutter nach einigen Monaten nicht mehr zahlen konnte, gab Mary Score das Kind bei der New Yorker Fürsorge ab, weil sie angeblich nicht wusste, wo die Mutter war. Etwas später dann kam Mary Ellen im Alter von 18 Monaten in die Obhut einer Pflegemutter namens Mary Conolly.

Einige Jahre später beschwerte sich die Hausbesitzerin Margaret Bingham aus einer armen Wohngegend in New York über einen Fall von Kinderausbeutung. Die Conollys hatten vier Jahre zuvor eine Wohnung von den Binghams gemietet. Schon kurz nach dem Einzug fiel den Binghams auf, dass Mary Ellen grausam behandelt wurde. Das Mädchen wurde regelmäßig geschlagen, häufig mit einem Lederriemen, und man hörte ihre Schmerzensschreie durch das ganze Haus. Wenn sich Mary Conolly besonders über das Kind ärgerte, wurde es mit einer Schere verletzt und mit dem Bügeleisen verbrannt. Die Zeichen dieser Misshandlungen ließ der Körper des Kindes deutlich erkennen.

Überdies bezeugten die Nachbarn, dass Mary Ellen bei Kälte völlig unzureichend gekleidet und offensichtlich stark unterernährt war. Und zuletzt wurde das Mädchen regelmäßig eingesperrt und stundenlang allein gelassen, während die Conollys ihren Geschäften nachgingen.

Margaret Bingham sorgte sich wie auch andere Hausbewohner um das Wohl des Kindes. Wenn sie versuchte zu intervenieren, trat ihr regelmäßig eine zornige Mary Conolly gegenüber, die sich jegliche Einmischung in ihre „Kindererziehung" verbat und damit drohte, bei einer weiteren Intervention vor Gericht zu gehen. Dann schlug Mary Conolly Margaret Bingham die Tür vor der Nase zu, und kurz darauf hörte Letztere, wie Mary Ellen lautstark als Unruhestifterin beschimpft wurde, und kurz darauf Schläge und das Weinen des Kindes.

Die Situation wurde so unerträglich, dass Margaret Bingham zum letzten Mittel griff. Entweder hörten die Misshandlungen auf oder den Conollys werde die Wohnung gekündigt. Leider ging ihr Plan nicht auf, denn die Conollys ließen sich nicht einschüchtern und zogen einfach in eine andere Wohnung in der Nähe um. Margaret Bingham zog bei dem neuen Vermieter Erkundigungen ein und erfuhr, dass Mary Ellen unvermindert weiter misshandelt wurde. In ihrer Verzweiflung wandte sie sich an Etta Wheeler, eine Sozialarbeiterin für eine gemeinnützige Methodisten-Wohlfahrtsorganisation. Etta Wheeler war bekannt, weil sie sich um kranke, verzweifelte oder unglückliche Menschen in der Nachbarschaft kümmerte.

Etta Wheeler wollte ihr nicht einfach glauben und sich selbst ein Bild machen. Doch dazu brauchte sie einen Vorwand, um das Kind näher in Augenschein nehmen zu können. Sie bat Mary Smitt, eine Nachbarin der Conollys, um Hilfe. Mary Smitt litt unter Tuberkulose und Etta Wheeler hatte den Plan, Mary Ellen zur Pflege der Kranken täglich in die Nachbarwohnung zu bitten. Smitt war gern zu helfen bereit – auch sie hatte immer wieder Schläge aus der Nachbarwohnung gehört und sie mochte Mary Ellen. Nun war Etta Wheeler die Möglichkeit gegeben, stets nach Mary Ellen zu sehen, wenn sie die kranke Nachbarin besuchte.

Vor Gericht sagte sie später als Zeugin aus, was sie sah, als sie an die Tür der Conollys klopfte: „Es war Dezember und bitter kalt. Sie [Mary Ellen] war ein winziges Kind und sah aus wie eine Fünfjährige, obwohl sich später herausstellte, dass sie bereits neun war. Sie stand auf einer Pfanne auf einem Stuhl und wusch das Geschirr; dabei hielt sie eine andere Pfanne, die so schwer war wie sie selbst. Auf dem Tisch lag eine Peitsche aus geflochtenen Lederriemen und auf den mageren Armen und Beinen des Mädchens zeichneten sich deutlich die Spuren dieser Peitsche ab. Am traurigsten war jedoch das Gesicht des Kindes: Es spiegelte Unterdrückung und Elend wieder und war das Gesicht eines gänzlich ungeliebten Kindes, eines Kindes, das nur die schrecklichen Seiten des Lebens kannte ... Ich sah das bedauernswerte Mädchen erst am Tag ihrer Rettung wieder, drei Monate später."

Sozialarbeiter werden immer wieder mit Armut, Krankheit, Trauer und sogar Grausamkeit konfrontiert, daher war Wheeler ähnliche Szenen durchaus gewöhnt. In diesem Fall aber war das Ausmaß der Misshandlungen so extrem und das Opfer so jung, dass sie sofort zur Polizei ging. Dort wies man sie darauf hin, dass sie einen Beweis für die Misshandlungen erbringen müsse. Außerdem waren in der damaligen Zeit die Pflegeeltern leiblichen Eltern rechtlich gleichgestellt, und es gab kein Gesetz, dass Eltern körperliche Misshandlungen untersagte. Selbst schwere Misshandlungen waren nicht strafbar, solange sie innerhalb der Wohnung geschahen.

All dies bedeutete, dass man Mary Ellen ihren Pflegeeltern nicht wegnehmen konnte. Wer dies versuchte, musste sogar selbst mit einer Strafe rechnen, weil er sich unzulässigerweise in die Beziehung zwischen Eltern und Kind einmischte – und das hatte es damals noch nicht gegeben.

Als ihre Bemühungen bei der Polizei erfolglos blieben, wandte sich Wheeler an verschiedene kirchliche Institutionen und Wohlfahrtsorganisationen – und scheiterte auch dort. Die Organisationen waren zwar grundsätzlich bereit, Mary Ellen zu helfen, doch dazu musste ihnen das Kind zunächst legal überstellt werden und das war nach der gültigen Gesetzeslage nicht möglich.

Mr. Bergh wird eingeschaltet

Etta Wheeler war deprimiert, nichts für das unglückliche Kind tun zu können. Schließlich fragte ihre Nichte: „Wenn niemand diesem Kind helfen will, warum wendest du dich nicht an Mr. Bergh? Er ist der Mann, der sich um das Wohl von Hunden und Tieren gekümmert hat, und ich denke, dass Menschen nicht weniger wert sind als Tiere."

Mrs. Wheeler griff nach diesem letzten Strohhalm für Mary Ellen. Bereits eine Stunde nach dem Rat ihrer Nichte stand sie im Hauptquartier der ASPCA. Dort bat sie darum, sofort mit Bergh sprechen zu können und erhielt auch gleich einen Termin. In Berghs bequemem Büro berichtete sie von Mary Ellens Qualen.

„Wenn die Polizei sagt, es gebe keine legale Grundlage für ein Eingreifen, warum wenden Sie sich dann an mich?", fragte Bergh verwundert.

„Mr. Bergh", antwortete sie, „dieselben Gründe, aus denen Sie Tiere vor grausamer Behandlung schützen – die absolute Hilflosigkeit der Opfer gegenüber menschlicher Erbarmungslosigkeit – treffen auch hier zu. Gibt es etwas Hilfloseres als ein schutzloses Kind? Wenn Sie keine anderen Gründe finden um etwas zu tun, dann betrachten Sie dieses Kind einfach als ein unglückliches kleines Tier der menschlichen Rasse."

Bergh hatte ja schon einmal versucht, Kindern zu helfen – den schwarzen Kindern nämlich, die die Arbeit der Drehspießhunde tun mussten. Aus jener Niederlage klug geworden, ging er diesmal vorsichtiger vor. Er sagte Etta Wheeler: „Wir brauchen absolut glaubwürdige Zeugen, ehe wir in die Beziehung zwischen Eltern und Kind eingreifen können. Schicken Sie mir schriftliche Aussagen. Ich werde sie begutachten und dann entscheiden, ob meine Gesellschaft eingreifen sollte. Ich verspreche Ihnen, alles sorgfältig zu prüfen."

Etta Wheeler ging nach Hause und verfasste ein schriftliches Zeugnis. Sie legte mehrere Aussagen von Nachbarn bei, mit denen sie gesprochen hatte. Bergh las die Unterlagen und war für die Sache gewonnen. Er schickte seinem Rechtsanwalt Elbridge T. Gerry eine

Notiz: „Wir dürfen keine Zeit verlieren. Teilen Sie mir mit, wie wir vorgehen müssen." Gerry schlug vor, einen Privatdetektiv einzuschalten, um die Aussagen zu erhärten, und Bergh leitete das sofort in die Wege. Nach nur einem weiteren Tag bestätigte der Privatdetektiv die Anklagen von Mrs. Wheeler. Nun handelte Bergh sofort. Die vermutlich beste Beschreibung der weiteren Vorgänge stammt von Jacob A. Riis, einem Zeitungsreporter und Fotograf, der später zu einem einflussreichen Sozialreformer wurde. Riis war 1874 seit knapp einem Jahr Polizeireporter. Er wurde beauftragt, über die „Höllenküche" und die Lower East Side von New York zu berichten, wo Etta Wheeler arbeitete und Mary Ellen lebte. Jemand hatte Gerry den Hinweis gegeben, dass auch Bergh an jenem Tag, an dem Mary Ellens Sache zur Verhandlung kam, vor Gericht erscheinen würde – das war meist ein Anlass für eine gute Geschichte. Einer der Herausgeber seines Blattes hatte Bergh früher kritisiert, weil „er durch die Landschaft reiste und Ausschau nach Tierquälern hielt, die sich an Hunden und Katzen, Kühen und Zugpferden vergingen. Er würde sogar einen voll besetzten Bus stoppen, wenn er das Gefühl hätte, dass das Zugpferd überarbeitet wäre. Wie fehlgeleitet ist doch dieser Mann, wo es doch Myriaden von hungernden und geschlagenen Kindern gibt? Die Jungen und Schwachen unserer Gesellschaft werden zu harter Arbeit gezwungen und müssen leiden. Bergh sollte sich besser zuerst um die Menschen kümmern, ehe er seine Energie dazu einsetzt, sich für vierfüßige Kreaturen zu verwenden, die Gott als Diener und zum Vergnügen für Menschen geschaffen hat."
Gerry kannte diesen Standpunkt seines Herausgebers und der Tipp seines Informanten besagte, dass es diesmal um ein Kind und nicht um einen Hund ging. Riis' Instinkte ließen ihn eine gute Story wittern. Einige Jahre später beschrieb er die Szene wir folgt: „Ich war in einem Gerichtssaal voller Menschen mit bleichen, ernsten Gesichtern. Ich sah, wie man ein Kind hereinführte, das in eine Pferdedecke gewickelt war. Ich sah Männer weinen, ich sah, wie man das Kind dem Richter zu Füßen legte, der entsetzt seinen Blick abwandte und in der Ruhe des Gerichtssaales hörte ich die Stimme von Henry Bergh."

Aus Tierschutz wird Kinderschutz

Bergh argumentierte vor Gericht mit den Gesetzen zum Schutz von Tieren im Staat New York. Er erinnerte auch daran, dass der Staat die ASPCA ermächtigt hatte, Tiermisshandlungen zu verfolgen, die Gesellschaft also, deren Präsident er war. Dann wies Bergh auf das misshandelte Kind, dessen Verletzungen man in dem schäbigen Gerichtssaal gut erkennen konnte und fuhr fort: „Dieses Kind ist ein Tier. Wenn es schon keine Gerechtigkeit für Menschen gibt, dann sollte der Mensch zumindest dasselbe Recht genießen wie ein Straßenhund. Er darf nicht misshandelt werden."
Riis war von dieser Anklage sehr bewegt und hatte als zukünftiger Sozialreformer auch die absehbaren Konsequenzen im Auge. Er schrieb: „In diesem Gerichtssaal wurde mir mit einem Mal klar, das hier ein erstes Kapitel im Buch der Kinderrechte geschrieben worden war – und das unter Berufung auf die Rechte von Hunden."
Mary Connolly wurde wegen Misshandlung verurteilt und musste für ein Jahr ins Gefängnis. Für Mary Ellen ging die Geschichte gut aus. Sie kam in ein öffentliches Heim auf einer Farm und wuchs in einem sicheren und fröhlichen Umfeld auf. Sie heiratete später, hatte zwei eigene Kinder und adoptierte ein kleines Mädchen. Zwei ihrer Kinder wurden Lehrerinnen. Mary Ellen erreichte ein Alter von 92 Jahren und starb nach einem erfüllten Leben.
Die Angelegenheit hatte aber noch eine weitere Konsequenz mit größerer Breitenwirkung. Bergh war es gelungen, dass die Gesetze zum Schutz der Hunde in überarbeiteter Form auch Gültigkeit für Kinder bekamen.
Riis aber hatte die historischen Folgen des Prozesses richtig eingeschätzt: Nachdem die Besucher den Gerichtssaal verlassen hatten, nahm die formale Bewegung zum Schutz der Kinder ihren Anfang. Als Bergh aus der Tür kam, hielt Mrs. Wheeler ihn an, um ihm zu danken. Sie sah ihn mit verweinten Augen an und fragte: „Warum gibt es keine Gesellschaft zum Schutz von Kindern vor Grausamkeit, die bei Kindern dasselbe leistet wie die ASPCA bei Tieren?"
Bergh nahm ihre Hand und sagte mit ruhiger, fester Stimme: „Mrs. Wheeler, seien Sie beruhigt. Als ich Mary Ellen zum ersten Mal sah,

habe ich mich bereits entschieden, eine solche Gesellschaft zu gründen.“

Als die neue Gesellschaft zum Schutz von Kindern, die *American Association for the Prevention of Cruelty to Children*, gegründet wurde, bestand Bergh auf einer Trennung dieser Organisation von der ASPCA. Unter dem Dach der Organisation wurden seinerzeit mehr als 300 Unterorganisationen in Nordamerika gegründet, einige davon existieren bis zum heutigen Tage.

Napoleon und die verhassten Hunde

Im Leben von Napoleon Bonaparte haben viele Hunde ihre Spuren hinterlassen. Hunde waren daran schuld, dass Napoleons erste Ehe scheiterte, wegen Hunden verlor Napoleon seinen wichtigsten Alliierten im Krieg und Hunde retteten schließlich sein Leben. Es ist kaum zu glauben, dass die blutige Schlacht von Waterloo, die Napoleons Herrschaft endgültig beendete, ohne einen Hund nie stattgefunden hätte. Da fast alle Begegnungen Napoleons mit Hunden unglücklich endeten, ist es kein Wunder, dass der große Feldherr alle Hunde verabscheute.

Napoleon wurde 1769 auf Korsika geboren. Sein Vater Carlo Buonaparte übte den Beruf des Rechtsanwalts aus, seine Mutter Letizia Ramolino war eine zielstrebige und leidenschaftliche Frau. Die Familie des Vaters stammte aus der Adelsschicht der Toskana. Napoleons Vater lebte zwar nicht das Leben eines Adligen, besaß aber weit reichende politische Verbindungen. Die Buonapartes jagten nicht mit Hunden und ihre acht Kinder besaßen auch keinen Familienhund.

Die Zeiten waren turbulent. Frankreich besetzte Korsika und Napoleons Vater war in der Widerstandsbewegung unter Pasquale Paoli aktiv. Der junge Napoleon erfuhr schon in jungen Jahren von den Guerilla-Aktivitäten, die der Vaters mit seinen politischen Freunden unternahm.

Als Paoli fliehen musste, gelang es Carlo, die Unterstützung des korsischen Gouverneurs zu gewinnen. Er plante, mit Hilfe von politisch einflussreichen Leuten eine neue Regierung einzusetzen. Nachdem Carlo zum Beisitzer für seinen Bezirk ernannt worden war, sorgte er dafür, dass seine beiden ältesten Söhne Joseph und Napoleon an das Collège d'Autun kamen. Von dort wechselte Napoleon an die Militärakademie von Brienne und später an die Militärakademie von Paris.

Obwohl Napoleon Charisma und großes Engagement besaß, zeigte er wenig Wärme und Zuneigung für andere Menschen. Möglicherweise hing dies mit Erfahrungen aus der Kindheit zurück. Napoleon war für sein Alter klein und wurde deswegen häufig von älteren Kindern gehänselt. Trotzdem oder gerade deswegen entwickelte er sich zum richtigen Kämpfer, der bei Auseinandersetzungen meist zuerst zuschlug und das Überraschungsmoment ausnutzte. Schon bald galt er als impulsiv und aggressiv.

In Frankreich wurde Napoleon aufgrund seiner korsischen Herkunft, seiner Vorfahren und seiner Kindheit als Fremder betrachtet – obwohl er schon seit dem neunten Lebensjahr in Frankreich wie ein Franzose erzogen worden war. Er verhielt sich daher zeitlebens distanziert und hielt Abstand zu anderen. Für ihn standen Karriere und Position, nicht Familie und Freunde an erster Stelle.

Militärische Karriere

Schon früh in seiner Karriere versuchte Napoleon, die Beziehungen zu Paoli und der Unabhängigkeitsbewegung wiederzubeleben, allerdings gelang ihm das nicht. Also kehrte er nach Frankreich zurück, um dort gegen die Königstreuen zu kämpfen. In den Schlachten bewies er bei der Belagerung von Toulon großes militärisches Geschick und wurde dafür zum Brigadegeneral befördert. Von nun an galt er als Vertrauter des Nationalkonvents, der gesetzgebenden Versammlung der französischen Revolution, die den König gestürzt hatte.

Napoleon meldete sich in Paris zurück, kurz bevor der Nationalkonvent sich selbst auflöste und aus ihm die neue Regierung hervorging. Die neue Regierung regierte nach den Gesetzen, die die Nationalversammlung beschlossen hatte. Die verbliebenen Royalisten setzten ihre Hoffnung in diese Übergangsphase und in die mutmaßliche Schwäche der Republikaner. Um die Etablierung der neuen Regierung zu verhindern und der Monarchie wieder zur Macht zu verhelfen, organisierten sie einen Aufstand in Paris.

Der Republikaner Paul de Barras war von der Nationalversammlung mit weitreichenden politischen Machtbefugnissen ausgestattet worden. Im der Krise wollte er sich nicht auf die Loyalität der anderen Kommandanten verlassen müssen. In Erinnerung an Napoleons Leistungen in Toulon setzte er den Korsen als Oberbefehlshaber ein. Unter Napoleons Kommando wurden die anrückenden Truppen der Royalisten zerschlagen. Jetzt konnte sich die Regierung der Republik bilden und Napoleon stieg zum Helden Frankreichs auf. Er wurde Befehlshaber der Truppen und erhielt das wichtige Amt eines militärischen Beraters der neuen Regierung (Direktorat). In dieser Position hatte er Einblick in alle politisch wichtigen Abläufe Frankreichs und gewann Erkenntnisse, die ihm später für seine eigenen Ambitionen sehr hilfreich wurden.

Als Napoleon zum General ernannt wurde, war er noch sehr jung. Nicht nur die anderen Generäle sondern auch die meisten seiner Offiziere waren älter als er. Napoleon hatte nicht nur Schwierigkeiten im Umgang mit Gleichgestellten sondern auch mit Untergebenen, die seinen Rang nicht erkannten. Also setzte er alles daran, seine gesellschaftliche Stellung aufzuwerten. Er suchte sich eine Frau. Ihretwegen sah er sich mehreren Hunden gegenüber, die sein Leben gravierend beeinträchtigen sollten.

Leidenschaftliche Liebesbriefe und politische Ehe

Napoleon ging davon aus, dass die „richtige" Heirat sein soziales Ansehen unter den Militärkameraden verbessern würde. Er brauchte demnach eine Ehefrau mit guten politischen und gesellschaftlichen Verbindungen. Liebe war ihm nicht wichtig, obwohl Leidenschaft die Heirat sicherlich angenehmer machen würde. Hier nun griff das Schicksal ein.

Aus Angst vor einer erneuten Revolution ließ die französische Revolutionärregierung die privaten Waffen der Pariser Bürger beschlagnahmen. Unter diesen Waffen befand sich auch das Schwert des Vicomte Alexander Beauharnais, der während des Terrorregimes enthauptet worden war. Sein 14 Jahre alter Sohn Eugene war der Erbe des Schwertes. Der Junge wandte sich an Napoleon, den Kommandanten der Pariser Truppen, und bat um die Herausgabe des Schwerts. Napoleon war von der Loyalität des Sohnes mit dem Vater beeindruckt und händigte ihm das Schwert aus. Einige Tage später sprach Eugenes Mutter Marie-Josephe-Rose de Beauharnais bei dem General vor, um sich zu bedanken.

Dieser Zufall erschien dem damals 26-jährigen Napoleon wie ein Wink des Schicksals. Marie-Josephe-Rose war eine reife Frau, wohlhabend und in den französischen Salons und politischen Kreisen bestens eingeführt. Sie war Witwe und schien erreichbar – vielleicht fand sie Napoleon sogar anziehend, denn sie begann ihn einzuladen. Napoleon glaubte, dass ihn eine Hochzeit mit dieser Frau reifer erscheinen lassen und ihm den Respekt seiner Offiziere sichern würde. Außerdem konnte ihm Rose mit ihren Verbindungen in der Gesellschaft und zur Regierung Tür und Tor öffnen und – zunächst auf rein gesellschaftlicher Ebene – Kontakte herstellen. Außerdem war Rose hübsch und Napoleon umgab sich gerne mit gut aussehenden Frauen. Ihre Schönheit erhöhte seine Zuneigung, außerdem bewunderte er ihre Intelligenz und ihre Umgangsformen – all dies machte es ihm leicht, um ihre Hand anzuhalten.

Napoleons Ego und seine dominante Persönlichkeit sollten die Beziehung zu seiner neuen Frau bestimmen. Zuerst versuchte er Rose – und vielleicht auch sich selbst – davon zu überzeugen, dass ihre Beziehung eine stürmische Liebesaffäre war. Also schrieb er ihr leidenschaftliche Liebesbriefe. Einer davon, geschrieben um sieben Uhr morgens, lautete: „Was für eine merkwürdige Gewalt hast du über mein Herz ... ich trinke von deinen Lippen und die Flamme aus deinem Herzen verbrennt mich. In dieser Nacht habe ich gemerkt, welcher Unterschied zwischen deinem Porträt und dir selbst besteht. Du bist um Mitternacht verschwunden und ich werde dich in drei Stunden wiedersehen. Bis dahin, meine Geliebte, sende ich dir tausend Küsse. Gib du mir aber keinen, denn sie setzen mein Herz in Flammen!"

Für Napoleon gab es nur ein Problem hinsichtlich seiner Vorstellung von der idealen Liebe: Er war nicht Roses erster Mann. Daher bestand er darauf, ihr einen Namen zu geben, den noch kein Mann in ihr Ohr geflüstert hatte. Dies schuf ihm die Illusion, eine unberührte Frau zu besitzen. In jener Zeit wurde Rose zu Josephine. Josephine war bei ihrer Werbung um Napoleon nicht weniger zielstrebig und kalkuliert als er selbst. Sie suchte materielle und soziale Sicherheit für sich und ihre Familie und sie setzte ihre Schönheit und Anmut ein, um einen mächtigen Mann und Beschützer als Ehegatten zu gewinnen. Einmal war sie sogar die Geliebte von Paul de Barras gewesen, einem der fünf Direktoren, die Frankreich regierten. Das erleichterte ihr Verhältnis zu Napoleon nicht gerade, denn Barras war der wichtigste Fürsprecher Napoleons im Direktorat. Es gelang Josephine, Napoleon von einer reinen Freundschaft zwischen Barras und ihr zu überzeugen.

Josephines Interesse an Napoleon beruhte vor allem auf der Sicherheit, die seine Stellung als General bot, und auf der großen Zukunft, die Napoleon beschieden schien. In der Zeit der Werbung um Napoleon schrieb Josephine an eine Freundin: „Ich weiß nicht warum, aber manchmal beeindruckt mich sein absolutes Selbstbewusstsein so sehr, dass ich glaube, dieser Mann kann alles erreichen, was einem Manne möglich ist – alles, was er sich vornimmt, wird er erreichen. Und wenn ich an seine Visionen denke – wer kann schon ahnen, was er sich vornehmen wird?"

Hochzeitsnacht zu Dritt

Nur vier Monate nach dem ersten Treffen heirateten Napoleon und Josephine im kleinen Kreis. Dass diese Hochzeit vor allem der Karriere diente, erkennt man nicht zuletzt an der Tatsache, dass sich Napoleon um einige Stunden verspätete, weil er dienstlich verhindert war.

Dennoch war der General emotional ausreichend involviert, um sich über den Bettgenossen seiner Frau aufzuregen, von dem er nicht gewusst hatte und mit dem er das Hochzeitsbett teilen solle. Dieser Bettgenosse war Josephines Hund Fortune, der oft als kleiner Spaniel beschrieben wird. Dokumente und Bilder deuten aber eher darauf hin, dass es ein hellbrauner Mops war. Josephine sollte auch während ihres späteren Lebens noch mehrere Hunde dieser Rasse – und einige Spaniels – besitzen.

Fortune war Josephines besonderer Liebling, denn er hatte sich in den Zeiten der Revolutionskrise als hilfreich erwiesen. Als man ihren ersten Mann Alexander verhaftet hatte, weil er ein Aristokrat war, hatte man auch Josephine ins Gefängnis geworfen und mit der Exekution bedroht. Der Kontakt zu ihren Kindern oder Bekannten war ihr untersagt worden, um den kleinen Hund, der sie jeden Tag besuchte, hatte sich allerdings niemand gekümmert. Unter dem breiten Samthalsband des Hundes hatte sie Botschaften versteckt und so den Kontakt zur Außenwelt halten können. Mehrere ihrer Botschaften waren an hochgestellte Persönlichkeiten gerichtet gewesen, denen es gelang, ihre Hinrichtung aufzuschieben. Als Robespierre, der radikalste der Revolutionäre, entmachtet worden war, hatten ihre Freunde dann für ihre Entlassung sorgen können. In der Hochzeitsnacht bestand Josephine darauf, dass der Hund im Raum blieb, vielleicht sogar ins Bett durfte. Es ist nicht genau bekannt, was in dieser Nacht Fortunes Verhalten auslöste, sicher ist jedenfalls, dass er ein besonders misstrauischer Hund war, der keine Fremden mochte und schnappte und knurrte, wenn sie sich ihm näherten. Vielleicht wollte Fortune in jener Nacht auch seine Herrin beschützen. Wie auch immer, mitten während des Liebesaktes griff der Hund an und störte Josephine und Napoleon empfindlich. Die Attacke war kurz und schmerzhaft: Fortune versenkte seine Zähne in die Wade des anderweitig beschäftigten Generals. Die Wunde war so groß und tief, dass Napoleon die Narben sein Leben lang behielt. Der Vorfall bestärkte Napoleon in seinem Hass auf Hunde, vor allem auf kleine Schoßhunde – und ganz sicher hasste er Fortune.

Das Ereignis wirkte sich auf die häuslichen Regeln aus. Während der ganzen Ehe musste Josephine ihre Hunde, wann immer sie einen Raum mit Napoleon teilte, in ein Nachbarzimmer sperren. Napoleons Ablehnung gegenüber Hunden beeinflusste Josephines Liebe zu Hunden jedoch nicht. Das belastete die Ehe weiter.

Wenn das Ehepaar gemeinsam auf Reisen ging, bestand Josephine auf der Begleitung durch ihre Hunde. Ihr Lieblingsmops saß dann in einer zweiten Kutsche mit einem eigenen Kammerdiener, der für sein Wohlbefinden sorgte. Es gibt Belege für die so entstandenen Kosten: Allein im Jahr 1806 beliefen sie sich auf 207 320 Franc, d. h. 568 Franc pro Tag – eine außergewöhnlich hohe Summe. Ein Teil der Kosten entstand, weil Josephine nicht nur durchsetzte, dass die Hunde bei ihr schliefen, sondern auch, dass sie auf Kaschmirschals und kostbare Decken gebettet wurden.

Napoleon hasste die Hunde so sehr, dass er darüber mehrfach mit Vertrauten sprach. Als Kaiser von Frankreich erließ er später ein Gesetz, das es verbot, einen Hund Napoleon zu nennen. Als der berühmte Porträtmaler Francois Pascal Simon Gérard, ein Hofmaler Ludwigs XVIII., ein Bild von Kaiser Napoleon malte, schlug er vor, einen der Hunde mit aufs Bild zu nehmen. Ein Hund sei ein Symbol für die Macht über andere, für Besitzerstolz, Wärme und Loyalität und täte außerdem einer ausbalancierten Bildkomposition gut. Als man dem Maler sagte, dass alle Hunde im Haus Josephine gehörten und Napoleon nicht bereit sei, den Raum mit einem Hund zu teilen, zog Gérard seinen Vorschlag zurück.

Schließlich gestattete Napoleon dem Maler, ihn mit einer Katze auf dem Schoß abzubilden. Die Katze diente aber ausschließlich dekorativen Zwecken und Gérard musste dafür sogar seine eigene Katze mitbringen.

Misstrauen und Untreue

Wenn Napoleon in den Krieg zog, schrieb er regelmäßig an Josephine und ärgerte sich, wenn sie nicht gleich antwortete. Er wusste, dass sie gerne in der Gesellschaft verkehrte und fürchtete, sie könne ihm in seiner Abwesenheit untreu werden. Dabei ging es ihm weniger um die Untreue selbst, sondern vielmehr um deren Auswirkungen auf die soziale Stellung und Reputation des General Bonaparte.

Gründe für Napoleons Misstrauen gab es in der Tat. Die Moral der französischen Gesellschaft akzeptierte es durchaus, dass sich Menschen, die für lange Zeit aus formalen Gründen vom Ehepartner getrennt waren, einen Liebhaber nahmen. Es galt in einigen Kreisen, in denen auch Josephine verkehrte, sogar als spießig, sich nur mit dem eigenen Lebenspartner einzulassen. Schon kurz nach Napoleons Aufbruch zu seinen Truppen in Italien hatte Josephine eine Affäre mit dem Armeeleutnant Hippolyte Charles. Der Leutnant war zehn Jahre jünger als Josephine und das völlige Gegenteil ihres Mannes. Napoleon kleidete sich nachlässig, war ruhig, reserviert, stets ernst und konzentriert. Der hübsche Hippolyte war modisch gekleidet, liebte den Smalltalk, hatte einen zynischen aber höflichen Sinn für Humor und lebte für den Augenblick. Da sich Josephine öffentlich mit Hippolyte zeigte, drangen die Gerüchte schließlich bis zu Josephines Gatten vor. Napoleon beschloss, seine Frau nach Mailand zu holen, um sie besser kontrollieren zu können. In einem Brief warf er ihr vor, sie liebe jeden mehr als ihren eigenen Mann – selbst den Hund Fortune. Selbst wenn dies der Wahrheit entsprach, zeigt auch dieser Vorwurf, wie Napoleon über den Hund dachte.

Unter Druck gesetzt, willigte Josephine ein und fuhr nach Italien. Sie reiste in einer Karawane aus sechs Kutschen mit ihrem Hausrat an. Natürlich nahm sie ihren Hund Fortune und außerdem auch Leutnant Hippolyte Charles als Eskorte mit.

Alle drei saßen zusammen mit Napoleons Bruder Joseph in der ersten Kutsche. Der Bruder und die anderen erzählten Napoleon später, dass sich Fortune sehr merkwürdig benommen habe. Der Hund war ja bekannt für seine Bissigkeit und schnappte nach fast jedem Menschen außer Josephine. Doch auch Hippolyte ließ er völlig in Ruhe. Josephine nahm Fortune zwar nicht zu ihren gesellschaftlichen Verpflichtungen mit, doch schlief der Hund mit ihr im selben Bett. Das war offensichtlich der Grund für Fortunes Vertrautheit mit dem Leutnant. Erst dieses Verhalten des Hundes machte Napoleon wirklich misstrauisch.

Auf dem Grundstück, auf dem Napoleon und Josephine nun lebten, durfte Fortune frei herumlaufen. Eines Tages riss sich der große Mastiff von Napoleons Koch los. Fortune, der nicht nur Menschen, sondern auch anderen Hunden gegenüber regelrecht überheblich auftrat, versuchte törichterweise, dem wesentlich größeren Hund Überlegenheit zu demonstrieren – und der Mastiff biss ihn einfach tot. Lange konnte sich Napoleon allerdings nicht an einem hundefreien Haus erfreuen, denn Hippolyte wollte Josephines Schmerz lindern und besorgte ihr umgehend einen neuen Mops. Das machte Napoleon so misstrauisch, dass er die heimliche Überwachung seiner

Frau anordnete. Er wollte Sicherheit über eine mögliche Affäre seiner Frau mit Hippolyte haben. Der arme Koch, dessen Hund Fortune getötet hatte, machte sich große Vorwürfe und ließ seinen Hund nicht mehr in den Garten. Als er sich eines Tages bei Napoleon für den Vorfall entschuldigen wollte, meinte der nur: „Lassen Sie Ihren Hund ruhig wieder in den Garten. Vielleicht befreit er mich auch von dem zweiten Mops!"

Josephine liebte ihren neuen Hund genauso sehr wie vormals Fortune. Als das Tier nach einiger Zeit zu kränkeln schien, überredete sie ihren Mann, den berühmtesten Mailänder Arzt, Pietro Moscati, rufen zu lassen. Napoleon war verärgert, wandte sich aber dennoch an den Arzt, um seine Frau zu beruhigen. Moscati war zwar ein Arzt für Menschen, doch gelang es ihm, den Hund zu kurieren. Josephine war so dankbar, dass sie ihn zu protegieren begann. Nicht zuletzt dank ihrer Unterstützung wurde er Mitglied des Cisalpinischen Direktoriums und später, nachdem Italien ein Königreich geworden war, Herzog, Senator und Offizier der Ehrenlegion.

Ganz sicher empfand Napoleon für den Nachfolger von Fortune kaum mehr Zuneigung als für das Original. Auf einem Feldzug in Ägypten (1798) befahl er, alle Hunde zusammen zu treiben und an eine Mauer zu ketten. Er wollte sie als Frühwarnsystem gegen feindliche Angriffe einsetzen. Die größeren und aggressiveren Hunde ließ er nahe dem Mauerdurchlass anketten, damit sie die Feinde gegebenenfalls aufhielten. Selbst wenn einige Hunde getötet würden, wäre dies, so Napoleon, kaum ein Verlust. „In der Tat", sprach der General zu einem seiner Offiziere, „im Augenblick denke ich an einen Hund, der auf Josephines Bett liegt. Ich wäre nicht unglücklich, wenn auch er von einer feindlichen Lanze durchbohrt würde."

Zwar errang Napoleon sowohl in Ägypten als auch in Italien den Sieg, konnte dies aber nicht wirklich genießen. Josephines Affäre, die Fortune und sein Nachfolger verraten hatten, ließ sich nicht mehr verheimlichen. Josephine und Hippolyte unterhielten aber nicht nur eine sexuelle Affäre – wären sie diskreter gewesen, hätte Napoleon das vermutlich ertragen –, sondern hatten unter dem Decknamen der „Bodin-Gesellschaft" auch die Regierung um Geld betrogen. Wäre dies bekannt geworden, wäre Napoleons Reputation zerstört gewesen. Er war außer sich und schrie, während sein fassungsloser Sekretär zuhörte: „So! Ich kann mich also nicht auf dich verlassen! Diese Frau ... Josephine!" Dann richtete er seinen Ärger auf die beiden Dinge, die er vor allem anderen hasste – auf Josephines Liebhaber und ihre Hunde: „Dass sie mich so getäuscht hat ... Schande über sie! Ich werde die ganze Bande von Kötern und Welpen auslöschen! Und was sie betrifft ... Scheidung! Ja, Scheidung!"

Als Napoleon später nach Paris zurückkehrte, warf er Josephine aus dem Haus. Obwohl man sich wieder versöhnte, blieb ihre Ehe gefährdet. Der Riss, der sich mit Fortunes Angriff in der Hochzeitsnacht zwischen ihnen aufgetan hatte, war – nicht zuletzt wegen des verräterischen Verhaltens desselben Hundes – tiefer geworden und endete schließlich mit der Scheidung.

Als Napoleon erneut heiratete, diesmal Marie-Louise, die Tochter des österreichischen Kaisers, bestand er auf den Bedingungen, die 1770 für die Heirat zwischen Marie Antoinette und Ludwig XVI. gegolten hatten. Da Marie Antoinettes Leidenschaft für Hunde dem Hof ein Ärgernis gewesen war, hatte sie sich verpflichten müssen, ihre Tiere in Wien zu lassen (mit Ausnahme eines Lieblingshundes, eines Mopses mit Namen „Mops"). Genau wie Marie Antoinette musste nun auch Marie-Louise ihre Hunde in Wien zurücklassen. So hoffte Napoleon, zukünftig vor Hunden im Schlafzimmer sicher zu sein.

Wie Neufundländer Boatswain Napoleon verriet

Nach Abschluss der Kampfhandlungen in Ägypten erlebte Napoleon eine folgenschwere Begegnung mit einer Hunderasse, die sein Leben noch stärker beeinflussen sollte als Josephines Möpse.

Zum Fluch seines Lebens sollten Neufundländer werden, mächtige Tiere von 62 bis 67 cm Schulterhöhe und einem Gewicht von 70 Kilo. Diese Hunde haben lange, meist schwarze Haare, wiewohl damals der schwarz-weiße Schlag der Landseer sehr beliebt war. Neufundländer haben kräftige Hinterbeine, eine gute Lunge, breite Pfoten und ein öliges Fell – sie können deshalb sehr gut schwimmen, auch in kaltem Wasser. Ihre breite, schwere, mastiffartige Schnauze versetzt sie in die Lage, Seile, Fischernetze und sogar Schiffbrüchige aus dem Wasser zu ziehen. Damals waren Neufundländer vor allem bei Seeleuten hoch angesehen. Zahlreiche Geschichten kündeten von den Heldentaten dieser Hunde bei der Rettung gestrandeter Boote oder über Bord gegangener Menschen. Es war deshalb üblich, den Hunden aus der Seefahrt entlehnte Namen zu geben (z. B. Sailor, Seaman, Boatswain oder Admiral).

Das erste Ereignis mit einem Neufundländer, das Napoleons Leben verändern sollte, fand im Carlton House statt, dem Wohnsitz des Prinzen von Wales in London. Der Prinzregent besaß einen Neufundländer mit dem typischen Namen Boatswain (Bootsmann). Der Hund durfte sich frei im Haus bewegen und wurde vom Prinzen „Leibwächter" genannt.

In jener Nacht fand ein Diplomatenempfang am englischen Hof statt. Der Abend war nicht ganz spannungsfrei, denn Gerüchten zufolge bestand die Möglichkeit, dass sich England wegen der Territorialpolitik Napoleons gegen Frankreich wenden würde. Dennoch waren ein französischer Gesandter und der Botschafter extra aus Paris zu dem Empfang angereist. Obwohl sie allem Anschein nach nur harmlose Gespräche mit anderen Diplomaten führten, wollten sie sich der Neutralität und des guten Willens des preußischen Botschafters versichern.

Der Premierminister von England, William Pitt, wiederum brauchte Preußen als letzten Verbündeten in einer großen Allianz gegen Frankreich – er und der Prinz von Wales wollten Preußen an diesem Abend auf ihre Seite ziehen. Deshalb hatte der Prinz den Preußen zu einer privaten Unterredung in sein Arbeitszimmer gebeten. Plötzlich betrat Boatswain fröhlich mit dem Schwanz wedelnd den Raum. Der große Hund liebte es, Dinge zu apportieren und hob nahezu alles auf, was auf den Boden fiel – nun trug er einen Brief im Maul, der einem Gast aus der Tasche gefallen war. Der Prinz glaubte, die Botschaft sei für ihn, öffnete den Brief und las. Dann studierte er mit nachdenklichem Blick die Adresse. Er war an den französischen Botschafter gerichtet. Der Prinz wandte sich an den preußischen Botschafter und sagte mit leiser Stimme: „Ich glaube, diese Botschaft dürfte Sie interessieren. Wenn Sie den Brief gelesen haben, soll der Hund ihn seinem Besitzer zurückgeben."

Der Preuße blickte etwas irritiert, las aber den Brief. Dort stand: „Monsieur, ich schreibe gleichzeitig an meinen Botschafter, denn die Angelegenheit ist sehr wichtig. Jegliche Annäherung zwischen dem Hof von Saint James und dem preußischen Botschafter muss – um jeden Preis – verhindert werden. Letzterer ist von langsamer Auffassungsgabe und selbstgefällig. Sie werden keine Schwierigkeiten mit ihm haben." Der Brief war unterzeichnet mit „Bonaparte, Erster Konsul".

Als er den Brief zurückreichte, war das Gesicht des preußischen Diplomaten rot vor Ärger. Ohne weiteren Kommentar steckte der Prinz den Brief in Boatswains Maul und ging mit dem Hund zum französischen Botschafter. Der durchsuchte seine Taschen mit nervösem Blick. Der Prinz sagte etwas, dann nahm der französische Botschafter den Brief aus dem Maul des Hundes – überrascht, verwirrt, aber sichtlich erleichtert. Sechs Wochen später wurde eine neue Koalition gegen Frankreich geschmiedet und unterzeichnet. Preußen hatte sich England und den anderen Alliierten gegen Napoleon angeschlossen.

Der Neufundländer und die Niederlage bei Trafalgar

Ein anderer Neufundländer sollte Napoleons Seelenfrieden ein Jahr später erschüttern und wieder fand der Vorfall weit entfernt vom französischen Hof statt. Napoleon, inzwischen Kaiser von Frankreich, sandte 1805 eine Botschaft an seinen Admiral Pierre de Villeneuve, der eine französisch-spanische Flotte von 33 Schiffen befehligte. Darin befahl er de Villeneuve, Cadiz zu verlassen und mit den Truppen in Neapel zu landen, um die Kampfhandlungen in Süditalien zu unterstützen. Nicht weit des spanischen Kap Trafalgar traf Villeneuve zwischen Cadiz und der Straße von Gibraltar auf eine britische Flotte mit 27 Schiffen unter dem Kommando von Admiral Horatio Nelson. Die Schlacht von Trafalgar wurde zum Desaster für Napoleon und beendete seinen Traum von einer Invasion Englands über den Kanal. Nach der Schlacht wurden Villeneu-

ve gefangen genommen und die meisten Schiffe seiner Flotte ver-
senkt. Mit ihnen verlor Napoleon 14000 Mann, etwa die Hälfte
davon geriet in englische Gefangenschaft. Nelson wurde in der
Schlacht zwar schwer verwundet, seine Flotte verlor jedoch kein einziges Schiff. Als man Napoleon alle Details über die verlorene See-
schlacht berichtete, erfuhr er auch von der Rolle, die ein Neufundländer zumindest symbolisch gespielt hatte.

Der Hund war Schiffshund auf der englischen Fregatte *H.M.S.
Nymph*. Offenbar hatte er als Erster das Deck des französischen
Schlachtschiffes *Cleopatra* betreten, als dieses seine Flagge strich
und von den Engländern geentert wurde. Als Napoleon dies hörte,
rief er wütend aus: „Hunde! Müssen sie mich auf dem Schlachtfeld
denn genauso besiegen wie im Schlafzimmer?"

Trotz seiner Niederlage bei Trafalgar dehnte Napoleon im folgenden
Jahrzehnt durch eine Reihe brillanter und riskanter Feldzüge die
französische Kontrolle über Europa aus. Widerstand begann sich zu
regen, zu Napoleons Untergang führte jedoch die Invasion Russ-
lands. Sie schwächte seine Armee entscheidend und Napoleon
büßte seine Aura der Unbesiegbarkeit ein – zumindest, was
Schlachten auf dem Land betraf.

Im Jahre 1814 unterzeichneten Österreich, Russland, Preußen und
Großbritannien einen Bündnisvertrag, der sie für 20 Jahre anein-
ander band. Die Staaten verpflichteten sich, keine Sonderverhand-
lungen zu führen und so lange zu kämpfen, bis Napoleon besiegt
war. Talleyrand, der Präsident der provisorischen französischen
Regierung, erklärte die Herrschaftszeit Napoleons für beendet und
verhandelte mit Ludwig XVIII., dem Bruder des exekutierten Ludwigs XVI. Da er Widerstand für zwecklos hielt, trat Napoleon zurück.
Allerdings bedeutete dies keine vollständige Niederlage für Napoleon, denn im Vertrag von Fontainebleau erhielt er von den Alliierten die Insel Elba als eigenständiges Fürstentum, überdies ein jähr-
liches Einkommen von zwei Millionen Franc und eine Garde aus
400 Freiwilligen. Außerdem durfte Napoleon weiter den Titel Kaiser führen. Napoleons Frau Marie-Louise musste jedoch zusammen
mit ihrer beider Sohn zu ihrem Vater, dem Kaiser von Österreich,
zurückkehren. Napoleon sah sie nie wieder.

Ein Vorkoster und ein Lebensretter

Auf Elba besaß Napoleon zum einzigen Mal in seinem Leben einen eigenen Hund. Es war eine mittelgroße, gelbe Rasse, die an eine Kreuzung aus Golden Retriever und Spaniel erinnerte. Dieser Hund war keineswegs Napoleons Gefährte, ja wir kennen nicht einmal seinen Namen. Er diente nur einem bestimmten Zweck: Nachdem Napoleon von verschiedenen Giftanschlägen der Engländer auf ihn erfahren hatte, musste der Hund seine Speisen vorkosten. Das Tier war Napoleon also kein Freund, aber immerhin doch wichtig.

Aus seinem Exil verfolgte Napoleon die politische Entwicklung in Frankreich sehr genau. Er erkannte, dass die Franzosen mit der wiedererstandenen Monarchie und Ludwig XVIII. nicht zufrieden waren. Er plante also seine Flucht und die Rückkehr aufs Festland. Elba zu verlassen, bedurfte eines durchdachten Plans und etwas Glücks, doch im Februar 1815 war es soweit. An diesem Sonntagmorgen war Napoleon früh aufgestanden, um die Kirche zu besuchen. Einige der örtlichen Honoratioren hatten sich versammelt, denn sein Plan, aufs Festland zurückzukehren, hatte sich herumgesprochen. Die Menschen standen auf den Kirchenstufen und riefen: „Vive l'Empereur!" Napoleon und sein kleines Gefolge gingen vorbei. Im Hafen lag eine kleine Flotte aus Fischerbooten, die vom Meer gekommen waren, um die Ereignisse zu beobachten.

Der Himmel war grau und bewölkt und das Wasser kabbelig. Napoleon und seine Getreuen stiegen in ein kleines Boot mit Namen *Caroline*, das ihn zum Kriegsschiff *Inconstant* bringen sollte, ehe die britischen Patrouillen Wind von seinem Plan bekamen. Napoleon stieg als Letzter ein. Das Rudern fiel den Seeleuten wegen des Gegenwinds und der unruhigen See nicht leicht. Während sich die Männer bemühten, das Boot von der Küste weg zu bringen, stand Napoleon im Dollbord und blickte auf die Insel und ihre Einwohner. Das Boot stampfte und die Bootsplanken waren rutschig. Als sich die rudernden Männer nach einigen Minuten nach dem Kaiser umsahen, war der – verschwunden. Er hatte kurz zuvor die Balance verloren und war über Bord gegangen. Napoleon war ein schlechter Schwimmer, manche sagen sogar, dass er nie schwimmen gelernt hatte – unter gegebenen Umständen aber wäre es sogar für einen exzellenten Schwimmer schwer geworden: Napoleon trug seine Uniform und hatte den Säbel umgeschnallt, den er schon bei seinem Sieg von Austerlitz gegen die vereinigten österreichischen und russischen Truppen getragen hatte. Vor den Augen der Seeleute strampelte er verzweifelt im Wasser. Und plötzlich kam ihm ein Hund zu Hilfe ...

Wieder war es ein Neufundländer, dieselbe Rasse also, mit der er zuvor schon zweimal so schlechte Erfahrungen gemacht hatte. Diesmal war es jedoch ein schwarz-weißer Hund und kein rein schwarzer wie Boatswain oder der Schiffshund der *Nymph*. Dieser Hund gehörte einem Fischer und war darauf trainiert, Netze zu bergen, Seile zwischen Booten zu transportieren und schließlich auch – Ertrinkende zu retten. Und dieser Hund schwamm nun auf Napoleon zu, sodass der zappelnde Mann nach ihm greifen und so seinen Kopf über Wasser halten konnte.

Inzwischen hatten auch die Seeleute der *Caroline* den Zwischenfall bemerkt und das Boot gewendet. Zwei Matrosen sprangen ins Wasser, erreichten Napoleon aber erst einige Minuten nach dem Unglück. Ohne die Hilfe des Hundes wäre der Kaiser von Frankreich wohl zum Boden des Mittelmeeres gesunken. Die Männer zogen den kalten, nassen und hustenden Napoleon ins Boot, brachten ihn auf das Kriegsschiff, fuhren nach Frankreich und marschierten nach Paris. Napoleon besiegte alle Truppen, die man ihm entgegensandte und Veteranen sowie Anti-Royalisten schlossen sich seinem Heer an. In Paris setzte Napoleon eine neue, demokratischere Verfassung in Kraft und ersuchte die Alliierten um Frieden.

Die Alliierten gingen jedoch nicht auf das Angebot ein und erklärten Napoleon für vogelfrei. Dieser wollte nicht warten, bis seine Gegner ihre Kräfte vereint hatten. Er entschied sich, sofort loszuschlagen und setzte damit eine Kette von Ereignissen in Gang, die erst in Waterloo ihr Ende fand.

Ohne einen schwarz-weißen Hund, dessen Namen wir nicht einmal kennen, hätte diese Reihe blutiger Konflikte niemals stattgefunden. Der Hund kehrte nach seiner Rettungstat sicher zu seinem Besitzer zurück. Während er anschließend vermutlich auf dessen Boot stand und aufs Meer blickte, war er sich sicher nicht bewusst, dass er soeben einen der berühmtesten Männer der Weltgeschichte gerettet hatte.

Napoleon hatte noch eine letzte Begegnung mit einem Neufundländer. Nachdem die Engländer seine Verbannung auf die winzige Insel St. Helena beschlossen hatten, brachten sie ihn auf die *HMS Northumberland*, die unter dem Kommando von Konteradmiral Sir George Cockburn stand. Der Schiffshund, das persönliche Tier von Cockburn, war ebenfalls ein schwarzer Neufundländer mit dem Namen *Tom Pipes* – so nannten englische Matrosen den Bootsmann. Der Hund wich nicht von der Seite des Admirals, auch dann nicht, wenn der zusammen mit Napoleon zu Tisch saß oder bei anderen offiziellen Anlässen.

Cockburn fügte seinen Berichten an die Admiralität später einige denkwürdige Anmerkungen bei: „Buonaparte beschwerte sich über die Anwesenheit des Hundes. Er vermutete, dass ich ihn nur hielt, um ihn zu demütigen. Er behauptete, dass ihn die Gegenwart des Hundes bei unseren Gesprächen an seine Niederlage erinnern solle und daran, dass er selbst nicht mehr wert wäre als ein Hund. Wenn wir zusammen zu Tisch saßen, aß Buonaparte sehr schnell, schob dann den Teller weg und verließ sofort beleidigt den Tisch. Als ich ihn deswegen fragte, meinte er, er äße so schnell, damit der Hund ihm nicht das Essen stehle oder wir ihm die Reste gäben."

Der treue Hund des Soldaten

Es scheint nur eine Gelegenheit gegeben zu haben, bei der sich Napoleon positiv über einen Hund äußerte. Dies geschah im letzten Jahr seiner Verbannung auf St. Helena. Napoleon diktierte dem französischen Historiker Emmanuel Comte de las Cases seine Memoiren und beschrieb seine Gedanken nach der Schlacht von Bassano während des Italien-Feldzuges. Damals war er noch ein junger General gewesen und über das Schlachtfeld gelaufen, das die Körper der vor wenigen Stunden Gefallenen bedeckt hatten.

Emmanuel formulierte Napoleons Gedanken so: „Wir waren allein in der tiefen Einsamkeit einer Mondscheinnacht. Plötzlich sprang ein Hund unter dem Mantel eines Toten hervor. Er lief auf uns zu und rannte dann zurück zu dem toten Soldaten. Dann leckte er das Gesicht des Mannes, rannte wieder zu uns – und das mehrere Male. Offenbar suchte er sowohl nach Hilfe als auch Vergeltung. Ich weiß nicht, ob es die Stimmung des Augenblicks war oder der Ort oder die Zeit oder das, was der Hund tat – auf jeden Fall hat mich niemals wieder etwas so beeindruckt wie diese Szene auf dem Schlachtfeld. Ich hielt unwillkürlich an, um das Schauspiel anzusehen. Vielleicht, so sagte ich mir, hatte dieser Mann Freunde. Vielleicht sogar im Lager, in seiner Kompanie – und nun lag er hier, von allen verlassen, nur nicht von seinem Hund. Was für eine Lektion lehrte uns die Natur durch diesen Hund.

Was für ein seltsames Ding ist der Mensch! Wie merkwürdig sind seine Gefühle! Ich habe Schlachten geführt, in denen es um das Schicksal einer ganzen Armee ging und dabei keinerlei Emotionen gespürt. Ich habe Manöver befohlen, in denen viele Soldaten ihr Leben ließen, doch meine Augen blieben trocken. Und plötzlich war ich bewegt, mein Inneres nach außen gekehrt, nur weil ein Hund klagte!"

Vielleicht erkannte Napoleon die Widersinnigkeit dieser Situation und reagierte deshalb so betroffen. Hier war ein Hund, ein Tier, das er nicht leiden konnte, und es zeigte Adel und Loyalität – viel mehr als die Soldaten, die Napoleon in hohen Ehren hielt. Vielleicht äußerte er diese Gedanken auch, weil er sich an den Hund erinnerte, der ihm ein Jahr zuvor das Leben gerettet hatte, auch wenn es keine Hinweise darauf gibt, dass Napoleon deswegen jemals Dankbarkeit empfand.

Es gibt noch zwei merkwürdige Fußnoten zum Verhältnis zwischen Napoleon Bonaparte und Hunden. Zum einen besaß Napoleon auf St. Helena keinen Hund – nicht einmal einen Vorkoster wie den gelben Hund im ersten Exil auf Elba. Das war ein Fehler, denn mit modernen forensischen Methoden wurde später nachgewiesen, dass Napoleon über mehrere Monate durch Arsen im Essen schleichend vergiftet wurde.

Die zweite Fußnote hängt mit dem „Hundefluch" zusammen, der sich über Generationen in der Familie hielt. In der Tat wirkte er sich sogar noch 1945 in New York aus. In jenem Jahr ging Jerome Napoleon Bonaparte – der letzte Nachkomme der Bonapartes in Amerika – mit seinem Hund im Central Park spazieren. Der Hund erregte sich über irgendetwas und sprang Bonaparte in die Beine. Der alte Mann fiel zu Boden und zog sich schwere Verletzungen zu, an denen er schließlich starb. Der Hund war ein Mops wie Fortune, also jener Hund, der in Josephines Bett geschlafen und das erste Unglück über Napoleon gebracht hatte.

Steinbeck, Maria Stuart, Mackenzie – mit Hunden im Gespräch

Wir schreiben den 15. Juli 1941 in den Gatineau-Hügeln von Quebec, auf einem Besitz mit Namen Kingsmere. Wenn wir ins Schlafzimmer des Besitzers blicken könnten, etwa um neun Uhr morgens, würden wir einen relativ kleinen, etwas plumpen, ungefähr 60-jährigen Mann sehen, der durch den Raum geht. Er trägt ein zerknittertes Hemd, weil er die ganze Nacht aufgeblieben ist, und seine Augen sind feucht von Tränen. Im Arm trägt er einen kleinen Hund. Dabei singt er leise und tonlos das alte Kirchenlied „Save in the arms of Jesus". Er beendet das Lied und streichelt den Hund. Dann blickt er dem Tier in die Augen und beginnt zu reden.

„Denk daran, was ich dir gesagt habe. Vergiss nicht, alles auszurichten, wenn du sie siehst." Jetzt liest er eine Liste von Namen vor und wiederholt die Botschaften, die für jeden von ihnen bestimmt sind. Es sind die Namen von Geliebten und Kollegen – und alle sind bereits tot.

Die seltsame Szene spielte sich tatsächlich ab und das nicht etwa in einem Heim für Geisteskranke. Der Mann, um den es dabei ging, war der Premierminister von Kanada, William Lyon Mackenzie King. Als sich die Begebenheit im Schlafzimmer von Kingsmere abspielte, befand sich Kanada auf Seiten der Alliierten im Kampf gegen das nationalsozialistische Deutschland. Die Situation schien ernst. Polen und die baltischen Staaten waren gefallen, die britischen Truppen kamen nicht voran und die Vereinigten Staaten wurden in den europäischen Konflikt hineingezogen. Kanada stellte eine Armee auf – die Meinungen darüber waren geteilt. Am Nachmittag hatte eine Sitzung des Kriegskabinetts stattgefunden; Thema war die Aufstellung einer sechsten Division für die Armee gewesen, ein Vorschlag des Verteidigungsministers. Trotz der Dringlichkeit hatte King die Angelegenheit aufgeschoben, weil „mein Engels-hund" in Kingsmere ihn brauchte.

John Steinbecks Reisen mit Charley

Obwohl die vorstehend geschilderte Szene sicher überzogen erscheint, kommt es nicht selten vor, dass Menschen mit ihren Hunden reden. Wer mit einem Hund wie mit einem anderen Men-schen redet, ist aber weder verrückt, noch mangelt es ihm an Intel-ligenz. Über 80 Prozent aller Hundebesitzer geben zu, mit ihrem Hund so vertraulich zu reden wie mit einem Freund oder Fami-lienmitglied.

Viele berühmte Menschen haben nicht nur mit ihren Hunden gere-det, sondern diese Unterhaltungen sogar für die Nachwelt aufge-schrieben. Dazu gehört z. B. der Nobelpreisträger John Steinbeck, der berühmte Werke wie *Die Früchte des Zorns*, *Jenseits von Eden* oder *Von Mäusen und Menschen* verfasst hat. Steinbeck war weder dumm noch verrückt und sprach dennoch mit seinem Hund. Als Steinbeck im Alter von 58 Jahren bereits ein berühmter Autor war, entschied er sich, Amerika neu zu entdecken. Also plante er eine Reise von 12 000 Meilen, die ihn durch 37 Staaten und Kanada führte. Er reis-te in einem Campingwagen und wurde von seinem schwarzen Pudel Charley begleitet. Steinbeck hatte Charley als Gefährten mit-genommen, setzte ihn aber ein, um ganz zwanglos andere Men-schen kennen zu lernen:

„Ein Hund, insbesondere eine auffällige Rasse wie Charleys, kann Fremde durchaus zusammenführen. Viele meiner Gespräche auf der Reise begannen mit: ‚Was für ein Hund ist denn das?' Charley ist mein Botschafter und hilft mir, Kontakte zu Fremden zu knüp-fen. Ich lasse ihn los und er trifft auf jemanden oder zumindest auf das, was dieser Jemand zum Essen zubereitet. Ich nehme ihn wie-der an die Leine, er stört niemanden und – et voilà! – bin ich im Gespräch. Dasselbe kann auch ein Kind, aber ein Hund ist besser."

Nach der Reise schrieb Steinbeck ein warmes, freundliches Buch unter dem Titel *Reisen mit Charley*, vielleicht wäre die Titelformulie-rung *Unterhaltungen mit Charley* treffender gewesen. Steinbeck redete mit Charley über tägliche Angelegenheiten: wo sie anhalten, wo campen und wann sie weiterziehen sollten. Außerdem erzählte er Charley von seinen momentanen Gefühlen und seinen Beobachtungen über die Menschen. Manchmal wurden die Unterhaltungen tief und philosophisch, etwa wenn Steinbeck mit Charley lange über die Natur von Vorurteilen und Rassendiskriminierung redete.

Steinbeck schrieb diese Unterhaltungen nieder. Sie folgen einem Schema, das vielen Psychologen geläufig ist. Unsere Sprachstrukturen und -muster verändern sich je nach den Umständen. In förmlichen Situationen, z. B. im Gespräch mit Vorgesetzten oder vor Publikum, gebrauchen wir formalere und zeremoniellere Sprachmuster als wenn wir mit der Familie oder mit Hunden reden. Außerdem gibt es noch eine spezielle Sprache, die wir im Umgang mit Kindern benutzen. Sie ist besonders einfach, wird häufig in einer Art Singsang gesprochen, manchmal in höherem Tonfall und mit vielen Wiederholungen. Psychologen nennen diese Sprache „Müttersprache", weil sie vor allem von Müttern im Gespräch mit ihren Kindern verwendet wird. Allerdings nicht ausschließlich von Müttern, denn buchstäblich jeder, männlich oder weiblich, Eltern oder nicht, verfällt in diesen Singsang, wenn er mit Kleinkindern redet.

Psychologen haben herausgefunden, dass wir sehr ähnlich mit Hunden reden. Wenn wir mit Hunden sprechen, benutzen wir eine völlig andere Sprache als gegenüber Erwachsenen: Die Sätze sind kürzer, meist nur vier Worte lang – übliche Sätze enthalten durchschnittlich zehn bis elf Worte. Wir benutzen sehr viel häufiger Kommandos wie „komm hierher" oder „runter vom Stuhl". Weiterhin ist merkwürdig, dass wir Hunden doppelt so viele Fragen stellen wie Menschen, obwohl wir keinerlei Antworten erwarten. Allerdings handelt es sich bei solchen Fragen üblicherweise um rhetorische, also höfliche Konversationsfragen, z. B.: „Wie fühlst du dich heute, mein Lieber?" Viele dieser Fragen beginnen auch mit einer Feststellung und werden erst am Satzende zu einer Frage. Ein gutes Beispiel: „Du bist durstig, oder?" Im Gespräch mit unseren Hunden wiederholen wir uns 20mal häufiger als im Gespräch mit Menschen: „Du bist ein guter Hund. Was für ein guter Hund."

Wenn wir mit Hunden reden, erhöhen wir die Stimmlage und legen mehr Wert auf Aussprache und emotionale Phrasen. Dazu verwenden wir zahlreiche Verniedlichungen wie „mein Hündchen" oder „Gassi gehen". Ergänzend wird dann noch die Aussprache der Worte wie in der Kindersprache modifiziert. So entsteht eine Sprache, die ganz gewiss nicht gegenüber einem erwachsenen Freund oder einem Familienmitglied verwendet wird.

Im Gespräch mit Hunden benutzen wir auch bestimmte Kommunikationsmuster. Meist folgen die Unterhaltungen einem der folgenden drei Muster.

Am einfachsten ist die *monologische Sprechweise*, bei der ein Mensch kontinuierlich redet und der Hund nur die freundliche Staffage darstellt.

Die zweite Form ist eine Art *Dialog*, bei dem es zum Geben und Nehmen kommt, wenn auch nur auf Seiten des Sprechenden. Dabei blickt der Redende den Hund von Zeit zu Zeit an, hält inne, als warte er auf einen Kommentar des Hundes, und redet weiter, als hielte er das Schweigen des Hundes für Zustimmung. Als Außenstehender nimmt man diese Form der Kommunikation ähnlich wie ein einseitiges Telefongespräch wahr:

„Was gibt's Charley, geht's dir nicht gut?" – Der Hund wedelte zur Antwort langsam mit dem Schwanz, als wolle er sagen: „*Doch, ganz gut, schätze ich.*"

„Warum bist du nicht gekommen, als ich nach dir gepfiffen habe?" – „*Ich habe den Pfiff nicht gehört.*"

„Warum starrst du so?" – „*Ich weiß nicht, einfach so.*"

„Was möchtest du zu fressen haben?" – „*Ich bin nicht wirklich hungrig. Aber ich werde schon etwas essen.*"

Solche Gespräche können sehr angenehm sein und dabei helfen, Stress abzubauen oder die Einsamkeit des Menschen zu lindern.

Steinbeck fühlte sich an einem bestimmten Tag in der Tat einsam und etwas unglücklich und ihm schien, Charley ginge es ähnlich. Also wollte er ihn aufmuntern und einen Geburtstagskuchen backen, obwohl Charley gar keinen Geburtstag hatte – zumindest war sich Steinbeck nicht sicher, denn er konnte sich nicht an Charleys genauen Gebutstermin erinnern. Auf jeden Fall nahm er an, dass ein Geburtstagskuchen sie beide aufmuntern würde. Als er die Zutaten vorbereitete, sah ihm der Hund interessiert zu. Steinbeck sprach mit Charleys Stimme: „Jeder, der sieht, dass du einen Geburtstagskuchen für einen Hund backst, dessen genaues Geburtsdatum du nicht einmal kennst, wird dich für verrückt halten." Dann fuhr er mit seiner eigenen Stimme als Gelehrter, Lehrer und Autor fort: „Wenn ich mir die schlechte Grammatik deines Schwanzes betrachte, ist es vielleicht ganz gut, dass du nicht reden kannst." In diesem absurden Moment beendete er die Diskussion mit schallendem Gelächter. Die depressive Stimmung war verflogen – dank der Konversation mit seinem Hund.

Hunde hatten immer dann großen Einfluss auf gewöhnliche und historisch bedeutende Persönlichkeiten, wenn sie die Rolle des Gefährten und Freundes inne hatten. Es ist wissenschaftlich belegt, dass allein lebende Menschen oder Menschen in persönlichen Krisen seltener in Depressionen verfallen und klinische Hilfe benötigen, wenn sie in Gesellschaft eines Hundes leben. Die sozialen Interaktionen und die Gespräche mit ihren Hunden bewahren sie vor psychischen Problemen – so wie Steinbeck die Gespräche mit Charley auf seiner langen Reise vor der Einsamkeit bewahrten.

Und Steinbeck ist kein Einzelfall. Hunde haben auch einige andere Menschen vor Einsamkeit, Stress, Furcht, Sehnsucht und Unsicherheit bewahrt. Ich denke dabei beispielsweise an den tragischen Fall der Königin Maria von Schottland.

Maria Stuart

Maria Stuart wurde 1542 als einziges Kind von James V. von Schottland und seiner französischen Frau Maria von Guise geboren. Sie war von Geburt an eine tragische Persönlichkeit, die unter einer unklugen Heiratspolitik und anderen politischen Entscheidungen zu leiden hatte, bis sie schließlich hingerichtet wurde.

Als Maria Stuart gerade sechs Tage alt war, starb ihr Vater und sie wurde Königin von Schottland. Ihr Großonkel Heinrich VIII., König von England, versuchte, Einfluss über sie und damit auch über Schottland zu gewinnen. Als er sie nach England holen woll-

te, schickte die Mutter sie nach Frankreich. Ab dem fünften Lebensjahr wurde Maria dann am Hof von König Heinrich IV. und seiner
Frau Katharina von Medici mit Unterstützung der mächtigen Familie der Mutter, die Guises, erzogen. Am Hof der Valois entwickelte
sich Marias Liebe zu Hunden, die lebenslang anhalten sollte.

Marias Situation war alles andere als leicht: Sie war dem Dauphin
Frankreichs (dem späteren Franz II.) versprochen, der noch ein Jahr
jünger war als sie. Sie war außerdem Mitglied eines Königshofes in
einem fremden Land, dessen Sprache sie nicht einmal ansatzweise
beherrschte. Der König und die Königin sahen das Mädchen allerdings gerne und zogen es wie ihre eigene Tochter auf. Maria durfte
mit Franz wie eine Schwester mit dem Bruder spielen. Als Spielgefährten gab es 22 Schoßhunde am Hof – Spaniels, Möpse und
Malteser.

In den ersten Monaten in Frankreich sprach Maria nur mit ihrer
schottischen Gouvernante und den Hunden. Sie hielt sich häufig in
ihrem Zimmer oder im Garten auf, wo sie den Hunden ihren Kummer und ihre Niedergeschlagenheit mitteilte. Schon bald aber entwickelte sich zwischen ihr und Franz Zuneigung.

Auch Franz liebte Hunde und verbrachte viele Stunden mit ihnen.
Während er sich mit den Tieren unterhielt, lehrte er Maria Französisch, indem er ihr die Worte übersetzte. Nach einiger Zeit fühlte
sich Maria sicher genug, die ersten französischen Worte zu sprechen, zuerst zu den Hunden, dann zu Menschen. Mit ihrem Selbst-
vertrauen wuchsen auch ihre Französichkenntnisse und schließlich
sprach sie diese Sprache besser als Englisch. Maria wuchs zu einer
vorbildlichen französischen Prinzessin heran. Sie erhielt eine Ausbildung in Sprachen, Literatur, Geschichte und Musik und war
außerdem wunderschön: groß und schlank mit rotgoldenem Haar
und bernsteinfarbenen Augen.

Die Heirat zwischen Maria und Franz sollte die Beziehungen zwischen Frankreich und Schottland festigen. Später sollte Maria zu
einer wichtigen Schachfigur in den politischen und religiösen Konflikten zwischen England und Schottland werden. Für die frisch
gebackene Gemahlin des französischen Kronprinzen lag dies
jedoch noch in weiter Ferne.

Trotz des politischen Hintergrunds der Ehe liebte Maria ihren jugendlichen Ehemann, den sie seit der Kindheit und dem gemeinsamen Spiel mit den Hunden kannte. Als Franz den Thron von Frankreich bestieg, war Maria die stolze Königin an seiner Seite. Nur ein Jahr später starb Franz und Maria, gerade 18 Jahre alt, war verzweifelt. Völlig gebrochen kehrte sie nach Hause zurück, um die schottische Krone zu beanspruchen.

Königin von England war Elisabeth I. Ihr Weg zum Thron war recht steinig gewesen. Als Tochter von Heinrich VIII. und Anne Boleyn hatte man sie nach der Hinrichtung ihrer Mutter für illegitim erklärt. Durch einen Beschluss des Parlamentes war ihr Thronanspruch jedoch erneut bestätigt worden.

Wie so oft in der britischen Geschichte brachen darauf hin Konflikte zwischen Katholiken und Protestanten aus: Viele Katholiken betrachteten die Protestantin Elisabeth trotz des Parlamentsbeschlusses nicht als rechtmäßige Thronfolgerin, weil sie die Scheidung Heinrichs VIII. von Katharina von Aragon nicht anerkannten. Da diese Scheidung nicht rechtmäßig war, so ihre Argumentation, waren auch alle folgenden Heiraten ungesetzlich. Unter dieser Voraussetzung galt ihnen Maria als die rechtmäßige Königin von England. Maria war eine Tudor und ihr Schwiegervater Heinrich IV. von Frankreich meldete daher in ihrem Namen den Anspruch auf den englischen Thron an.

Als Maria nach Schottland zurückkehrte, gehörten zu ihrem Gefolge auch einige Malteserhunde, die sie in Frankreich lieben gelernt hatte. Jeder Hund trug ein blaues Samthalsband, auf das sein Name gestickt war. Jedem der Tiere standen zwei Laibe Brot täglich zu und eigens abgestelltes Personal kümmerte sich um die Tiere. Diese Bediensteten reisten auch regelmäßig nach Frankreich, um neue Hunde zu beschaffen.

Maria traf ohne besondere Feierlichkeiten in Schottland ein. Elisabeth misstraute ihr wegen der Thronansprüche und viele sahen in ihr wegen ihres langen Aufenthaltes am französischen Hof eine Fremde. Außerdem war Schottland in ihrer Abwesenheit zum Protestantismus übergetreten und Maria weigerte sich, dem katholischen Glauben abzuschwören. Viele Schotten, darunter auch der wichtigste calvinistische Priester John Knox, sahen in ihr nichts als eine ausländische Königin mit fremdem Glauben. Immerhin verlief ihre Regentschaft dank der Hilfe ihres Halbbruders James, des Earl von Moray, und einer Politik der religiösen Toleranz in der ersten Zeit recht erfolgreich.

Fehlentscheidungen und die Jahre hinter Gittern

Doch dann traf Maria eine erste katastrophale Fehlentscheidung: Sie heiratete ihren englischen Cousin Lord Darnley. Elisabeth missbilligte die Heirat mit einem anderen Nachkommen der Tudors und Marias Bruder war darüber so entsetzt, dass er gegen seine Schwester rebellierte – damit verlor sie ihren wichtigsten politischen Berater.

Marias Gatte Darnley selbst handelte sogar noch unüberlegter als erwartet: Er war brutal und unterstützte einen Aufstand protestantischer Adliger. Dann ermordete er vor Marias Augen ihren Sekretär und letzten Vertrauten. Maria vermutete bald, dass ihr Darnley nach dem Leben trachtete. Auch die Geburt des gemeinsamen Sohnes James brachte das Paar einander nicht näher. Da Maria nun den erwünschten Erben geboren hatte, suchte sie nach einem Ausweg aus der überaus misslichen Situation.

An diesem Punkt widersprechen sich die historischen Quellen. Offenbar begann Maria eine Affäre mit dem Earl von Bothwell, der später wegen Mordes an Darnley angeklagt wurde. Obwohl man dem Earl das Verbrechen nicht nachweisen konnte, hielten viele Maria für die Anstifterin der Bluttat.

In Ermangelung jedweder Berater entschied sich Maria nun, Bothwell zu heiraten. Das brachte den Adel und die Mehrzahl der Bürger Schottlands endgültig gegen sie auf und ließ sie zu den Waffen greifen. Maria wurde gezwungen, zugunsten ihres einjährigen Sohnes und späteren Königs James I. von England abzudanken. Ihr Bruder, der Earl von Moray, wurde zum Übergangsregenten ernannt. Bothwell wurde ins Exil verbannt und Maria inhaftiert. Marias katholische Anhänger scharten daraufhin eine große Streitmacht um sich, um den Thron zurückzugewinnen. Da sie schlecht geführt war, unterlag Marias Armee bei Langside den Truppen von Moray. Nun musste Maria fliehen, um ihr Leben zu retten, denn in Schottland wurde sie des Hochverrats und der Meuterei beschuldigt.

Aus einem Impuls heraus floh Maria nach England und suchte den Schutz von Elisabeth. Die englische Königin besaß das politische Gespür und die Kaltschnäuzigkeit, die Maria so sehr fehlten. Elisabeth hieß Maria freundlich willkommen – und ließ sie dann für Darnleys Ermordung für 18 Jahre ins Gefängnis werfen. Außerdem gelang es ihr, Maria fast vollständig von ihren Freunden und Verwandten abzuschirmen. Immerhin erhielt Maria gelegentlich heimliche Besuche wie z. B. von Jesuitenpater Samérie. Einer der heimlichen Besucher schmuggelte ein Pärchen Malteserhunde und einen kleinen Spaniel aus Frankreich ins Gefängnis. Die Hunde wurden Marias Freunde und Vertraute.

Wie schon in Marias Jugend waren es erneut Hunde, die ihre Einsamkeit und ihren Kummer linderten. Marias Gefängniswächterin Bess of Hardwick berichtete später, dass Maria viele Stunden lang mit ihren Schoßhunden sprach. Offenbar ging es in den Gesprächen um Religion und um ihren Sohn James, den sie seit ihrer Abdankung nicht mehr gesehen hatte. Die Hunde wurden Maria so wichtig, dass sie eine Miniatur von ihnen anfertigen und an ihren Sohn schicken ließ. Das Bild wurde allerdings abgefangen, bevor es ihn erreichte.

Marias letzter Gang und der kleine, weiße Hund

Die Hunde begleiteten Maria auch in ihr letztes Gefängnis auf Fotheringhay Castle. Nachdem 1586 ein katholisches Mordkomplott gegen Elisabeth aufgedeckt worden war, beschuldigte man Maria der Urheberschaft. Man stellte sie vor Gericht und trotz einer eindrucksvollen Selbstverteidigung war die Last der Beweise für Marias Beteiligung an dem Attentat erdrückend. So verurteilte man Maria zum Tod durch Enthaupten und sie wurde zurück nach Fotheringhay gebracht, um dort auf den Tod zu warten. Als einzige Erleichterung gestattete ihr Elisabeth, an die sich Maria in ihrer Not gewandt hatte, die Hunde mitzunehmen.

Einer ihrer Hunde blieb bis zum bitteren Ende bei ihr und spendete ihr Trost im Augenblick des Todes. Als die Hinrichtung bevorstand, ging Maria langsam auf das Schafott zu. Niemand wusste, dass sie mit ihrem kleinen, weißen Hund Schritt hielt, der verborgen unter ihren weiten Röcken und Unterröcken lief. Selbst nachdem die Axt gefallen war, wollte der kleine Hund nicht weichen. Der Scharfrichter Mr. Bull und sein Assistent entdeckten ihn schließlich. Bull hatte Anweisungen gegeben, alles zu waschen oder zu verbrennen, was mit dem Blut Marias bespritzt war, „denn es könnte sein, dass jemand ein Stück Stoff in das Blut taucht, um eine Reliquie zu erhalten – dafür gibt es mehrere Beispiele. Mit einer solchen Reliquie könnte später Rache an jenen eingefordert werden, die den Tod Marias zu verantworten haben." Während Bull Marias Strumpfbänder aufknüpfte, bemerkte er den Hund. Das Tier weigerte sich, Marias Leichnam zu verlassen, und als man ihn mit Gewalt wegzog, lief er zurück und blieb zwischen den Schultern und dem abgetrennten Kopf seiner Herrin sitzen.

Das weiße Fell des armen Hundes war rot von Marias Blut. Einem der Helfer tat der Hund leid, er nahm ihn mit sich und wusch ihn. Und man tötete den Hund nicht, sondern übergab ihn einer französischen Prinzessin, die ihn als Erinnerung an ihre Freundin behielt – doch die Prinzessin bekam den Hund nur, weil sie versprach, ihn aus England zu entfernen.

Der kanadische Premierminister Mackenzie King

Wir wollen nun noch einmal zu dem kanadischen Premierminister zurückkehren, der während einer langen und einsamen Krise mit seinem sterbenden Hund redete.

William Lyon Mackenzie King wurde in Berlin – dem heutigen Kitchener in Ontario – geboren. Er trug den Namen seines Großvaters William Lyon Mackenzie, eines leidenschaftlichen Politikers und streitbaren Journalisten, der als Initiator einer bewaffneten Rebellion gegen Kanada bekannt wurde, für die er die Unterstützung der USA suchte. Vielleicht ist es typisch kanadisch, dass ihm das Land dies später verzieh. Nach seiner Rückkehr nach Kanada stieg der

Großvater sofort wieder in die Politik ein und wurde auch gleich in ein Amt gewählt. Seine Tochter Isabel war ebenso an der Politik interessiert wie ihr Vater – vermutlich blieb ihr gar nichts anderes übrig. Sie baute ein Netzwerk politischer Kontakte auf, das ihrem Sohn bei seiner späteren politischen Karriere helfen sollte.

Willie, so wurde er von Familie und Freunden genannt, wuchs in einer typischen Mittelklassefamilie auf. Sein Vater John King war Rechtsanwalt und seine Mutter Isabel eine geschätzte Gastgeberin, die gekonnt soziale und politische Kontakte pflegte. Willie hatte zwei Schwestern, Bella und Jennie, und einen Bruder Max. Die Familie besaß auch einen Hund namens Fannie, der eigentlich den Mädchen gehörte und in Williams Jugendzeit keine große Rolle spielte.

In seiner Jugend tat sich Mackenzie King nicht besonders hervor. Er war relativ klein, neigte zu Übergewicht, zog sich konservativ an und war ziemlich introvertiert. Allerdings erlangte der kluge Junge fünf Abschlüsse in Arbeits- und Wirtschaftswissenschaft sowie Politik. Weil er gut schreiben und argumentieren konnte, sich in der Arbeitspolitik auskannte – vermutlich halfen ihm auch die politischen Freunde seiner Mutter –, fiel er dem damaligen Premierminister Kanadas, Sir Wilfried Laurier, auf.

Laurier machte Mackenzie zum ersten Staatssekretär für Arbeit. Als Mackenzie später ins Parlament gewählt wurde, weitete Laurier seine Befugnisse aus und schuf ein eigenes Ministerium für ihn. Dann unterbrach Mackenzie seine Tätigkeit für einige Jahre und ging in die USA, um wirtschaftliche Studien zu betreiben. Auf Drängen Lauriers kehrte er nach Kanada zurück und wurde dessen Nachfolger als Parteivorsitzender der Liberalen Partei. Zwei Jahre später wurde er selbst Premierminister. Dieses hohe Amt bekleidete Mackenzie – mit zwei kurzen Unterbrechungen – für 22 Jahre, sodass er zur politischen Führungspersönlichkeit mit der längsten Dienstzeit innerhalb des britischen Commonwealth wurde.

Mackenzies politische Verdienste

Obwohl Mackenzie wie ein friedlicher, mausgrauer Bürokrat aussah, war seine Karriere erstaunlich erfolgreich, denn er trug wesentlich dazu bei, Kanadas Politik und Sozialpolitik zu definieren. Er installierte ein soziales Sicherungssystem aus Rentenkasse, Arbeitslosenversicherung und Kindergeld, das jedem Bürger zustand. All dies war möglich, weil es Mackenzie King dank einer geschickten Finanzpolitik gelang, das Staatsdefizit massiv zu senken.

Als der Zweite Weltkrieg ausbrach, musste Mackenzie King eine Reihe schwieriger Krisen meistern. Eine davon war das Problem der Wehrpflicht. Während des Ersten Weltkrieges hatten sich die Kanadier bitter darüber beschwert, dass ihre jungen Männer eingezogen wurden. Jetzt gab es wieder Krieg in Europa, Kanada wollte auf britischer Seite in die Kampfhandlungen eintreten – und wieder stellte sich das Problem der Wehrpflicht. Das Land brauchte dringend mehr Truppen, doch die Kanadier waren wegen regionaler und kultureller Differenzen eine gespaltene Nation. Dennoch gelang es Mackenzie King, unter Wahrung der nationalen Einheit einen Kompromiss zu finden. Seine Strategie bestand darin, einfach abzuwarten, bis die Entwicklung Taten erforderlich machte. Er hielt Reden mit herrlich sinnlosen, aber beruhigenden Phrasen wie „Wehrpflicht falls notwendig, aber nicht notwendigerweise Wehrpflicht". In der Zwischenzeit unterschrieb der Premierminister mehrere wichtige Verträge mit Präsident Franklin Delano Roosevelt (USA), die eine gemeinsame Verteidigung, eine garantierte Kooperation bei der Produktion von Waffen und militärischem Material und eine integrierte Verteidigung des nordamerikanischen Kontinents beinhalteten. Sein letzter Versuch hinsichtlich der Einführung einer Wehrpflicht war der Kompromiss, Bürger für Arbeiten im Land einzuziehen, statt sie nach Übersee zu senden, wo sie „in einem fremden Krieg" kämpfen mussten.

Nach dem Krieg beteiligte sich Mackenzie an der Sicherung des Weltfriedens. Er war Vorsitzender der kanadischen Delegation, die in San Francisco die Charta der Vereinten Nationen formulierte. Später half er mit, dieser Organisation eine Heimat und politisches Gewicht zu geben. Im Jahre 1945 war Mackenzie an der Ausarbeitung eines Vertrages zur Kontrolle der Atomwaffen beteiligt. Dieser Vertrag war die Grundlage des späteren Washingtoner Abkommens über die Atomenergie, das Präsident Harry Truman und der britische Premierminister Clement Attlee unterzeichneten.

Aus kanadischer Sicht war Mackenzie Kings größter Verdienst, dass er die Nation zu einem selbstständigen und unabhängigen Staat machte. Es mag seltsam klingen, aber obwohl Kanada seit der amerikanischen Revolution als unabhängiger Staat handelte, gab es bis Mitte des 20. Jahrhunderts keine kanadische Staatsbürgerschaft. Stattdessen galten die Kanadier als Briten mit kanadischem Wohnsitz. Mackenzies starkes Nationalgefühl ließ ihn für eine kanadische Staatsbürgerschaft kämpfen. Am 1. Januar 1947, in seinem letzten Jahr als Premierminister, wurde Mackenzie King der erste kanadische Staatsbürger nach dem neuen Staatsbürgergesetz.

Der einsame Premierminister

Trotz seiner Erfolge war auch Mackenzie King nicht vor Fehlern gefeit. Meistens waren sie Folge einer Fehleinschätzung der moralischen Konsequenzen bestimmter Entscheidungen oder er fiel auf Schmeicheleien herein. Die meisten Politiker verlassen sich auf Berater aus Familie oder dem Freundeskreis. Diese werden wichtig, wenn schwierige private oder ethische Probleme gelöst werden müssen, und tragen also dazu bei, Fehlentscheidungen bereits in einem frühen Stadium zu korrigieren. Unglücklicherweise führte Mackenzie King ein sehr zurückgezogenes Leben. Er beging z. B. den Fehler, die Tragweite der Politik Adolf Hitlers und seines Judenhasses zu unterschätzen. Und es gab niemanden, der ihn auf die politischen Gefahren und moralischen Konsequenzen dieser Fehleinschätzung hinwies. Mackenzie korrigierte seine Einschätzung erst, als er durch äußere Anlässe dazu gezwungen wurde, durch die Anbahnung des Zweiten Weltkriegs.

In seiner frühen Karriere war Mackenzie Kings Mutter ein wichtiges Korrektiv. Sie half ihm bei Entscheidungen und nahm auch häufig Einfluss auf sein Privatleben. Als sich der Gesundheitszustand der Mutter verschlechterte, wurde Bruder Max zum guten Freund und Berater. Max unterstütze Mackenzie als ehrlicher Kritiker bei seinen Aktivitäten, während ihm seine Schwester Bella emotionalen Beistand leistete. Allerdings waren die Mutter und die beiden Geschwister im Jahre 1922, Mackenzies erstem Jahr als Premierminister, bereits tot. Sein enger Freund und Mentor Wilfred Laurier war ebenso gestorben, ebenso sein enger Freund aus Collegezeiten, Bert Harper. Harper war in Mackenzies erster Lebenshälfte dessen wichtigster sozialer Kontakt zur nichtpolitischen Welt gewesen. Der Premierminister Mackenzie King war also allein und hatte keine engen oder persönlichen Beziehungen.

Mackenzie King heiratete nie. Offenbar hatte er Schwierigkeiten, enge persönliche Bande zu anderen Menschen zu knüpfen. Auf offiziellem Parkett war er freundlich aber stets verschlossen. An einem bestimmten Punkt seiner Karriere schien ihm eine Heirat ratsam, doch fand er trotz mehrjähriger, intensiver Bemühung keine Frau. Wenn seine sexuellen Bedürfnisse zu drängend wurden, ging Mackenzie King zu Prostituierten. Dann jedoch erschienen ihm diese Kontakte zu sündig, also betete er für sein Seelenheil – und als das nicht half, begann er zu trinken. Aus Mackenzies geheimen Tagebüchern, die erst nach seinem Tode bekannt wurden, geht hervor, dass er versuchte, in spiritistischen Sitzungen seine ehemaligen persönlichen Beziehungen aufleben zu lassen: Mackenzie engagierte spiritistische Medien und versuchte in Seancen, Kontakte zu den Geliebten aufzunehmen, die er verloren hatte. Darunter waren seine Eltern, Bruder und Schwester und natürlich Wilfried Laurier.

Die vielleicht wichtigste persönliche Beziehung in den letzten 30 Jahren seines Lebens war die zu Joan Patteson und ihrem Mann Godfroy. Godfroy war ein Bankmanager und Joan stammte aus einer Künstlerfamilie. Die Pattesons waren Kings Nachbarn in Roxborough, woraus sich eine Freundschaft entwickelte. Joan war etwas älter als King und scheint ihm eine Art Mutterersatz gewesen zu sein: Sie organisierte seine Empfänge und seine persönlichen Termine. Die Beziehung war relativ förmlich, doch wenn die Abende länger wurden, saßen sie beisammen, lasen sich philosophische Bücher vor und sangen gemeinsam.

Joan Patteson mochte Mackenzie nach Art einer Schwester und sie sorgte sich über die Bindungslosigkeit, die King seit dem Verlust von Mutter und Bruder offenbarte. Die Pattesons glaubten, ein Haustier könne ihrem Nachbarn helfen, mit seinem beruflichen Stress und der vergeblichen Suche nach einem Partner fertig zu werden. Diese Idee erwies sich nicht nur als gut, sondern sollte sogar alle Erwartungen übertreffen. Erst nach Mackenzies Tod stellte sich heraus, wie eng seine Beziehung zu seinem ersten Hund und dessen Nachfolgern gewesen waren. Seine Tagebücher und die Briefe und Gespräche mit Joan Patteson sollten dies aufklären.

Pat – Mackenzies erster Hund

Die Pattesons hatten sich gerade einen Irischen Terrier mit Namen Derry angeschafft und schenkten Mackenzie einen zweiten Welpen aus demselben Wurf. Offenbar füllte Pat, der kleine, braune Hund, sofort die zahlreichen sozialen Lücken in Mackenzies Leben. Er wurde zu seinem ständigem Gefährten und Gesprächspartner. Vielleicht genoss es Mackenzies Ego auch, dass der Hund ihn ständig beachtete und ernst nahm – wie einst seine Mutter. Mackenzie schien sogar an eine spirituelle Beziehung zwischen dem kleinen Terrier und seiner toten Mutter zu glauben. In seinem Tagebuch schrieb er über eine Situation, in der er betend vor dem Porträt seiner Mutter kniete: „Der kleine Pat kam aus dem Schlafzimmer und leckte meine Füße ab – kleine, arme Seele, die fast wie ein Mensch ist. Manchmal glaube ich, meine Mutter hat ihn mir gesandt, um mich zu trösten, denn er ist voll von ihrer Geduld, Zärtlichkeit und Liebe."

Wenn King auf seinem Besitz weilte, wich Pat nicht von seiner Seite. Der Hund erfuhr von den Tagesereignissen, lief mit Mackenzie zusammen durchs Haus oder machte Spaziergänge in der Umgebung. Hielten Mackenzie die politischen Geschäfte von zu Hause fern, rief der Staatsmann mehrmals pro Woche Joan Patteson an, die sich um Pat kümmerte. Die Anrufe dienten vor allem dazu, nach Pat zu fragen und ihn grüßen zu lassen.

Wir wissen aus Mackenzies Tagebüchern, welch großen emotionalen Rückhalt Pat ihm in Krisenzeiten bot. Als Großbritannien und Frankreich Deutschland 1939 den Krieg erklärten, schrieb Mackenzie, dass „der kleine Pat mir wie ein Symbol meiner Mutter erschien", und fuhr fort, dass der Hund „mir in dem kritischsten Moment von allen zur Seite stand und mich unterstützte".

Leider war Pat inzwischen 15 Jahre alt und es war klar, dass der Hund nicht mehr lange leben würde. King wusste dies, als er schrieb: „Er ist ein kleiner Engel-Hund, der bald ein Hunde-Engel sein könnte." Vermutlich stammt dieses Zitat aus einem Gedicht von Norah M. Holland (1918):

> *Oben im Hof des Himmels*
> *wartet ein kleiner Hunde-Engel,*
> *mit den anderen Engeln will er nicht spielen,*
> *sondern sitzt allein am Tor.*
> *„Ich weiß, dass mein Herrchen kommen wird", sagt er,*
> *„und wenn es kommt, wird es nach mir rufen."*

Pat lebte sogar noch zwei weitere Jahre. In seinem 17. Lebensjahr war der alte Hund krank, taub und beinahe blind. Es gab niemand in Mackenzies Leben, mit dem er je über Sterbehilfe hätte reden können. Mackenzie selbst hätte wohl auch nie daran gedacht, den Hund töten zu lassen, weil er von dessen Verbindung mit seiner Mutter überzeugt war.

Als Mackenzie an einem Sommertag im Jahre 1941 in Kingsmere eintraf, fand er seinen Hund sehr krank vor. Die mutmaßliche enge Verbindung zwischen Pat und seiner Mutter gab er später in seinem Tagebuch preis: „Ich musste weinen, als ich sah, dass es nicht mehr lange dauern würde, bis ihn seine kleine Seele, seine tapfere, edle Seele verließ. Allerdings vergoss ich meine Tränen vor allem, um Gott zu danken, dass er mich rechtzeitig hatte eintreffen lassen. Ich musste an Mutter denken und dass ich bei ihrem Tod zu spät kam, weil ich zu lange in New York blieb."

King erwartete den Tod seines Hundes. Er kehrte kurz nach Ottawa zurück, um dringende Geschäfte zu erledigen, und trug dann seinem Staatssekretär auf, die für den Nachmittag geplante Sitzung des Kriegskomitees auf den nächsten Tag zu verschieben. Er selbst kehrte nach Hause zurück, um bei Pat zu sein. Dann hielt er den Hund in seinen Armen und sang ihm Kirchenlieder vor.

Der Todeskampf dauerte die ganze Nacht. „Der Morgen brach schon herein – ich küsste den kleinen Kerl, versicherte ihm, wie treu und ergeben er gewesen war, dass er meine Seele gerettet habe und wie ich mich an der Seite meiner geliebten Mutter während ihrer letzten Krankheit fühlte."

Als das Ende des kleinen irischen Terriers kam, beschrieb Mackenzie King folgende Szene: „Ich sang noch einige Kirchenlieder, hielt Pat fest, spürte seinen warmen Körper, spürte, wie die Beine kälter und das kleine Herz immer schwächer wurde, kaum noch wahrnehmbar. Gegen fünf nach zehn sang ich wieder ‚Gott wird bei dir sein, bis wir uns wieder sehen …' In diesem Moment überschritten wir die Grenze … Mein kleiner Freund, der treueste Freund, den ich – oder ein anderer Mann – je hatte, ist zu Derry [der Welpe aus demselben Wurf] und den anderen Lieben zurückgekehrt. Ich habe ihm Botschaften an meinen Vater, an Mutter, Bella [Mackenzies Schwester], Max [sein Bruder], Sir Wilfred und Lady Laurier, Mr. und Mrs. Larkin [frühe politische Unterstützer und Freunde seiner Mutter] und die Großeltern mitgegeben … Am Ende spürte ich einen großen Frieden."

„Der andere Pat"

Es gelang King, seinen privaten Kummer von den politischen Geschäften zu trennen, und am Nachmittag des 15. Juli fand die Sitzung des Kriegskomitees statt. Niemand wusste, wie sehr Mackenzie litt und warum das ursprüngliche Treffen verschoben worden war.

Die Pattesons hatten Pats Tod vorausgesehen und schon einen Plan entwickelt, wie die Lücke im Leben ihres Freundes zu füllen sei. Nach dem Tod ihres eigenen Terriers Derry hatte sie einen anderen Irischen Terrier gefunden, den sie klugerweise auch Pat nannten. Nun überredeten sie den Freund und Nachbarn, sich den Hund anzusehen. Mackenzie King tat es und gewann das Tier gleich lieb. Er nannte es „den anderen Pat". Die Pattesons warteten einige Monate, bis sich Kings Schmerz gelegt hatte, und brachten ihn dann dazu, den „anderen Pat" zu übernehmen. Da Mackenzie den Hund bereits kannte, fiel ihm das recht leicht.

Wahrscheinlich konnte Pat II seinen Vorgänger niemals vollständig ersetzen, aber Mackenzie entwickelte auch zu ihm eine enge Beziehung und nannte ihn „den Kleinen Heiligen". Pat II wurde Kings Vertrauter wie schon der erste Pat. Wieder gelang es Mackenzie, mithilfe des Hundes den Druck abzubauen, der wegen des Krieges auf dem Premierminister lastete. Der Hund hörte nur aufmerksam zu und versuchte nicht, sich einzumischen oder Schuld zuzuweisen. Weihnachten 1944 schrieb King beispielsweise: „Bevor ich ins Bett ging, hatte ich ein kleines Gespräch mit Pat in seinem Körbchen [das Körbchen stand neben Kings Bett]. Wir sprachen über das Christkind und die Tiere an der Krippe."

Pat II lebte nicht so lange wie der erste Pat und während der letzten Tage des kranken Hundes stand Mackenzie wiederum unter großem politischem Druck. Pat II hatte Krebs und diesmal war King bereit, den Hund einzuschläfern zu lassen – er wollte ihm weitere Schmerzen ersparen. In den letzten Tagen des Hundes glaubte Mackenzie festzustellen, dass Pat II edler, stärker und „wirklich großartiger" war als er selbst. Bescheiden schrieb er in sein Tagebuch: „Gott möge geben, dass ich ihn verdiene."

Nach dem Tod von Pat II hatte King fast ein Jahr lang keinen Hund. In jenen Krisenzeiten scheint er jedoch die Geister seiner Pats beschworen zu haben. Als das Land unter wirtschaftlichen Schwierigkeiten litt, schrieb er in sein Tagebuch: „Die kleinen Hunde waren mir jeden Tag nahe. Als ich heute Nacht in mein Schlafzimmer ging, schienen sie wie einst um mich zu sein und fröhlich über mein Bett zu springen. In solchen Zeiten waren sie mir immer sehr nahe."

Welche Bedeutung Pat II in Mackenzie Kings Leben hatte, zeigt eine Begebenheit aus dem Jahr 1947. König Georg VI. bot dem Premierminister die Mitgliedschaft im *Order of Merit* an. Diese hohe Ehre des Commonwealth kam und kommt nur jeweils 24 Mitgliedern zuteil. Außerdem war noch nie ein Kanadier auf diese Weise geehrt worden. Der Grund dafür war die Unterstützung, die Mackenzie als Premierminister während des Krieges, später bei der Gründung der Vereinten Nationen und bei mehreren anderen, Frieden sichernden Verhandlungen und Verträgen geleistet hatte.

Mackenzie stürzte dieses Angebot in einen Konflikt, denn er hielt grundsätzlich nichts von Titeln und Ehrungen. Außerdem war Pat II vor nicht allzu langer Zeit gestorben, sodass Mackenzie kei-

nen Vertrauten hatte, mit dem er die Angelegenheit hätte bespre-
chen können. Er schrieb in sein Tagebuch: „Ich kann ehrlich sagen
... dass meine Gedanken schon bald bei meinem kleinen Hund Pat
II waren. Ich war mir mehr als sicher, dass er den O. M. tausend Mal
mehr verdient hätte als ich. Dann dachte ich an den anderen kleinen Pat und daran, dass auch er ihn verdient hätte mit seiner Loyalität, Treue und allem, was weiter zählt." Schließlich war King
jedoch davon überzeugt, dass die Ehre nicht nur ihm persönlich,
sondern auch seinem Land verliehen wurde. Also nahm er sie an
und wurde Mitglied des *Order of Merit*.

Pat III und MacKenzies Tod

Es gab noch einen Pat im Leben von Mackenzie King – wieder ein
Irischer Terrier, diesmal ein Geschenk seines Privatsekretärs. Auch
King wurde älter, daher war er nicht lange genug mit Pat III zusammen, um eine ähnlich enge Bindung wie zu dessen Vorgängern aufzubauen. Doch auch mit Pat III unterhielt sich Mackenzie und er
teilte dem Hund mit, dass seine eigene Gesundheit nachließ.
Am 20. Juli 1950 wachte Mackenzie auf. Pat III war in sein Bett
gekommen. Der alte Mann erschauderte unter einer plötzlichen
Kälte und schrecklichen Schmerzen. „Ruf sie, Pat", keuchte er und
wiederholte den Satz so lange, bis das Gebell des Hundes den ganzen Haushalt zusammengerufen hatte. Kurz darauf erhielt Mackenzie schmerzlinderndes Morphium und erlangte niemals vollständig
sein Bewusstsein zurück.
Wir werden niemals erfahren, wie wichtig die Hunde in Mackenzies
Leben wirklich waren. Es ist kaum vorstellbar, dass ein Mensch
ohne enge und ausgleichende persönliche Bindungen eine solche
Karriere machen und so viele Krisen überstehen konnte. Es waren
allein die Hunde, die dem einsamen Junggesellen beistanden. Dass
er und auch andere uns ihre Gespräche mit Hunden überliefert
haben, ist sicher ebenfalls ein deutlicher Hinweis auf die wichtige
Rolle der Tiere als Tröster und Freunde – vielleicht sogar Ratgeber
– in schwierigen Zeiten.
Für Menschen, die noch nie mit Hunden zusammengelebt haben,
mag es merkwürdig scheinen, mit einem Hund wie mit einem ech-

ten Partner oder Freund zu reden. Der größte Vorteil eines Hundes besteht darin, dass er da ist, Gefühle teilen kann, den Stress einer Krise lindert oder die Einsamkeit teilt. Ein Hund hört mit ruhigem Blick zu, der zu sagen scheint: „Erzähl ruhig weiter, ich weiß genau, was los ist." Ein Hund sagt nie: „Das ist das Dümmste, das ich jemals gehört habe." Mit einem Hund ist man niemals allein. Vielleicht reden deshalb so viele Leute mit ihrem Hund. Hunde waren vielen Menschen angenehme Gesprächspartner: Autoren, Komponisten, Königen, führenden Politikern und einfachen Menschen wie mir und vielleicht auch Ihnen.

Die Löwenhunde in der Verbotenen Stadt

Wir befinden uns um die Mitte des zweiten Jahrhunderts n. Chr. im Hauptpalast am chinesischen Kaiserhof. Der riesige Raum ist mit seidenen Bannern geschmückt; dahinter glänzen bunt bemalte Wände metallisch wie Gold. Kaiser Ling Ti aus der Han-Dynastie – der augenblickliche Sohn des Himmels – betritt die große Halle. Er wird von vier Leibwächtern in Miniformat begleitet, den Löwenhunden, die wir als Pekinesen kennen. Zwei der Hunde laufen mit hoch erhobenen Köpfen und Schwänzen vor ihm her und kündigen sein Erscheinen an, indem sie in bestimmten Abständen scharf und schneidend bellen. Die anderen beiden laufen hinter ihm und tragen den Saum seiner Robe im Maul.

Diese Hunde sind bereits so lange am kaiserlichen Hof, dass man sie wie selbstverständlich als Teil des kaiserlichen Lebens und Protokolls akzeptiert. Sie werden als wesentliches Element der kaiserlichen Herrschaft verhätschelt und verehrt. Rund 1700 Jahre später wird dieselbe Hunderasse eine wichtige Rolle im Niedergang der Mandschu-Dynastie spielen, die das Ende der kaiserlichen Herrschaft in China einleitet.

Wie Buddha den Löwen zähmte

Die Löwenhunde bilden einen zwar dünnen, gleichwohl aber durchgehenden roten Faden in der über 2 000 Jahren andauernden, komplizierten chinesischen Geschichte. Die Geschichte der Löwenhunde beginnt mit Buddha. Der Buddhismus entstand etwa 500 Jahre v. Chr. in Indien. Große Teile der buddhistischen Symbolik haben deshalb in dem Leben Indiens und in der Tierwelt dieses Landes ihren Ursprung. Löwen waren die meist gefürchteten Raubtiere auf dem indischen Subkontinent und wurden zum Symbol für

Gewalt, Aggression und verzehrende Leidenschaft. Angeblich zähmte Buddha einen Löwen und befahl dem Tier, ihm „wie ein treuer Hund zu folgen" – eine Parabel über den Sieg von Frömmigkeit und Weisheit über rohe Gewalt.

Später galt der Löwe dieser Verbindung wegen als heilig und man sprach ihm viele Eigenschaften Buddhas zun. Letztlich wurden Löwen zum wichtigsten Symbol des Buddhismus und ihr Bild taucht in vielen Legenden auf, die sich um das Leben Buddhas ranken. Eine davon berichtet, wie Buddha auf dem Rücken eines Löwen in den Himmel entschwand. Seinen Fingern entsprangen Myriaden winziger Löwen, die sich zu einem einzigen, großen Tier vereinigten und seine Feinde angriffen.

Während der ersten vier Jahrhunderte n. Chr. drang der Buddhismus über die Handelsrouten bis nach China vor und wurde Bestandteil der dortigen Kultur. Viele der buddhistischen Konzepte verschmolzen mit den Traditionen des Taoismus und anderen regionalen Ideen und Symbolen.

Die Chinesen waren durchaus bereit, den Löwen als zentrales Symbol der neuen Religion zu akzeptieren; allerdings hatte kein Chinese jemals einen echten Löwen gesehen. Sie kannten Tiger, konnten aber mit der Beschreibung eines Löwen als „großem, tigerartigem Raubtier mit mächtigen Haaren, die seinen ganzen Kopf umgeben, über seine Schultern fallen, mit nacktem Rücken und einem Büschel langer Haare am Schwanzende" kaum etwas anfangen. Über die Handelswege waren zwar einige Bildnisse von Löwen ins Land gekommen, doch glichen sie ihren lebenden Vorbildern nur vage. Die meisten hatten relativ flache Gesichter, sodass man sie als Amulette oder Schmuck tragen konnte. Echte Löwen gab es kaum und die wenigen, die man an den kaiserlichen Hof gebracht hatte, überlebten die harten Winter nicht.

Hunde werden zu Löwen

Der Buddhismus setzte sich in China als Staatsreligion durch, als der Han-Kaiser Ming Ti die Lehren des Konfuzius zugunsten der neuen Religion verwarf. Ming Ti war nicht nur ein frommer, sondern auch ein sehr abergläubischer Mann. Daher verlangte er nach sichtbaren Symbolen – die er wohl auch aus psychologischen Gründen brauchte –, um seinen Glauben zu veranschaulichen.

Dass es keine lebenden Symbole für die Größe Buddhas gab – nicht einmal im Tempel des höchsten Priesters, des Kaisers selbst – war eine Katastrophe. Da Ming Ti als Sohn des Himmels galt, wollte er wie Buddha einen Löwen zum Gefährten haben. Die Situation wurde gerettet, als sich ein Höfling die kleinen Hunde des Kaisers genauer ansah. Wir wissen nicht, wer das war, aber der Mann stellte fest, dass es nichts auf der Erde gab, was den Beschreibungen eines Löwen ähnlicher sah als die kleinen Pekinesen. Man brauchte nur ihre Haare um das Gesicht ein wenig zu beschneiden und den Schwanz zu rasieren, schon hatte man einen echten Löwenhund! So wurden diese kleinen Hunde nicht nur zum Symbol des Buddhismus, sondern auch zu einem Insignium des Kaisers.

Es ist wichtig zu wissen, dass die kleine Hunderasse bereits seit etwa 100 Jahren beim chinesischen Adel beliebt war, bevor sie zum Löwen Buddhas aufstieg. Etwa 500 v. Chr. beschreibt Konfuzius einen „Hund mit kurzer Schnauze", kurzen Beinen, langen Ohren und Schwanz. Sie wurden *ha-pa*, zu Deutsch „Hunde unter dem Tisch" genannt. Da die Tische damals nur 20–25 cm hoch waren – man kniete vor ihnen auf einer Matte oder Kissen – müssen diese Hunde sehr klein gewesen sein. Einige waren so winzig, dass die Adligen sie in den Falten ihrer weiten Kleider trugen. Die Tiere waren also nicht nur Begleiter, sondern hielten ihre Besitzer auch während der kalten Wintertage warm. Auf Bronzegefäßen aus der Shang-Dynastie und der Chou-Dynastie sind kleine Hunde zu erkennen, die den Pekinesen glichen. Das Geschick dieser Hunderasse sollte sich allerdings drastisch ändern, nachdem Kaiser Ming Ti sie zu den Löwen von Buddha erklärt hatte.

Denn ab jetzt versuchten sowohl das Kaiserhaus als auch Adlige, Hunde zu züchten, die noch mehr den verfälschenden Bildnissen der Löwen glichen. In dieser Phase der chinesischen Geschichte entstanden Hunde mit stark vergrößerter Mähne um den Kopf, breiten Nasen und flachen Gesichtern.

Da der Kaiser die Hunde zu den Löwen Buddhas erklärt hatte, veränderte sich umgekehrt auch die allgemein anerkannte Vorstellung vom Aussehen eines Löwen in die Richtung der Hunde. Allmählich setzte sich sogar der Glaube durch, dass das heilige Tier Buddhas in Wirklichkeit ein Pekinese gewesen sei. Statuen von *Fo*-Hunden – *Fo* ist der chinesische Name für Buddha – wurden beliebt. Man findet sie heute paarweise vor den Eingangshallen vieler buddhistischer Tempel. Und in der Tat gleichen diese Statuen keinem lebenden Tier – weder Löwen noch Pekinesen. Sie haben rechteckige Köpfe, zottige Mähnen, fantastische Locken, kurze Körper, mächtige Beine und buschige Schwänze. Gewöhnlich tragen diese Löwenhunde Leinen aus Seide oder Bänder oder auch Halsbänder, die mit Glocken und Quasten verziert sind. Häufig sitzen sie auf niedrigen und reich mit Stoffen geschmückten Piedestalen. Üblicherweise ruht die rechte Vorderpfote des männlichen Tieres auf einem Ball, der in bestickte Seide gehüllt ist, während das weibliche Tier seine linke Vorderpfote vor das offene Maul ihres Jungen hält. Diese merkwürdige Darstellung basiert auf einem alten Volksglauben: Angeblich sondern die weiblichen Löwenhunde ihre Milch aus den Pfotenballen ab und von dort saugen ihre Jungen die Milch auf.
Gegen Ende des 17. Jahrhunderts hatte sich die Auffassung durchgesetzt, dass ein Hund, der – wie der Pekinese – in etwa einem Löwen glich, das Symbol Buddhas war.

Die Legende des Löwen-Hundes

In der chinesischen Kunst gleicht der Löwe, auf dem Buddha reitet, eher einem Hund als einem Löwen. Er trägt sogar ein reich verziertes Halsband. Der treue Löwe, der den heiligen Mann begleitet, sieht nicht nur aus wie ein Pekinese, er zeigt auch eine hundetypische Haltung: Wie ein spielender Hund drückt er sich vorn flach auf den Boden und die Vorderbeine, während er das Hinterteil und den Schwanz hoch hält. Auch in den Volksbräuchen vollzog sich die Verschmelzung von Hund und Löwe. So wird Buddha in manchen Legenden von Hunden begleitet, die sich bei Gefahr für den Herrn in Löwen verwandeln.

Später tauchte sogar eine Erzählung auf, die umgekehrt die Verwandlung eines Löwen in einen Hund beschreibt. Sie beginnt mit dem himmlischen Löwen Buddhas – der erste, den Buddha gezähmt hatte – der mit einer Frage zu seinem Meister kommt.

„Oh, Sohn des Himmels", sagt er, „Ich habe mich in eine Marmosetten-Äffin verliebt. Sie ist wunderschön und sie liebt mich wirklich. Sie bewundert meinen Mut, hat aber Angst vor meiner Größe und Kraft. Weisester von allen, was soll ich tun?"

Buddha lächelt und erwidert: „Treuer Löwe, ich werde dir helfen. Wenn du das nächste Mal zu deiner Geliebten gehst, werde ich dich in ein kleines Tier verwandeln, das sie nicht mehr fürchten muss. Auch wenn dein Körper dann klein ist, werden dein Mut und dein Geist groß und stark bleiben. Aber du darfst nicht vergessen, dass du mein Gefährte bist. Wenn ich nach dir rufe, musst du kommen. Solltest du nicht selbst kommen können, gilt diese Verpflichtung auch für deine Nachkommen und ihre Familien."

Der nun kleine Löwe lief fort, um seine geliebte Äffin zu heiraten. Sie lebten glücklich und in Freuden und hatten viele Kinder. Diese Kinder aber waren die Löwenhunde, die mit der Verpflichtung geboren wurden, Buddha auf ewig als Symbol zu dienen.

Die häufigste, nach Meinung mancher auch die königlichste Rasse Chinas sind die Pekinesen – sie tragen den Titel Löwenhunde. In Mandarin-Chinesisch lautet ihr Name *Xiao Shi Gou*, was wörtlich „kleiner Löwenhund" bedeutet. Man muss sich aber klar machen, dass diese Hunde auf Aussehen gezüchtet wurden – niemand kam auf die Idee, auf eine reine Linie zu achten oder ein Zuchtbuch zu führen.

Obwohl also der Löwenhund von Buddha in China in der Regel als Pekinese identifiziert wird, können ihm der Lhasa Apso und auch der Tibetische Spaniel diese Ehre streitig machen. Beide wurden von buddhistischen Mönchen in Tibet gezüchtet. Diese Mönche versuchten ebenfalls, ihren Hunden das Aussehen des himmlischen Löwen zu verleihen. Als der Dalai Lama einige Lhasa Apsos als Geschenk an den Kaiserhof von China sandte, kreuzte man dort diese Tiere mit Pekinesen, um einen Löwenhund mit leicht verändertem Aussehen zu erhalten. Daraus ging der Shih Tzu hervor. In

Japan züchtete man den japanischen Chin (*chin* ist das japanische Wort für Chinese), nachdem der Buddhismus auch auf dieses Land übergegriffen hatte. Der Chin war eine Kreuzung zwischen Pekinese und Tibetischem Spaniel.

In allen Fällen versuchten die Züchter eine Hunderasse zu schaffen, deren Aussehen möglichst genau das Bild des symbolischen Löwen traf. Außerdem sollten ihre Hunde auch im Charakter dem mutigen himmlischen Löwen möglichst nahe kommen – also ein lebhaftes und freundliches Temperament besitzen.

Schönheitswettbewerbe

Jedes Jahr fanden viel beachtete Wettbewerbe statt, um herauszufinden, welche der zahlreichen, von den Dienern des Kaiserpalastes oder der Adelshäuser gezüchteten Hunde am meisten dem Löwen Buddhas entsprach. Anschließend malte man ein Porträt des siegreichen Hundes und erwähnte ihn in den Annalen des kaiserlichen Hofes. Da der siegreiche Züchter zum Staatsbeamten ernannt wurde und bis ans Lebensende eine Pension erhielt, war das Interesse an der Zucht des perfekten Löwenhundes verständlicherweise sehr groß. Zwangsläufig wurden zahlreiche Kreuzungsversuche unternommen, um die optimale Form, Größe und Farbe des Löwenhundes zu erreichen.

Scheiterten die Zuchtversuche, versuchten skrupellose Hundezüchter auch auf andere Art, dem Erfolg auf die Sprünge zu helfen. Sie bissen die Rutenspitzen der Welpen ab, wenn dort das Fell nicht dicht genug wuchs. Nun konnten sie die langen Haare des Schwanzes nach hinten zu einem löwenartigen Büschel aufkämmen.

Besonders wichtig war jedoch ein breites, flaches Gesicht der Hunde. Um das zu erreichen, fütterte man die jungen Hunde mit den Fleischresten, die an einer aufgespannten Schweinehaut hafteten. Bei dem Versuch, die winzigen Fleischbröckchen abzunagen, drückten die Welpen ihre Nasen fest gegen die Haut. Da nur wenig Fleisch an den Häuten hing, brauchten sie stundenlang, um es abzureißen und zu fressen – dabei verflachten ihre weichen Gesichter nach und nach, denn das Wachstum ihrer Schnauzen wurde stark behindert. Es gibt sogar Berichte, nach denen man versuchte, die weichen Welpennasen mit einem Stock zu brechen. Letztere Praxis war allerdings für die zuchtverantwortlichen Bediensteten nicht ganz ungefährlich. Wenn nämlich herauskam, dass einer der Hunde durch Verschulden eines Dieners, Sklaven oder Eunuchen zu Tode gekommen war, drohte dem Betreffenden die Todesstrafe. Weniger drastisch, dafür aber sehr arbeitsaufwändig waren stundenlange Massagen, um die Schnauzen der Welpen weich und kurz zu halten.

Auch eine bestimmte Größe wurde durch Züchtung und mit brutaleren Methoden angestrebt. Als die Mandschufürsten über das Reich herrschten, bevorzugten sie möglichst kleine Hunde, sodass die Züchter oft die jeweils kleinsten Welpen durch Inzucht vermehrten. Da aber insbesondere schwache Welpen oft körperliche Mängel zeigen, nahm die Zahl der Erbkrankheiten allmählich zu. Um dieses Problem in den Griff zu bekommen, kreuzte man fremde Tiere von außerhalb des Hofes ein. Damit jedoch nahm die Größe der Tiere wieder zu und so verkleinerte man sie durch bizarre Prozeduren erneut. Man fütterte die Welpen während der ersten Lebenswochen nur wenig oder zog sie in winzigen Metallkäfigen auf, um das Wachstum zu unterbinden. Eine andere Vorgehensweise bestand ähnlich wie die Massageversuche zur Verflachung der Nasen darin, die Welpen ständig von Sklaven auf den Armen tragen und ihre Körper sanft drücken und kneten zu lassen, damit sie klein blieben. Hierfür gab es speziell ausgebildete Sklaven, die sich alle paar Stunden abwechselten. Manche der Hunde berührten so gut wie nie den Erdboden, bis sie erwachsen waren. Solche abstrusen Bemühungen beschränkten sich allerdings auf jene Hunde, die bereits die angestrebte Farbe und andere erwünschte Merkmale besaßen.

Hunde von Rang und Namen

Die Zucht der Pekinesen und anderer Löwenhundrassen war inzwischen zum kaiserlichen Privileg geworden. Sie wurden in der während der Ming-Dynastie im frühen 15. Jahrhundert erbauten Verbotenen Stadt gezüchtet. Die Verbotene Stadt war eine riesige, befestigte Enklave von 722 000 m² und bestand aus etwa 800 Gebäuden mit insgesamt rund 9 000 Räumen. In dieser Stadt lebte der Kaiser mit seinem Hofstaat.

Nach Vollendung der Stadt verschwanden die Löwenhunde buchstäblich von der Bildfläche, denn sie blieben ihr ganzes Leben lang hinter den Mauern der kaiserlichen Wohnstatt. Dort gab es einen kaiserlichen Zwinger mit einem eigenen, von Mauern umgebenen Hof. Darin standen zahllose Bambuskäfige für die Hunde. Sie wurden von besonderen Pflegern versorgt, die alle Vorgänge im Zwinger dem Obereunuchen berichten mussten. Der wiederum meldete dem Kaiser jeden neuen Welpen. Der Kaiser besuchte den Zwinger in regelmäßigen Abständen, um die neuen Welpen zu begutachten oder um den perfekten Hund kurz vor dem jährlichen Wettbewerb zu sehen.

Zucht und Besitz der Löwenhunde waren ein ausschließlich kaiserliches Privileg. Niemandem außer dem Adel oder hochrangigen Priestern war es erlaubt, sie zu besitzen. Erblickte ein normaler Untertan einen der Hunde auf dem Hof, musste er seine Augen respektvoll niederschlagen, ganz so, als begegnete er einem Adligen auf der Straße. Dazu passte auch, dass viele der Hunde adlige Titel und Würden trugen. Kaiser Ling Ti aus der Han-Dynastie ging sogar so weit, seinem Lieblingshund einen Hut und Gürtel mit dem Dienstgrad eines *Chin Hsien* zu verleihen – einer der höchsten Hofränge in China. In der Kaiserzeit waren Beförderung und Aufstieg in den zivilen Rängen davon abhängig, ob man lesen konnte. Hinzu kam die Kenntnis wichtiger historischer Werke und der dazu geschriebenen Kommentare. Also konnte der Hund nicht nur offiziell lesen, sondern kannte sich auch bestens in der Geschichte des Reiches aus.

Dass Hunden ein Titel verliehen wurde, wurde immer üblicher. Gewöhnlich verlieh man den Siegern des jährlichen Wettbewerbes oder besonderen Lieblingen des Kaisers den Titel *K'ai Fu* und damit den Rang eines Vizekönigs. Entsprechend erhielten die Hündinnen Titel, die ansonsten den Frauen vorbehalten waren. Alle Hunde wurden wie Adlige behandelt: Soldaten wurden zu ihrer Bewachung abgestellt und Diener sorgten für ihr leibliches Wohl. Sie bekamen den besten Reis und das beste Fleisch und ihre Betten waren mit wertvollen Decken und Kissen ausgestattet.

Während die Kaiser wohl eher amüsiert zur Kenntnis nahmen, dass ihre Hunde Titel trugen, sahen das viele Höflinge ganz anders. Aus einem zeitgenössischen Bericht wissen wir, dass sich manche Mitglieder des Hofstaates durch diese Praxis beleidigt fühlten. Kaiser Ming aus der Tang-Dynastie (um 715) nahm z. B. eine Favoritin und besonders schöne Frau mit Namen Wo in seinem Harem auf – sie war eine winzige, weiße Pekinesendame. Offenbar hatte diese Hündin größeren Einfluss auf den Kaiser als jedes andere Mitglied des Hofstaates. Sie beobachtete ihn genau und wenn er Anzeichen von Stress oder Ärger zeigte, sprang sie auf seinen Schoß, um ihn zu beruhigen. Fast immer entspannte sich der Kaiser dann wieder und lächelte.

Eine andere Geschichte berichtet über ein Ereignis, bei dem diese Hündin den Kaiser vor einer peinlichen Situation bewahrte. Einer seiner Söhne hatte zuvor recht eigenmächtig gehandelt und Entscheidungen getroffen, die dem Kaiser dann nur noch zur Bestätigung vorgelegt worden waren. Dieser Prinz galt als besonders intelligent und ehrgeizig. Ming gefiel es gar nicht, dass man am Hof munkelte, der Prinz sei klüger als der Kaiser.

Mit diesem Sohn spielte Kaiser Ming nun Schach. Wie immer hatten sich Zuschauer um das Schachbrett versammelt. Das Spiel lief schlecht für Ming und ihm wurde bewusst, dass er vor den Augen seiner Höflinge gegen den mutmaßlichen Rivalen verlieren würde. Das hätte dem Prestige des Prinzen sehr genützt, die Allmacht des Kaisers aber hätte Schaden genommen. Die kleine Hündin Wo hatte ihr Herrchen genau beobachtet und wollte in seinen Arm springen, um ihn etwas aufzumuntern. Doch landete sie versehentlich auf dem Schachbrett und verstreute alle Spielfiguren über den Boden, sodass das Spiel beendet war. Obwohl sich der Kaiser bei seinem Sohn entschuldigte, weil seine kleine Frau Wo das Spiel ruiniert hatte, bemerkten doch viele sein breites Grinsen. Wenige Tage später trug die kleine Wo ein neues, mit Juwelen besetztes Halsband.

Die Herrschaft der Kaiserin Cixi

Hunde hatten zwar schon über Jahrhunderte einen festen Platz am Hof der Kaiser, ihren größten Einfluss auf die Geschichte besaßen sie jedoch unter der Herrschaft der Kaiserin T'su Hsi (oder Cixi). Die Kaiserin wurde 1835 als Tochter eines Offiziers im Regiment der kaiserlichen Wachen zur Zeit der Mandschu-Dynastie geboren.

Cixis Familie gehörte zu den Mandschu, sie beschränkte ihren Umgang deshalb weitestgehend auf andere Mandschus und hatte kaum Kontakt zu anderen Chinesen. Die äußerst attraktive Cixi war verliebt. Sie lebte das Leben einer Oberschichtangehörigen und wollte Jung Lu heiraten, den Kommandanten einer mandschurischen Garnison. Sie fiel jedoch dem Kaiser Hsien Feng auf, der sie zu einer seiner zahlreichen Konkubinen machte. Von nun an musste sie in der Verbotenen Stadt leben.

Da sie nur eine Konkubine dritten Grades war, zollte man Cixi kaum Respekt und vertraute ihr nicht. Wenn der Kaiser sie für eine Nacht erwählt hatte, wurde sie von den Eunuchen in seinen Raum gebracht, nackt ausgezogen – man untersuchte sie nach Waffen – und nun musste sie am Fuß des Bettes warten.

Ihr Schicksal sollte sich allerdings wenden. Obwohl Hsien Feng viele Konkubinen hatte, war Cixi die einzige, die dem Kaiser einen Sohn schenkte. Nach der Geburt des Knaben Tsai Chun erhob man Cixi in den Rang einer Konkubine ersten Grades. Obwohl der Kaiser Cixis Intelligenz schätzte und sie ihm einen Thronerben geboren hatte, war der Herrscher ihr nicht besonders zugetan, denn er liebte ausschließlich seine Lieblingskonkubine Li Fei. Immerhin hatte Cixi sich den Respekt des Kaisers erworben und wurde nun mit der Ehre behandelt, die ihrem Rang gebührte. Damit war auch eine Änderung ihres Namens verbunden. Von nun an trug sie den Ehrentitel *Kuei Fei*, was so viel wie „Konkubine der weiblichen Tugend" bedeutete.

Von dem Augenblick, da Kuei Fei ihren neuen Rang erhalten hatte, durfte sie Einblick in staatspolitische Unterlagen nehmen. Sie gewöhnte sich an, die Berichte aus den Provinzen zu lesen und in allen wichtigen Fragen Ratschläge zu erteilen. Bald schon war es üblich, die Mutter des Thronfolgers in Staatsangelegenheiten zu Rate zu ziehen. Cixi war die geborene Bürokratin, liebte geordnete Akten, kannte alle Vorgänge und achtete auf Details. Außerdem besaß sie politische Verbindungen. Besonders wichtig waren ihre Beziehungen zum Militär über ihren Vater und über ihren früheren Verlobten, den Garnisonskommandanten Jung Lu, der ihr zeit seines Lebens treu ergeben blieb. Sie nutze ihre Beziehungen bedenkenlos und scheute auch nicht vor Bestechungen und sogar Gewalt zurück – wenn es ihrem Vorteil diente. Kuei Fei war außerdem loyal gegenüber ihren Verbündeten und vergaß Feindseligkeiten niemals. Da sie dem Kaiser sehr nah stand, konnte sie nach Belieben Belohnungen und Strafen verteilen. Es überrascht nicht, dass sie bald maßgeblich an einer politischen Verschwörung beteiligt war.

Der Kind-Kaiser und die Fäden der Macht

Als Kaiser Hsien Feng mit 30 Jahren starb, löste das eine ganze Reihe von Ereignissen aus. Da des Kaisers erste Frau keinen Sohn geboren hatte, wurde Kuei Feis Sohn Tung Chih (ehemals Tsai Chun) bereits mit fünf Jahren zum Kaiser gekrönt. Kuei Fei änderte wiederum ihren Namen, diesmal in T'su Hsi, „die gesegnete oder glückliche Mutter". Die Frau des Kaisers wurde in Tsu An umbenannt („friedliche Mutter"). Die beiden verwitweten Kaiserinnen wollten das Land an Stelle des jungen Kaisers regieren, sahen sich aber einer Opposition aus einflussreichen Adligen gegenüber. Jetzt traten die zahlreichen Alliierten von T'su Hsi auf den Plan.
Hsien Fengs Bruder, Prinz Kung, kannte ihre Verbindungen zur Armee, vor allem zur kaiserlichen Garde. Kung hatte eigene Pläne und war auf die Unterstützung der Garde angewiesen. Daher ging er eine Allianz mit den beiden Witwen ein, um gemeinsam das Reich zu regieren. Die drei Herrscher klagten ihre Feinde an und ließen sie wegen Hochverrats zum Tode verurteilen – bis auf zwei aus der königlichen Familie, die Selbstmord begehen „durften". Danach richtete T'su Hsi ihre Aufmerksamkeit auf ihre größte Rivalin während der Lebzeiten des Kaisers. Dessen ehemalige Lieb-

lingskonkubine verschwand unter mysteriösen Umständen auf Nimmerwiedersehen. Gerüchte zufolge hatte T'su Hsi sie in einen Brunnen der Verbotenen Stadt werfen lassen – so wurden damals Rivalen umgebracht.

T'su Hsi und Tsu An hatten keine wirklichen Gegner mehr. Da sie nur als Regentinnen fungierten, übten sie all ihren Einfluss auf den Kind-Kaiser aus, um dessen Entscheidungen zu beeinflussen. Dazu ließ T'su Hsi einen Bambusschirm hinter dem Thron des Jungen errichten. Wenn hohe Regierungsbeamte und Delegationen vor ihn traten und ihre Berichte und Wünsche vortrugen, hörte T'su Hsi hinter ihrem Schirm alles und konnte dem jungen Kaiser die Antwort zuflüstern. Da sich Tung Chih streng an die Worte seiner Mutter hielt, wurde ihre Meinung zum kaiserlichen Gesetz.

Ein Machtkampf unter den beiden Frauen war absehbar. Zum endgültigen Konflikt kam es, als der Obereunuch Li Lienjing nach Auffassung von Tsu An zu viele Ehren und zu große Macht erhielt. Damit beging sie jedoch einen Fehler, denn ihre Rivalin T'su Hsi hatte seit ihrem Eintreffen im Palast streng darauf geachtet, sich gut mit den Eunuchen zu stellen: Sie hatte erkannt, dass jene für die täglichen Abläufe im Palast verantwortlich waren und damit großen Einfluss auf die Regierung besaßen. Nach ihrem Aufstieg nutzte sie diese guten Kontakte zu den Eunuchen und setzte sie als private Geheimpolizei ein. Die Eunuchen ließen viele Gegner T'su Hsis verschwinden und nun waren auch sie es, die Tsu An vergifteten. T'su Hsi war nun die alleinige Herrscherin und Regentin.

Der plötzliche Tod des jungen Kaisers

T'su Hsis Sohn, Kaiser Tung Chih, lebte nicht sehr lange. Er führte ein ausschweifendes Leben, trank zu viel und verkehrte regelmäßig mit Prostituierten. Im Alter von 16 Jahren heiratete er Alute, die Tochter eines mandschurischen Adligen, und legte sich überdies Konkubinen zu. T'su Hsi wurde klar, dass der Einfluss der jungen Alute auf den jungen Kaiser zunahm. Außerdem besagten Gerüchte, dass Alute schwanger sei und auch eine der Konkubinen des Kaisers ein Kind erwarte. Mit der Geburt eines neuen Thronerben wäre der T'su Hsis Einfluss vollständig geschwunden. Von einem leichten Pockenanfall schien sich Kaiser Tung Chih zunächst rasch wieder zu erholen, dann aber starb er plötzlich, als die Krankheit erneut ausbrach. Seine Medikamente hatten die Eunuchen unter der Aufsicht von Li Lienjing zubereitet – vermutlich war es dabei nicht mit rechten Dingen zugegangen. Dafür spricht auch, dass sich Alute und die schwangere Konkubine sofort unter dubiosen Umständen umbrachten – die eine nahm eine Überdosis Opium, die andere warf sich in einen Brunnen.

Da Tung Chih keinen Erben hinterließ, gab es auch keinen Nachfolger auf dem Thron. Also erwählte T'su Hsi ihren dreijährigen Neffen Kuang Hsu zum nächsten Kaiser, obwohl er nicht zu den direkten Thronerben gehörte. Sie konnte sich bei dieser Entscheidung auf ihre starken Verbündeten in Armee und Politik stützen. Gleichzeitig ernannte sie sich zum Wächter (später „Mutter") des Kindes und konnte nun als Regentin offiziell weiter regieren.

In den folgenden 14 Jahren war T'su Hsi die Stimme der kaiserlichen Regierung. Nun begann sie sich auch für die Löwenhunde zu interessieren, die im Palast gehalten wurden. Es waren meist Pekinesen, aber auch einige Lhasa Apsos, Shih Tzus, Tibetische Spaniel und Möpse. T'su Hsi bevorzugte die Pekinesen. Es war nicht ungewöhnlich, dass im kaiserlichen Hundezwinger weit mehr als 100 dieser kleinen Hunde gehalten wurden, weitere lebten in den Wohnungen des Palastes. Auch im Sommerpalast gab es einen kleineren Zwinger.

Das Welpen-Orakel

Betrachtet man die bloße Zahl der Hunde, könnte man glauben, die Regentin hätte die kaiserlichen Hunde wirklich geliebt. Tatsächlich aber hatte sie aber nur einige wenige Lieblinge – ihr ging es vor allem um die symbolische Bedeutung der Hunde. Immerhin repräsentierten diese Hunde den Löwen des Buddha. Die Macht des Kaisers aber wurde teilweise von seiner engen Verbindung zu Buddha und der Macht des himmlischen Löwen abgeleitet – daher der Titel „Sohn des Himmels". T'su Hsi war jedoch nicht von königlicher

Herkunft und konnte sich also nicht auf eine direkte Verbindung zu Buddha berufen. Sie glaubte jedoch an die buddhistische Interpretation von Ereignissen, glaubte, dass Zeichen und Omen bestimmte Vorgänge ankündigten. Deshalb umgab sie sich stets mit zahlreichen buddhistischen Priestern, Astrologen, Spiritisten und verschiedenen Wahrsagern. Sie alle hatten ihr geraten, die Löwenhunde heilig zu halten und sich stets mit ihnen zu umgeben. Dadurch würden einige Eigenschaften und spirituellen Kräfte des Löwen Buddhas auch auf sie übergehen.

T'su Hsi war eine sehr gewiefte Politikerin. Sie wusste genau, dass man sie, wenn sie sich nur oft genug zusammen mit den Löwenhunden sehen ließe, schließlich mit Buddha in Verbindung bringen würde. Um diese Entwicklung noch zu unterstützen, ließ sie sich überdies *Lao-fo* nennen, zu Deutsch „Alter Buddha". T'su Hsi setzte die Politik der früheren Kaiser fort und erlaubte ebenfalls niemandem den Zugriff auf die heiligen Hunde. Wer es wagte, einen Löwenhund zu verkaufen oder ihn gar aus der Verbotenen Stadt herauszuschaffen, wurde zum Tode verurteilt. Daher blieben die Hunde eines der bestgehüteten Geheimnisse der Welt, bis während des Boxeraufstandes im Jahre 1860 fremde Truppen in die Stadt eindrangen.

Die Kaiserin pflegte die Hunde regelmäßig in den Zwingern zu besuchen. Sobald sie einen negativen Kommentar über eines der Tiere abgab – etwa: „Sein Rücken ist zu lang", oder: „Seine Hinterbeine haben nicht die richtige Länge" – bedeutete das das Ende für den Hund. Gewöhnlich verschwand er einfach, wurde vermutlich durch einen Schlag auf den Kopf getötet oder in einen der vielen Brunnen des Palastes geworfen, in denen auch die Feinde der Kaiserin landeten.

T'su Hsi achtete nicht nur auf ein löwenartiges Aussehen der Hunde, sondern legte auch viel Wert auf Fellfarbe und -muster. Besonders begehrt war ein weißer Fleck auf dem Kopf, denn er wurde mit dem so genannten „Auge des Buddha" assoziiert. Man glaubte, der Fleck entspräche dem „dritten Auge", das manche Priester und Lamas besaßen. Damit konnten diese Kontakt zu den Göttern aufnehmen und in die Zukunft sehen.

Die Farben der Hunde waren wichtig, weil man mit ihnen bestimmte symbolische und prophetische Eigenschaften verband. So stand ein roter Hund für Freude, aber auch für Feuer und den Blick nach Süden. Gelb war die Farbe der Erde und repräsentierte daher das Land China. Gelb war aber auch die Farbe der Kaiser und repräsentierte die Dynastie, nicht umsonst nannten sich die Chinesen *yanhuang-si-sun*, „die Abkömmlinge des gelben Kaisers".

Weiß war eine sehr komplexe Farbe. Sie wurde bei Begräbnissen getragen, stand aber wie in westlichen Kulturen auch für Reinheit und Unschuld. Außerdem symbolisierte Weiß den Blick nach Westen. Schwarz stand für Schuld, das Böse, Tod, Klage, Wasser, Kälte und den Blick nach Norden.

Mehrfarbige Hunde hatten besondere Bedeutungen, man nannte sie „blühende" Hunde. So gab es Hunde mit „dreiblütigem" Gesicht – sie hatten gelbe, schwarze und weiße Zeichnungen, die je nach Form anders interpretiert wurden. Farbe und Rand der Augen spielten ebenfalls eine besondere Rolle. Jede mögliche Kombination trug einen anderen Namen, wie „Wasserkastanien-Augen", „Leoparden-Augen" oder „Drachen-Augen".

Wenn ein neuer Wurf geboren wurde, versuchte man darin eine Prophezeiung für die Gegenwart oder Zukunft zu entdecken. Man vermerkte Farben und Zeichnungen der Hunde, ihre Zahl, die Reihenfolge ihrer Geburt und ihr Geschlecht. Der Leiter des Hundezwingers zeichnete alles genau auf und berichtete es dem Obereunuchen Li Lienjing. Der wiederum berichtete alles dem jeweiligen Oberpriester bzw. Wahrsager, der gerade die Kaiserin beriet.

Dessen Aufgabe bestand in der Deutung der Zeichen. Er bewertete sie als positiv oder negativ und schlug Maßnahmen vor, die nun angezeigt waren. Li Lienjing teilte die priesterliche Interpretation der Kaiserin mit, die sie oftmals zur Grundlage politischer Entscheidungen machte. Die Höflinge brachten offizielle, politische Tagesentscheidungen sicher nicht mit irgendwelchen Welpen in Verbindung. Von Prinzessin Der Ling sind aber einige solcher Zusammenhänge überliefert. Zwei wichtige, von Hundegeburten beeinflusste Entscheidungen sollten die Geschicke der Nation wesentlich beeinflussen.

Ein Welpe bringt den Umsturz

Der neue Kaiser Kuang Hsu war keine eindrucksvolle Erscheinung. Er war hager, kränklich und nicht sehr umgänglich und überdies ein schlechter Politiker, der keinen Zugang zu anderen Menschen fand. Dennoch gab T'su Hsi offiziell ihre politische Macht ab, als er 17 wurde. Sie war nicht länger Regentin und zog in den Sommerpalast um, der nur zehn Kilometer von der Verbotenen Stadt entfernt lag. So konnte sie den Kontakt zu den politischen Zentren halten. Die Eunuchen und ihre persönliche Leibwache zogen ebenfalls um. In den Hundezwinger im Sommerpalast zogen ihre Lieblingstiere aus dem Palast ein.

Eine der wenigen positiven Eigenschaften von Kuang Hsu war seine Offenheit und sein Interesse an der Welt außerhalb Chinas. Er hatte mehrere sehr aufgeschlossene Lehrer. Sie ermunterten den Kaiser zu Reformen, um China zu modernisieren und dem Westen anzugleichen. Kuang Hsu begann seine Herrschaft mit einer Serie von Dekreten, die später als „Hundert Tage der Reformen" bekannt wurden. Er ließ Eisenbahnen bauen, modernisierte das Militär – schaffte vor allem die Privilegien der Offiziere ab –, veränderte das öffentliche Schulsystem, ließ dabei unter anderem Tempel in Schulen umwandeln, und schränkte die Macht des Adels ein. Damit forderte er den Widerstand von Armee, Priesterschaft und den aristokratischen Mandschu heraus, nicht zuletzt durch die Entlassung Hunderter von Beamten, die seine Reformen nicht mittragen wollten.

Des Kaisers Gegner versuchten, T'su Hsi auf ihre Seite zu ziehen. Sie bedrängten die Regentin, den Kaiser wieder zu kontrollieren. Obwohl T'su Hsi genau wusste, dass Kuang Hsu kein wirklicher Führer war, kein Charisma besaß und die Menschen nicht zu begeistern vermochte, war ihr dennoch klar, dass er einer breiten Unterstützung sicher sein konnte – er war nun mal der Kaiser. Wenn sie sich gegen ihn stellte und unterlag, verlor sie ihr Leben – sie hätte nur einen Versuch. Während T'su Hsi in diesen Gedanken befangen war, erhielt sie die Nachricht, dass einer ihrer Lieblingshunde gerade gewölft hatte. Li Lienjing versorgte sie mit Informationen über den Wurf: Die Hündin hatte nur einen Welpen gewölft, ein gelbes Weibchen mit nur einem einzigen weißen Fleck mitten auf der Stirn. Die Bedeutung war ihr sofort klar. Eine einzige Frau sollte herrschen. Die gelbe Farbe stand für China und sie sollte das Land als Kaiserin regieren. Der weiße Fleck strebte weder nach links noch nach rechts, d. h. China sollte besser bei seiner alten Politik bleiben, statt sich dem Westen zu öffnen. Außerdem teilte man ihr mit, dass die Zahl Eins – ein einziger Welpe im Wurf – für absolute Sicherheit stand. Alles in allem musste T'su Hsi aus diesen Vorzeichen schließen, dass ein Umsturz erfolgreich verlaufen würde, sie allein als Kaiserin von China herrschen sollte und die sozialen und politischen Reformen rückgängig machen musste.

Als T'su Hsi dann erfuhr, dass Kuang Hsu sie jeglicher Macht berauben wollte, handelte sie rasch und entschlossen. Der Liebhaber ihrer Jugend, Jung Lu, war ihr noch immer treu ergeben. Er sorgte dafür, dass die kaiserlichen Wachen gegen seine Männer ausgetauscht wurden. So gelangte T'su Hsi ohne Widerstand in die Verbotene Stadt und stürmte mit einer kleinen Truppe von Soldaten die privaten Räume des Kaisers.

Kuang Hsu war über den Anblick der ehemalige Regentin so erschrocken, dass er sich auf den Boden warf und vor Zeugen ausrief: „Ich bin unwürdig zu regieren." T'su Hsi nahm diesen Ausruf als eine freiwillige Verzichtserklärung an. Sie ließ den Kaiser in ein Gefängnis sperren, das mitten in einem künstlichen See der Verbotenen Stadt stand. Dort war er völlig isoliert vom Hof. Seine Diener wurden zum Tode verurteilt und seine Anhänger getötet oder verbannt. Kuang Hsu durfte niemanden empfangen bis auf vier Wachen und seine Frau (sie war eine Spionin von T'su Hsi), sehr selten auch die Kaiserin selbst.

So begann T'su Hsi ihre dritte Herrschaftszeit. Eine ihrer ersten Amtshandlungen war die Widerrufung aller Reformen des Kaisers.

Der Boxeraufstand

Schon bald nach T'su Hsis Machtergreifung kündigte sich in China ein Aufstand an, der von einer Geheimgesellschaft mit Namen *I-ho ch'üan* (Fäuste für Recht und Einigkeit) unterstützt wurde. Ihre Mitglieder glaubten, gegen Verletzungen und sogar gegen Kugeln gefeit zu sein. Wegen ihrer rituellen Kämpfe gingen sie als „Boxer" in die Geschichtsbücher ein. Zunächst hatten sie den Nimbus von Athleten und Akrobaten, später eher den von Banditen.

Zu jener Zeit lastete ein großer Druck auf der traditionellen chinesischen Kultur. Obwohl die Kaiserin die Reformbemühungen von Kuang Hsu gestoppt hatte, reisten mehr Amerikaner, Engländer, Japaner, Russen und andere Ausländer durchs Land als jemals zuvor. Viele von ihnen waren opportunistische Geschäftsleute, die nach Handelsmöglichkeiten suchten oder Missionare, die die Chinesen zum Christentum bekehren wollten. Sie konfrontierten die Chinesen mit eben den fremden Kulturelementen, die der nun inhaftierte Kaiser hatte einführen wollen.

General Tung Fu-hsiang, der Boxer-Führer, sah darin eine Chance. Er wollte sich das Gefühl der Bedrohung, das zahlreiche Chinesen gegenüber den Fremden empfanden, zunutze machen und zog weite Bevölkerungsschichten auf die Seite der Boxer. Die Menschen wurden militärisch geschult und ihr Hass auf die Ausländer geschürt. Nun brauchte T'su Hsi nur noch die Unterstützung des Hofes, um gegen die „fremden Teufel" vorgehen zu können.

Innerhalb der Verbotenen Stadt wurden die Boxer von Prinz Tuan und seinem Bruder Lan unterstützt. Als diese die Kaiserin in einer Audienz um Unterstützung für den Boxeraufstand ersuchten wollten, zeigte sich T'su Hsi über die unabsehbaren Folgen eines solchen Aufstands besorgt. Die militärische Stärke der Fremden war völlig unbekannt und sie fürchtete, dass die Boxer-Armee aus schlecht ausgebildeten armen Bauern den fremden Soldaten nicht würde standhalten können.

Am Morgen der anberaumten Audienz mit Prinz Tuan besuchte der Obereunuch Li Lienjing die Kaiserin. Er berichtete ihr, dass ein weiterer ihrer Lieblingshunde („Blühende Ente") drei Junge geworfen hatte. Das Erstgeborene war rot, das zweite gelb und das dritte wieder rot. Jeder Welpe trug einen weißen Fleck auf der Stirn. Das war ein äußerst günstiges Vorzeichen. Rot ist die Farbe der Freude und des Erfolges und Gelb die Farbe Chinas. Also verkündete die Geburt der Hunde, dass ihr Land und ihre Herrschaft unter den Zeichen

des Erfolgs standen. Die Drei als Zahl des Lebens wurde so interpretiert: Welche Entscheidung auch immer sie traf – die chinesische Kultur würde noch lange Zeit überdauern. Dass jeder der drei
Welpen mit dem weißen „Auge Buddhas" geboren worden war, seg-
nete überdies alle Vorhaben, die an diesem Morgen begonnen wurden. Als Prinz Tuan seine Bitte um Unterstützung für die Boxer vor-
trug, stieß er daher bei der Kaiserin auf großen Optimismus und
Zustimmung.

Zunächst schien der Boxeraufstand in der Tat erfolgreich zu verlaufen. Die Truppen zogen plündernd durch Nordchina und töteten
zahlreiche Ausländer und Chinesen, die zum Christentum konver-
tiert waren. Dabei erbeuteten sie deren Besitz und vernichteten
alles, was den Ausländern hätte nützen können.

Doch schon bald schlugen die ausländischen Mächte, deren Bürger
den Angriffen der Boxer ausgesetzt waren, zurück. Eine vereinte
Truppe aus Amerikanern, Engländern, Franzosen, Deutschen, Japa-
nern und Russen marschierte nach Peking, um den Kirchenver-
brennungen und der Ermordung von Christen ein Ende zu setzen.
T'su Hsi mobilisierte die kaiserlichen Truppen zur Verteidigung der
Verbotenen Stadt, woraufhin die westliche Allianz mehrere Festun-
gen an der Küste belagerte. Das erzürnte T'su Hsi so sehr, dass sie
die Hinrichtung aller Ausländer in China befahl.

Unter dem Kommando der Kaiserin griffen rund 140 000 Boxer
mit Waffen und Unterstützung des Hofes ein Diplomaten- und
Ausländerviertel in Peking an. Die Belagerung dauerte acht Wochen
und wurde erst durchbrochen, als die internationale Allianz 19 000
gut ausgebildete Soldaten zur Verstärkung ins Land schickte. Im
August 1900 eroberten die internationalen Truppen Peking, brachen in die Verbotene Stadt ein und plünderten sie.

Flucht und die Rettung der Hunde

Die Geschwindigkeit, mit der die internationale Truppe in Peking
vordrang und die Verbotene Stadt überrannte, überraschte den kaiserlichen Hof vollständig. T'su Hsi konnte gerade noch ihr Leben
retten und verließ den Hof im blauen Baumwollkleid einer Bäuerin.

Ihre langen, gebogenen Fingernägel, die ihren Rang verraten hätten, hatte sie abgeschnitten. Doch selbst in diesem Augenblick der Verzweiflung, in dem die Eindringlinge die größten Kostbarkeiten des Palastes raubten, dachte T'su Hsi an die Löwenhunde, das Machtsymbol der Mandschu-Dynastie. Ihre Lieblingshunde verließen die Verbotene Stadt in den ersten Sänften. Es gab aber zu wenig Fahrzeuge und Personal, um sie alle zu retten. Damit die übrigen Hunde nicht in die Hände der unwürdigen Ausländer fielen, befahl T'su Hsi sie zu töten. Die meisten Hunde teilten nun dasselbe Schicksal wie zahlreiche Feinde und Rivalen T'su Hsis und landeten in den Brunnen, viele wurden aber auch erschlagen.

In einem abgeschlossenen, schwarzen Raum wartete eine Tante T'su Hsis zusammen mit den letzten fünf überlebenden Pekinesen auf eine Transportmöglichkeit. Scheinbar hatte man sie im Chaos des Überfalls vergessen. Plötzlich brachen französische und englische Soldaten in den Raum. Da sie nicht in Gefangenschaft geraten wollte, beging die Tante Selbstmord – so fielen die ersten lebenden Exemplare der Löwenhunde in westliche Hände.

Hunde-Mitbringsel für den Adel

Alle erbeuteten Pekinesen gelangten als Schoßhunde zu englischen Adligen. Den kleinsten Hund schenkte Hauptmann Hart Dunne Königin Victoria. In seinem Begleitbrief hieß es: „Er sollte als Schoßhund und nicht als Kuriosität behandelt werden."

Für die Königin war der Hund jedoch nichts weiter als ein Beutestück, das sie zusammen mit Juwelen, kostbaren Stoffen und Kunstwerken aus dem chinesischen Kaiserpalast erhielt. Sie nannte den Hund sogar „Lootie" (*loot* ist das englische Wort für Kriegsbeute). Victoria interessierte sich kaum für die Rasse Pekinese, denn sie züchtete damals in Windsor Castle eine eigene Rasse kleiner Hunde (Pommeraner). In ihren anderen Zwingern im Buckingham Palast hielt sie dagegen vorwiegend große Jagdhunde. Als Hauptmann Dunne sich nach dem Befinden des Hundes erkundigen wollte, fand er ihn zusammen mit großen Hunden und wilden Terriern in einem Zwinger. Der Leiter des Zwingers erklärte: „Ihre Majestät hat bereits einen Hund für ihre Gemächer." Dunne war enttäuscht und sagte: „Ich hatte gehofft, er würde ein hübscher Schoßhund für die königliche Familie ... wenn man sich nicht um ihn kümmert, wird er sterben." Natürlich konnte der Hundepfleger nicht die Meinung der königlichen Familie beeinflussen, aber er hatte Mitleid mit dem kleinen Kerl und pflegte ihn gut. So lebte der chinesische Löwenhund noch elf Jahre.

Einen der anderen vier überlebenden Hunde behielt Admiral Lord John Hay, ein weiterer ging an seine Schwester, die Herzogin von Wellington, und die letzten beiden erhielt die Herzogin von Richmond. Einige Jahre später wurden zwei weitere Pekinesen aus China herausgeschmuggelt – man hatte sie in einer Kiste mit der Aufschrift „Japanisches Reh" versteckt. Diese Hunde wurden die Stammeltern der europäischen Pekinesen, auch wenn die Linie später durch einige Geschenke des chinesischen Palastes ergänzt wurde.

Reformen in China und T'su Hsis Tod

Die chinesische Kaiserin und ihr Gefolge waren nach Norden bis in die Stadt Sian geflohen. T'su Hsi musste einen Friedensvertrag unterschreiben, der China schwere Reparationsverpflichtungen auferlegte, überdies in Handelsabkommen einwilligen, die den Ausländern weitgehende Privilegien einräumten, und die Stationierung ausländischer Truppen in Peking akzeptieren. T'su Hsi war über den Verlauf des Boxeraufstandes und die Verträge außer sich. Sie gab ihrer Umgebung die Schuld und viele Beamte, Berater und Mitglieder des Hofes wurden hingerichtet oder „durften" Selbstmord begehen. Es ist unbekannt, ob darunter auch der Priester bzw. Wahrsager war, der den Erfolg des Boxeraufstands prophezeit hatte. Unter vertraglich fixierten Vorbehalten durfte T'su Hsi in die Verbotene Stadt zurückkehren. Von nun an änderte sie ihre Politik grundlegend und setzte sich für Reformen ein. Sie ließ Eisenbahnen bauen, moderne Schulen einrichten und das Rechtssystem ändern. Viele drastische Strafen für kleine Vergehen wurden abgeschafft, das Rauchen von Opium unter Strafe gestellt und der Kultur und den technischen Neuerungen des Westens der Weg geebnet. Die Kaiserin lockerte sogar die restriktiven Bestimmungen bezüglich der Löwenhunde. Die Hunde waren zwar immer noch selten und durften nach wie vor nicht vom Volk gehalten werden, aber T'su Hsi erlaubte, dass einige Hunde hohen westlichen Politikern als Geschenk überreicht wurden. Aus ihrem persönlichen Zwinger übergab sie einen Pekinesen an Alice Roosevelt, die Tochter des amerikanischen Präsidenten Theodore Roosevelt. Ein weiterer ging an den Bankier und Finanzier J. P. Morgan. Die Hunde wurden 1906 in das nationale Zuchtregister eingetragen und bildeten die Grundlage der amerikanischen Zucht.

Obwohl sich die von der Geburt der Welpen abgeleiteten Prophezeiungen als falsch erwiesen hatten und in den kaiserlichen Zwingern nach dem Boxeraufstand nur noch wenige Löwenhunde lebten, hielt die Kaiserin an deren heiligem Status fest.

Während der kurzen Regierungszeit ihres Nachfolgers Pu Yi sank die Zahl der Hunde weiter. Zu Zeiten der Kommunisten waren die Löwenhunde in China buchstäblich ausgestorben. Da die Tiere als Symbol der Dekadenz und der besiegten, korrupten Aristokratie galten, wurden alle Hunde getötet, die man noch fand. Skurrilerweise gibt es die kaiserlichen Hunde heute nur deshalb noch, weil die Boxer einen Aufstand gewagt und die alliierten Sieger einige der Hunde ins Ausland gebracht hatten.

Als T'su Hsi starb, wurde sie mit einem farbenprächtigen und kostbaren Ritual begraben. Ihre Sargträger waren in rote Roben gekleidet, die buddhistischen Priester trugen Gelb und die Mitglieder des Hofes hatten weiße Roben mit silbernen und goldenen Verzierungen angelegt. An der Spitze des Zuges ging der alte Obereunuch Li Lienjing. Auf den Armen trug er den letzten Lieblingshund der Kaiserin, Moo-tan („Pfingstrose"), einen gelb-weißen Pekinesen mit weißem Fleck auf der Stirn. Die Priester hatten die alte Kaiserin davon überzeugt, dass Farbe und Muster dieses Hundes die geistige Reinheit Chinas repräsentierten.

Dass der Hund Moo-tan an dieser Zeremonie teilnehmen konnte, ging auf ein Ereignis zurück, das bereits 900 Jahre zurücklag. Als damals der Kaiser T'ai Tsung aus der Sung-Dynastie gestorben war, hatte sich sein kleiner Hund T'ao Hua („Pfirsichblüte") vor den Eingang der Grabstätte gesetzt und war vor Kummer gestorben. Der nächste Kaiser hatte angeordnet, den Körper des toten Hundes in ein Tuch einzuwickeln und ihn neben seinem Herrn zu begraben. Der Überlieferung zufolge starb auch T'su Hsis Hund vor Kummer. Gerüchte besagen allerdings, dass ihn einer der Eunuchen noch auf der Beerdigung stahl und später verkaufte.

Die detailverliebte T'su Hsi, die neben ihrem großen Organisationstalent einen ausgeprägten Sinn für Symbolik besaß, hinterließ der Nachwelt ein Gedicht, in dem sie von der Natur und der Treue der Löwenhunde berichtet. Es steht in einem Dokument mit dem Titel „Perlen von den Lippen ihrer kaiserlichen Majestät T'su Hsi":

Ein Löwenhund soll klein sein;
Er soll eine wallende Mähne der Göttlichkeit um den Hals
tragen;
Er soll seinen haarigen Schwanz stolz und hoch über seinem
Rücken tragen.

Sein Gesicht soll schwarz sein,
Seine Brust soll zottig sein,
Seine Stirn soll gerade und niedrig sein wie die Brauen eines
Boxers.

Seine Augen sollen groß und leuchtend sein,
Seine Ohren sollen wie die Segel einer Kriegsdschunke sein,
Seine Nase soll sein wie die des Affengottes der Hindus.

Seine Vorderbeine sollen gebeugt sein,
Damit er kein Verlangen verspürt, zu fliehen oder den Kaiser-
palast zu verlassen;
Sein Körper soll geformt sein wie der eines jagenden Löwen, der
seine Beute beschleicht.

Seine Füße sollen üppiges Haar tragen,
Damit sein Schritt lautlos ist,

Und zur besonderen Zier
Soll sein Schwanz den Haaren des Tibetischen Yaks gleichen.
Er soll damit schlagen, um die königlichen Welpen vor Insekten
zu schützen.

Was seine Farbe angeht,
Soll er die Farbe des Löwen haben – wie ein goldener Zobel,
Und getragen soll er werden in einer Falte der gelben Robe –
Oder die Farbe des roten Bären
Oder gestreift wie ein Drache,
Damit es für jedes Kleid im kaiserlichen Kleiderschrank einen
Hund in der passenden Farbe gibt.
Ob er geeignet ist, an öffentlichen Zeremonien teilzunehmen,
soll davon abhängen, welche Farbe er hat und ob diese mit
der kaiserlichen Robe harmoniert.

Er soll so lebhaft sein, dass er uns mit seinen Sprüngen unter-
hält.
Er soll voller Wachsamkeit sein, damit er sich nicht selbst in
Gefahr begibt.
Er soll häuslich sein und friedlich mit anderen Tieren, Fischen
oder Vögeln zusammen leben, die im Schutze des kaiserli-
chen Palastes leben.

Er soll seine Ahnen ehren
Und bei jedem neuen Mond Opfergaben auf dem Hundefriedhof
ablegen.

Man soll ihm beibringen, sich nicht herumzutreiben;
Er soll wissen, wie man sich mit der Grazie einer Herzogin
bewegt,
Und lernen, jeden ausländischen Teufel zu beißen.

Er soll sein Gesicht wie eine Katze mit den Pfoten waschen;
Er soll wohlerzogen mit seinem Futter umgehen, damit man ihn
als kaiserlichen Hund erkennt, weil er anspruchsvoll ist.

Man füttere ihn mit Haifischflossen, der Leber von Brachvögeln
    und Wachtelbrüsten;
Zu trinken bekommt er Tee aus den Frühlingsknospen eines
    Strauches, der in der Provinz Hankau wächst,
Oder die Milch von Antilopen, die in den kaiserlichen Parks
    weiden.

Er soll seine Würde und Selbstachtung auch dann behalten,
Wenn er krank ist.
Er soll gesalbt werden mit dem geklärten Fett aus den Beinen des
    heiligen Leoparden,
Und trinken soll er aus der Eierschale einer Singdrossel,
Gefüllt mit dem Saft des Zuckerapfels, in das drei Prisen gerie-
    benen Horns des Nashorns gemischt werden;
Und ihm sollen Blutegel angesetzt werden.

So sei es.
Und wenn er stirbt,
Denke daran, wir alle sind sterblich.

Die Hunde des General Custer

Generäle und andere Offiziere aller geschichtlichen Epochen haben sich in Kriegszeiten an der Gesellschaft von Hunden erfreut. Im Zweiten Weltkrieg wurde der amerikanische Panzergeneral George S. Patton von seinem Bullterrier Willie begleitet, während sich der deutsche Divisionskommandeur Erwin Rommel in Gesellschaft seiner Dackel entspannte. Ein anderer amerikanischer General, Omar Bradley, wurde während seiner gesamten Dienstzeit von dem Pudel Beau begleitet, während der Oberkommandierende General Dwight D. Eisenhower seinen beiden schottischen Terriern herzlich zugetan war.

Doch nicht nur die Soldaten des Heeres hatten Hunde: Im selben Krieg erfreute sich General Claire Chenault von der US-Air Force der Gesellschaft seines Dackels Joe, während der Admiral Frederick Sherman bei der Schlacht in der Korallensee auf dem Flugzeugträger Lexington seinen Cockerspaniel Admiral Wags um sich hatte.

Die Verbindung zwischen Soldaten im Krieg und ihren Hunden findet sich sogar in der Mythologie wieder: Nach der Legende streichelte König Artus vor der letzten Schlacht seinem großen Jagdhund Cavall über den Kopf, während ein anderer Ritter der Tafelrunde, Sir Tristram, Stärke und Mut aus seinem tapferen Greyhound Hodain zog. Letzteres trifft auch für eine Phase im Leben eines der jüngsten Generäle in der Geschichte der Vereinigten Staaten zu.

General Custer tritt in die Armee ein

Wenn man an den „Wilden Westen" Amerikas denkt, fallen den meisten Menschen vermutlich zwei Bilder ein: Das eine ist das typische Hollywood-Klischee eines Revolverduells mitten auf einer staubigen Straße, bei dem der Böse – in Schwarz gekleidet – einem heldenhaften Sheriff gegenübersteht. In dem anderen Bild stehen blau uniformierte Soldaten eng zusammen gedrängt und verteidigen sich mit Pistolen gegen angreifende Indianer. Sie sind bereits umzingelt und werden in Kürze überwältigt sein. Dieses zweite Bild geht auf ein geschichtliches Ereignis zurück, das besonders häufig und sehr kontrovers diskutiert wird – General Custers letzter Kampf.

Über General George Armstrong Custer wurden vermutlich mehr Bücher geschrieben als über jeden anderen seiner Zeitgenossen, mit Ausnahme Abraham Lincolns. Als ich die Literatur über Custer in den Bibliografien zahlreicher Büchereien sichtete, hatte ich den Eindruck, es gebe auch mehr Bücher über die Schlacht am Little Big Horn als über die Schlacht von Gettysburg – und Letztere entschied immerhin über den Ausgang des amerikanischen Bürgerkrieges. Das dramatische Bild von Indianern umzingelter Blauröcke geht auf eine Schlacht am 25. Juni 1876 zurück, als 263 Soldaten der siebten US-Kavallerie fielen. Sie waren der vereinten Macht von mehreren Indianerstämmen unterlegen, die zusammen eine Truppe von über 2 000 Kriegern stellten. Unter den Toten waren auch jene 210 Soldaten, die direkt unter Custers Kommando standen, dazu Custer selbst und, nach verlässlichen Zeugenaussagen, sein großer Hund. Dass Custer zusammen mit einem Hund fiel, ist in Kenntnis der Biografie Custers kaum überraschend, verblüffender ist eher die Tatsache, dass er nur von einem Hund begleitet wurde.

Obwohl man Custer fast automatisch mit der Eroberung des Westens in Verbindung bringt, stammte er aus New Rumley in Ohio, wo er 1839 geboren wurde. Sein Vater Emanuel besaß einen Eisenwarenladen und war gleichzeitig Friedensrichter. Seine Mutter Maria war die Tochter eines Wirtshausbesitzers. Custer hatte eine glückliche Kindheit: Er besaß mehrere Hunde als Spielgefährten und für die Jagd. Er liebte Hunde bereits als Knabe. Gute Hunde erkannte er sofort und ein guter Hundeausbilder war er ebenfalls.

Nur in der Schule war Custer unglücklich. Er war ein schlechter Schüler und hasste Hausaufgaben. Da er sich im Unterricht rasch langweilte, spielte er seinen Mitmenschen so manchen Streich, wodurch er oft in Schwierigkeiten geriet. Als der Vater erkannte, dass sein Sohn ein schlechter Schüler bleiben und stets Probleme haben würde, nahm er ihn von der Schule und gab ihn zu einem Schreiner in die Lehre. Hier hatte Custer allerdings ebenso wenig Erfolg wie in der Schule.

Schließlich kam seine Mutter auf die Idee, ihn zu seiner Stiefschwester Lydia Ann Reed zu schicken – Marias Tochter aus erster Ehe. Lydia war Lehrerin, gut organisiert und freundlich. Sie unterrichtete Custer zu Hause und schickte ihn drei Jahre später nach New Rumley zurück. Custer war von da an wie umgewandelt und hatte Ziele: Er setzte seine Ausbildung fort und absolvierte sogar erfolgreich eine Ausbildung zum Lehrer.

Custers erste und einzige Stelle als Lehrkraft erhielt er im Alter von 17 Jahren in Cadiz, einer Stadt, die nur wenige Kilometer von seiner Heimatstadt entfernt war. Er blieb nur ein Jahr, denn in dieser Zeit verliebte er sich in die Tochter des Oberschulrats. Alexander Holland, der Vater des Mädchens, war darüber nicht sehr erbaut und suchte nach einem Weg, die Affäre ohne ernsten Konflikt mit seiner Tochter zu beenden.

Holland wusste, dass Custer gerne Offizier werden wollte und sich bereits an der Militärakademie von West Point beworben hatte. Dort hatte damals aber nur eine Chance, wer politisch protegiert wurde. Die Custers waren Demokraten, während Präsident Abraham Lincoln zu den Republikanern gehörte. Holland besaß jedoch politischen Einfluss. Er überzeugte einen republikanischen Kongressabgeordneten, sich beim ehemaligen Kriegsminister Jefferson Davis für Custer zu verwenden, woraufhin der Custers Bewerbung unterstützte. Custer wurde zur Militärakademie zugelassen und verließ Ohio – und Hollands Tochter – in Richtung New York und West Point.

Der Sezessionskrieg

Unter normalen Umständen hätte Custer sein Examen 1862 in West Point abgelegt. Doch als im April 1861 der Sezessionskrieg ausbrach, durfte Custer das Examen ein Jahr vorziehen, da die Regierung Offiziere brauchte – zwei Monate vor Ausbruch des Krieges standen die Prüfungen an. Von 68 Offiziersschülern in Custers Jahrgang bestanden nur 34 das Examen. Über die Hälfte der gescheiterten Kandidaten hatte sich noch vor den Examina bereits der kämpfenden Südstaatenarmee angeschlossen. Die meisten der anderen waren nur nach West Point gegangen, um das Fundament für eine politische Karriere zu legen, und wollten lieber ins Zivilleben zurückkehren, als ihr Leben im Krieg zu riskieren. Custer war wie gesagt ein schlechter Schüler und erlangte den Abschluss als Schlechtester seiner Klasse – interessanterweise war sein bestes Fach Artillerie-Strategie, während er in Kavallerie-Strategie seine schlechtesten Noten erhielt.

Trotz dieser Tatsache wurde Custer zur Kavallerie eingezogen. In den vier Bürgerkriegsjahren kämpfte Custer in allen größeren Schlachten. Bereits zwei Wochen nach Eintritt in die Armee nahm er an der Schlacht von Manassas teil, der ersten Schlacht von Bull Run – zunächst als Kurier, dann an der Flanke der Unionsarmee in der Kavallerie. In dieser Schlacht gelang es den Konföderierten Truppen unter General Thomas J. Jackson, „der wie eine Mauer aus Stein stand", den Vormarsch der Nordstaaten nach Virginia zu stoppen. Die undisziplinierten Freiwilligen der Nordstaaten flohen zusammen mit ihren jungen und wenig engagierten Offizieren. Wären die Konföderierten Truppen nicht ähnlich unerfahren gewesen, hätten sie mit einem konzentrierten Angriff die Hauptstadt Washington einnehmen können.

Kurze Zeit darauf fiel Custer durch seine Arbeit als Späher dem kommandierenden General George McClellan auf. Dieser teilte Custer seinem Stab zu und verlieh ihm den Rang eines Hauptmanns. Unter dem Kommando von General Joseph Hooker kämpfte Custer in der zweiten Schlacht von Bull Run bei Antietam und bei Gettysburg. Während der weiteren Kampfhandlungen zeichnete sich Custer durch mehrere mutige Einsätze hinter den feindlichen Linien aus.

Als McClellan von den Leistungen Custers erfuhr, war er begeistert. Er beförderte Custer zu einem Brigadegeneral auf Zeit und überstellte ihn General Philip Henry Sheridan. So war Custer mit 23 Jahren der jüngste General der US-Armee – ein Rekord, der bis heute ungebrochen ist. Zur Feier seiner Beförderung kaufte er sich ein Pferd und einen Hund. Diese Tradition behielt er bei. Wann immer seine Geschicke erfolgreich verliefen und er über genügend Mittel verfügte, kaufte er sich einen weiteren Hund. Zur gleichen Zeit stellte Custer einen befreiten Sklaven namens Eliza als Koch und den jungen Schwarzen Johnny Cisco als Diener und Betreuer für die Hunde ein. Als Custers Hundemeute wuchs, wuchsen auch Ciscos Aufgaben.

General Sheridan fand in Custer den tapferen und energischen Kommandeur, den er brauchte. Rasch bemerkte er, dass Custer zwar kein Stratege war, sich jedoch perfekt für klar definierte Aufgaben eignete. Obwohl Custer sensibel, warmherzig und voller Teilnahme sein konnte, war er gleichzeitig grausam und rücksichtslos, wenn es die Situation erforderte. Diese harte Seite seines Wesens zeigte sich vor allem im Umgang mit seinen Untergebenen, von denen er bedingungslose Disziplin verlangte, und in der grausamen Behandlung gefangener Guerillas.

Sheridan wusste, dass ein eiserner Wille bisweilen von unschätzbarem Wert war, erkannte aber auch Custers negative Charakterzüge – der Mann neigte zu impulsiven Handlungen ohne Rücksicht auf die Gebote der Vernunft. Diese Eigenschaft konnte zwar zu Katastrophen führen, war in diesem chaotischen und sprunghaften Krieg von Nutzen, wenn rasch Entscheidungen zu treffen und unvermittelt Schlachten zu schlagen waren. Daher ernannte Sheridan Custer zum Generalmajor und ernannte ihn zum Kommandeur der Michigan Brigade.

Das vierbeinige Hochzeitsgeschenk

Custer diente unter Sheridan während des ganzen Krieges und kämpfte bei Chickamauga und Missionary Ridge. Während der ganzen Zeit nahm er nur einen kurzen Urlaub, um zu seiner Schwester nach Monroe in Michigan zu fahren. Dort warb er um Elisabeth Bacon und heiratete sie.

Als Custer mit Sheridans Armee nach Süden zog, ging Libbie – unter diesem Namen wurde seine Frau bekannt – nach Washington, um ihrem Mann näher zu sein. Custers erstes Geschenk für Libbie nach ihrer Ankunft war ein Hund. Es war allerdings ein großer Jagdhund und kein kleiner Schoßhund, wie ihn sich die Damen der Gesellschaft gewöhnlich hielten. Custer schien dieser Fauxpas nicht bewusst zu sein und Libbie kümmerte sich nicht darum.

Während des Krieges zeichnete sich Custer mehrfach aus. Einmal führte er einen Angriff hinter die feindlichen Linien, um die Kommunikation und die Nachschubwege für die Konföderierten Truppen zu stören. Dadurch schwächte er die Lage von General Robert Lees Truppen empfindlich. Oft bewahrte Custer nur unglaubliches Glück vor den katastrophalen Folgen seines Übereifers. Einmal führte er z. B. einen schlecht geplanten Überfall bei Yellow Tavern aus, der zahlreiche seiner Soldaten das Leben kostete – allerdings nahm er dabei auch J. E. B. Stuart gefangen, den brillantesten Kavalleriegeneral der Südstaatenarmee. Stuart starb schließlich an seinen Verletzungen.

Während der Kämpfe im Shenandoah-Tal verließ sich Sheridan auf Custer bei der Umsetzung seiner Strategie der „verbrannten Erde". Und Custer konfiszierte alles, was den Nachschubbedarf der Konföderierten hätte decken können. Was immer die Truppen der Nordstaaten nicht unmittelbar selbst gebrauchen konnten – Getreide, Vieh oder ganze Städte –, wurde verbrannt oder zerstört. Dazu brauchte man skrupellose Offiziere, denn auch die zivile Bevölkerung der betroffenen Regionen litt in der Folge dieses Vorgehens unter Hunger und Schmerz. Custer machte seine Sache so „gut", dass ihn Sheridan mit den Worten beglückwünschte: „Selbst eine Krähe, die über das Shenandoah-Tal fliegt, muss ihren eigenen Proviant mitnehmen."

Gegen Ende des Sezessionskrieges waren General Robert E. Lee und die Armee von Virginia auf der Flucht. Lee wusste, wenn es ihm gelänge, sich weit nach Süden zurückzuziehen, würde der Krieg noch eine Weile andauern, sodass der Süden eine bessere Ausgangsposition für Friedensverhandlungen hätte.

General Sheridan stand also unter Druck. Er schickte Custer voraus, der eine kühne, aber riskante Konfrontation suchte. Und der junge Kavallerieoffizier erstickte den letzten Widerstand der Südstaaten, indem er General Jubal A. Early bei Waynesboro schlug. Danach sandte Sheridan Custer aus, um die Nachrichtenwege der Konföderierten zu zerstören. Schließlich gelang es Custer, die Verbindungen zwischen den einzelnen feindlichen Truppenteilen vollständig zu unterbinden – ein Erfolg, der den Sieg der Nord- über die Südstaaten bei Five Forks möglich machte.

Der Krieg endete mit einem weiteren Hasardeurstück Custers. Lee hatte seine Truppen und die Ausrüstung für einen geordneten Rückzug in den Süden gesammelt. Custer, der die Vorhut der Unionsarmee kommandierte, stürmte vorwärts und überholte Lee bei Appomattox. Dort ließ er die Eisenbahnschienen aufreißen und eroberte so Waffen und Ausrüstung, die Lee bereits auf die Züge verladen hatte. Damit war Lees Rückzug zunichte gemacht und er sah keine andere Alternative als sich zu ergeben.

Truppenverlegung nach Texas

Sheridan war von Custers Tapferkeit während des Krieges so angetan, das er ihm und seiner Frau den Tisch schenkte, auf dem Lee die Kapitulation unterzeichnet hatte. Der General blieb Custer auch weiterhin gewogen und unterstützte ihn während seiner gesamten weiteren Karriere. Bei mehr als einer Gelegenheit glättete Sheridan die Wogen, die Custer durch eine seiner übereilten Entscheidungen aufgeworfen hatte.

Gegen Ende des Kriegs stufte man Custer in den Rang eines Oberstleutnants zurück und er wurde zum Dienst in Louisiana eingeteilt. Politiker in Washington sahen sich inzwischen durch das mexikanische Regime unter Maximilian droht. Obwohl auch die Rinderzucht bereits vor dem Krieg große wirtschaftliche Bedeutung erlangt hatte, stellte Baumwolle noch immer das wichtigste Anbauprodukt Texas' dar. Die Plantagenbesitzer waren auf Sklaven angewiesen und schlossen sich den konföderierten Südstaaten an, obwohl Sam Houston und seine Anhänger strikt dagegen waren. Im Bürgerkrieg war Texas der einzige der Südstaaten, der nicht vom Norden überrannt wurde. Daher blieb die Wirtschaft immer stark und Texas stellte Männer und Material für den Süden zur Verfügung. Die neue, von den Siegern bei Kriegsende eingesetzte Regierung war äußerst unbeliebt. Dies alles ließ Mexiko die Gelegenheit günstig erscheinen, den Bundesstaat Texas zu annektieren.

Sheridan befahl Custer, seine Truppe aus 4500 Kavalleristen von Hempstead (Louisiana) nach der texanischen Hauptstadt Austin zu verlegen. Custer nahm seine ganze Familie mit, bestehend aus Libbie und acht Hunden.

In Texas sollte sich Custers Einstellung zu Hunden gründlich ändern. Obwohl ihn die ehemaligen Unterstützer der Konföderierten als obersten Vertreter der Besatzungstruppe ansahen, waren er und seine Frau Libbie beliebt. Man kannte und schätze Custers Sinn für Disziplin und Gerechtigkeit.

Viele ehemalige Sklavenhalter und Sympathisanten der Südstaaten waren gewaltbereit und rachsüchtig. Sie bedrohten jeden, den sie der Kooperation mit dem Norden verdächtigten. Die Präsenz der Unionstruppen hielt die Situation unter Kontrolle und verhinderte Eskalation und Blutvergießen. Viele der reichen Plantagenbesitzer – wie Leonard Groce, dem die Liendo-Plantage bei Clear Creek gehörte – hießen Custer daher als Sicherheitsgaranten willkommen.

Umzug mit Hundefamilie

Groce und seine Freunde zeigten Custer die Freuden der Hundezucht. Viele von ihnen besaßen reinrassige Jagdhunde, die sie teilweise aus Europa importiert hatten. Es gab eine Reihe von Greyhounds und Irische Wolfshunde, dazu Spürhunde wie Beagles, Harrier und Bluthunde. Custer entwickelte eine besondere Vorliebe für Schottische Deerhounds – in der Umgebung hießen sie Hirschhunde oder Englische Greyhounds – und für die traditionellen Foxhounds. Also legte er sich einige Zuchttiere zu.

Lange konnte Custer aber nicht in Texas bleiben. Die südlichen Cheyenne-Indianer hatten weiße Siedler angegriffen und Custer wurde zur Verteidigung der weißen Siedler in den mittleren Westen beordert. Wieder nahm er Libbie und die Hunde mit. Seine Frau und ihre Hundefamilie sollten Custer noch auf mehreren Einsätzen begleiten.

Libbie und die Hunde kamen mit dem Zug in Kansas an und Libbie beschrieb eine Szene, die sich ähnlich in vielen anderen Städten und Forts wiederholen sollte: „Die anderen Damen des Regimentes zogen in das Hotel in der Stadt. Der General wollte, dass ich sie begleite, aber ich hatte so viele Sommer in Lagern gelebt, dass mir diese Lösung nicht erstrebenswert erschien – zum Glück, wie sich herausstellen sollte. Wir stellten unseren Hausrat zusammen: Eine kleine Familie neu geborener Welpen, ein paar junge Hunde, Käfige mit Spottdrosseln und Kanarienvögeln zwischen einer Ansammlung von Kästen und Kisten bildete unsere improvisierte Wohnung."

Das Bild, das Elizabeth Custer von ihrem provisorischen Zuhause mit Welpen und kleinen Hunden zeichnete, während ihr Mann mit den großen Hunden unterwegs war, sollte während der Indianerkriege zur Normalität werden. Wurde die Gefahr zu groß, schickte Custer seine Frau in das Offiziersquartier eines nahe gelegenen Forts, daher lebte Libbie oft in Fort Leavenworth oder Fort Riley in Kansas. Custer besuchte sie, so oft er konnte und wurde einmal sogar vom Dienst suspendiert, weil er sein Kommando in Fort Wallace verlassen hatte, um Libbie in Fort Riley zu besuchen. Da General Sheridan diese Suspendierung als politische Intrige und persönliche Missgunst betrachtete, setzte er Custer wieder in seinen Rang ein.

Der strenge General und seine 40 Hunde

Dass Custer vor dem Kriegsgericht landete, war letztlich darauf zurückzuführen, dass ihm die Hunde so wichtig waren. Custer hatte kaum enge Freunde in der siebten Kavallerie. Dies lag vor allem an seiner strengen Vorstellung von Disziplin. Er bestrafte einfache Soldaten und Offiziere selbst für kleinste Vergehen. Einen Deserteur ließ Custer exekutieren und einen Offizier wegen Meuterei bestrafen. Manche Historiker behaupten, dass die Zahl der Deserteure in der siebten Kavallerie während der Feldzüge gegen die Indianer doppelt so hoch war wie bei vergleichbaren Armeeeinheiten – und das wegen Custers hartem Regiment. Die meisten

Historiker betonen, dass nach dem Bürgerkrieg völlig andere Charaktere in die Armee eintraten als zuvor und dass Custer den Unterschied zwischen Soldaten in Kriegs- und in Friedenszeiten nicht zu akzeptieren bereit war. Außerdem weisen sie darauf hin, dass beinahe die Hälfte der Soldaten aus Iren und Deutschen bestand, die über den Armeedienst nur schnell und sicher die amerikanische Staatsbürgerschaft erlangen wollten. Wie auch immer, die Männer murrten über ihren Kommandeur und beschwerten sich über seine Macken und sogar die Art, wie er sich kleidete.

Da Custer keine wirklichen Freunde besaß und oft von seiner Frau getrennt war, suchte er Gesellschaft und soziale Anerkennung bei seinen Hunden. Offenbar war dieses Verlangen sehr groß, denn Custer nannte eine ziemlich große Hundemeute sein Eigen.

Libbie beschrieb eine typische Szene: „Die Hundemeute bereitete dem General enorm viel Freude. Wir besaßen etwa 40 Hunde: Die Hirschhunde jagen auf Sicht, sie sind die schnellsten und besonders ausdauernd. Die Foxhounds verfolgen die Spur mit der Nase dicht am Boden. Während Erstere kaum Laut geben, bellen Letztere sehr laut. Der General und ich hörten vergnügt zu, wenn die Hunde versuchten, den Ton des Signaltrompeters zu treffen, der zum Aufsitzen, Angriff oder Rückzug blies. Damit war zwar der militärische Ernst einer Szene hinüber, aber es sah einfach herrlich aus, wenn ein Hund in soldatischer Haltung einen Ton zu imitieren versuchte."

Obwohl Custer in seiner militärischen Umgebung auf strenge Disziplin und Respekt achtete, schimpfte er niemals über einen Hund, der mit zurückgelegtem Kopf den Signaltrompeter zu imitieren versuchte. Er lachte nur herzlich.

Während Custer sich im Kreise seiner Soldaten und Offiziere kaum entspannen konnte, fühlte er sich in Gegenwart seiner Hunde geborgen. Häufig sah man ihn mit ihnen auf einem Spaziergang. Ein Soldat beschrieb das so: „Vermutlich redete er ständig mit seinen Hunden. Ich sah oft, wie er seine Lippen bewegte, wenn er mit seiner Hundemeute durch das Lager ging. Allerdings konnte ich unmöglich verstehen, was er sagte, denn die Hunde machten ziemlichen Lärm. Manchmal blieb er stehen und betrachtete die Hunde verklärt lächelnd. Zu diesen Gelegenheiten sah er aus wie eine menschliche Insel inmitten eines Meers aus Hunden."

Der lange Dienst und der anhaltende Druck brachten Custer oft an den Rand der Erschöpfung. Seine Nachtruhe war kurz, doch selbst sein Schlaf war nicht „hundefrei". Libbie beschreibt eine typische Szene: „Dann warf er sich auf den Boden, bedeckte die Augen mit seinem weißen Filzhut und schlief sofort ein. Selbst die vom Himmel brennende Sonne störte ihn nicht. Sofort kamen die Hunde herbei und legten sich neben ihn. Sie lehnten sich an seinen Rücken und rollten sich um seinen Kopf, einer legte ihm Schnauze und Pfoten auf die Brust. Er schien es nicht zu bemerken. Die Hunde knurrten und rangelten um den besten Platz, doch er schlief seelenruhig weiter."

Einige der Hunde durften jede Nacht in Custers Zimmer schlafen. Nach Custers Beschreibungen könnte man auf die Idee kommen, dass die Hunde auch seinen Kinderwunsch befriedigen mussten. Der Lieblingshund war eine sandfarbene Hirschhündin mit Namen Tuck. Custer beschrieb sie so: „Sie ist wie ein umsorgtes, aber verzogenes Kind, das nur schlafen kann, wenn es von der Mutter in den Schlaf gewiegt wird. Wenn Tuck auf meinem Schoß eingeschlafen ist, lege ich sie vorsichtig auf den Boden, wo sie ruhig weiterschläft wie ein Baby in seiner Krippe." Dafür, dass Custer die Hunde als seine „Kinder" betrachtete, spricht auch eine Beobachtung Libbies, als einer der Hunde krank war: „Er lief die halbe Nacht durch das Zimmer, hielt, streichelte und versuchte das leidende, kleine Wesen zu beruhigen. Dabei suchte er in einem Buch über Hundekrankheiten nach Möglichkeiten der Heilung."

Jagdfreuden im Indianergebiet

Schon als Junge hatte Custer mit Hunden gejagt. Er fühlte sich glücklich, wenn er mit voller Geschwindigkeit hinter seinen Hunden her ritt, die einem Wild auf der Spur waren. In vielen seiner Briefe beschreibt er die Erfolge seiner Lieblingshunde, z. B. der Greyhounds Blücher, Swift und Byron und der Schottischen Deerhounds Tuck, Cardigan und Lady.

Die Jagd mit Hunden war jedoch nicht ungefährlich für einen einsamen Mann. Einmal war Custer mit seinen Hunden beispielsweise auf der Bisonjagd. Die Hunde machten ihre Sache gut. Sie packten und hielten den Bison, sodass Custer nahe herankommen und sein Gewehr ziehen konnte. Dann jedoch warf sich der Büffel herum und schlug Custer das Gewehr aus der Hand. Custer ging zu Boden und sein Gewehr schlug so unglücklich auf, dass sich ein Schuss löste und Custers Pferd tötete. Nun war Custer nicht nur ohne Pferd, sondern befand sich mitten in feindlichem Indianergebiet. Zum Glück entdeckte er in der Entfernung eine Staubwolke, hinter der er eine Patrouille der siebten Kavallerie vermutete. Er schickte die Hunde Blücher und Byron in diese Richtung. Die Greyhounds rannten los, trafen auf Soldaten und wurden erkannt. Die Soldaten folgten den Tieren und konnten ihren Kommandeur retten.

Bei einer anderen Jagd stellten die Hunde ihre Beute in großer Entfernung vom Lager und Custer war plötzlich von Indianern umringt. Sein Ende schien gekommen, doch stellte sich heraus, dass es sich bei den Männern um eine Delegation handelte, die mit ihm verhandeln sollte. Die Indianer glaubten, Custer sei ihnen entgegengekommen, nur begleitet von seinen Hunden, um seine Tapferkeit zu beweisen. Also ritten sie gemeinsam ins Lager zurück, wo nun auch Custers Soldaten über den Mut ihres Kommandanten staunten. Als Custer diese Begebenheit an Libbie schrieb, bestand sie darauf, er solle in der Nähe des Lagers bleiben, solange die Kämpfe noch anhielten.

Custers letzte Schlacht

Die feindlichen Übergriffe nahmen zu. 1874 schickte die US-Regierung Custer auf eine Expedition in die Black Hills von Dakota, wo man Gold gefunden hatte. Diese Gegend war den Indianern in einem Vertrag als Heiliger Grund zugesprochen worden, insbesondere den Sioux und Cheyenne – damit war das Schürfen von Gold eine eindeutige Vertragsverletzung. Es gab aber offenbar keine Möglichkeit, den Goldrausch einzudämmen. Die Forderung, amerikanische Bürger zu schützen und die Ausbeutung der Ressourcen zu gestatten, statt einen Vertrag mit „Wilden" zu erfüllen, wurden unüberhörbar. Sioux und Cheyenne fühlten sich zu Recht betrogen und reagierten mit Krieg. Nach mehreren kleinen Scharmützeln war der Ausgang der Auseinandersetzungen noch offen und Custer wurde beauftragt, das Problem zu lösen. Um die Indianer in die Reservate zu drängen bzw. zu isolieren, erließ die Regierung ein Dekret, nach dem jeder als Feind angesehen würde, der nicht bis Ende Januar 1876 ins Reservat aufgebrochen war. Zu Beginn des Jahres gab es mehrere kleinere Zusammenstöße zwischen Indianern und weißen Soldaten, aber keine entscheidende Schlacht. Die Indianer griffen an und verschwanden wieder ohne nennenswerte Verluste.

Im Frühling 1876 stand ein größerer Feldzug gegen die Sioux bevor. Custers Regiment wurde General Alfred H. Terry unterstellt und nach Bismarck (South Dakota) an den Yellowstone River verlegt. An der Mündung des Rosebud Creek wurde Custer zur Erkundung vorausgeschickt, später sollte er sich mit General John Gibbon vereinigen. Custer kam jedoch viel schneller voran als gedacht und näherte sich einem großen Indianerdorf – so zumindest glaubte er. Die Historiker haben viel über Custers Motive und seine Taktik in der nun folgenden Schlacht geschrieben. Einige vermuten, dass er zum Angriff auf das riesige Lager mit 7000 bis 10000 Menschen – darunter 2000 bis 3000 Krieger – blies, weil er seinen Ruhm und seine Ehre mehren wollte – möglicherweise als Einstieg in eine politische Karriere.

Für andere bestand Custers Hauptmotiv in seiner Arroganz, denn Custer hatte nur wenig für indianische Krieger übrig. Sein Ausspruch, ein Kavallerist gegen drei Indianer sei immer noch eine Übermacht, ist überliefert. Dann also wäre sein Angriff nur ein weiteres in der Reihe leichtsinniger Hasardeurstücke gewesen, mit denen er ja bereits während des Bürgerkrieges aufgefallen war.

Wieder andere Historiker vermuten, dass Custer die wahre Stärke des Feindes nicht habe erkennen können, da sich viele Indianer in Schluchten nahe dem Hauptlager aufhielten. Sie gehen davon aus, dass Custer verhindern wollte, dass die Indianer flohen – wie sie es schon oft getan hatten, wenn eine militärische Entscheidung anstand. Custer hätte seine Mission als gescheitert betrachten müssen, wenn es ihm nicht gelungen wäre, die Indianer in seine Gewalt zu bringen. Da er nicht gewusst habe, wo seine Verstärkung stand und falsch über die Stärke seines Gegners informiert gewesen sei, habe er das einzige ihm richtig Erscheinende getan, um seinen Auftrag zu erfüllen.

Offenbar war Custer wirklich nicht klar, mit wie vielen Gegnern er zu rechnen hatte, denn er teilte seine Truppen sogar noch in drei Gruppen auf. Zwei davon sandte er flussaufwärts. Er selbst blieb mit 210 Mann zurück und startete einen Direktangriff, um die Indianer den übrigen Gruppen entgegenzutreiben.

Wie üblich wurde Custer von seinen Hunden begleitet, die wie stets bis kurz vor der eigentlichen Schlacht bei ihm blieben. Wenn sich weder er selbst noch Libbie um die Hunde kümmern konnten, war der Soldat James H. Kelly für sie verantwortlich. Dessen Hauptaufgabe bei der siebten Kavallerie scheint die Fürsorge für Custers Hunde gewesen zu sein. In dem fraglichen Jahr 1876 war Custer sogar noch besorgter um seine Hunde, denn Blücher, einer seiner Greyhounds, war im Vorjahr bei einem Angriff der Sioux getötet worden. Also schickte Custer Kelly mit den Hunden am Vorabend der Schlacht am Little Big Horn zurück.

Dieser Kelly wurde später übrigens Bürgermeister von Dodge City und Saloonbesitzer. Man sagt, seine Hunde hätten frei in der Stadt herumlaufen dürfen und seine Greyhounds und Hirschhunde seien in der Tat ständig unterwegs gewesen. Kelly selbst behauptete, einige seiner Hunde hätten noch Custer gehört und seien ihm von Libbie geschenkt worden.

Aus irgendeinem Grund behielt Custer am Tage der entscheidenden Schlacht den Hund Tuck bei sich. Der Rest der Geschichte ist nur aus den widersprüchlichen und persönlich geprägten Erzählungen der Lakota, Cheyenne, Arapaho und Sioux bekannt – der Indianerstämme, die an jenem Tag gegen Custer kämpften. Einigkeit besteht darüber, dass Custers Angriff zur Mittagszeit die Indianer völlig überraschte. Sie waren davon ausgegangen, dass die Kavallerie wie üblich im Morgengrauen angreifen würde.

Der Angriff kam an der Furt des Flusses ins Stocken und die überlebenden weißen Soldaten zogen sich auf einen flachen Hügel zurück, um das Eintreffen der beiden anderen Gruppen abzuwarten. Die eine Gruppe war jedoch selbst auf der Flucht und die andere hatte sich verschanzt und unternahm gar nichts. Die meisten Zeugen berichten, dass die verbliebenen Soldaten aus Custers Gruppe diszipliniert und mutig weiterkämpften, obwohl die Schlacht hoffnungslos war.

Einige Indianer erzählten, dass Custer standhaft weiter seine Befehle erteilte und sich selbst gegen die Massen der angreifenden Indianer stemmte. Andere betonen, dass sie Custer leicht erkennen konnten, weil sein großer, heller Hund bis zum bitteren Ende neben ihm stand.

Der letzte Kampf dauerte nur 20 Minuten, dann waren alle 210 Männer – und ein Hund – tot. Niemandem war es gelungen, den Fluss zu überqueren. Erst am nächsten Tag trafen die Truppen von General Terry ein und das Ausmaß der Tragödie wurde bekannt. Mit Ausnahme Custers wurden alle Männer auf dem Schlachtfeld begraben, Custers sterbliche Überreste überführte man nach West Point. Ein Nationalpark in Montana führt die Namen aller gefallenen Soldaten auf und weist auf den Ort ihres Todes hin. Tuck, der Schottische Deerhound, ist nicht aufgeführt.

Am Tag vor der Schlacht schrieb General George Armstrong Custer an seine Frau Libbie. Der Brief verließ das Lager per Kurier zusammen mit dem Soldaten James Kelly, der die Hunde in Sicherheit bringen sollte. An einer Stelle des Briefes heißt es: „Tuck ist immer bei mir, wenn ich schreibe. Sie legt ihren Kopf auf den Tisch und stupst meine Hand so lange mit ihrer langen Nase an, bis ich reagiere. Sie und Swift, Lady und Kaiser werden in meinem Zelt schlafen. Du brauchst keine Angst zu haben, dass ich die Truppen mit den Hunden verlasse – ich jage kaum noch.“

George Washington – Präsident und Foxhoundzüchter

George Washington, kommandierender General im amerikanischen Unabhängigkeitskrieg und später der erste Präsident der Vereinigten Staaten, war sein Leben lang Hundeliebhaber. Das lag vor allem an der Fuchsjagd, die er mit Freude und voller Leidenschaft betrieb. Während seiner Zeit in Virginia ritt er mindestens einmal pro Woche auf die Fuchsjagd, manchmal auch zwei- oder dreimal. Washington züchtete nicht nur eine neue Hunderasse – die Hunde sollten ihm auch den Weg zum Führer einer neuen Nation erleichtern.

Washington verbrachte seine Jugend auf dem Familienbesitz in Pope's Creek in Virginia. Später lebte er auf der Plantage seines Halbbruders auf dem Mount Vernon über dem Fluss Potomac. Obwohl Washingtons Ausbildung vor allem Mathematik, Vermessungswesen, Literatur, Geschichte und Politik beinhaltete, lernte er auch die Grundlagen der Landwirtschaft und Viehzucht. Daher überrascht es nicht, dass er sein Wissen über Tierhaltung nutzte, um eine „perfekte Hundemeute" zusammenzustellen.

Seit Robert Brooke aus Maryland im Jahre 1650 englische Foxhounds nach Amerika gebracht hatte, hatten amerikanische Züchter versucht, die Rasse durch Einkreuzungen verschiedener englischer, irischer und deutscher Jagdhunde zu „verbessern".

Für Washington war die Hundezucht eine Leidenschaft. Seine Tagebücher enthalten genaue Informationen darüber, welche Rassen er miteinander kreuzte und wie sich die Welpen verhielten. Sein erster Erfolg war die Zucht eines schwarz-braunen „Virginia-Jagdhundes", der typisch für die Hundezucht auf Mount Vernon werden sollte. Washingtons Hunde waren gute Jagdhunde, speziell auf die Anforderungen der Fuchsjagd ausgerichtet. Heute ist die Rasse selbst zwar verschwunden, ein Nachfahre sind aber die amerikanischen, schwarz-braunen Coonhounds der Gegenwart – sie entstammen einer Kreuzung von Virginia-Jagdhunden mit Bluthunden und führen auch ein wenig irisches Beagleblut.

Die Virginia-Jagdhunde markierten den Beginn von Washingtons erfolgreichen Zuchtversuchen, die er erst nach den Revolutionskriegen wieder aufnehmen konnte.

Washington war seinen Hunden ganz anders zugetan als die Farmer ihren Arbeitshunden. Das lässt sich z. B. an den Namen ablesen, die er seinen Hunden gab, wie z. B. Sweet Lips, Venus, Music, Lady oder True Love. Im selben Zwinger lebten aber auch Taster, Tipsy, Tippler und Drunkard: lauter Namen, die im Zusammenhang mit Alkoholgenuss stehen – diese Namensgebung soll hier nicht weiter interpretiert werden. Washingtons Leidenschaft für die Fuchsjagd war zwar seiner politischen Bedeutung zuträglich, sorgte aber auch für private Komplikationen.

Kurze Militärlaufbahn

Washington wurde erstmals während der Kriege gegen Frankreich und der Indianerkriege bekannt. Als sein Halbbruder Lawrence starb, wurde dessen Posten als Adjutant bei der Miliz von Virginia frei. Das war eine Vollzeitstelle im Rang und mit dem Salär eines Majors. Der Stelleninhaber musste nicht nur kommandieren, sondern war auch für Verwaltung und Organisation, für Inspektionen, Musterungen und die unterschiedlichsten Waffengattungen zuständig. Obwohl er keinerlei militärische Erfahrung besaß, traute sich Washington diese Aufgabe zu. Er bewarb sich und wurde angenommen.

Irgendwann bot man Washington ein Feldkommando an. Er wusste, dass die Franzosen die Kontrolle über ganz Ohio und das westliche Pennsylvania anstrebten: Zu diesem Zweck hatten sie Fort Duquesne erbaut, aus dem später Pittsburgh hervorgehen sollte. Washingtons erster Auftrag war die Eroberung dieses Forts. Allerdings befehligte er nur eine kleine Truppe und scheiterte. Als Washington später unter General Edward Braddock zurückkehrte, bekam er eine zweite Chance. Während des Marsches wurde er krank und lag mit Fieber in einem Planwagen der Vorhut. Plötzlich wurde die Truppe am Monogahela Fluss von den Franzosen und den mit ihnen verbündeten Indianern angegriffen. Da Braddocks Männer in der Unterzahl und völlig überrascht waren, schien sich ein vernichtendes Massaker anzubahnen, als zudem Braddock auch noch tödlich verwundet wurde. Trotz seiner Krankheit ergriff Washington das Kommando. Es ging ihm so schlecht, dass er mit einem Kissen als Sattel ritt – dennoch war er scheinbar überall gleichzeitig, um seine Befehle zu erteilen. Am Ende gelang es ihm, die meisten seiner Männer sicher aus dem Hinterhalt zu führen.

Im Alter von nur 23 Jahren verlieh man Washington den Rang eines Obersten und ernannte ihn zum Kommandeur der Miliz von Virginia. Damit war er verantwortlich für die Verteidigung der Grenze. Im Jahre 1758 sammelte Washington weitere Erfahrungen und Ruhm, als er zusammen mit General John Forbes Fort Duquesne einnahm und durch den neuen Außenposten Fort Pitt ersetzte.

Washington wähnte nun Virginias Grenzen sicher. Von der militärischen Laufbahn war er jedoch enttäuscht, denn er vermisste den Respekt der regulären britischen Truppen und fühlte sich schlecht behandelt. Also reichte er seinen Abschied ein, um das ruhigere Leben eines Plantagenbesitzers zu führen. Washington sah darin keineswegs einen Abstieg, denn er war gerne Landwirt und schrieb: „Es gehört zu den herrlichsten Tätigkeiten. Es ist ehrenwert, macht Spaß und ist, mit der Hilfe Gottes, auch profitabel."

Kurz nach seinem Abschied von der Armee heiratete Washington Martha Dandridge Custis, eine hübsche und reiche junge Witwe. Sie hatte zwei Kinder und verfügte über ihren verstorbenen Mann und ihre eigene Familie über gute politische Verbindungen.

Nach der Heirat modernisierte das Paar die Plantage von Mount Vernon. Washington richtete das Wohnhaus neu ein, erbaute zusätzliche Gebäude und experimentierte mit neuen Nutzpflanzen. Außerdem errichtete er großzügige Hundezwinger und begann mit der Zucht seiner Virginia-Jagdhunde. In der Freizeit ging er so oft wie möglich auf die Fuchsjagd – und er hatte viel Zeit.

Washingtons ruhiges Leben als Gentleman-Farmer fand ein Ende, als die Briten strengere Gesetze und höhere Steuern einführen wollten. Auf Druck einiger einflussreicher Freunde ging Washington in die Politik und wurde Mitglied des Abgeordnetenhauses von Virginia. Dort war er Zeuge, als Patrick Henry 1765 seine Resolution gegen die „Stempelakte", ein Gesetz zur Besteuerung aller offiziellen Schriftsätze in den Nordamerikanischen Kolonien, einbrachte – von vielen als der Beginn des amerikanischen Unabhängigkeitskrieges interpretiert.

Kaum drei Jahre später erklärte sich Washington bereit, eine Muskete zu schultern, wenn ihn das Land rufe. Dies geschah kurz darauf, allerdings ernannte man Washington zum Mitglied einer Delegation für den amerikanischen Kongress, der den Widerstand gegen die britische Kolonialpolitik zu organisieren versuchte.

Da der Kongress in Philadelphia zusammentrat, war Washington nicht besonders glücklich, denn hier konnte er nicht spontan sein Pferd besteigen und mit der Hundemeute auf die Fuchsjagd gehen. Der wohlhabende Bürgermeister von Philadelphia, Samuel Port, und dessen reizende Frau Elizabeth Willing Powel retteten ihn.

Elizabeth Powel verhilft Washington zur Macht

Washingtons elegante Erscheinung war Elizabeth Powel aufgefallen. Sie beschrieb ihn als „gerade gewachsen wie ein Indianer, 1,85 m groß auf Socken" mit „durchdringenden, blauen und grauen Augen". Sie fügte hinzu: „Er bewegt sich elegant und majestätisch, außerdem wurde er bei seinem Spaziergang durch die Walnut Street von einem großen, außerordentlich eleganten Hund begleitet." Der Hund Sweet Lips gehörte zu Washingtons Lieblingen und blieb immer bei ihm.

Offenbar war Elizabeth nicht nur von dem Mann, sondern auch von dem Hund begeistert. Also hielt sie den Gentleman aus Virginia an und fragte ihn nach seinem Hund. Washington war wenig bescheiden, wenn es um seine Hunde ging, daher gab er stolz zu, er hätte diesen „perfekten Foxhound" selbst gezüchtet.

Elisabeth sorgte dafür, dass Washington auch das Interesse ihres Mannes weckte. Samuel erkannte gleich, dass Washington sowohl politisches als auch militärisches Talent besaß und setzte darauf, dass es seinen eigenen politischen Ambitionen nützen würde, sich dem Mann aus Virginia anzuschließen. Als Elizabeth Washington und seinem Hund Sweet Lips begegnet war, hatte er ihr gegenüber geklagt, während der Sitzungen des Kongresses nicht jagen zu können. Elizabeth war sicher, dass ihr Mann das Problem lösen könne und lud Washington zum Essen ein.

Die Powels vermittelten den Kontakt zum *Gloucester Hunting Club* in New Jersey am anderen Ufer des Flusses. Der Club galt und gilt als führender Fuchsjagd-Club der Neuen Welt. Washington begeisterte die Clubmitglieder als „prachtvoller Reiter" und seine Hunde wurden sehr geschätzt, weil sie „Durchsetzungskraft und Scharfsinn" zeigten.

Bürgermeister Powel besaß gute Verbindungen zu Politikern und Bankiers, und viele seiner einflussreichen Freunde waren ebenfalls Mitglieder des Jagdclubs. Dort traf Washington auch Jacob Hiltzenheimer und seine Teilhaber. Hiltzenheimer sollte später ein wichtiger Heereslieferant werden, der die Armee mit Wagen versorgte – die waren damals so wichtig wie heute Panzer, Lastwagen und andere Transportmittel.

Die mächtigen Männer, mit denen sich Washington in dem Club zur Jagd traf, hatten Einfluss auf die Bildung der künftigen Regierung und sie mochten den Mann aus Virginia. Er war intelligent, gut organisiert und besaß eine starke Ausstrahlung. Außerdem machte er einen ehrlichen und integren Eindruck und – was nicht zu unterschätzen war – liebte Hunde und die Jagd.

Als Washington diesen Männern einige seiner Hunde schenkte, waren sie hoch erfreut und dankbar. Wohl nicht zuletzt deswegen machten sie ihren Einfluss geltend und verschafften Washington das Oberkommando über die Revolutionsarmee. Später sorgten sie dafür, dass ihn die Wahlmänner bei der Wahl zum Präsidenten der Vereinigten Staaten unterstützten.

Offenbar hatte Elizabeth auch andere Interessen in Bezug auf Washington. Es geht das Gerücht, dass sie eine Art „politisches Groupie" war, das mit einer Reihe von wichtigen Politikern und Militärs Affären unterhielt. Dafür spricht die Tatsache, dass sich Washington während seiner Zeit in Philadelphia meist im Hause der Powels aufhielt – und das auch dann, wenn Samuel Powel für mehrere Tage seinen Besitz in New Jersey, Delaware und im Innern von Pennsylvania inspizierte. Große Teile der Briefe, die Elizabeth an Washington geschrieben hatte, wurden nach seinem Tod von Washingtons Frau Martha vernichtet.

Immerhin gibt es Hinweise, dass Elizabeth tatsächlich nicht nur an dem Hund interessiert war, den sie neben dem lustwandelnden Washington gesehen hatte, sondern auch an dessen Besitzer selbst. Sie hielt die Beziehung zu Washington auch aufrecht, als der bereits Präsident war. In dem Wenigen, was von der Korrespondenz erhalten blieb, findet man verräterische Hinweise („denke an alles, was gestern zwischen uns gewesen ist" oder „im Einklang mit deinem leidenschaftlichen Urteil"), die so manchen Historiker aufhorchen lassen. Außerdem verweisen die Anhänger der Affärentheorie auf die Tatsache, dass Washingtons Frau Martha zu jener Zeit in Virginia weilte und sich um die Plantage kümmerte, während sich Elizabeth Powel mehrere Nächte lang im Wohnhaus des Präsidenten aufhielt. Unwahrscheinlich, dass Washington und Elizabeth nächtelang nur über Foxhounds und die Jagd diskutierten …

Oberbefehlshaber im Unabhängigkeitskrieg

In den ersten Monaten des Jahres 1775 schlugen Powel und seine Füchse jagenden Freunde mehreren Delegierten George Washington als Oberbefehlshaber vor, falls der Kongress eine Streitmacht gegen die Südstaaten aufstellen ließe. Im Juni desselben Jahres war Washington daher die logische Wahl für eben diesen Posten.

Eine seiner ersten Amtshandlungen war ein Feldzug gegen Boston, einem Hauptstützpunkt der britischen Besatzung. Es gelang ihm, die Briten zu vertreiben. Als Washington weiter gegen New York zog, traf er zum ersten Mal mit General William Howe zusammen, seinem bedeutendsten Gegner während des amerikanischen Unabhängigkeitskrieges.

Wie Washington selbst hatte sich auch Howe als einer der brillantesten jungen Generäle während des Krieges gegen die Franzosen und die Indianer hervorgetan. Er war als Verstärkung zu General

Thomas Gage gesandt worden und hatte die blutige, aber schließlich siegreiche Schlacht von Bunker Hill geschlagen. Kurz darauf löste er Gage als Kommandeur der britischen Truppen in Amerika ab.

Als Washington seine Stellungen um New York einnahm, bot ihm Howe Verhandlungen über einen Friedensvertrag an – eigentlich eine Kapitulation der Kolonisten unter der Zusicherung von Straffreiheit für die revolutionären Truppen. Als Washington das Angebot ausschlug, landete Howe im August 1776 auf Long Island, nahm New York ein und schlug Washingtons Truppen bei White Plains. Im Jahr darauf siegte er in der Schlacht von Brandywine erneut über Washington. Nach einem weiteren Sieg in Germantown im Oktober 1777 eroberte Howe Philadelphia und richtete dort sein Winterquartier ein. Nur eine Tagesreise entfernt verbrachten Washington und seine Truppen den Winter frierend und erschöpft in Valley Forge.

Kameradschaft unter Feinden

Es gehört zu den Mysterien der amerikanischen Geschichte, dass Howe trotz mehrfacher Siege über Washington niemals mit ganzer Entschlossenheit nachsetzte, um – wie sonst üblich – den Gegner zur Kapitulation zu zwingen. Howe schien fast darauf zu warten, dass die Rebellen aus freien Stücken auf ihn zukämen, die Waffen niederlegten und mit ihm verhandelten. Dieses Verhalten nährte den Verdacht, Howe habe insgeheim mit den Amerikanern sympathisiert. Möglicherweise traf dies sogar bis zu einem gewissen Grad zu. Howes nachsichtiges Verhalten gegenüber den Amerikanern wurde vor allem kurz nach der Schlacht bei Germantown deutlich, anlässlich eines Vorfalls, bei dem ein Hund eine Rolle spielte.

Damals versuchten die amerikanischen Truppen unter Washington, Howes Kräfte zu binden. Sie wollten vor allem die Errichtung neuer Außenposten durch Howe verhindern.

Washington hatte bei der Pennibecker-Mühle Stellung bezogen und die Schlacht um Germantown verlief nicht gut für die Rebellen. Am 6. Oktober 1777 lief plötzlich ein kleiner Terrier zwischen den britischen und amerikanischen Fronten umher. Er suchte nach Futter oder wollte einfach nur die Gegend erkunden. Ein amerikanischer Soldat fing den Hund ein und las auf einer Plakette am Halsband, dass er General Howe gehörte. Ein Offizier brachte den kleinen Hund zu Washington und schlug vor, das Tier als Maskottchen zu behalten. „Vielleicht steigert es die Moral der Männer, wenn sie erfahren, dass wir den Hund des britischen Generals gefangen haben."

Washington lehnte dies ab. Er vermisste seinen geliebten Hund Sweet Lips, den er zur Sicherheit nach Mount Vernon geschickt hatte, und wusste um die engen Beziehungen zwischen Männern und ihren Hunden. Außerdem war das Tier zwar kein klassischer Jagdhund, in England aber setzte man Terrier in der letzten Phase der Fuchsjagd ein – sie sprengten den Fuchs aus seinem Bau. Deshalb fühlte sich Washington seinem Gegner in gewisser Weise verbunden.

Washington rieb den Hund persönlich sauber, bürstete sein Fell und fütterte ihn. Dann ordnete er eine Feuerpause an und schickte einen amerikanischen Offizier mit einer weißen Fahne zu den britischen Truppen, um den Hund zurückzugeben. Er hatte folgendes Schreiben beigefügt: „General Washington grüßt General Howe. General Washington gibt sich die Ehre, einen Hund zurückzugeben, der zufällig in seine Hände fiel. Wie ich am Halsband sah, gehört er General Howe."

Vielleicht gab es weitere persönliche Korrespondenz zwischen den feindlichen Heerführern, denn einer von Howes Offizieren beschrieb die Rückkehr des Hundes mit den Worten: „Der General war äußerst erfreut, seinen Hund wiederzuhaben. Er nahm ihn auf den Schoß, ohne zu berücksichtigen, dass der Matsch an den Pfoten des Tieres seine Uniform beschmutzte. Während er den Hund streichelte, fand er eine geheime Botschaft unter dem Halsband versteckt. Der General las den Zettel und war offensichtlich von seinem Inhalt angetan. Ich weiß zwar nicht, was darin stand, aber ich bin sicher, der Zettel stammte vom Kommandeur der Rebellen."

Wir wissen nicht, was in dieser zweiten Botschaft am Halsband des Hundes stand, der General war jedenfalls erfreut über die Rückkehr seines Hundes. Später bezeichnete Howe Washingtons Geste als „die ehrenwerte Tat eines Gentlemans".

Im Ton der späteren Briefe Howes fällt auf, dass er von seinem Gegner Washington mit Respekt sprach. Nach diesem Tag errang Howe zwar weitere Siege, ging aber niemals mehr mit der für die britischen Truppen charakteristischen Härte vor. Schließlich reichte Howe lieber seinen Abschied ein, anstatt – wie verlangt – die Auseinandersetzung deutlich härter zu führen. Die Regierung wünschte, „den Rebellen gegenüber so wenig Nachgiebigkeit zu zeigen, dass sie keine andere Wahl haben, als zur Krone zurückzukehren". Howes Nachfolger General Henry Clinton war kein guter Stratege und auch sein Stellvertreter General Charles Cornwallis war zwar ein fähiger Organisator, aber kein guter Feldkommandeur. Beide konnten niemals an die militärischen Erfolge Howes anknüpfen und verloren den Krieg.

Kriegsende und Hundezucht

Nach Kriegsende zog sich Washington nach Mount Vernon zurück. Er wollte wieder als Farmer arbeiten, sich in der Politik Virginias engagieren und sich seinen Traum erfüllen, „einen überlegenen Hund mit Schnelligkeit, Geruchssinn und Klugheit" zu züchten. Washington hatte entschieden, dass seine Virginia-Jagdhunde zu leicht gebaut waren und nicht die Kraft für eine lang andauernde Jagd besaßen. Außerdem ließen sie sich zu leicht von der Fuchsspur ablenken. Überdies beklagte sich Washington darüber, dass seine Hunde „für den Verlust seiner Schafe verantwortlich" waren. Während des Krieges hatte Washington den Marquis de Lafayette schätzen gelernt und sich mit ihm angefreundet. Dieser französische General und politische Kopf hatte wesentlich zum Gelingen der amerikanischen Revolution beigetragen. In vielen persönlichen Gesprächen hatte Lafayette die französischen Hirschhunde wegen ihrer Ausdauer und dem guten Spürsinn gepriesen. Washington begann nun einen langen Briefwechsel mit seinem alten Kriegskameraden, um einige dieser Hunde für die Zucht zu erhalten. Schließlich schrieb der Marquis 1785: „Es ist nicht einfach, französische Hunde zu finden, da der König inzwischen die englischen Hunde bevorzugt, die schneller sein sollen als jene aus der Normandie."

Lafayette bemühte sich jedoch weiter und trieb schließlich acht große, französische Spürhunde auf, die er sogleich nach Amerika sandte. John Quincy Adams – er sollte der sechste amerikanische Präsident werden – bekam den Auftrag, sie zu eskortieren.

Adams hielt nicht viel von Hunden und zeigte sich hier auch wenig verantwortungs- und pflichtbewusst. In New York angekommen, übergab er die Hunde einfach der Schifffahrtsgesellschaft. Washington fürchtete schon, die Hunde seien verloren. Nachdem er sie schließlich doch erhalten hatte, fand er wenig schmeichelhafte Worte für Adams: „Es wäre für diesen jungen Gentleman mehr als angemessen gewesen, mir zumindest die Nachricht zukommen zu lassen, dass die Hunde angekommen sind." Außerdem sorgte sich Washington um die Gesundheit der Tiere, denn „in New York haben Hunde keine Freunde". Dabei bezog er sich offenbar darauf, dass in New York die Tollwut grassierte. Berichten zufolge wimmelte es in der Stadt von herrenlosen, streunenden Hunden, die bei jeder sich bietenden Gelegenheit getötet wurden.

Washington erwartete seine neuen französischen Hunde mit gemischten Gefühlen. Sie hatten einige Eigenschaften, die er sehr schätzte, so ihren tiefen Jagdlaut, den er als „die Glocken von Moskau" beschrieb. Andererseits waren sie sehr groß und stark und wesentlich ungezügelter als seine Virginia-Jagdhunde.

Vulcan und der gestohlene Schinken

Eine Geschichte verdeutlicht nicht nur, welche Probleme Washingtons neue Hunde verursachten, sondern zeigt auch eine andere Seite in Washingtons Persönlichkeit auf. Vielen Amerikanern galt Washington als fader und überzeugter Moralist, als ehrenhafter und geradliniger Patriot, der allerdings keinerlei Wärme oder Humor besaß. Sobald es jedoch um seine Hunde ging, war dieser amerikanische Revolutionsführer und geschätzte Politiker plötzlich leidenschaftlich, nachsichtig und amüsant. Die nachfolgende Begebenheit spielte sich auf Mount Vernon kurz nach dem Krieg, aber noch vor seiner Wahl zum Präsidenten ab. Wir wissen davon aus Briefen von George Washington Park Custis, dem Enkel Martha Washingtons.

Wenn er nicht mit ihnen jagte, hielt Washington seine Hunde gewöhnlich im Zwinger. Nur sein Lieblingshund Vulcan durfte auch im Haus herumlaufen. Vulcan war so groß, dass Marthas Enkel und ihre Freunde auf ihm wie auf einem kleinen Pony reiten konnten. Custis beschrieb die Szene:

„Einer der französischen Hunde hieß Vulcan. Er ist uns gut in Erinnerung geblieben, weil wir als Kinder auf ihm reiten durften. Einmal saßen wir bei einer großen Tischgesellschaft auf Mount Vernon zusammen, als die Dame des Hauses – meine Großmutter – bemerkte, dass der Schinken – der Stolz jeder Hausfrau aus Virginia – auf dem Tisch fehlte. Sie fragte Butler Frank danach und dieser höflichste aller Butler sagte: ‚Oh ja der Schinken. Wir haben einen sehr schönen Schinken genau nach den Anweisungen von Madam zubereitet. Doch siehe da! Als wir in die Küche kamen, während der Schinken in seinem Saft schmorte, sahen wir, dass der gute alte Vulcan seine Zähne fest darum geschlossen hatte.‘ Obwohl es in der Küche viele Helfer gab, war es ihnen trotz vereinter Bemühungen nicht gelungen, Vulcan den Schinken wieder zu entreißen. Während sich die Dame des Hauses über den Verlust des Schinkens ärgerte und keine freundlichen Worte für den alten Vulcan bzw. Hunde im Allgemeinen fand, meinte Washington, als er die Geschichte hörte und nachdem alle Gäste herzlich über den Sieg des Hirschhundes gelacht hatten: ‚Scheinbar hat Monsieur de Lafayette mir weder einen Hirsch- noch einen Foxhound geschickt, sondern einen französischen Schinkenhund!‘"

Washington kreuzte irgendwann die großen französischen Hirschhunde mit seinen kleineren Virginia-Jagdhunden. Dabei ging er sehr gezielt vor und suchte Zuchttiere aus, die über die von ihm erwünschten Eigenschaften verfügten. Er wollte einen Hund züchten, der etwas größer als seine Virginia-Jagdhunde, aber deutlich kleiner als die französische Rasse war und dennoch über die Kraft und Schnelligkeit der französischen Importe verfügte. Er sollte schneller laufen können als englische Foxhounds, denn in den offenen Landschaften Amerikas war die Geschwindigkeit der Jagd-gesellschaften höher als in England.

Washingtons Versuche waren erfolgreich – der amerikanische Prä-sident gilt bis heute als einer der wichtigsten Züchter des amerika-nischen Foxhounds. Im frühen 19. Jahrhundert wurde die Rasse modifiziert, als Washingtons Freunde aus dem Gloucester Foxhun-ting Club seine Foxhounds noch einmal mit englischen Foxhounds kreuzten, um die Rasse äußerlich stärker an die englische Rasse anzugleichen. Dennoch war es Washington gewesen, der dieser Rasse ihr Gesicht verliehen hatte.

Der erste Präsident des Landes

Die politischen Verhältnisse sorgten dafür, dass Washington seine Züchtungsversuche einstellen musste. 1787 leitete er die Delega-tion Virginias in der verfassungsgebenden Versammlung in Phila-delphia und wurde einstimmig zum Sitzungspräsidenten gewählt. Seine Anwesenheit verlieh der Versammlung politisches Gewicht und Prestige, doch er hielt sich völlig aus der Debatte heraus und bezog keine eindeutige Stellung.

Während des langen Aufenthaltes in Philadelphia verbrachte Washington wieder viel Zeit mit den Powels. Auch den Gloucester Club besuchte er häufig mit einigen seiner neuen Hunde, um auf die Jagd zu gehen und alte Bekanntschaften aufzufrischen.

Wie erwartet, wurde Washington unter dem politischen Einfluss seiner Freunde zum ersten Präsidenten des Landes auserkoren – unabhängig davon, welche Regierung an die Macht käme. Nachdem die neue Verfassung unterzeichnet worden war, wählte man Washington ohne ernsthaften Widerstand zum Präsidenten. Wie wäre Washingtons politische Karriere wohl verlaufen, wenn ihn die Frau eines einflussreichen Bürgermeisters nicht wegen seines hüb-schen Hundes angehalten hätte?

Washington fand nie wieder die Zeit, seinen „perfekten Hund" zu züchten und die Zahl der Hunde in seinen Zwingern nahm ständig ab, bis er nur noch einige Lieblingshunde besaß, die mit ihm früh-morgens auf die Jagd gingen.

Die Rasse, die Washington gezüchtet hatte, wurde als American Foxhound bekannt. Sie ist leichter und schneller als ihre englischen Verwandten. Die Stimmen der amerikanischen Foxhounds sind so unterschiedlich, dass ihre Besitzer sie am Bellen erkennen können. Washington hatte viel Freude daran, seinen Hunden zu lauschen und anhand des Lautes festzustellen, was sie gerade taten: „Das ist True Love, er hat die Witterung aufgenommen ... jetzt ist Heart bei ihm."

Washingtons Foxhounds verfügen auch über ein typisches, fast schon amerikanisches Wesen, das ihren englischen Vettern fehlt. Englische Foxhounds denken nur an Füchse und sind so stark auf die Meute fixiert, dass man sie kaum als Haustiere halten kann. Amerikanische Foxhounds verkörpern hingegen einen Charakter, den viele Menschen auch den Amerikanern selbst zuschreiben: Jeder der Hunde jagt und handelt allein und nicht als Teil der Masse, aber jeder der Hunde kann bei Bedarf die Führung der Gruppe übernehmen. Genau diese Art Hunde schwebte Washington vor – zuverlässige, starke Individualisten, die aber bei Bedarf zusammenarbeiten – und so hat dieser Gründungsvater der amerikanischen Nation wohl auch seine Landsleute gesehen.

Hunde im Weißen Haus

Jedes Mal, wenn ein neuer Präsident ins Weiße Haus einzieht, kursiert in Washington D.C. dieselbe Anekdote: Gott spricht zu dem neuen Präsidenten und sagt: „Ich habe eine gute und eine schlechte Nachricht für dich. Die Gute ist, dass du deinen Hund ins weiße Haus mitbringen darfst. Es gibt keinerlei Beschränkungen für Haustiere."

„Wunderbar", sagt der neue Präsident, „und was ist die schlechte Nachricht?"

Die Stimme aus dem Himmel antwortet: „Die Schlechte ist, dass sich dein Hund dort wohler fühlen wird als du."

Es ist zwar schwierig, den Wahrheitsgehalt dieser Anekdote zu überprüfen, aber immerhin haben bereits zahlreiche Hunde in den Präsidentengemächern gewohnt. Insgesamt waren dort sogar mehr Hunde als Präsidenten, Präsidentenfrauen und -kinder zusammen genommen untergebracht. Nach einer groben Schätzung haben sich schon rund 230 Hunde in der Pennsylvania Avenue 1600 wohl gefühlt. Wenn man alle Hunde zusammenzählt, die jemals im Besitz amerikanischer Präsidenten waren, kommt man auf die erstaunliche Zahl von fast 1000 Hunden.

Manche Hunde im Weißen Haus waren für das Image des Mannes im Oval Office recht wichtig, manche hatten sogar entscheidenden Einfluss auf seinen politischen Erfolg.

Theodore Roosevelts reitender Hund Skip

Einige der Präsidenten besaßen schon vor ihrer Amtszeit Hunde und sahen das als selbstverständlich an. So verbrachte Theodore Roosevelt viel Zeit mit Hunden auf der Jagd. Zahlreiche dieser Hunde gehörten allerdings seinen Jagdfreunden. Vertraute des Präsidenten berichteten oft über Roosevelts „Draht zu Hunden".

Roosevelts eigenes Haus war voller Hunde, darunter Sailor Boy, ein Chesapeake-Retriever, der häufig hinter dem Boot herschwamm, mit dem Roosevelt seine Kinder auf den Fluss ruderte; dann Pete, ein Bullterrier, der sich später als politisches Hindernis erweisen sollte, und Jack, ein Manchester-Terrier, den seine Kinder sehr liebten. Außerdem hatte Roosevelt einen Bernhardiner und verschiedene Promenadenmischungen, die er selbst oder seine Kinder von ihren Reisen nach Hause brachten, dazu einige Tiere, die er von Staatsbesuchern als Geschenk erhielt.

Roosevelts Lieblingshund war vermutlich ein Mischling mit Namen Skip, den er auf einem Jagdausflug adoptiert hatte. Roosevelt betonte, dass er den Mut dieses Tieres bewunderte. Skip hielt selbst einem Bären stand, weil er sich Roosevelts Beistand sicher war. Roosevelt beschrieb Skip als „kleinen Hund – damit meine ich, ein klein wenig von diesem und von jenem". Der Hund war sicher nicht groß, hatte vielleicht eine Schulterhöhe von etwa 45 bis 50 cm, besaß eine Nase wie ein Bluthund, Ohren wie ein Retriever, einen gedrungenen Körper, kurze Beine und kurzes, raues, gelbes Fell. Es ist müßig, über seine Vorfahren zu spekulieren.

Skips kurze Beine waren manchmal ein Hindernis, denn er kam kaum mit, wenn Roosevelt zu Pferd auf der Jagd war. Doch niemals ließ ihn der Präsident zurück: Lieber beugte er sich herab und nahm den kleinen Kerl vor sich auf den Sattel. Schließlich konnte Skip ganz gut selbst auf das Pferd aufspringen.

Es existiert sogar ein merkwürdiges Pressefoto, auf dem Skip ganz allein reitet: Offenbar hatte sich der Hund mit dem Pony Algonquin angefreundet, das Roosevelts siebenjährigem Sohn Archie gehörte. Die beiden hatten ein Spiel erfunden, bei dem Skip hinter Algonquin herrannte, der irgendwann langsamer wurde, um Skip den Sprung auf seinen Rücken zu ermöglichen. Wenn das Pferd einen Sattel trug, konnte sich Skip recht lange auf seinem Rücken halten. Wenn nicht, hielt sich der Hund so lange wie möglich fest und rutschte oder sprang dann wieder zu Boden – und das Ganze begann aufs Neue. Viele Besucher trauten ihren Augen kaum, wenn sie vor dem Weißen Haus einen Hund sahen, der ohne einen Menschen in der Nähe ein kleines Pferd ritt.

Offenbar war Skip der Meinung, er dürfe grundsätzlich und nicht nur bei Jagdausflügen in Roosevelts Schoß springen. Wenn die Kinder – Roosevelt nannte sie „Häschen" – nicht mehr mit Skip spielen wollten, suchte der Hund nach seinem Herrn. War der im Haus und weder von Gästen oder seiner Arbeit in Anspruch genommen, las er gewöhnlich; manchmal ein ganzes Buch an einem Tag. Bei solchen Gelegenheiten setzte Skip zum Sprung an und landete hart auf Roosevelts Schoß. Meist lachte der Präsident und meinte: „Wenn du ruhig bist, darfst du dich bilden und mit mir lesen." Dann stützte er das Buch auf den Rücken des Hundes, der sich zufrieden auf den Präsidentenbeinen ausbreitete und einschlief. Während Roosevelt die Seiten umblätterte, streichelte er geistesabwesend seinen Hund.

Skip unterhielt die Familie auf vielerlei Weise. Roosevelts Sohn Archie hatte sich ein Spiel auf dem glatten Boden des Hauptkorridors im zweiten Stock des Weißen Hauses ausgedacht. Roosevelt beschrieb das Spiel in einem Brief: „Archie spreizt seine Beine, beugt sich nach vorn und hält Skip fest. Dann sagte er: ‚Skip – auf die Plätze, fertig, los!' und schiebt den Hund mit voller Wucht zwischen den Beinen durch, während er selbst zum anderen Ende des Flur rennt und Skip wie wild mit seinen Pfoten über den glatten Boden rutscht."

Skip starb ein Jahr vor dem Ende von Roosevelts erster Amtsperiode. Der Präsident legte den Hund selbst in den Sarg und blieb traurig bei ihm, bis er hinter dem Weißen Haus begraben war. Roosevelts Frau Edith wusste, wie wichtig Skip für ihren Mann gewesen war. Gegen Ende seiner zweiten Amtszeit 1908 sorgte sie dafür, dass der Sarg exhumiert und zu ihrem Besitz am Sagamore Hill umgelagert wurde, wo Skip endgültig Ruhe fand. Edith erklärte ihr Handeln einem verblüfften Pressevertreter so: „Teddy würde es nicht ertragen, den Hund unter den Augen eines Präsidenten zurückzulassen, der sich nicht um seinen kleinen Straßenköter kümmert."

James Buchanan und sein Neufundländer Lara

Theodore Roosevelt war nur einer von vielen Präsidenten, der Hunde sehr mochte. James Buchanan, der einzige Junggeselle, der jemals das Weiße Haus bezog, wurde ständig von seinem riesigen

Neufundländer Lara begleitet. Dieser 170 Pfund schwere Hund war aus drei Gründen bemerkenswert – so die damalige Presse: Er hatte einen riesigen Schwanz, war seinem Herrn unglaublich zugetan und konnte stundenlang bewegungslos liegen bleiben, wobei er ein Auge offen, das andere geschlossen hielt. Buchanans Nichte Harriet Lane übernahm die Pflichten der First Lady; sie war Gastgeberin und erinnerte Buchanan an seine Verpflichtungen, während Lara die Rolle der präsidialen Gefährtin spielte.

Eisenhower und seine Scotties

Dwight D. Eisenhower steuert ein weiteres, ergreifendes Beispiel für die Bedeutung eines eng verbundenen Haushundes bei, obwohl die nachfolgende Episode rund zehn Jahre vor Eisenhowers Einzug ins Weiße Haus spielte. Beteiligt war ein Scotchterrier, eine Rasse, die Eisenhower sein ganzes Leben lang schätzte.

1943 war Eisenhower in den Rang des Alliierten Oberkommandeurs gelangt. Damals hielt er sich in Nordafrika auf, von wo aus er die militärischen Aktionen gegen die deutschen Truppen in Afrika koordinierte, die den Feind zum Rückzug nach Europa zwingen sollten. In einer Arbeitspause schrieb er an seine Frau Mamie: „Die Freundschaft eines Hundes ist kostbar. Sie wird umso wichtiger, wenn man wie ich so weit weg von zu Hause ist. Ich habe einen Scotty. Bei ihm finde ich Trost und Zerstreuung ... er ist die Vertrauensperson, mit der ich reden kann, ohne ständig über den Krieg sprechen zu müssen."

Mit dem „Scotty" meinte Eisenhower seinen Hund Caacie. Der kleine Hund begleitete ihn nach England und blieb dort, während Eisenhower die Invasion der Alliierten vorbereitete. In dem auf britischem Boden eingerichteten Hauptquartier der Alliierten hatte Eisenhower auch andere Gesellschaft. Es gibt zahlreiche Spekulationen über Kay Summersby, eine Engländerin, die ihm als persönliche Fahrerin zugeteilt war. Ob der Klatsch über die intime Beziehung der beiden nun wahr ist oder nicht – ganz sicher verband sie eine enge und warme Freundschaft. Summersby lernte Eisenhower sehr gut kennen und schätzte auch seine Liebe zu den Scotchterriern. Ihr gefiel so gut, wie er sich in Gegenwart seines Hundes entspannte, dass sie ihm einen zweiten schenkte. Telek leistete sowohl Eisenhower wie Caacie während des gesamten Krieges und später zu Hause Gesellschaft.

John F. Kennedy und der freche Charlie

Ein Präsident, der sich in Krisenzeiten ebenfalls auf die entspannende Wirkung eines Hundes verließ, war John Fitzgerald Kennedy. In der Öffentlichkeit herrschte der Eindruck, dass es im Weißen Haus bei den Kennedys vor Hunden nur so wimmelte. In der Tat besaß die Familie insgesamt neun Hunde, doch bei seinem Einzug im Jahre 1961 brachte Kennedy nur einen Welsh-Terrier mit Namen Charlie mit ins Weiße Haus. Der Hund gehörte eigentlich Kennedys Tochter Caroline, war aber sein spezieller Liebling.

Wie die Roosevelts spielten auch die Kennedys viele Spiele mit ihren Hunden. JFK verbrachte viel Zeit im Swimmingpool des Weißen Hauses und das häufig in Charlies Gesellschaft. Neben dem Schwimmbecken lagen zahlreiche Bälle und Schwimmspielzeuge herum. Der Präsident warf sie ins Wasser und Charlie sprang hinterher, um sie zu holen. Den Kindern der Kennedys waren solche Apportierspielchen zu langweilig: Sie warfen die Spielzeuge in die Nähe ihres Vaters, damit der enthusiastisch springende Charlie möglichst auf dessen Kopf landete. Passierte das, brachen sie in Gelächter aus, während der Vater zum Schein über das pelzige Geschoss erschrak. Charlie wurde schließlich ein so guter Schwimmer, dass er zu einem gefürchteten Entenjäger in den Pools der Nachbargrundstücke wurde.

Bei den Angestellten des Weißen Hauses galt Charlie unter der ganzen Tiermenagerie als „Top Dog". Da der Terrier äußerst selbstbewusst war, fing er mit den meisten anderen Hunden Streit an. Die Angestellten hatten die Order, Charlie in Schwierigkeiten beizustehen und ihn zu schützen.

Nach einiger Zeit verfiel Charlie auf einen Trick, der ihn bei den Gärtnern und Arbeitern nicht gerade beliebt machte. Er schlich sich von hinten an, wenn die Bediensteten gerade Beete umgruben oder bearbeiteten und wartete einen Augenblick der Unachtsamkeit ab. Dann sprang er vor und packte einen der Männer am Hosenboden oder am Bein selbst. Diese Guerilla-Aktion dauerte nur eine Sekunde und schon raste Charlie über den Rasen davon, unerreichbar für sein Opfer. Einer der Arbeiter beschwerte sich beim Vorarbeiter, weil Charlie ihn blutig gebissen hatte. „Lass es!", sagte man ihm: „Bei jedem anderen Hund könnten wir etwas unternehmen, aber bei diesem ist es was anderes. Wenn es um die Entscheidung geht, wer von euch beiden das Weiße Haus verlassen muss, müsstest du deine Sachen packen, nicht Charlie."

Trotz seines schlechten Benehmens bereitete Charlie Kennedy viel Freude. Traphes Bryant, der Leiter des Hundezwingers im Weißen Haus, beschreibt ein typisches Beispiel.

Eines Nachmittags wurde Bryant auf dem Gipfel der Kubakrise ins Büro des Präsidenten bestellt. Er erinnert sich, „dass alle in Aufruhr waren. Ich stand drei Meter vor Kennedys Schreibtisch, während Pierre Salinger [der Pressesprecher] im Büro herumlief und Botschaften und Pressemitteilungen bearbeitete. Der Präsident sah besorgt aus. Gerüchten zufolge verlegten die Russen ihre Flotte und wurden durch unsere Flotte blockiert. Wie aus heiterem Himmel verlangte Kennedy nach Charlie."

Bryant wunderte sich über diese Anweisung, doch lief er heraus und brachte den quirligen kleinen Terrier in das Büro. Der Präsident breitete seine Arme aus und Charlie sprang ihm an die Brust. Kennedy fing ihn auf und setzte ihn auf seinen Schoß. Der Raum flimmerte vor Informationen, nervösen Beratern und ängstlicher Unschlüssigkeit. Im Zentrum der Unruhe aber saß der Präsident, streichelte seinen Hund und beobachtete alles mit der ihm eigenen gespannten Aufmerksamkeit. Die Zeit verstrich quälend langsam, Kennedy jedoch streichelte unbeirrt den Hund und schien sich zu entspannen."

Nach einer Weile bat Kennedy Bryant, den Hund wieder mit hinauszunehmen. Als man ihm den Hund aus den Händen nahm, lächelte Kennedy – und dann lehnte er sich gegen seinen Schreibtisch und sagte ruhig und kontrolliert: „Ich denke, es ist an der Zeit, eine Entscheidung zu treffen." Während sich die Bürokraten im Büro mit der politischen Krise befasst hatten, war es dem kleinen Hund gelungen, Kennedys Entschlusskraft wiederherzustellen – Charley selbst war vermutlich kurz darauf schon wieder auf der Suche nach einem Fettnäpfchen, in das er treten konnte.

Hunde als Imagepolitur

Die Präsidentschaft ist ein politisches Amt und Präsidenten müssen auch auf ihre Außenwirkung achten. Es ist also nicht weiter verwunderlich, dass einige Präsidenten Hunde gezielt einsetzten, um ihr Image aufzupolieren.

Der erste, der dies versuchte, war Andrew Jackson, der in einer kleinen Hütte in South Carolina zur Welt kam und zum Armeegeneral aufstieg, ehe er Präsident wurde. Um die Öffentlichkeit daran zu erinnern, dass er immer noch ein Mann des Volkes war, ließ er zahlreiche Hunde und Jagdhunde ins Weiße Haus einziehen.

William Henry Harrison, der Held der Schlacht von Tippecanoe im Krieg von 1812, war der erste Präsident, der sich auf seinen Wahlkampfreisen von einem Hund begleiten ließ. Damit wollte er seine menschliche Seite herausstellen und seine Verbundenheit mit dem alltäglichen Leben der Menschen. Offenbar ging seine Rechnung auf, denn die politischen Karikaturisten stellten ihn häufig zusammen mit seinem Hund dar – und seine Begleiter mit Hundköpfen oder -körpern. In einer während einer Reise durch Virginia abgegebenen Pressemitteilung hieß es: „General Harrison begrüßte den Gouverneur mit warmem, freundlichem Handschlag, während sein Hund das Willkommen mit einem freundlichen Schwanzwedeln bestätigte."

Warren Harding besaß einen beliebten Airedale Terrier mit dem Namen Laddie Boy, der ihm politisch weiterhalf. Der Hund war ständig in der Öffentlichkeit und nahm sogar an den Kabinettssitzungen teil. Dabei saß er auf einem speziellen, handgeschnitzten Stuhl. Auch wenn der Präsident bei offiziellen Anlässen Delegationen empfing, war der Hund zugegen. Der Geburtstag des Hundes wurde von der Presse inszeniert, als Ehrengäste waren die Hunde von Senatoren und Kongressmitgliedern eingeladen. Als besonderen Leckerbissen für die Gäste gab es einen hohen Geburtstagskuchen mit vielen Lagen aus Hundekuchen. Laddie Boy war so beliebt, dass die Reporter sich sogar Interviews mit ihm ausdachten und diese zu fiktiven, humorvollen Artikeln verarbeiteten: „Laddie Boys Ansichten über wichtige Regierungsangelegenheiten".

Während Hardings Regierungszeit kam es zu zahlreichen Skandalen und Fehlentscheidungen. In dem verzweifelten Versuch, die Unterstützung der Wähler mithilfe seines populären Hundes zurückzugewinnen, lancierte der Präsident eine fiktive Korrespondenz zwischen seinem Hund und einem anderen Hund namens Tiger. Die gesammelten Briefe zwischen Laddie Boy und Tiger wurden in der Zeitschrift *The National* veröffentlicht. Ihr Inhalt sollte verständlich machen, warum Harding den von ihm ernannten Beamten vertraute. (Später sollte sich allerdings doch herausstellen, dass diese Beamte die Regierung betrogen hatten.)

Tigers Briefe lobten Laddie Boy, weil er selbst in schwierigen Zeiten und trotz der Anschuldigungen zu seinem Herrchen stand. Laddie Boy antwortete, dass Menschen und Hunde ihren guten Ruf verlieren und angeschuldigt werden konnten, weil es andere Menschen gab, die Freundschaften zu ihrem eigenen Vorteil ausnutzten.

Es ist nicht bekannt, ob diese Manipulation der Öffentlichkeit erfolgreich war. Kurz nach Erscheinen des Artikels gingen Harding und seine Frau auf eine Vortragsreise. Dabei wurde der Präsident krank und starb noch vor seiner Rückkehr.

Berichten zufolge soll Laddie Boy im Weißen Haus gespürt haben, dass etwas nicht in Ordnung war. Ganz untypisch für sein sonstiges Verhalten strich er über das Gelände und heulte verzweifelt und andauernd bereits drei Tage vor Hardings Tod.

Wie Hoover und König Tut Wählerstimmen fingen

Ein weiterer Präsident, der die Öffentlichkeit mit seinem Hund manipulierte, war Herbert Hoover, der als starker, kalter, effizienter „Sozialingenieur" galt. Selbst wenn er humanitäre Organisationen unterstützte, wirkte er unbeteiligt und kühl.

Als sich Hoover um die Präsidentschaft bewarb, entschieden seine Wahlkampfmanager, dass sein Image aufpoliert werden müsse. Sie verschickten Tausende von unterschriebenen Fotos, die ihn lächelnd mit einem deutschen Schäferhund namens „König Tut" zeigten. Einige Reporter spöttelten, Herr und Hund bettelten gemeinschaftlich um die Stimmen der Wähler. Da Hoover die Wahl erdrutschartig gewann, muss das wohl funktioniert haben.

Hoover hatte mehrere Hunde, doch König Tut war sein Liebling. Er begleitete den Präsidenten häufig auf dessen Wegen zwischen Weißem Haus und den verschiedenen Ministerien. Während Hoover arbeitete, durfte sich der Hund frei bewegen und so freundete er sich mit vielen Angestellten an.

Hoovers Sturheit und Engstirnigkeit offenbarten sich, als er eines Tages auf dem Weg zum Essen sah, wie sein Hund mit einer der Wachen spielte. Hoover pfiff, Tut blickte auf, kam aber nicht zu ihm. Als der Präsident ein zweites Mal pfiff und der Hund wieder nicht kam, drehte sich Hoover abrupt um und ging davon. Am selben Nachmittag erging eine Order, die es den Angestellten des Weißen Hauses verbot, mit den Haustieren des Präsidenten zu spielen.

Leider waren weder Hoover noch König Tut sehr anpassungsfähig. Es gelang dem Präsidenten nicht, eine unerwartet ausgebrochene Wirtschaftskrise in den Griff zu bekommen. Tuts Beschützerinstinkt wurde krankhaft und zu allem Unglück erlitt der Hund so etwas wie einen Nervenzusammenbruch. Hoover schickte das Tier zur Erholung weg, doch Tut wurde depressiv, verweigerte die Nahrung und starb kurz darauf.

Zur Wiederwahl musste Hoover nun ohne seinen Hund antreten. Da er sowohl seine Reputation als effektiver Manager als auch das freundliche Image als Hundebesitzer verloren hatte, unterlag er katastrophal – nur die Wahlmänner aus sechs Bundesstaaten konnte er gewinnen.

Nixons ergreifende Fernsehansprache

Das vielleicht bekannteste Beispiel für die Rolle eines Hundes zur Verbesserung des eigenen Images lieferte Richard M. Nixon.

Nixon war 1952 von der Republikanischen Partei als Kandidat für die Vizepräsidentschaft unter Dwight Eisenhower aufgestellt worden, da schien seine politische Karriere schlagartig beendet, denn die *New York Post* titelte: „Das Geld eines unbekannten Reichen finanziert Nixons Lebensstil." Die Öffentlichkeit war geschockt und es sah eine Zeitlang so aus, als würde der Artikel Nixon die Nominierung kosten.

In Wahrheit war diese finanzielle Unterstützung keineswegs ein Geheimnis. Nixon stammte aus der Arbeiterklasse und war alles andere als reich. Als er zum Senator gewählt wurde, hatte eine Gruppe von Geschäftsleuten einen Fonds mit 18 000 US-Dollar ausgestattet, damit Nixon den Kontakt zu seinen Wählern halten konnte, während er selbst in Washington D.C. weilte.

Als nun das öffentliche Misstrauen seine politische Karriere zu ruinieren drohte, nutzte Nixon das neue Medium Fernsehen, um auf die Vorwürfe zu reagieren. Sein Auftritt war eine brillante schauspielerische Leistung mit viel Pathos und heiler Familienwelt. Er bestritt die Illegalität der fraglichen Gelder und äußerte: „Meine Frau Pat trägt keinen Nerz, sondern nur respektable republikanische Kleider."

Der Clou seines Auftritts war der Einsatz seines Hunds, mit dem er an die Gefühle der Zuschauer appellierte. Mit gefühltriefender Stimme sagte Nixon: „Ein Mann in Texas hörte meine Frau Pat im Radio sagen, dass sich unsere Kinder einen Hund wünschen. Und ob Sie es glauben oder nicht, am Tag vor dem Beginn unseres Wahlkampfes erhielten wir eine Nachricht vom Bahnhof in Baltimore. Wir fuhren hin und nahmen ein Paket in Empfang. Können Sie sich denken, was darin war? Es war ein kleiner Cockerspaniel in einer Krippe, den der Mann aus Texas geschickt hatte – schwarz-weiß und gefleckt. Unsere kleine sechsjährige Tochter Tricia hat ihn Checkers genannt. Und wissen Sie was? Die Kinder lieben den Hund. Egal, was man jetzt wieder über uns sagen wird – wir werden den Hund behalten!"

Der Erfolg war überwältigend. Glaubwürdigen Berichten zufolge traten zahlreichen Zuschauern – darunter auch Mamie Eisenhower – an dieser Stelle der Rede Tränen in die Augen und selbst einige der Angestellten Eisenhowers verdrückten einige Tränen – und das 1952, als „starke Männer" in der Öffentlichkeit nicht weinen durften!

Die Rede wurde zum politischen Triumph. Der Filmproduzent Darryl Zanuck, ein großer Förderer der Republikaner, erkannte sofort ihre Wirkung auf das Publikum. Er rief Nixon an, um ihm zu „der besten Vorstellung" zu gratulieren, die er „jemals gesehen hätte". Als Eisenhower Nixon kurz darauf wieder traf, begrüßte er ihn mit den Worten: „Dick, du bist mein Mann." Nixons Karriere war gesichert, und die Rolle von Hunden bei der Manipulation der öffentlichen Meinung zweifelsfrei bewiesen.

George Bush und seine Cockerspaniel

Auch George Bush, der von 1989 bis 1992 Präsident war, ließ sein öffentliches Image durch Hunde aufpolieren. Es gibt sogar Gerüchte, wonach seine Wahl zum Präsidenten etwas mit Hunden zu tun hatte.

Obwohl Bush selbst Hunde eigentlich nicht besonders schätzte, kreierte seine Frau Barbara für ihn das Image eines hingebungsvollen und liebenden Hundebesitzers. Ihr Gatte sollte menschlich und als „Mann aus dem Volk" erscheinen. Schon als Vizepräsident unter Ronald Reagan galt Bush als aussichtsreicher Bewerber um Reagans Nachfolge. Doch es gab einen dunklen Punkt in Bushs Karriere – seine Zeit als Leiter der CIA.

Viele Amerikaner misstrauen dieser Organisation, denn in Filmen und Fernsehspielen werden CIA-Agenten bis heute gern als böse und korrupt dargestellt: Sie geben den Mord an politisch unliebsamen Bürgern in Auftrag oder zetteln Revolutionen an. In Hollywoodfilmen ist der Chef der CIA gewöhnlich ein schurkisches Genie, das den Kongress und den Präsidenten täuscht, um die eigene Macht zu vergrößern. Bushs Gegner in den eigenen Reihen und in der Oppositionspartei wussten dieses Bild zu nutzen, um ihm zu schaden.

Bushs Frau Barbara war jedoch stets stark sozial engagiert und hatte politisches Gewicht. Während der Vizepräsidentschaft ihres Mannes hatte sie ein Buch mit dem Titel *C. Fred's Story* geschrieben, in dem der Cockerspaniel der Bushs als fiktiver Autor fungierte. Vordergründig ging es um ein Erziehungsprogramm, denn der gesam-

316

te Erlös aus dem Buchverkauf ging an einen Fonds für Analphabeten. Das Buch beschrieb einen Vizepräsidenten aus der Sicht eines Hundes, ihre eigenen Kommentare hatte Barbara Bush in Kursivschrift eingefügt. Es enthielt nette Anekdoten aus Bushs Zeit als Botschafter in China, über seine politischen Aktivitäten – vor allem während des Wahlkampfes – und seine Zeit als Vizepräsident. Es zeigte begleitend viele hübsche Fotos von Cockerspaniel Fred und der Bush-Familie, auf denen man den Vizepräsidenten im Spiel mit dem Hund sah oder Herr und Hund zusammen mit hochrangigen Gästen.

Selbst Bushs politisch anrüchige Zeiten bei der CIA wurden in einem kurzen Kapitel erwähnt und Bushs Tätigkeit verharmlost. Fred notierte: „George hat uns nichts erzählt. Er sagte, Bar [Barbara] und ich könnten keine Geheimnisse bewahren, daher erzählte er uns eben keine." Mit diesem Buch lenkte Barbara Bush den Blick der Öffentlichkeit auf einen sorgenden Familienvater mit einem mutigen Hund – vom Herrn der Spione war keine Rede.

Als Bush ins Weiße Haus einzog, schrieb seine Frau ein weiteres Buch, diesmal mit der Stimme von C. Freds Nachfolger, einem Springer Spaniel namens Millie. Die Erlöse waren wiederum für den Fonds zur Förderung Lese- und Schreibunkundiger bestimmt. Auch *Millies Book* stellte Bushs Leben aus der Sicht eines Hundes dar und bot private Einsichten in Wort und Bild. Es wurde zu einem Bestseller, der dem Fonds etwa eine Million Dollar und dem Präsidenten hohe Popularität eintrug.

Dass allerdings der Einsatz von Hunden für das fehlende eigene Image nicht immer ungefährlich ist und auch zu Peinlichkeiten führen kann, musste Barbara Bush in einer Fernsehshow erfahren. Moderator Sam Donaldson fragte sie über ihr neues Buch aus, während der „hündische Autor" neben ihr auf dem Sofa des Yellow Oval Room des Weißen Hauses saß. Plötzlich sprang Millie auf, lief in die Mitte des Studios, hockte sich hin und pinkelte ausgiebig. Donaldson versuchte vergeblich, den Hund daran zu hindern und rief: „Millie, hör auf! Wir werden im ganzen Land im Fernsehen gesendet ... Millie!" Da die Kamera sofort von dem Hund weg und auf das Gesicht des verzweifelten Interviewers und der peinlich berührten First Lady schwenkte, blieb das Ganze eine komische Episode, die dem Image des Präsidenten nicht weiter schadete. Am nächsten Tag hatten die Angestellten den Fleck entfernt und Barbara Bush trat erneut mit Millie auf. Diesmal benahm sich der Hund perfekt und konnte die Scharte auswetzen.

Natürlich gefiel der Opposition Millies Eindruck in der Öffentlichkeit nicht. Einige politische Gegner ließen daher negative Bemerkungen fallen über „den Hund, der im Weißen Haus regiert". Die Zeitschrift *Washingtonian* erwähnte in einem Artikel über das Beste und Schlechteste in Amerika Millie mit der Auszeichnung „hässlichster Hund". Andere Zeitungen und die übrigen Medien nahmen den Begriff dankbar auf.

Bush selbst ging niemals auf seinen Hund Millie ein. Als ihn allerdings ein Reporter nach diesem Artikel fragte, meinte der Präsident, er habe darüber mit Millie geredet. Der Hund sei der Meinung, dass die Hetze gegen ihn unhöflich und politisch motiviert sei. Dann fügte Bush noch hinzu, der Hund sei eben eine Lady, die die Pressefreiheit akzeptierte und keine weiteren Kommentare abgeben würde. Diese Reaktion wurde ebenfalls landesweit aufgenommen. Schließlich wurde Jack Limpert, der Herausgeber der *Washingtonian*, von allen Seiten angegriffen. Er entschuldigte sich öffentlich bei Millie und legte der Entschuldigung eine Packung Hundekuchen bei. Das öffentliche Ansehen des Präsidenten schoss in die Höhe, als er Millie wie folgt antworten ließ:

Lieber Jack,
Schwamm drüber! Millie liebt die Publicity ... Im Ernst –
es gibt keine verletzten Gefühle. Du bist ein guter Schreiber.
PS: Wau, Wau für die Hundekuchen

Millie war aber nicht nur Mittel zu dem Zweck, Bushs Image als Familienmensch und Hundefreund aufzupolieren, der Präsident hatte wirklich ein ganz besonderes Verhältnis zu ihr. Die Familie wusste das und sorgte dafür, dass Millie immer zur Stelle war, wenn Bush mit seinem Hubschrauber landete, und der Präsident begrüßte sie stets als erste. Bush ließ speziell für sie in Camp David einen Hundekuchen-Spender in der Form eines Kaugummiautomaten einbauen. Er nahm Millie sogar jeden Morgen mit ins Badezimmer. Am Ende war Millie beliebter als der Präsident. Ihr Bild erschien auf dem Titelblatt des *Life* Magazins und ihre Autobiografie vom Leben im Weißen Haus verkaufte sich besser als Bushs Memoiren, die er nach der Präsidentschaft schrieb.

Millie hinterließ sogar Erben. Ihre Tochter Fetcher Spot Bush wurde geboren, als Bush noch Präsident war, und kehrte mit Bushs Sohn, George W. Bush, ins Weiße Haus zurück.

Bill Clinton und Buddy

Ganz sicher setzten auch Bushs Nachfolger Bill Clinton und seine Berater Hunde gezielt als Mittel für Public Relations ein. Das geschah vor dem alles beherrschenden Sex-Skandal mit Monica Lewinsky, als Clinton noch in dem Ruf eines liebevollen Vaters und Ehemanns stand.

Clintons Berater waren etwas unglücklich darüber, dass Clintons Tochter Chelsea die Familie verließ, um an der Stanford University in Kalifornien zu studieren. Sie befürchteten, das Bild vom Präsidenten als Familienvater könnte Schaden nehmen, wenn sein Hubschrauber nicht mehr von Frau Hillary und Tochter empfangen würde. Zur Lösung des Problems schien ihnen ein Familienhund geeignet.

Da Clinton keinen Hund besaß, musste einer angeschafft werden. Die Berater schlugen eine Rasse vor, die von möglichst vielen Wählern akzeptiert würde. Die beliebteste Rasse in Amerika – und auch weltweit – waren damals Labrador Retriever, also entschied man sich für sie. Allerdings durfte es weder ein schwarzes – das sah schlecht auf Fotos aus – noch ein gelbes Tier sein – das wäre so fotogen gewesen, dass es dem Präsidenten die Schau gestohlen hätte. Also entschied man sich für einen schokoladenfarbigen Retriever. Zum Glück für den Hund, der den Namen Buddy erhielt, gewöhnte sich Clinton an ihn. Er hatte sogar bald die Aufgabe, den Präsidenten etwas zu beschäftigen, denn Gattin Hillary wurde in den

Senat gewählt und war kaum zu Hause. Das bisherige Haustier, Katze Socks, wollte den neuen Hausgenossen nicht akzeptieren. Clinton bewies seine Zuneigung zu Buddy, indem er Socks weggab. War Buddys Anschaffung ursprünglich auch politisch motiviert gewesen, so traf es Clinton doch tief, als der Hund bei einem Verkehrsunfall ums Leben kam.

Die peinlichen Seiten der Hundehaltung

Nicht immer waren die Hunde der Präsidenten dem Image ihrer Besitzer förderlich, vor allem dann, wenn die Präsidenten keine Zeit fanden, ihre Hunde zu erziehen. Diese Hunde rannten dann frei auf dem Gelände des Weißen Hauses umher und verursachten Schwierigkeiten. Normalerweise verliefen unangenehme Zwischenfälle ohne viel Aufhebens und drangen nicht an die Öffentlichkeit vor. So ruinierte z. B. Yuki, Lyndon Johnsons Terrier, einen Teppich im Oval Office und Richard Nixons Irischer Setter zerstörte systematisch einen bestimmten Teppich im selben Raum.

Viele Jahre davor hatte schon der zahnende Greyhound von John Tyler einige der antiken Möbelstücke in der Präsidentenwohnung zerstört. Tylers Frau Julia war die Angelegenheit derart peinlich, dass sie die Renovierungskosten aus dem Etat für das Personal bezahlte, statt den Kongress um das Geld zu bitten und die Affäre an die Öffentlichkeit zu bringen.

Manchmal sorgten die Eskapaden eines Hundes aber doch für negative Schlagzeilen, wie sie Julia Tyler vermeiden wollte. Ein Beispiel dafür ist Lucky, ein Bouvier des Flandres, den Ronald Reagan während seiner ersten Amtszeit als Geschenk erhielt. Bouviers sind große Hunde, die zum Rinderhüten gezüchtet wurden. Obwohl sie sehr freundlich sind, können sie durchaus dominante Kopfhunde sein, wenn sie nicht entsprechend erzogen werden – und im Zeitplan des Präsidenten war dafür nicht viel Zeit übrig.

Da man die Hündin weitgehend sich selbst überließ, lebte sie ihre instinkthaften Gewohnheiten aus und versuchte des Öfteren, den Präsidenten wie ein Rind zu treiben: Sie schnappte nach seinen Hacken und rempelte ihn an.

Einmal biss sie Reagan sogar ins Hinterteil, gerade so, wie Bouviers Rinder zur Schnelligkeit antreiben. Von diesem Unglück wurde ein Foto gemacht, das in vielen Zeitungen erschien. Um das Ansehen des Präsidenten nicht zu beschädigen, sandte man Lucky auf Reagans Ranch nach Santa Barbara in Kalifornien, wo sie anstelle des Präsidenten Rinder treiben konnte.

Als Peter Pan den Rock zerriss

Auch Calvin Coolidge hatte unter Peinlichkeiten im Zusammenhang mit seinen Hunden zu leiden. Er besaß mehrere Hunde, die er alle sehr liebte.

Wenn ihn die Presse besonders vorteilhaft darstellen sollte, nahm Coolidge seine beiden Collies Prudence Prim und Rob Roy mit. Eines Ostersonntags fand auf dem Rasen des Weißen Hauses eine Party statt. Prudence Prim tauchte auf und posierte mit einer neuen Osterhaube. Coolidges Frau bestand darauf, auf ihrem offiziellen Porträt mit dem eleganten Collie Rob Roy gemalt zu werden.

Die Coolidges behandelten die Hunde wie Familienmitglieder, was zu humorigen Kommentaren über die augenblicklichen Bewohner des Weißen Hauses führte. Eine dieser Nachrichten befasste sich mit der Gewohnheit des Präsidenten, seine Hunde während des Familienessens zu füttern. Er und seine Frau bereiteten für die Hunde stets einen Extrateller mit Leckerbissen vor, die sie während des Essens nach und nach verfütterten.

Von dem Komiker Will Rogers, der zu einem Essen eingeladen war, stammt der folgende, humorvolle Bericht: „Nun", beschrieb Rogers in unnachahmlicher Manier, „sie fütterten die Hunde so großzügig, dass ich Angst bekam zu kurz zu kommen. Der Butler nahm sich außerdem so viel Zeit mit dem nächsten Gang, dass ich mir überlegte, mich auf alle Viere niederzulassen und zu bellen, damit ich etwas zu essen bekam."

Wirklich peinlich wurde die Situation für Coolidge allerdings erst, als es um seinen Drahthaarterrier Peter Pan ging. Der Hund war kaum erzogen und reagierte oft unkontrolliert und aggressiv auf Besucher und Mitarbeiter des Weißen Hauses. Coolidge fand das alles sehr komisch und warnte Besucher manchmal mit den Worten: „Vorsichtig, Peter ist der einzige Republikaner im Weißen Haus, der beißt."

An einem heißen Sommertag war unter den Besuchern eine Frau, die ein langes Kleid aus sehr feinem Stoff trug. Es wurde in der Taille von einem breiten Gürtel gerafft, von dem hinten lange Fransen herabhingen. Der Präsident begrüßte sie auf dem Rasen vor dem Haus. Als sich die Frau herumdrehte, erregten entweder ihr Kleid oder die Gürtelfransen Peter Pans Aufmerksamkeit. Er sprang die Frau an und verbiss sich in ihrem Kleid. Man hörte das Reißen von Stoff und schon löste sich das Kleid in seine Bestandteile auf – die arme Frau stand entblößt da. Obwohl sofort ein Helfer zur Stelle war und der Dame seine Jacke umlegte, hatte Coolidges Frau Grace endgültig genug von dem Hund. Peter Pan musste das Weiße Haus verlassen und wurde nach Massachusetts ins Privathaus der Coolidges geschickt. Nachdem Coolidge den Pressebericht über das Ereignis gelesen hatte, stimmte er dem zu.

Wie Gerald Ford sich und seinen Hund ausschloss

Gerald Ford hatte eine schlechte Presse, weil er sich allzu sehr um seinen Hund kümmerte. Ford besaß einen hübschen Golden Retriever mit Namen Liberty, den ihm Pulitzer-Preisgewinner David Kennerly geschenkt hatte.

Kennerly arbeitete als Fotograf für das Weiße Haus und wollte seinen Chef mit einem Hund überraschen. Er rief ein Züchterehepaar in Minnesota an, das dafür bekannt war, seine Hunde nur an gute Halter abzugeben. Bevor sie bereit waren, Kennerly einen Hund zu verkaufen, stellten sie einige Fragen, z. B. ob der Hund in einem umzäunten Garten leben würde. Der Fotograf bestätigte dies. Dann fragten sie, ob die zukünftigen Hundebesitzer in einem gekauften oder einem gemieteten Haus lebten. „Nun", meinte Kennerly, „sie leben in einem staatlichen Haus, aber der Mann hat einen guten Job." Das beeindruckte die Züchter wenig. Am Ende musste Kennerly zugeben, dass er den Hund für den Präsidenten der Vereinigten Staaten wollte.

Dass er in einem „staatlichen Haus" lebte, war nicht der wunde Punkt in Gerald Fords Image. Er galt aber als Tollpatsch, weil er bei mehreren Gelegenheiten eine unglückliche Figur gemacht hatte. So war er mit Helfern zusammengestoßen, als er aus einem Flugzeug ausstieg, oder hatte eine Treppenstufe verpasst, als er ein Rednerpodium bestieg. Diese Vorfälle waren ideale Vorlagen für Komiker und Kolumnisten, um Ford als schwerfällig und unfähig darzustellen. Und auch Liberty trug zu diesem Image bei.

Der gut aussehende, sanfte Hund war zunächst recht hilfreich, um Kontakt zu Menschen herzustellen, und die Tatsache, dass Ford ihn wirklich liebte, half dabei.

Eines Nachts war der Hundepfleger nicht im Weißen Haus. Diese Tatsache beunruhigte Ford jedoch nicht, denn er hatte mehrere Hunde besessen und glaubte zu wissen, wie man mit ihnen umgeht – also erklärte er sich bereit, für Liberty zu sorgen. Der Hundepfleger teilte ihm mit, dass Liberty gewöhnlich spät am Abend auf den Südrasen des Weißen Hauses geführt wurde, um dort sein Geschäft zu machen. Bevor Ford zu Bett ging, zog er sich den Morgenmantel über und ging mit dem Hund ins Freie. Dummerweise hatte er vergessen, die Sicherheitsleute zu informieren.

Als Ford den Fahrstuhl holen wollte, den er immer auf dem Weg in seine Privaträume benutzte, reagierte der nicht. Ford stieg die Treppe zum zweiten Stock hoch und fand die Tür fest verschlossen. Also klopfte Ford laut dagegen, um die Wachen auf sich aufmerksam zu machen. Plötzlich gingen alle Lichter an und bewaffnete Männer erschienen, um nach dem Rechten zu sehen.

Das Bild des Präsidenten im Schlafanzug, der mit seinem Hund vor verschlossenen Türen stand, während Sicherheitsleute mit ihren Waffen auf ihn zielten, steigerte Fords negative Publicity weiter. Dieses Image wussten seine politischen Gegner schließlich zu nutzen und Ford verlor die nächsten Wahlen.

Hundsignierte Weihnachtskarten

Das vielleicht bekannteste Beispiel für einen Präsidenten, dessen Image durch einen Hund beschädigt wurde, ist Lyndon Baines

Johnson. Johnsons Beagles Him und Her wurden berühmt, als ihre Porträts auf dem Titelblatt von *Life* erschienen. Daneben gab es einen neurotischen aber sehr geliebten Collie namens Blanco und den Terrier Yuki. Johnson mochte seine Hunde so sehr, dass er Weihnachtskarten drucken ließ, die ihn mit Him und Blanco zeigten. Jede Karte war von Johnson unterschrieben und mit Pfotenabdrücken der Hunde signiert. Als seine Tochter Lucy im Weißen Haus heiratete, wollte Johnson die Hunde auch in diese Zeremonie einbinden. Seine Frau Lady Bird wusste das zwar zu verhindern, aber irgendwie schmuggelte Johnson die Hunde doch mit auf das offizielle Hochzeitsfoto.

Dass Johnson sich gerne mit seinen Hunden umgab, sollte zu Schwierigkeiten mit der Presse führen. Eines Tages wollte der Präsident einigen Pressefotografen eine Freude bereiten und die Beagles Tricks vorführen lassen. Johnson war sehr groß, daher konnte er sich kaum zu den Beagles herabbeugen. Also griff er den herumtollenden Him einfach bei den großen Schlappohren und hob ihn hoch. Offenbar dachte Johnson dabei an den typischen Handgriff texanischer Züchter, die in den Wurf greifen und einen Welpen an seinen Ohren herausheben. Das funktioniert aber nur bei sehr kleinen und entsprechend leichten Hunden – ältere Hunde sind viel zu schwer, um ihr Gewicht mit den Ohren tragen zu können. Wie auch immer – LBJ griff Him bei den Ohren und der Hund schrie auf. „Sehen Sie, an den Ohren zu ziehen, ist gut für den Hund", sagte Johnson nonchalant. „Jeder Kundige weiß, dass dieses kleine Jaulen nur bedeutet, dass der Hund aufpasst."

Der Tag war noch nicht zu Ende, da erschien das Foto von dem Präsidenten, der seinen Hund an den Ohren hochhebt, in allen wichtigen Zeitungen. In den meisten Artikeln beschwerten sich Hundeexperten bitter darüber, dass der Präsident seinen Hunden Schmerzen zugefügt hatte. Der *American Kennel Club*, der *National Beagle Club*, die *American Society for Prevention of Cruelty to Animals* und mehrere staatliche und nationale Tierarztverbände verurteilten das Verhalten des Präsidenten auf das Schärfste. Auf der jährlichen Rose Bowl Parade in Kalifornien gab es einen Wagen mit einem riesigen Beagle, der seine Ohren nach oben streckte, während aus

einem Lautsprecher in seinem Maul immer wieder laut „Aua!"
ertönte ...

Obwohl Johnsons Ansehen gelitten hatte, ließ er wieder Fernseh-
kameras ins Oval Office, wo er mit seinem Terrier Yuki auf dem
Schoß saß. Johnson und sein Hund sangen – bzw. heulten – zuerst
einen Folksong und dann eine Opernarie.

Wiederum schrie die Presse auf: Musikkritiker sahen in Johnsons
Verhalten den Versuch, bedeutende klassische Musik lächerlich zu
machen. Andere wunderten sich einfach, warum Johnson so leichtfertig mit der Würde seines Amtes umging. Johnson jedoch freute
sich über die Aufregung. Er wedelte mit einem Artikel und meinte:
„Nicht alle Kommentare sind negativ. Hier schreibt einer, ich singe
fast so gut wie der Hund."

Die meisten bisher geschilderten Episoden waren eher Bagatellen,
wenngleich in einigen Fällen das Image des Präsidenten darunter
litt. Andere Beispiele aber belegen, dass Hunde im Weißen Haus
mitunter maßgeblichen Einfluss auf politische Entscheidungen
hatten und sogar international beachtet wurden.

Theodore Roosevelts ungezogene Vierbeiner

Theodore Roosevelt hatte beispielsweise einen recht dominanten
Bullterrier namens Pete. Fühlte sich der Hund angegriffen, biss er
sofort zu. Dass Pete schon bald einen Marineoffizier und einige
Minister gepackt hatte, tat Roosevelt als „in der Natur dieser Rasse"
liegend oder als „Widerstand gegen politische Einstellungen" ab.
Doch Pete wurde immer aggressiver. Eines Tages jagte er den fran-
zösischen Botschafter Jules Jusserand regelrecht durch den Flur des
Weißen Hauses und riss ihm ein Loch in den Hosenboden. Die
Presse machte daraus eine große Affäre, die französische Regie-
rung legte Protest ein und Pete kam zur Sicherheit in Roosevelts
Haus in Sagamore Hill ins Exil.

Interessanterweise sollte auch Roosevelts entfernter Vetter, Franklin Delano Roosevelt Probleme mit einem Hund bekommen. Dieses Mal ging es um Major, einen Deutschen Schäferhund, und das
Opfer war der britische Premierminister Ramsay MacDonald.

Majors Angriff auf die Hosen von MacDonald war so heftig, dass sie völlig zerfetzt wurden. Man musste nach Ersatz suchen, damit der Premierminister am Empfang teilnehmen konnte. Obwohl es keine offizielle Beschwerde gab, war die Situation für Roosevelt äußerst peinlich. Immerhin hatte ein Hund deutscher Abstammung den Premierminister von Großbritannien im Weißen Haus angegriffen, und das zu einer Zeit, da Deutschland im Krieg mit England lag. Natürlich entging der Presse die Symbolkraft des Vorfalls keineswegs und Major wurde von Franklin D. Roosevelt in sein Haus in Hyde Park verbannt.

Franklin Roosevelts Hunde hatten das Talent, ständig in Schwierigkeiten zu geraten. Eines Morgens hatte Roosevelt einige Diplomaten zum Frühstück ins Weiße Haus geladen. Die Geladenen standen unter Zeitdruck, denn der Krieg breitete sich aus und es galt, rasch Entscheidungen zu treffen.

Während man sich vor dem Speisezimmer versammelte, legten die Angestellten des Weißen Hauses bereits die Teller mit Speck, Eiern und Bratkartoffeln vor. Dann öffneten die Diener die Türen und die Gäste – sahen Winks, den Llewellin-Setter des Präsidenten auf dem Tisch stehen. Der Hund hatte bereits 18 Frühstücke verspeist! Der Präsident brach in Gelächter aus. Man säuberte den Tisch und servierte hastig Gebäck mit Kaffee. Während die Diplomaten die dürftigen Reste des Frühstücks verzehrten, nippte Roosevelt an seinem Kaffee und meinte: „Winks hat nur deshalb nicht mit Kaffee nachgespült, weil der noch nicht verteilt war." Dem überfressenen Winks allerdings ging es für den Rest des Tages nicht besonders gut.

Es gab aber noch ein weiteres Ereignis, an dem ein Hund Roosevelts beteiligt war. Hier war es der Scotchterrier Meggie, der Vorgänger seines berühmtesten Hundes Fala.

Meggie war eine ziemlich wilde Hündin, doch Roosevelts Frau Eleanor bewahrte sie vor jeder Strafe. Meggie terrorisierte die Hausmädchen, jagte sie durch die Halle und biss in Besen, Mobs und Staubwedel. Berichte über ihr schlimmes Verhalten waren nach draußen gedrungen und die berühmte Zeitungsreporterin Bess Furman wollte die Geschichte näher beleuchten. Während eines Interviews mit dem Präsidenten über eine andere ernste Angelegenheit brachte sie das Gespräch auf Meggies Verhalten. Roosevelt lachte und sagte: „Ich kann nicht immer auf sie aufpassen. Am besten fragen Sie sie selbst."

Furman klopfte auf den Sitz neben sich und Meggie sprang auf das Sofa. Furman sah dem Terrier direkt in die Augen und fragte ernsthaft: „Meggie, warst du ungezogen? Erzähle meinen Lesern, was du getan hast." Zur Antwort biss Meggie der Reporterin in die Nase – soweit zur Ehrlichkeit von Hunden im Umgang mit der Presse!

Bei einer Gelegenheit versuchten mehrere Pressevertreter und Oppositionspolitiker, Roosevelt direkt über seine Hunde zu treffen. Es ging um den Scotchterrier Fala, der den Präsidenten ständig begleitete und sogar nachts auf seinem Bett schlief. Fala kam ständig in den Nachrichten vor. Das lag vielleicht daran, dass der Hund zu spüren schien, wann eine Pressekonferenz angesetzt war. Sobald sich die Türen öffneten und die Reporter eintraten, rannte Fala ins Zimmer und legte sich zu Füßen des Präsidenten, so wie er es übrigens auch bei Kabinettssitzungen tat.

Fala wurde zu einem nationalen Symbol, was sicher darauf zurückzuführen war, dass man den Präsidenten nie ohne den Hund sah. Wie andere Präsidenten benutzte Theodore Roosevelt seinen Hund manchmal auch ganz gezielt zu PR-Zwecken. Einmal ging es um eine Kampagne des Weißen Hauses, mittels derer Spendengelder für den Krieg beschafft werden sollten. Fala wurde als Ehrensoldat in die Armee aufgenommen, weil er einen Dollar gespendet hatte. Das Gleiche bot man auch der Öffentlichkeit an. So wurden überall im Land Hunderttausende von Hunden Ehrensoldaten und mit den Spendengeldern finanzierte man flankierende Kriegsmaßnahmen.

Roosevelt hatte Fala gerne um sich und daraus schloss der Hund, er dürfe überall dabei sein. Als sich Roosevelt mit seinem Gefolge zu seiner dritten Vereidigung aufmachte, sprang Fala neben ihm ins Auto. Diesmal waren die Sitze jedoch für einen Senator und den Sprecher vorgesehen, daher versuchte Roosevelt, den Hund aus dem Wagen scheuchen. Fala drängte sich aber nur noch dichter an ihn. Roosevelt lachte und sagte zu Tommy Qualters, der für die Sicherheit im Weißen Haus verantwortlich war: „Prüfen Sie doch bitte die Einladung dieses Individuums. Wenn es keine vorweisen kann, muss es der Tribüne verwiesen werden." Qualters hob den schwarzen Hund vorsichtig aus dem Wagen und trug ihn zurück ins Haus.

Zu anderen Zeiten hatte Fala mehr Erfolg. Er begleitete den Präsidenten häufig zu internationalen Konferenzen und Treffen. Auch 1941 war er mit an Bord der *U.S.S. Augusta*, als Franklin D. Roosevelt und Winston Churchill die Atlantische Charta unterschrieben. Fala ist sogar auf dem Foto mit den beiden Staatsführern und natürlich Churchills Pudel Rufus zu sehen.

Während des Wahlkampfes 1944 beschloss ein Republikaner, das enge Verhältnis zwischen Roosevelt und Fala gegen den Präsidenten zu verwenden. Zunächst startete man eine Verleumdungskampagne, in der es hieß, Roosevelt hätte wegen Fala seinen Posten als Oberkommandierender verlassen. Diesem Gerücht zufolge war Fala nach einem Besuch des Präsidenten auf einer Insel vor Alaska zurückgelassen worden. Als Roosevelt davon erfahren habe, habe er Steuergelder verschwendet und ein amerikanisches Kriegsschiff zurückbeordert, um den Hund zu holen. Zum Leidwesen der Opposition konnte Roosevelt die Angelegenheit in einer Radiosendung zu seinen Gunsten nutzen. Er erklärte der Nation: „Führende republikanische Politiker geben sich nicht mit Angriffen auf mich, meine Frau oder meine Söhne zufrieden. Inzwischen fallen sie auch über meinen kleinen Hund Fala her. Mir sind Angriffe auf meine Person egal, meiner Familie sind die Angriffe egal, aber nicht meinem Hund. Wie Sie wissen, ist Fala ein Scotchterrier und als Schotte hat er sich fürchterlich aufgeregt, als er erfuhr, was diese Schreiberlinge sich ausgedacht hatten: Ich hätte ihn auf einer Aleuten-Insel zurückgelassen und einen Zerstörer zurückgeschickt, um ihn zu finden – und dabei auf Kosten der Steuerzahler zwei, drei oder acht oder 20 Millionen Dollar verschwendet. Seither ist er nicht mehr derselbe Hund." Roosevelts Ruf blieb unbeschädigt und er gewann die Wahl.

Dennoch war Fala Roosevelt stets eher persönlicher Gefährte als politisches Mittel zum Zweck. Am 12. April 1945 nahm Roosevelt den Hund mit nach Warm Springs auf dem Pine Mountain in Georgia. Roosevelt fühlte sich am Nachmittag nicht gut und blieb im Bett, während Fala auf dem Boden lag. Um 15.35 Uhr sprang der Hund plötzlich auf und starrte auf seinen Herrn. Er bellte kurz, jaulte und drehte sich rasch um. Man hatte den Eindruck, der Hund sah etwas, das Menschen nicht sehen konnten. Dann rannte er wimmernd durch das Zimmer, seine Augen immer auf irgendeinen Punkt in der Luft gerichtet. Der kleine, schwarze Hund verließ das Zimmer, lief die kurze Treppe hinunter und rannte, die Augen noch immer erhoben, gegen die Tür. Wenige Momente später stellte der Arzt den Tod des Präsidenten fest.

Fala begleitete seinen Herrn ein letztes Mal, als sie von Warm Springs zum Weißen Haus und dann zum Hyde Park zurückkehrten, wo der Präsident im Rosengarten am Ufer des Hudson begraben wurde. Einige Jahre später begrub man dort, wie Roosevelt es gewünscht hatte, Fala neben ihm, der seither neben seinem Herrn schlummert.

Die Hunde von Abraham Lincoln

Abraham Lincoln dürfte der Präsident sein, der unter Amerikanern den größten Respekt genießt. Er erhielt die Union während des Bürgerkrieges und schaffte die Sklaverei ab. Ein Teil dieser Verehrung geht wohl auch darauf zurück, dass Lincoln aus einfachen Verhältnissen stammte, dass sein Leben durch Mörderhand beendet wurde und dass er eine ausgeprägte Persönlichkeit voller Humanität und Humor war. Historiker und Politiker schätzen seine Rednerkunst, die er zur Förderung der Demokratie einsetzte – Lincoln betonte stets, dass die Union nicht für sich allein kämpfe, sondern auch für das Ideal der Demokratie mit Gerechtigkeit und gleichen Rechten für alle. Lincolns Lebensgeschichte wäre allerdings nur unvollkommen, erwähnte man nicht einige Episoden, die mit Hunden zu tun haben. Abraham Lincoln wurde 1809 in einem Blockhaus bei Hodgenville in Kentucky geboren. Sein Vater, der Pionier Thomas Lincoln, wird als kräftiger Mann und ernste Persönlichkeit beschrieben, die der Familie herzlich zugetan war. Lincolns tief religiöse Mutter Nancy Hanks war zarter und litt oft an Depressionen.

Als man Thomas Lincoln seine Farm in Kentucky streitig machte, zog er mit seiner Frau und den beiden Kindern Abraham und dessen Schwester Sarah zu einem neuen Stück Land in Südwest-Indiana. Abraham half bei der Feldarbeit und der Ernte, aber die Familie hatte zum Überleben kaum genug. Wenn sich Lincoln später an diese Zeit erinnerte, beschrieb er sie als „manchmal ziemlich knapp". Als Thomas Lincoln seine Frau im Herbst 1818 im Wald beerdigte, stand der neunjährige Abraham in zerlumpten Kleidern dabei.

Wie ein braun-weißer Hund Lincoln das Leben rettete

Allein und ohne die Liebe der Mutter begann der Junge, die Umgebung der Farm zu erkunden. Schon bald entdeckte er ein Höhlensystem in den Kalksteinfelsen, in dem er sich stundenlang aufhielt. Auf einem dieser Ausflüge fand Lincoln einen verletzten, braunweißen Hund. Der Hund trug kein Halsband und Lincoln hatte ihn nie zuvor in der Nachbarschaft gesehen. Sein erster Gedanke war, das Tier nach Hause zu bringen und gesund zu pflegen, aber der Plan hatte zwei Schwachstellen. Die Erste war die Größe des Hundes, den er über mehrere Meilen hätte tragen müssen. Das wäre über die Kräfte des Jungen hinausgegangen. Die Zweite war sein Vater: Abraham wusste, dass der Vater ihm niemals erlauben würde, ein „nutzloses" Tier zu behalten, und in dem Hund nur ein weiteres hungriges Maul sehen würde. Also baute Abraham eine kleine Schutzhütte nahe einem Höhleneingang und brachte dem Hund täglich Wasser und etwas zu fressen. Er nannte den Hund, ein Weibchen, Honey und pflegte ihn mit der liebevollen Zuwendung, die er selbst seit dem Tod seiner Mutter so sehr vermisste.

Während der Hund sich erholte, änderten sich die Dinge, als Thomas Lincoln nach Kentucky zurückfuhr und mit einer neuen Frau und Mutter für die Kinder zurückkehrte. Witwe Sarah Bush Johnston Lincoln hatte zwei Töchter und einen Sohn. Sie war voller Energie und von Natur aus sehr liebevoll. Alle Kinder behandelte sie wie ihre eigenen und vor allem Abraham liebte sie sehr. Später nannte Lincoln sie seine „Engel-Mutter". Nachdem seine Zuneigung und sein Vertrauen gewachsen waren, traute er sich, Honey mit nach Hause zu bringen.

Zu Abrahams großer Erleichterung akzeptierte Sarah den Hund –
allerdings unter der Bedingung, dass Abraham nun dieselbe Zeit
mit Lesen und Lernen verbrachte, die er früher für die Pflege des
Hundes aufgewandt hatte. Dennoch fiel Lincolns schulische Bildung sehr spärlich aus. Wie er später beschrieb, lernte er nur ab und
zu und ging insgesamt auch nur wenig mehr als ein Jahr in eine
reguläre Schule. Er lernte gerade einmal schreiben und lesen und
die Grundlagen des Rechnens. Dennoch wurde er ein begeisterter
Leser. Abraham lieh sich Bücher aus und las sie vor dem Feuer,
wobei er seinen Kopf auf Honey legte.

Der elfjährige Lincoln war unternehmungslustig und kehrte immer
wieder zu seinen Höhlen zurück, um dort „Abenteuer" zu erleben.
Honey war seine ständige Gefährtin. Eines Nachmittags hörte Lincoln Wasser im Innern einer Höhle fließen und erinnerte sich an
die Geschichte von einem Schatz, der in einer Höhle am Ufer eines
unterirdischen Flusses versteckt sein sollte. Der Junge war so aufgeregt, dass er sofort zu dem Wasser hinunterkletterte. Plötzlich
verlor er den Halt, glitt auf dem schlüpfrigen Felsen aus und rutschte tief in die Höhle hinein. Seine Fackel verlosch, er war verletzt und
in der Dunkelheit der Höhle völlig ohne Orientierung. Viele Meter
über ihm begann Honey laut zu bellen. Lincoln versuchte, sich am
Gebell des Hundes zu orientieren, doch das Echo von den Höhlen-
wänden ließ das kaum zu. Lincoln tastete in der Dunkelheit umher
und fand weder Pfad noch Fußtritte, auf denen er nach oben hätte
steigen können.

Honey wurde noch aufgeregter. Ihr Bellen verwandelte sich in
Heulen und sie rannte ständig aus der Höhle und kehrte wieder
zu dem Abgrund zurück, in dem ihr Herr verschwunden war.
Die Höhle lag weit abseits, nur ein selten benutzter Karrensteig
verlief in knapp 100 Metern Entfernung von ihrem Eingang. Der
Knabe, der später die Vereinigten Staaten vor der Spaltung retten
und die Sklaven befreien sollte, lag verletzt und verwirrt am Boden
einer Höhle. Sein einziger Kontakt zur Außenwelt war ein treuer
Hund, der laut Alarm schlug. Wie es der Zufall wollte, kam in
diesem Augenblick ein Farmer mit seinen beiden Söhnen vorbei.
Sie hörten das verzweifelte Bellen des Hundes und der Farmer

schickte seine Söhne mit Gewehren los, um nachzusehen, ob der Hund einen Bären gestellt hätte. Als sie die Höhle betraten, versuchten sie den völlig verzweifelten Hund zu beruhigen. „Was hast du hier aufgespürt, mein Mädchen?", fragte einer.

Da hörten sie die schwache Stimme aus der Tiefe, die sagte: „Sie hat niemanden aufgespürt, ich stecke fest!"

Es dauerte fast eine Stunde, bis die drei Helfer den jungen Abraham Lincoln mit Seilen und dem Muli des Farmers aus seiner tödlichen Falle befreit – und damit den Verlauf der Geschichte, so wie wir sie kennen, möglich gemacht hatten. Als Sarah erfuhr, was Abraham passiert war, war sie wütend und ängstlich zugleich. Sie nahm ihm das Versprechen ab, niemals wieder zu den Höhlen zu gehen und meinte dann: „Nun bist du diesem Hund etwas schuldig. Die Indianer sagen, wenn du das Leben von jemandem rettest, bist du bis zum Rest deines Lebens für ihn verantwortlich. Daher seid ihr beide durch ein heiliges Band verbunden."

Abraham behielt Honey – sie durfte sogar trotz der harschen Proteste des Vaters in seinem Bett schlafen – bis etwa ein Jahr vor dem Umzug der Familie nach Illinois. Lincoln erzählte später: „Eines Morgens wachte ich auf und sah, dass Honey, die zweite meiner drei Mütter, in der Nacht gestorben war. Ich erinnerte mich sofort wieder an den Schmerz, als meine erste Mutter starb."

Lincoln rettet seinem Hund das Leben

Beim Umzug nach Illinois war Lincoln 21 Jahre alt. Dort wollte er nicht länger Farmer sein und arbeitete in verschiedenen Berufen: Er baute Zäune für die Eisenbahn, arbeitete in einem Laden, auf der Post, als Landvermesser und Indianerkämpfer. Schließlich brachte er sich selbst die Rechtskunde bei, erhielt die Zulassung als Anwalt und wurde in die gesetzgebende Versammlung von Illinois gewählt. In seinem wechselhaften Leben wurde Lincoln von vielen Hunden begleitet. Die meisten dieser Hunde gehörten ihm nicht einmal, sie „kamen nur vorbei, um die Kinder zu besuchen". Lincolns Partner, der Rechtsanwalt William Herndon, sagte: „Wenn die Kinder Lincolns einen Hund oder eine Katze wollten, dann wurden die Tiere gut behandelt, bekamen ein Dach über den Kopf, wurden gestreichelt, gefüttert usw."

Obwohl Lincoln manchmal sagte, dass die Tiere seinen Kindern gehörten, waren sie auch für ihn ein wichtiges Mittel der Therapie. Der spätere Präsident litt immer wieder unter depressiven Anfällen, während derer er nicht arbeiten konnte. Die Hunde und Katzen halfen ihm, seine Verzweiflung zu überwinden. Herndon beschreibt die Situation so: „Wenn er vom langen und ernsten Nachdenken erschöpft war, musste er nur die Erde berühren, um neue Kraft zu schöpfen. Wenn er von Sorgen übermannt wurde, holte er sich einen kleinen Hund oder ein Kätzchen und spielte so lange mit ihm, bis er wieder fit war."

Zumindest bei einer Gelegenheit bekam Lincoln wegen seiner Liebe zu den Hunden Schwierigkeiten mit seiner Frau. Lincoln erzählte gerne die Geschichte von Jip, dem einzigen reinrassigen Hund, den er je besessen hatte. Damals hatte er als Rechtsanwalt gearbeitet und der Hund war das Geschenk eines Klienten. Jip war ein mittelgroßer Terrier mit kräftigen Beinen. Diese Rasse hieß zu Lincolns Zeit Fell-Terrier und heißt seit 1925 Lakeland-Terrier.

Lincoln war ein erfolgreicher Anwalt, doch seine Arbeit war aufwändig und hielt ihn oft von zu Hause fern. Um genug zu verdienen, unterhielt er nicht nur eine Kanzlei in Springfield, der Hauptstadt von Illinois, sondern schloss sich auch dem Gerichtshof an, wenn der anderswo tagte. Dann zog Lincoln im Frühling und Herbst mit einer leichten Pferdekutsche Hunderte von Kilometer über die dünn besiedelte Prärie. Er besuchte reihum die kleinen Städte, um dort nach Klienten und Fällen zu suchen. Die Zeit verging langsam, die Arbeit wurde nicht gut bezahlt und die Tage und Nächte waren sehr einsam. Jips Gegenwart heiterte Lincoln etwas auf. Der Hund saß neben ihm auf dem Kutschbock und kündigte ihre Ankunft in einer neuen Stadt mit lautem Bellen an.

In seinen Aufzeichnungen erzählte Lincoln, dass er eines Wintertages die Kutsche anhielt, um das Pferd zu tränken. Jip war abgesprungen und spielte auf dem dünnen Eis am Ufer des Wabash River. Plötzlich gab das Eis nach und der Hund versank im Wasser. Lincoln befürchtete, der Hund würde das rutschige Ufer nicht erklimmen können und ertrinken. Also watete der spätere Präsident ohne Zögern ins eisige Wasser, um das Tier zu retten. Das Wasser war tiefer als erwartet und Lincoln stand bis zur Brust im eiskalten Nass. Dennoch gelang es ihm, den Hund zu packen und mit ihm ans Ufer zu waten. Lincoln führte weiter aus: „Als ich Jip heraushatte, war er fast steif gefroren. Er zitterte so heftig, dass ich ein halbes Glas Whisky verschwenden musste, ehe ich ihm etwas eingeflößt hatte. Immerhin muss er wohl genug geschluckt haben, denn er kehrte ins Leben zurück. Den Rest der Flasche habe ich dann für mich selbst gebraucht."

Dann fuhr Lincoln fort: „Nachdem ich die Geschichte meiner geliebten Frau Mary erzählt hatte, war sie sehr verstört. ‚Mr. Lincoln', sagte sie, ‚du denkst zu viel an das Wohlergehen deines Hundes und zu wenig an dich. Du hättest in dem eisigen Wasser sterben oder dir eine Lungenentzündung zuziehen können. Du lachst und sagst, das ist die Kälte, die uns alle erwartet. Dann lass mich dir sagen: Wenn du noch einmal etwas derart Dummes für deinen Hund oder andere anstellst, dann wirst du sehen, was Kälte ist. Dann schläfst du für ein Jahr allein!'" Lincoln machte eine Pause, lachte und endete: „Das ist eine Art von Frostbeulen, die ich lieber nicht riskiere – beim nächsten Mal wird sich der gute alte Jip wohl selbst retten müssen."

Fido darf nicht ins Weiße Haus ziehen

Jip starb fünf Jahre vor Lincolns Wahl zum Präsidenten. Sein Nachfolger war ein rauhaariger Hund mit Schlappohren und unbekannten Vorfahren, den Lincoln Fido nannte. Die beiden hielten regelmäßig an einem Frisörladen, in dem sich Lincoln die Haare schneiden ließ. Fido wartete dann geduldig draußen oder tollte so lange mit Kindern in der Straße herum.

Als Lincoln von seiner Wahl zum Präsidenten erfuhr, plante er sofort dem Umzug nach Washington D.C. Seine Frau Mary Todd wollte die Gelegenheit nutzen und die Hunde loswerden. Sie fand, dass Lincoln zu nachsichtig mit ihnen umging: Er ließ sie mit schmutzigen Pfoten ins Haus, bei Tisch betteln und sogar auf die Möbel springen. „Die Öffentlichkeit wird es nicht gestatten, dass ein Hund, und sei es der Hund des Präsidenten, die Teppiche im Weißen Haus beschmutzt, die Gäste beim Essen belästigt oder die ehrwürdigen Möbel ruiniert. Das sind öffentliche Güter, die dem Präsidenten nur anvertraut sind und nicht von Tieren entweiht werden dürfen."

Lincoln wollte sich nicht mit seiner Frau streiten, also ließ er Fido schweren Herzens zurück. Er gab ihn dem Zimmermann John Eddy Roll und seiner Familie zur Pflege, bis seine Amtszeit vorüber war. Dass Mary Todd Lincoln nicht ganz Unrecht hatte, zeigen die Anweisungen, die Lincoln den Rolls gab: Fido sollte nicht ausgeschimpft werden, wenn er das Haus mit schmutzigen Pfoten betrat, nicht allein in den Hof gesperrt werden und jederzeit ins Haus dürfen, wenn er an der Tür kratzte. Der neue Präsident ermunterte die Pflegeeltern, Fido ruhig bei Tisch zu füttern, denn so sei er es gewöhnt. Damit sich Fido wirklich wie zu Hause fühlen konnte, überließ Lincoln den Rolls ein mit Pferdehaaren gepolstertes Sofa – Fidos Lieblingsplatz.

Lincoln Söhne Tad und Willy fanden es nicht richtig, Fido zurückzulassen. Da Lincoln jedoch nicht wegen eines Hundes mit seiner Frau streiten mochte, brachte er die beiden zusammen mit dem Hund ins Fotostudio von F. W. Ingmire. Mr. Ingmire deckte einen Zuber mit einem Stück Stoff ab, setzte Fido darauf und machte eine Reihe von Fotos aus verschiedenen Winkeln. Die Jungen sahen zu, ließen sich selbst aber nicht fotografieren. Damals steckte die Fotografie noch in ihren Kinderschuhen und galt als geheimnisvoll. Jeder der Jungen bekam ein Foto und Lincoln erzählte ihnen, das sei ebenso gut wie der echte Fido. Die Söhne waren von dieser Logik nicht überzeugt, doch Fido wurde so der erste Hund eines Präsidenten, von dem ein Foto existiert.

Um sich davon zu überzeugen, dass es dem Hund gut ging, erhielten die Söhne regelmäßig Post aus Springfield. So schrieb 1863 William Florville, besser bekannt als Billy, der Frisör des Präsidenten, einen Brief an Lincoln, in dem es hieß: „Erzählen Sie Taddy, dass sein und Willys Hund wohlauf ist. Er spielt meistens mit den Jungs von John E. Roll, die jetzt etwa so groß sind wie Tad und Willy, als sie nach Washington abreisten."

Nach Lincolns Ermordung 1865 nahmen Hunderte von Trauernden an seinem Begräbnis in Springfield teil. Aus einem Impuls heraus brachte John Roll Fido zu der trauernden Familie in das Haus des Präsidenten. Ein Zeuge, der Fido erlebt hatte, schrieb: „Den Hund des Präsidenten zu berühren gab mir das Gefühl, ich hätte ihn selbst berührt und seine Großherzigkeit gespürt. In diesen Zeiten der Trauer gab mir das Trost und ich dachte daran, dass der Präsident zu seinen Lebzeiten dasselbe beruhigende Gefühl gehabt haben musste."

Leider wurde auch Fido bereits ein Jahr später ermordet. Er war sein ganzes Leben lang nur von liebevollen Menschen umgeben gewesen und voller Vertrauen und Zuneigung gegen jeden. Das wurde 1866 zu seinem tragischen Verhängnis. Der große, gelbe Hund sah vor seinem Haus einen Mann auf der Straße liegen, der zu schlafen schien. Er näherte sich freundlich und leckte ihm das Gesicht. Der betrunkene Fremde sah nur das offene Maul des Hundes und geriet in Panik. Er zog ein Messer und stach den vermeintlichen Angreifer nieder.

Auch über die Fotografie Fidos gibt es noch eine Geschichte: Lincoln und sein Kabinett berieten 1862 verschiedene Gesetze und Proklamationen, die sich mit der Sklaverei in den Südstaaten befassten. Die Konservativen wie Außenminister William Seward und Postminister Montgomery Blair wollten langsamer vorgehen. Als deutlich wurde, dass Lincoln für ein Gesetz kämpfte, das das Ende der Sklaverei bedeutet hätte – das hätte er zu Kriegszeiten dank seiner Autorität als Präsident auch ohne Beteiligung des Kongresses durchsetzen können – dachten die vorsichtigeren Kabinettsmitglieder über Alternativen nach. Ihnen war klar, dass sie den Gesetzentwurf nicht würden verhindern können, aber sie schlugen vor, dessen Bezeichnung zu verändern oder ihn abzumildern, um die Sklavenhalter nicht vor den Kopf zu stoßen. Lincoln hörte sich die Argumente an und antwortete – typisch für ihn – mit einer Geschichte.

„Wissen Sie Gentlemen, ich habe viel von meinem Hund Fido gelernt und einiges davon kann mir hier nützlich sein." Lincoln holte das Foto von Fido, das in seinem Büro stand, und zeigte darauf. „Stellen Sie sich vor, das ist mein Hund. Mr. Blair, als Postminister müssen Sie gut rechnen und zählen können. Ich stelle ihnen folgende Frage. Wenn Sie diesen Schwanz ein Bein nennen, wie viel Beine hat dann dieser Hund?"

Blair sah ihn verblüfft an und antwortete: „Fünf."

„Nein", sagte Lincoln, „nur weil man ihn so nennt, wird der Schwanz niemals ein Bein. Wir sollten diese Lektion von Fido lernen und das Gesetz ‚Emanzipationserklärung' nennen. Es soll auf so vielen Beinen stehen, wie Gott will."

Wie wäre die Geschichte ohne Hunde verlaufen?

Wenn es denn stimmt, dass Hunde großen Einfluss auf die menschliche Kultur und Geschichte hatten, ist die Frage legitim, warum sie in den üblichen Büchern über Politik, Kultur- und Sozialgeschichte nicht vorkommen.

All die in diesem Buch beschriebenen Episoden drehen sich um Hunde. Wenn das Verhalten oder die Gegenwart eines Hundes das Leben geschichtlich bedeutsamer Personen beeinflussen konnte, scheint auch die Schlussfolgerung im Bereich des Möglichen, dass Hunde unsere Geschichte mit geprägt haben. Wir wollen das näher untersuchen.

Eine Vorgehensweise ist die so genannte hypothetische, d. h. die Frage nach dem „was wäre, wenn?" Diese Frage stellen Historiker häufig im Zusammenhang mit Schlüsselereignissen der Weltgeschichte. Sie fragen: „Wenn dieses Ereignis nicht eingetreten wäre, wie wäre dann die Geschichte weiter verlaufen?" Wenn wir das auf die Hunde anwenden, lautete die Frage: „Wenn diese oder jene historische Persönlichkeit keinen Hund gehabt hätte, wie hätte sie sich dann verhalten?"

Das Problem ist, dass Historiker solche Fragen nur selten stellen. Sie interessieren sich für große politische Abläufe, soziale Konflikte, menschliche Entscheidungen und Eigenschaften, die die Vergangenheit und die Gegenwart geprägt haben. Die Idee, ein solch profanes Wesen wie ein Hund habe vielleicht den Gang der Geschichte beeinflusst, erscheint ihnen abwegig. Möglicherweise nehmen sie zur Kenntnis, dass eine wichtige Persönlichkeit auch Hundebesitzer war und seine Hunde liebte, aber der Gedanke, das eben daraus eine Abfolge bestimmter Entscheidungen und Ereignisse resultiert haben kann, wäre ihnen vermutlich selbst für eine hypothetische Frage zu abwegig.

Was Hunde und Unterwäsche gemeinsam haben

Es könnte auch sein, dass der Einfluss von Hunden auf die Geschichte übersehen wird, weil sie allgegenwärtig sind und gleichsam zum Alltagsbild gehören. Staatliche Dokumente, Kirchenaufzeichnungen oder Zeitungen und andere Medien vermelden normalerweise nur außergewöhnliche Nachrichten. Wenn es um riesige Summen, Ländereien, militärische Aktionen, den sozialen Stand oder die Reputation eines Staatsmannes, um nationale Ehre, Religion oder Freiheit geht, wird dies wahrgenommen. Die Bedürfnisse und Angelegenheiten des einfachen Volkes finden dagegen nur selten ihren Weg in die Schlagzeilen, weil angeblich jeder darüber Bescheid weiß.

Ich möchte dafür ein Beispiel nennen: Eine meiner Kolleginnen hatte vor, über die Geschichte der Unterwäsche zu forschen. In unserer Zeit gilt Unterwäsche als Bestandteil der Mode und wird entsprechend beachtet. Früher dagegen trug zwar auch jeder Mensch Unterwäsche und wusste davon, sprach aber nicht darüber. Als die Kollegin ihre Recherchen bis in die Mitte des 19. Jahrhunderts vorangetrieben hatte, existierten keinerlei Quellen mehr. So werden wir wohl auch niemals erfahren, was George Washington oder der große Gaius Julius Caesar unter dem Anzug bzw. der Toga trugen.

Schließlich wühlte sich die Kollegin durch zahllose persönliche Briefe und viele dicke Tagebücher – nur hier, in den ganz persönlichen Aufzeichnungen, zwischen intimen Bekenntnissen, fand sie etwas über so profane Dinge wie Unterwäsche.

Ähnliches gilt auch für Hunde. Menschen reden ausschließlich Freunden und Vertrauten gegenüber von ihren Haustieren. Daher findet man Informationen über Hunde in Briefen, Tagebüchern, Gesprächsaufzeichnungen oder Anmerkungen auf Fotografien. Wer nicht bereit ist, sich durch einen Berg trivialer Aufzeichnungen einer historischen Persönlichkeit zu graben, wird niemals an einen Punkt gelangen, an dem die Rolle eines Hundes aufscheint, an dem klar wird, dass ein Hund tatsächlich die Geschichte der Menschheit beeinflusst hat.

Diamond zerstört Newtons Arbeit

So wissen wir zum Beispiel nur aus persönlichen Briefen, dass Sir Isaac Newton einen Hund mit Namen Diamond besaß. Ohne Zweifel war Newton die Zentralfigur in der revolutionären Naturwissenschaft des 17. Jahrhunderts. Er entdeckte das Gravitationsgesetz und formulierte die Bewegungsgesetze, die noch immer die Grundlage der modernen Physik und Mechanik bilden. Weitere wichtige Entdeckungen machte er auf dem Gebiet der Optik über die Natur des Lichtes, überdies arbeitete Newton wesentlich am Gerüst der modernen Algebra mit.

Newtons Erfolge im wissenschaftlichen Leben stehen in krassem Gegensatz zu seinen dürftigen sozialen und persönlichen Beziehungen. Er hatte zu Lebzeiten keine Beziehung zu Frauen, mit Ausnahme eines unschönen Zusammenstoßes mit seiner Mutter, die ihn offenbar verlassen hatte, und später einer Vormundschaft für eine Nichte. Es gibt keine Hinweise darauf, dass Newton sich je in seinem langen Leben verliebte. Auch Freundschaften mit Männern sind nicht überliefert.

Eine Gruppe junger Wissenschaftler betreute der Mentor Newton wohl mehr als strenger Lehrer denn als Freund. Newtons Beziehungen zu den meisten seiner wissenschaftlichen Kollegen waren ebenfalls kühl, denn Newton sah in ihnen eher Konkurrenten als Partner. Der einzige Hinweis auf eine andauernde Freundschaft bezieht sich in der Tat auf seinen Hund.

Newtons Hund war ein cremeweißer Pommeraner und trug den Namen Diamond. Die damaligen Pommeraner waren größer als die heutigen, besaßen aber dasselbe Wesen. Aus gelegentlichen Beschreibungen wissen wir, dass Diamond eine mittelgroße Hündin von etwa 16 kg Gewicht war, ein lebhaftes Temperament und einen starken Beschützerinstinkt besaß, der sie zu einer guten Wachhündin machte.

Gerade letztgenannte Eigenschaft bereitete jedoch Probleme. Die nachfolgende Geschichte stammt aus einem Brief, in dem Newton erklärte, warum sich die Veröffentlichung eines Artikels über das Schwerkraftgesetz verzögerte.

Newton arbeitete an den letzten Korrekturen, machte rasche Fortschritte und hatte ein gutes Gefühl bei der Arbeit. Als nach einem langen Arbeitstag die Sonne versank, wollte er seine Berechnungen bei Kerzenlicht vollenden. Wie immer schlief Diamond in der Nähe. Ein Klopfen an der Tür holte Newton aus dem Raum, und als Diamond aufwachte, hörte sie fremde Stimmen. Sofort erwachte ihr Beschützerinstinkt und sie wollte zu ihrem Herrn laufen. Unglücklicherweise hatte Newton jedoch die Tür verschlossen, sodass Diamond laut bellend im Arbeitszimmer umherlief. Dabei stieß sie an Newtons kleinen Schreibtisch – der fiel um und die brennende Kerze direkt auf Newtons Notizen. Der Raum nahm durch das Feuer keinen Schaden, doch das Manuskript wurde vollständig zerstört.

Als Newton mit seinem Besuch in das Zimmer zurückkehrte, war er wie vor den Kopf geschlagen. Doch obwohl er als jähzornig galt und seine Ausbrüche gefürchtet waren, zeigte er keinen Ärger. Stattdessen hob er den Hund in die Höhe und sagte traurig: „Ach Diamond, du weißt sicher am wenigsten, welchen Schaden du angerichtet hast."

Nach Newtons eigener Aussage war er von dem Vorfall so geschockt, dass „mein Gehirn völlig gelähmt war und ich einige Wochen im Bett bleiben musste". Man rief Ärzte herbei, um ihm aus seiner Depression herauszuhelfen. Während der ganzen Zeit blieb Diamond auf seinem Bett liegen. Es brauchte ein ganzes Jahr, bis Newton seine Abhandlung aus dem Gedächtnis wieder rekonstruiert hatte. Wegen eines Hundes standen also das Leben und die Forschung eines der brillantesten wissenschaftlichen Geister für ein Jahr lang still.

Aufbruch West mit Neufundländer

Über den unglücklichen Zufall mit Sir Isaac Newtons Hund erfuhren wir nur aus Briefen des Forschers, vom Hund des Hauptmanns Meriwether Lewis erzählen uns dessen Tagebücher.

Lewis war 1803 von Präsident Thomas Jefferson damit beauftragt worden, eine Expedition quer durch die Vereinigten Staaten zu leiten – die erste Erkundung des Weges zur Pazifikküste und zurück.

Sinn des Auftrages war es, die Ansprüche der USA auf die Oregon-Territorien anzumelden, mehr über die Wildnis und ihre Tiere zu erfahren und einige der Landschaften zu erkunden, die man durch den Louisiana-Handel erworben hatte. Lewis wählte sich Leutnant William Clark als Partner.

Die beiden Männer suchten sorgfältig 40 Expeditionsmitglieder aus und vergewisserten sich, dass alle Erfahrungen mit dem Leben im Freien hatten. Unter den Ausgewählten waren Botaniker, Meteorologen und Zoologen oder eher praktisch veranlagte Männer, die nach den Sternen navigieren konnten oder die Zeichensprache der Indianer verstanden, außerdem waren da Zimmerleute, Büchsenmacher und Bootsführer. Neben den Männern nahm Lewis auch einen großen, schwarzen Neufundländer mit. Sein Name war Seaman, also der Seefahrt entlehnt wie damals üblich für diese Rasse. Seaman war für die damalige Zeit ein ziemlich teurer Hund, denn er kostete 20 Dollar.

Die Expedition verließ St. Louis im Frühling. Bis zum November hatten sie die schwierige Missouri-Passage hinter sich gebracht und waren in das Gebiet des späteren North Dakota gekommen. Die Nahrungsbeschaffung für die rasch vorankommende Gruppe wurde schwierig und Seaman erwies sich dabei als wahrer Segen. Lewis schrieb: „Auf beiden Seiten des Flusses gibt es große Mengen Eichhörnchen. Ich ließ meinen Hund so viele wie möglich davon aufspüren, denn sie waren fett und gaben gebraten eine gute Mahlzeit ab." Seaman konnte aber auch größeres Wild apportieren. Dazu schrieb Lewis später: „Drouillard verwundete ein Reh, das in den Fluss floh. Mein Hund rannte hinterher, fing es, drückte es unter Wasser und brachte es bei unserem Lager ans Ufer." Nachdem die Expedition Dakota erreicht hatte, bauten die Teilnehmer ein kleines Fort und verbrachten einen ruhigen Winter bei den freundlichen Mandan-Indianern.

Kurz vor der Abreise im nächsten Frühling stellte Lewis den französisch-kanadischen Übersetzer Toussaint Charbonneau ein, der seine 17-jährige indianische Frau Sacajawea, eine Schoschonin, und ihren kleinen Sohn mitnahm. Sacajawea erwies sich als wertvolle Hilfe für die Expedition. Sie war Übersetzerin, Führerin, Näherin, suchte Nahrung und war nicht zuletzt eine hervorragende Vermittlerin, wenn die Gruppe auf unbekannte Indianer stieß.

Sacajawea lieh sich häufig Seaman aus, wenn sie sich unbekannten Indianern näherte. Ein Hund von dieser eindrucksvollen Erscheinung war in der Wildnis bis dahin unbekannt und sorgte für Respekt oder sogar Angst. Die Freundlichkeit des Hundes half dann oft, die Indianer von den friedlichen Absichten der Gruppe zu überzeugen – wären sie feindlich gesinnt gewesen, so meinten die Indianer, hätten die Weißen den Hund bestimmt zur fürchterlichen Waffe abgerichtet.

Seaman half weiter bei der Jagd, die ihn einmal fast das Leben kostete. Lewis schrieb darüber: „Einer aus unserer Gruppe verletzte einen Biber und Seaman schwamm ihm wie gewöhnlich nach. Der Biber biss Seaman ins Hinterbein und verletzte dabei eine Arterie. Ich konnte die Blutung nur unter großen Schwierigkeiten zum Stillstand bringen. Ich fürchte, es könnte sehr schlimm für ihn ausgehen."

Zu Glück erholte sich Seaman wieder, denn kurz darauf sollte er das Leben der Expeditionsleiter retten: Eines Nachts lagerte die Expedition am Ufer eines Flusses, der ihnen als Transportweg diente. Nur Seaman war noch wach und machte einen seiner üblichen Kontrollgänge um das Lager.

Ein großer Büffel musste am anderen Ufer irgendwie ins Wasser gefallen sein, war durch den Fluss geschwommen und auf das Lager der Schlafenden gestoßen. Die Feuer und der merkwürdige Geruch verwirrten das mächtige Tier, sodass es in Panik geriet und geradewegs aus dem Lager zu fliehen versuchte.

Erschrockene Büffel stürmen einfach nach vorn und trampeln dabei alles nieder, was in ihrem Weg liegt. Einige Indianerstämme machten sich diese Eigenheit zunutze: Sie lösten unter den Tieren eine Stampede aus und jagten sie dann über eine steile Klippe in die Tiefe. Auch das Tier im Expeditionslager brüllte vor Panik und raste einfach los. Lewis wachte auf, streckte seinen Kopf aus dem Zelt und – sah den Büffel auf sein Zelt zustürmen. Das Tier war 1,50 m hoch, 1,80 m lang und wog fast 1 200 kg. Wäre es geradewegs weitergerannt, wäre es mit der Wucht eines Autos auf das Zelt geprallt. Da sowohl Lewis als auch Clark in diesem Zelt schliefen, hätte die Expedition auf einen Schlag beide Führer verloren.

Der Büffel hatte bereits ein Ruderboot ruiniert und kam nun direkt auf die beiden schlaftrunkenen Männer zu. Im selben Augenblick hörten sie lautes Bellen auf der rechten Seite des Zeltes und sahen Seaman direkt vor den Büffel rennen. Das Tier erkannte die neue Gefahr und versuchte, dem schwarzen Hund auszuweichen. Diese kleine Richtungsänderung rettete das Zelt von Louis und Clark. Seaman blieb dem Büffel auf den Fersen und verfolgte ihn aus dem Lager. Fünf Minuten später kam der Hund völlig außer Atem zurück und legte sich neben das Zelt, als sei nichts geschehen.

Es dauerte mehrere Stunden, bis das Boot repariert war, doch Lewis und Clark hatten überlebt und die Expedition konnte weitergehen. Die Bedeutung dieser gut geplanten und durchgeführten Expedition, die nur einen Mann durch Krankheit verlor, lässt sich kaum hoch genug einschätzen. Obwohl es nicht die erste Expedition quer durch den Kontinent war – Alexander Mackenzie war ihnen in einer bemerkenswerten Reise zuvorgekommen –, eröffnete sie den Weg zur Besiedelung der neuen Territorien. In den dabei erstellten Karten waren sichere Wege verzeichnet, die freundlichen ersten Kontakte zu den Indianern nutzten den späteren Siedlern und die gesammelten Daten zu Fauna und Flora der Region waren von großem wissenschaftlichem Wert. Viele Historiker sagen, dass Lewis und Clark das Tor zum Westen mit dieser Expedition öffneten. Ohne den Hund aber wäre die Expedition führungslos und unverrichteter Dinge nach Hause zurückgekehrt.

Es gibt noch eine interessante Fußnote zu dieser Expedition im Zusammenhang mit Seaman. Auf dem Rückweg vom Pazifik am Yellowstone River angekommen, zog Sacajawea wie so oft mit Seaman los, um Kontakt mit einem Indianerdorf ganz in der Nähe aufzunehmen. Sie hoffte neue Vorräte zu erhalten. Als sie das Lager betrat, erregte Seaman enormes Aufsehen. Die Indianer waren von dem großen Hund begeistert und wollten ihn gegen Vorräte und andere Dinge eintauschen. Als Sacajawea das ablehnte, beschlossen die Indianer, den Hund einfach zu behalten. Um den Diebstahl zu vertuschen, musste auch Sacajawea bei ihnen bleiben.

Als Lewis davon erfuhr, wurde er zornig. Er ließ die Männer bewaffnen, umringte das Indianerdorf und sandte Clark mit seinen Forderungen zu den Bewohnern: „Gebt mir meinen Hund zurück, oder ich lasse das Dorf niederbrennen." Da das Dorf klein war und Lewis' Drohung ihre Wirkung nicht verfehlt hatte, rückte man Seaman heraus. Als Zeichen ihres guten Willens ließen die Indianer auch Sacajawea frei – Lewis hatte sie bei seinem Ultimatum vergessen!

Urian verhindert eine Ehe-Annullierung

Gelegentlich stammt die Information über historische Personen und ihre Hunde von Dritten und nicht von den fraglichen Personen selbst. Manchmal sind diese Dritte Angehörige, manchmal auch Zeugen. Ein Beispiel dafür sind die Ereignisse im Jahre 1527 am Hof Heinrichs VIII. von England. Heinrich war der zweite Sohn König Heinrichs VII. und folgte in der Thronfolge seinem älteren Bruder Arthur. Als Arthur starb, wurde Heinrich Prinz von Wales und damit englischer Thronfolger.

Heinrich war ein kluger Politiker: Er heirate Katharina von Aragon, die Witwe seines Bruders. Diese Hochzeit war politisch nützlich, denn Katharina war eng mit den Königshäusern Europas verbunden. Kaiser Karl V. war ihr Neffe. Außerdem war sie hübsch, intelligent, politisch klug und eine gute Organisatorin. Ihre Kompetenz zeigte sich 1513, als Heinrich auf dem Kontinent weilte und sie das Königreich verwaltete. In Heinrichs Abwesenheit organisierte sie den erfolgreichen Widerstand gegen einen Einfall der Schotten, der mit dem Sieg der Engländer bei Flodden endete. Katharinas einziger „Fehler" war, dass sie keinen männlichen Erben gebar, den Heinrich als Thronfolger brauchte. Als die Allianz zwischen England und Karl V. zerbrach, schwand Katharinas politische Bedeutung. Überdies hatte sich Heinrich in Anne Boleyn verliebt.

König Heinrich suchte einen Grund für die Scheidung von Katharina, damit der Weg für Anne Boleyn frei wurde. Da die katholische Kirche keine Scheidung zuließ, sandte Heinrich Kardinal Thomas Wolsey zu Papst Klemens VII. Wolsey sollte den Papst um eine

Annullierung der Ehe bitten. Heinrichs Gesandter war nicht nur Kardinal sondern auch der Lordkanzler des Reiches. Er hatte die Innen- und Außenpolitik des Landes bestimmt, so lange Heinrich noch zu jung für das Königsamt gewesen war. Außerdem war Wolsey der offizielle Vertreter des Papstes in England und galt als aussichtsreicher Kandidat für die nächste Papstwahl.

Wolseys Zeremonienmeister und Vertrauter war der englische Gentleman George Cavendish. Cavendish verfasste einen Bericht über Wolseys Papstbesuch.

Die ersten Verhandlungen wegen der Scheidung schienen gut zu laufen, denn Heinrich lockte den Papst mit Geld und politischer Unterstützung. Beides brauchte der Vatikan dringend, da er dem Druck Karls V. ausgesetzt war. Auf einer letzten Audienz sollten die endgültigen Details der Scheidung ausgehandelt und der Annullierungsvertrag unterschrieben werden.

Bei dieser Audienz betrat Wolsey den Raum wie üblich in Begleitung seines Lieblingshundes, eines großen Greyhound namens Urian. Wolsey ließ den Hund neben der Tür Platz nehmen und näherte sich ehrfürchtig dem Papst, der auf seinem Thron Platz genommen hatte. In dem Saal waren viele Kardinäle und ein großes Stimmengewirr diskutierte die letzten Entwicklungen. Urian bewachte seinen Herrn eifersüchtig und war nervös wegen des Lärms und der spürbaren Anspannung im Saal. Er lag nicht wie üblich, sondern stand und beobachtete die Szene.

Der Papst wollte unbedingt jeden Eindruck einer Bestechung oder Beeinflussung durch Heinrich und Wolsey vermeiden. Deshalb erwartete er von dem englischen Gesandten eine besonders ehrerbietige und devote Begrüßung – der Bittsteller musste niederknien und die Zehen des Papstes küssen. Wolsey gehorchte, der Papst streckte ihm den Fuß entgegen – und Urian, bereits aufs Äußerste angespannt, missverstand die päpstliche Fußbewegung als Angriff auf den Kardinal. Er sprang nach vorn, stieß die hohen Würdenträger beiseite, riss den Stuhl des Papstes um und biss dem Pontifex in den entblößten Fuß. Klemens schrie vor Schmerz laut auf und die Geistlichen in seiner Nähe versuchten, den Hund wegzuziehen. Klemens hatte große Schmerzen und verfluchte den englischen König und seinen Gesandten. Er griff nach den noch nicht unterzeichneten Papieren neben sich und warf sie im Zorn und mit Abscheu zur Seite. Wolseys Audienz war beendet – der Papst weigerte sich, die Ehe zu annullieren.

Wolsey kehrte ohne die päpstliche Zustimmung nach England zurück und das Scheitern der Mission leitete seinen politischen Sturz ein.

Der erboste Heinrich aber ergriff nun jene Maßnahmen, die am Ende zur Gründung der Anglikanischen Kirche führten. Zunächst erklärte er jegliche kirchliche Gesetzgebung zur Angelegenheit der Krone, dann stellte er seine Zahlungen an den Vatikan ein. Schließlich ernannte er seinen Kandidaten Thomas Cranmer zum Erzbischof von Canterbury. Kaum überraschend erklärte Cranmer die Ehe Heinrichs für ungültig. Als der Papst Heinrich daraufhin exkommunizierte, gründete der König die Kirche von England und erklärte sich selbst zu deren Oberhaupt. Heinrich annektierte den Besitz und das Land der katholischen Klöster und ließ außerdem viele prominente Kirchenmänner hinrichten.

Als Historiker könnte man durchaus die hypothetische Frage stellen, ob der Aufstieg des Protestantismus und der Konflikt mit der katholischen Kirche hätte verhindert oder verzögert werden können, wenn Urian seine Zähne nicht in den Fuß des Papstes gebohrt hätte.

Der Rote Baron und die fliegende Dogge

Wer nur lange genug sucht, findet immer wieder Dokumente, in denen der Einfluss von Hunden auf die Geschichte belegt ist. Manchmal finden sich aber auch nur sehr spärliche Hinweise, die die Frage aufwerfen, ob der beteiligte Hund wirklich von Bedeutung war – hübsche Geschichten geben diese Fälle aber dennoch her. Ein typisches Beispiel ist das Leben von Manfred Freiherr von Richthofen, der in englischsprachigen Ländern als *The Red Baron*, zu Deutsch „der Rote Baron", bekannt ist.

Richthofen gilt als der bedeutendste deutsche Kampfpilot im Ersten Weltkrieg. Von Richthofens wohlhabende Familie stellte viele Offi-

ziere. Sein Vater war ein Armeeoffizier und der jüngere Bruder
Lothar folgte ihm nach. Von Richthofen legte großen Wert auf sozialen Status und Ansehen, also entschied er sich für eine damals
besonders begehrte Karriere bei der Kavallerie. Er kämpfte tapfer im
Ersten Ulanenregiment in Russland, dann nahm er an der Invasion
in Belgien und Frankreich teil. Da sich der Krieg im Westen schon
bald in den Schützengräben festfuhr, verlor die Kavallerie ihre
Bedeutung.

Von Richthofen wollte sich jedoch auch weiterhin profilieren und
wechselte zur Infanterie. 1915 erfuhr er von der Gründung des kaiserlichen Fliegercorps. Die damaligen Flugzeuge waren technisch
unausgereift und galten als gefährlich und wenig verlässlich. Ihre
Piloten umgab eine Aura von Abenteuer, Gefahr und Leidenschaft
– ähnlich wie die Astronauten rund 60 Jahre später. Richthofen sah
seine Chance, ein Held zu werden und packte die Chance beim
Schopf.

Seinen Dienst als Pilot begann von Richthofen im September 1916
und schon kurz darauf wurde er Kommandeur der Fliegergruppe 1.
Seine Geltungssucht bewies er auch als Kampfflieger. Damit man
ihn niemals übersah, ließ er seine Fokker rot anstreichen – daher
der Beiname der „Rote Baron". Die Mitglieder seiner Staffel folgten diesem Beispiel und ließen ihre Flugzeuge ebenfalls bunt
lackieren. Sie wurden zu „Richthofens fliegendem Zirkus".

Von Richthofen war ein verbissener Kämpfer und einer der besten
Piloten aller Zeiten. Er schoss etwa 80 feindliche Flugzeuge ab und
erhielt dafür mehrere Auszeichnungen. Im Bodenkrieg zwischen
den Schützengräben lieferten sich Massen von namenlosen Soldaten
blutige Auseinandersetzungen – dort zählte Taktik und nicht Hel-
dentum. Die Kampfflieger lieferten sich Mann-gegen-Mann-Duelle
und traten als Individuen in Erscheinung. So wurde von Richthofen
rasch zu einem Symbol des deutschen Kriegserfolges. Jeder
Abschuss eines feindlichen Flugzeuges gelangte auf die Titelseiten
der Presse, munterte die Zivilbevölkerung auf und verlieh den Front-
truppen die Hoffnung, der Krieg sei doch noch zu gewinnen.

Während des Krieges teilte von Richthofen sein Quartier mit der
Dogge Moritz. Am Tag sah man den groß gewachsenen Flieger in

seiner Lederjacke über das Flugfeld spazieren, die Hände in den Taschen und den großen Hund an seiner Seite. Manchmal schnallte von Richthofen den Hund bei Patrouillen- oder Aufklärungsflügen auf dem hinteren Sitz seiner Maschine fest und nahm ihn mit. Lärm und Fahrtwind in dem offenen Flugzeug mochte die Dogge aber offenbar wenig, denn wenn von Richthofen sie fragte: „Willst du heute mit mir fliegen?", bellte sie laut und legte sich hin, als wolle sie sagen: „Freiwillig gehe ich nicht in dieses Flugzeug; du musst mich schon über den ganzen Flugplatz tragen."

Moritz war ein überaus treuer Hund. Er begleitete von Richthofen zum Flugzeug und wartete ab, bis er in die Schlacht startete. Sobald alle Maschinen in der Luft waren, suchte sich Moritz einen Schattenplatz. In der Regel lag er dösend herum und blickte ab und zu auf die Landebahn. Radar gab es damals noch nicht, sodass man Flugzeuge nur mit den Augen erkennen konnte. Vermutlich hatten sich Moritz' empfindliche Ohren aber an das Geräusch der Kampfflugzeuge gewöhnt, denn lange bevor sie zu sehen waren, stand er auf und lief bellend zur Landebahn. Dann suchte man den Horizont ab und innerhalb weniger Augenblicke tauchten die Flugzeuge auf. Wenn von Richthofens Flugzeug zur Landung ansetzte, rannte Dogge Moritz aufgeregt bellend herum und begrüßte von Richthofen, noch ehe dessen Maschine vollständig zum Halten gekommen war.

Von Richthofen nahm seinen Hund auch zu offiziellen Anlässen mit und es kam nicht selten vor, dass er mit ihm ein Bier im Offizierskasino teilte. Es existiert sogar das Gerücht, dass neben den persönlichen Bierkrügen der Offiziere eine flache, blaue Schale mit dem goldenen Buchstaben „M" stand – für das Bier von Moritz. Der Hund schlief in von Richthofens Quartier sogar auf dessen Bett. Es könnte durchaus sein, dass dies zu von Richthofens Ende führte.

Während der Schlacht an der Somme bestieg von Richthofen am 21. April 1918 sein Flugzeug. Er gähnte und wirkte müde. Einer seiner kommandierenden Offiziere fragte ihn: „Du siehst müde aus, warst du letzte Nacht aus?"

Von Richthofen lachte kurz und sagte: „Moritz war letzte Nacht sehr unruhig. Er hat mich dauernd aufgeweckt und ich weiß nicht, ob ich mehr als zwei Stunden geschlafen habe. Wenn ich genug Ruhe finden soll, muss man mir für den Rest des Krieges ein größeres Bett geben."

An diesem Tag wurde das Flugzeug des Roten Barons vom Feuer der Bodenflak beschädigt. Zu allem Unglück stieß von Richthofen mit seinem angeschlagenen Flugzeug noch auf das kanadische Fliegeras Hauptmann A. Roy Brown in seiner Sopwith Camel. Der Kampf war für von Richthofen aussichtslos. Man barg seinen Leichnam aus dem Wrack der Fokker und die englischen und australischen Truppen, die diesen Teil der Front hielten, begruben ihn mit militärischen Ehren. Für die Deutschen war von Richthofens Tod ein schwerer Schlag. General Erich Ludendorff, in dieser Schlacht der Kommandeur der deutschen Truppen, äußerte: „Sein Tod wird eine stärkere Auswirkung auf die Moral der Truppe haben als der Verlust von 30 Infanteriedivisionen."

Es bietet sich natürlich an, über von Richthofens letzte Nacht mit Moritz zu spekulieren. Hatte ihn der ruhelose Hund wirklich so viel Schlaf gekostet, dass seine Kampffähigkeit gelitten hatte? War Moritz vielleicht auch deshalb so ruhelos gewesen, weil er den Tod seines Herrn vorausgeahnt hatte? Auf jeden Fall ist es interessant zu wissen, dass von Richthofen in seiner letzten Nacht seinen Hund an seiner Seite hatte.

Alexander der Große und der gebissene Elefant

Bei einigen anderen Ereignissen muss man allerdings kaum spekulieren, ob und wie die Geschichte der Menschheit durch einen Hund verändert wurde. Ein gutes Beispiel liefert Alexander der Große. Geboren 356 v. Chr., wurde Alexander König von Makedonien und eroberte weite Teile Asiens. Er war der Sohn Philipps II. von Makedonien und seiner Frau Olympia. Alexander erhielt eine klassische Ausbildung durch niemand Geringeren als den großen Philosophen Aristoteles. Den Thron bestieg er 336 v. Chr. nach der Ermordung seines Vaters.

Alexanders Mutter Olympia führte vermutlich Mastiffs als Wach- und militärische Kampfhunde nach Griechenland ein. Diese

Hunde wurden in Illyrien gezüchtet. Illyrien gehörte zum Reich der Molosser, daher wurden die Hunde auch molossische Hunde genannt und im Kampf gegen leicht bewaffnete Infanterie und ungeschützte Kavallerie eingesetzt. Ähnliche Hunde kämpften auch auf der Seite der Kelten, als die Römer in Gallien eindrangen. Der junge Alexander beobachtete das Training der Kriegshunde und lernte ihren taktischen Einsatz zu schätzen. Seine Armeen führten stets ein Kontingent der Hunde mit sich und setzten sie immer dann ein, wenn der Gegner ungepanzerte Rüstungen trug.

Von seinem Vater lernte Alexander auch den Umgang mit Jagdhunden. Philipp liebte Pointer und hatte sogar aus Spanien einige dieser Tiere einführen lassen. Alexander jagte zwar gern mit Pointern, noch aufregender aber fand er die Jagd mit den schnellen Greyhounds. Er besaß mehrere Exemplare aus Gallien. In der Region südwestlich des Rheins lebten die Segusier, deren Hundezucht berühmt war. Sie züchteten eine Linie von Greyhounds, die *vertragi* („schnelle Läufer") genannt wurden.

Von diesen importierten Hunden stammte Alexanders Liebungshund Peritas ab. Peritas war nicht nur Jagdhund sondern auch Alexanders Leibwächter und ständiger Begleiter. Da der Hund Alexander in die Schlacht begleitete, hatte man ihm eine leichte Rüstung angefertigt. Zudem trug er ein Halsband aus Metall mit rasiermesserscharfen Spitzen, sodass ihn niemand daran packen konnte und er vor den Angriffen feindlicher Kampfhunde geschützt war.

Als Alexander den Thron bestieg, tobte ein Bürgerkrieg im Land. Alexander sicherte Griechenland und die Balkanhalbinsel, dann setzte er über den Hellespont (die heutigen Dardanellen). Als Führer einer griechischen Armee begann Alexander den Krieg gegen die Perser, den sein Vater bereits geplant hatte. Alexander kämpfte mehrmals und stets siegreich gegen die Truppen des Perserkönigs Darius III. Schon bald hatte er den größten Teil Kleinasiens und Syriens erobert. Als er nach Ägypten einmarschierte, traf er auf keinen nennenswerten Widerstand. Alexander rückte bis Memphis vor, opferte den Göttern und wurde mit der traditionellen Doppelkrone der Pharaonen gekrönt. Dann gründete er die Stadt Alexandria und begab sich auf die beschwerliche Reise zur Oase von Siwa, zum Orakel von Amon-Ra. Dort wurde er als Sohn des Gottes Amon-Ra begrüßt. Alexander befragte das Orakel nach Ausgang seiner Expedition. Obwohl er den Orakelspruch niemandem mitteilte, wurde ihm vermutlich prophezeit, er sei der wahre Sohn des Zeus und werde eines Tages in den Olymp, den Sitz der Götter, einziehen.

Was immer ihm das Orakel prophezeit hatte, Alexander kehrte zuversichtlich nach Syrien zurück und zog direkt weiter nach Mesopotamien, um Darius erneut anzugreifen. Diese Entscheidungsschlacht gegen die Perser fand zwischen Ninive und Arbela auf der Ebene von Gaugamela statt.

Alexander war sehr impulsiv und stürmte in Schlachten meist an der Spitze seiner Truppen voran. Als er während des Kampfes gegen die persischen Truppen das königliche Banner des Darius zu sehen glaubte, sammelte er die Kavallerie um sich und stieß durch die feindlichen Truppen zu dem persischen König vor. Auch an diesem Tag war sein Peritas bei ihm. Der Hund raste neben Alexanders Pferd her, als sich die Reiter ihren Weg durch die Reihen der Feinde bahnten. Im Kampfgetümmel kam Alexander nur langsam voran und sah irgendwann plötzlich einen persischen Kampfelefanten auf sich zukommen. Der persische Kommandeur hatte sehr wohl bemerkt, wer den griechischen Angriff anführte und nahm in Kauf, dass seine eigenen Männer niedergetrampelt wurden, um Alexander zu fangen oder zu töten.

Der riesige Elefant stapfte vorwärts und zermalmte alles, was vor ihm lag, während Alexander verzweifelt versuchte, sich freizukämpfen und auszuweichen. Plötzlich stürmte ein brauner Schatten an Alexander vorbei und direkt auf den Elefanten zu. Peritas schien durch die Luft zu fliegen und schaffte es irgendwie, sich in der Unterlippe des Elefanten zu verbeißen. Dessen Schmerz war so groß, dass das mächtige Tier sofort stoppte. Das massige Tier drehte sich zur Seite, stieg vorne hoch und warf seine Reiter ab. Dadurch öffneten sich die feindlichen Reihen für einen Moment. Alexander brach durch und schlug sich zu den eigenen Linien durch. Während Peritas nicht überlebte, hatte sein mutiger Angriff doch Alexanders Leben gerettet.

Der unverletzte Alexander konnte weiterkämpfen. Es war eine harte Schlacht, aber schließlich siegten seine Truppen. Die mächtige Armee von Persien war so geschwächt, dass sie keinen nennenswerten Widerstand mehr leistete. Die Makedonier verfolgten Darius und verbrannten seine Städte. Schließlich starb Darius durch Mörderhand.

Alexander war vom Opfer seines Hundes tief bewegt. Am Abend ließ er das Schlachtfeld nach Peritas absuchen. Man fand den Körper des Hundes und brachte ihn dem König. Alexander ordnete an, den Leichnam bis zum Ende der Kampfhandlungen zu konservieren. Nach Darius' endgültiger Niederlage ließ Alexander eine Grabstatue für Peritas errichten. Aus Dankbarkeit und Respekt für seinen tapferen Hund benannte er eine Stadt nach ihm und ließ ihm auf dem Hauptplatz ein Denkmal errichten.

Nun also wieder die hypothetische Frage: „Was wäre geschehen, hätte Peritas den Elefanten nicht angegriffen und wäre Alexander der Große bei Gaugamela gestorben?" Alexander hat die griechische Kultur weit in den Osten getragen. Sein Feldzug war der Auslöser für die weitreichende Kolonisation des Nahen Ostens. Natürlich einigte er diesen Teil der Welt nicht politisch, aber er schuf einen Wirtschafts- und Kulturraum, der von Gibraltar bis zum Pandschab reichte. Das Griechisch, das Alexander sprach, wurde zur Sprache der Handel Treibenden und der Gelehrten und ermöglichte erst den länderübergreifenden Handel, den Wissensaustausch und soziale Beziehungen. Eine spätere Folge war die Ausbreitung des Christentums über den gesamten Raum, denn das neue Testament war in Griechisch verfasst. Ohne den tapferen Hund wäre all dies nicht möglich gewesen.

Donnchadh verrät fast seinen Herrn

Man darf wohl behaupten, dass Hunde einen überwiegend positiven Einfluss auf die Geschichte hatten: Sie retteten Leben, halfen bei psychischen Konflikten und stützten ihre Besitzer. Wie wir gesehen haben, gibt es jedoch auch Beispiele für negative Einflüsse von Hunden. Beispiele, bei denen Hunde Leben gefährdeten oder das

Zusammenleben der Menschen nachteilig veränderten. Und es gibt ein Beispiel für einen sowohl negativen als auch positiven Einfluss von Hunden. In diesem Fall sollte der weitere Gang der Geschichte von der Entscheidung eines Hundes abhängen.

Der Vorfall spielte in Schottland, hatte aber auch Konsequenzen für die englische Geschichte, vielleicht sogar für die Vereinigten Staaten. Es geht um Robert the Bruce, den schottischen König, der sein Land von der englischen Herrschaft befreite.

Im frühen 12. Jahrhundert zogen unter der Herrschaft König Davids I. viele angelsächsische Familien nach Schottland, wo sie Ländereien und Posten erhielten. Durch Heirat waren einige dieser Familien mit dem englischen Königshaus verbunden. Im Jahr 1290 war der schottische Thron in Ermangelung eines Thronerben verwaist und es gab mehrere Bewerber um die Krone. König Eduard I. von England, der gute Beziehungen zum schottischen Königshaus unterhalten hatte, erklärte sich bereit, den Streit zu schlichten. Die beiden aussichtsreichsten Bewerber waren der sechste Robert Bruce – der Großvater von Robert the Bruce – und John Balliol. Beide stammten von einem Sohn Davids I. ab.

1292 erklärte Eduard John Balliol zum König von Schottland. Allerdings dachte er nicht daran, Schottland die Unabhängigkeit zu gewähren, sondern versuchte, Druck auf die Schotten auszuüben. Es kam zum Aufstand. John Balliol musste sich den einmarschierenden Truppen König Eduards zwar unterwerfen, doch der Aufstand ging unter der Führung von William Wallace weiter. Nachdem Wallace gefangen und enthauptet worden war, trat Robert the Bruce an die Spitze der Rebellen. Er wollte den Thron erobern, den man seinem Großvater verweigert hatte. 1306 ermordete er John „den Roten" Comyn, John Balliols Neffen. Dann zog er nach Scone, wo er sich selbst zu König Robert I. krönte. Der heilige Stein von Scone, der seine Herrschaft legitimiert hätte, war allerdings von Eduard in die Kathedrale von Westminster geschafft worden. Robert erschien die Bedeutung der Krönungsstätte jedoch ausreichend, um die Krönung in den Augen der Schotten zu legitimieren.

Eduard tobte vor Wut. Er ließ Robert zum Verräter erklären und beschloss, die Rebellion unnachgiebig zu beenden. Eduard kontrollierte zwar die wichtigsten Burgen und Städte Schottlands, aber Robert war die stärkere Persönlichkeit. Er war ein exzellenter Staatsmann und Politiker und wusste, wie man Männer überzeugt und Alliierte gewinnt. Roberts militärische Strategie setzte eher auf kurze, schnelle Überfälle als auf fest gefügte Kampfreihen schwer bewaffneter Männer. Dies zeigte sich erstmals 1306, dem Jahr nach seiner Thronbesteigung.

Robert hatte vorher bereits mehrere von Eduards Garnisonen besiegt. Seine Truppen bewegten sich gut gedeckt, sie stießen blitzartig vor, töteten und verwundeten so viele Engländer wie möglich und zogen sich rasch wieder zurück, wobei sie so viel Beute mitnahmen, wie sie tragen konnten. König Robert wurde nur zweimal in eine der damals üblichen Schlachten gezwungen und er verlor beide – eine in Methven bei Perth, die andere in Dalry bei Tyndrum. Nach diesen katastrophalen Schlachten gerieten seine Frau und zahlreiche seiner Verbündeten in Gefangenschaft, darunter drei seiner Brüder, die schließlich hingerichtet wurden. Acht Jahre später siegte Robert dennoch in einer sehr ungewöhnlichen Schlacht bei Bannockburn. Dieser Sieg führte zum Vertrag von Northampton und der schottischen Unabhängigkeit.

Die Vorfälle, die in unserem Zusammenhang interessant sind, spielten sich kurz nach Roberts katastrophaler Niederlage bei Dalry ab. Roberts Truppen flohen und Eduard I. gab den Befehl, Robert nachzusetzen und ihn um jeden Preis gefangen zu nehmen oder zu töten. Nun war Robert auf die Fähigkeiten angewiesen, die ihn bisher schon am Leben gehalten hatten. Durch die Guerillataktik der blitzartigen Überfälle hatte er gelernt, in der Wildnis unterzutauchen und zu überleben. Diesmal war seine Situation jedoch ungleich gefährlicher und es war ein Hund, der ihn in Lebensgefahr brachte.

Eduard hatte John of Lorn, einen gerissenen Kämpfer, auf Robert angesetzt. John besaß einen von Roberts Hunden – einen Talbot, eine frühe Form der heutigen Bluthunde. Robert ging leidenschaftlich gerne auf Entenjagd und besaß Hunde, die eine Spur auch in dichtem Wald und offenem, rauem Terrain nicht verloren. Er hatte die jeweils besten Hunde eines Wurfes ausgewählt und zur Zucht verwendet, weil er eine Rasse entwickeln wollte, die eine Wildspur auch noch nach Stunden oder bei schlechtem Wetter finden und verfolgen konnte. John of the Lorns Hund war Roberts Lieblingshund. Robert hatte ihn selbst aufgezogen und liebte ihn als Gefährten und Jagdhund. Der Hund hieß Donnchadh. Donnchadh war bei Roberts Frau geblieben, als sie in englische Gefangenschaft geriet. John wusste um die beeindruckenden Fähigkeiten dieses Hundes und er wusste, dass Robert zumindest einmal englische Soldaten mit ihm aufgespürt hatte, die wichtige Nachrichten überbringen sollten. Er ging also zu Recht davon aus, dass ein Hund, den Robert mit eigenen Händen aufgezogen hatte, auch der Beste sein würde, um den König zu finden.

John versicherte sich der Hilfe von Sir Aymer de Valence und nahm rund 800 Männer mit. Die Jagd begann. Donnchadh suchte nach einer Spur und die Soldaten folgten ihm. Der Hund wollte zurück zu seinem Herrn. Er wurde an der Stelle angesetzt, an der Roberts Truppen in den Wäldern verschwunden waren. Donnchadh spürte die Fährte seines Herrn rasch auf, bellte freudig und verschwand im Wald.

Der fliehende Robert und seine Männer drangen immer tiefer in den Wald vor, doch die englischen Truppen blieben ihnen auf den Fersen. Robert versuchte, die Gegner zu verwirren. Er teilte seine Männer in drei Gruppen auf – jede floh in eine andere Richtung. Die Hauptgruppe blieb auf dem Hauptweg, eine andere bog nach rechts ab und seine eigene Gruppe wandte sich scharf nach links. Der Plan ging nicht auf, denn Donnchadh blieb auf Roberts Spur. Da die Engländer immer weiter aufrückten, teilte Robert seine kleine Gruppe nochmals auf. Wiederum ging jede Gruppe ihre eigenen Wege, um den Verfolgern zu entkommen. Robert zog nur mit seinem Pflegebruder Edward weiter durch den Wald. Wiederum entschied sich der Hund für den richtigen Weg und nun begann er zu bellen, weil die Spur wärmer wurde und ihm die Nähe seines geliebten Herrn verhieß.

Robert lauschte nun genau auf den Klang des Hundebellens. Er drehte sich verzweifelt zu seinem Bruder um und sagte: „Sie haben meinen eigenen Hund auf uns gehetzt. Ich glaube, ich habe Donnchadh an der Stimme erkannt. Unsere einzige Hoffnung ist Schnelligkeit und ein Wasser, um unsere Spur zu verwischen."

Auch John of Lorn wusste genau, dass es sowohl auf die richtige Fährte als auch auf die Geschwindigkeit der Jagd ankam. Seine große, schwer bewaffnete Armee war einfach zu langsam. Er brauchte eine kleine Gruppe, die Robert aufspüren und ihn und seine Männer so lange festhalten würde, bis der Hauptteil der Truppe eingetroffen war. Also übergab er den Hund fünf seiner besten Männer und wies sie an, Robert so schnell wie möglich zu folgen, während er mit dem Rest der Truppe möglichst rasch nachkam.

Am Halsband des Hundes, der an der Leine nach vorne drängte, hing das Schicksal der schottischen Geschichte. Hätte das Tier Robert wirklich aufgespürt und wäre John erfolgreich gewesen, wäre die weitere Geschichte völlig anders verlaufen. Die Stuarts hätten niemals den englischen Thron bestiegen. Roberts Tochter Marjory heiratete später in die Stuart-Familie ein und ihr Sohn Robert wurde als Robert II. der erste schottische König der Stuarts. James VI., der erste englische König aus dem Haus der Stuarts, stammt ebenfalls aus dieser Linie. Mit den Stuarts gelangte aber auch die tückische „königliche Krankheit" Porphyrie in die Dynastie – eine Krankheit, die Georg III. handlungsunfähig machte, seinen Geist trübte und ihn zu unüberlegten Handlungen trieb, mit denen er die amerikanischen Kolonisten verprellte. Streng genommen hätte es ohne Georgs Krankheit keinen amerikanischen Unabhängigkeitskrieg gegeben. Die englische Revolution hätte niemals stattgefunden und vielleicht wäre England – wie zur Römerzeit – politischer Teil des europäischen Festlandes geworden.

Donnchadh aber wollte nicht die Geschichte verändern, er suchte nur nach seinem Herrn.

Robert sah seine einzige Chance darin, anzuhalten und gegen die fünf Männer zu kämpfen, solange er und sein Bruder noch nicht völlig ausgelaugt waren. Als die Verfolger sie erreicht hatten, wussten sie sofort, wer von den beiden Robert war, denn Donnchadh rannte direkt auf den schottischen König zu. Einer der Soldaten wandte sich gegen Roberts Bruder, die anderen vier griffen Robert an.

Vier gegen einen ist selbst für einen Helden ein ungünstiges Verhältnis. Allerdings hatten die Engländer ihre Rechnung ohne den Hund gemacht. Donnchadh spürte, dass sein Herr in Gefahr war und er wusste, wem er treu ergeben war. Er sprang los und trennte die Angreifer, sodass Robert einen von ihnen töten konnte. Der Hund griff weiter an und hielt die Engländer auf. Robert tötete den zweiten Gegner. Inzwischen hatte Roberts Bruder seinen Gegner ebenfalls besiegt und kam Robert zur Hilfe, während Donnchadh weiterhin wild attackierte. Da die Feinde völlig mit Donnchadh beschäftigt waren, konnten Robert und Edward auch die letzten beiden Männer Lorns töten.

Robert und sein Bruder bluteten genau wie Donnchadh aus kleineren Wunden. Inzwischen hatten sie aber den Fluss erreicht. Die drei sprangen ins Wasser und liefen etwa 400 Meter flussabwärts, bevor sie den Fluss auf der anderen Seite wieder verließen – sie waren sicher, ihre Spur verwischt zu haben. Robert the Bruce überlebte und blieb König, die Geschichte verlief in den uns bekannten Bahnen und ein Hund namens Donnchadh war beim Einzug des Königs von Schottland in Edinburgh dabei. Während die ersten Taten des Hundes die Geschichte in große Gefahr gebracht hatten, sorgte sein späteres heldenhaftes Verhalten dafür, dass die uns geläufige Historie doch ihren Lauf nahm. Später sagte Robert immer wieder, dass der gälische Name für den Hund richtig gewählt gewesen sei: Donnchadh heißt nämlich „brauner Krieger". Häufig sind es sehr kleine Ereignisse, die enorme Auswirkungen auf die Zukunft haben. Wenn man in diesem Zusammenhang die Bedeutung von Hunden untersucht, sind es ebenfalls häufig die kleinen Dinge, die das Leben ihrer Herrchen veränderten. Manchmal betrafen sie nur die private Zukunft der Familie, manchmal jedoch veränderten sie das Leben ihrer Besitzer ganz entscheidend. Wenn es sich dann um Persönlichkeiten der Geschichte handelt, lässt sich der Einfluss der Hunde nicht mehr leugnen.

Man muss allerdings sehr sorgfältig hinschauen, um diese Verbindungen aufzudecken. Es gibt die „Pfotenabdrücke" von Hunden in der Geschichte, doch oft sind sie verblasst und noch häufiger hat sie die Zeit vollständig verweht. Hunde erzählen keine Geschichten von ihren Vorfahren, sie können nicht schreiben, führen weder Tagebücher noch irgendeine Korrespondenz, daher sind Zeugnisse über das Tun eines Hundes selten. Hunde stehen nicht in Museen und es gibt keine Bibliotheken, in denen ihr Andenken bewahrt wird. Ihre Eigenheiten und Qualitäten haben sie allenfalls über ihre Gene an ihre Nachkommen weitergegeben. Wir sind es, die sich an die Taten der Hunde erinnern müssen – denn zweifelsohne waren sie wesentlich häufiger für den Gang der Menschheitsgeschichte bedeutsam, als den meisten von uns heute bewusst ist.

Quellen

Einige der Bücher und Quellen habe ich jeweils in mehreren Kapiteln berücksichtigt. Statt sie mehrmals zu zitieren, möchte ich sie hier zuerst aufführen. Dazu gehören verschiedene Werke über die Geschichte von Hunden: F. Mery: *The Life History and Magic of the Dog* (1968), L. M. Wendt *Dogs: A Historical Journey* (1996), A. Sloan und A. Farquhar: *Dog and Man* (1925), M. Garber: *Dog Love* (1996), M. E. Thurston: *Lost History of the Canine Race* (1996), M. Riddle: *Dogs through History* (1987); B. Vesy-FitzGerald: *The Domestic Dog* (1957), C. A. Branigan: *The Reign of the Greyhound* (1997); J. E. Baur: *Dogs on the Frontier* (1978), R. A. Caras: *A Dog is Listening* (1993). K. MacDonogh gibt eine umfassende Übersicht über Hunde und ihre königlichen Herren in *Reigning Cats and Dogs* (1990). Weitere ergiebige Quellen sind C. I. A. Ritchie: *The British Dog* (1981), M. Leach: *God had a Dog* (1961) und P. Dale-Green: *Dog* (1966). P. Jacksons: *Faithful Friends* (1997) stellt zahlreiche Originalquellen vor.

Kapitel „Hunde retten Leben"

Viele Informationen über Hunde und ihre Besitzer stammen aus den persönlichen Aufzeichnungen der jeweiligen Halter oder ihrer Angehörigen. Eine Biografie über Alexander Pope schrieb M. Mack: *Alexander Pope: A Life* (1985); seine Briefe wurden von G. Sherburn in fünf Bänden herausgegeben (1956). Biographisches Material über Wilhelm von Oranien enthält C. V. Wedgwood: *William the Silent* (1944) und das Zitat stammt aus R. Williams: *Actions of the Low Countries* (1618). Das Material über den Dalai Lama stammt aus einem Interview mit einem seiner heutigen Priester und aus Hanchang Ya: *The Biografies of the Dalai Lama* (1991). Material über Don Bosco stammt aus B. Clément: *Père des enfants perdus; vie de saint Jean Bosco* (1956) und H. Thurston und D. Attwater (Hrsg.): *Butler's*

Lives of the Saints (4 Bde., 1956). Biographische Daten zu Florence Nightingale finden sich bei M. E. Baly (1986) und Sandy Dengler (1988), während die Hinweise auf ihren Traum in ihren eigenen Tagebüchern enthalten sind, herausgegeben von M. D. Calabria (1987).

Kapitel „Heilige und ihre Hunde"

Informationen über das Leben des Hl. Patrick enthalten die Biografien von J. B. Bury (1905) und Paul Gallico (1958), sowie eine Untersuchung R. P. C. Hansons (1968). Überlieferungen und Information über den Hl. Rochus und die Hl. Margret stammen aus G. H. Gerould: *Saint's Legends* (1916), H. Thurston und D. Attwater (Hrsg.): *Butler's Lives of the Saints* (4 Bde., 1956) und P. McGinley *Saint-Watching* (1969). D. Attwater: *The Penguin Dictionary of Saints* (1970) und D. Farmer (Hrsg.): *The Oxford Dictionary of Saints* (2. Aufl. 1987) habe ich in diesem und im Kapitel über Don Bosco benutzt.

Kapitel „Der wütende Prinz"

Die Informationen über diese geschichtliche Periode entstammen W. Davies: *Wales in the Early Middle Ages* (1982), D. Walker: *Medieval Wales* (1990) und A. D. Carr: *Medieval Wales* (1995). Alan Carr, der an der Universität von Cardiff gearbeitet hat, stellte mir die Übersetzung zweier früher Texte über Llywelyn und Cylart zur Verfügung, die vermutlich im 13. Jahrhundert geschrieben wurden.

Kapitel „Hunde und der englische Bürgerkrieg"

Für die Biografie von Prinz Rupert habe ich mich auf Eva Scott (1899), Bernard Ferguson (1952) und Frank Knight (1967) gestützt. Das biografische Material über James stammt von Christopher Hibbert (1968), das über Charles von D. H. Willson (1956) und David Mathew (1967). Zusätzliches Material stammt aus G. Davies: *The Early Stuarts* (1959), J. P. Kenyon: *The Stuarts* (1958), A. H. Burne und P. Young: *The Great Civil War, a Military History* (1959) und C.

V. Wedgwoods Büchern *The King's Peace 1637–1641* (1955) und *The King's War 1641–1647* (1958).

Kapitel „Friedrich II. und seine Hunde"

Es gibt viele gute Biografien über Friedrich den Großen; ich habe vor allem R. B. Asprey: *Frederick the Great; The Magnificent Engima* (1986), Nancy Mitford: *Frederick the Great* (1970) und Giles Mac Donogh: *Frederick the Great: A Life in Deed and Letters* (1999) benutzt. Vieles über seine Beziehungen zu den Hunden verraten seine Briefe, die in den 47 Bänden der *Politische Correspondenz Friedrichs des Großen* (1879–1939) erschienen sind. Auch in seinen gesammelten Werken, herausgegeben von J. D. E. Preuss, findet sich einiges dazu. Sie stehen in dem 33-bändigen Werk *Ouevres de Frédéric le Grand* (1846–1857).

Kapitel „Die Kampfhunde des Christoph Kolumbus"

Über Kolumbus und seine Entdeckung Amerikas gibt es umfangreiche Literatur. Zu den Klassikern der allgemeinen Biografien gehören das zweibändige Werk von S. E. Morison: *Admiral of the Ocean Sea: A Life of Christopher Columbus* (1942, neu herausgegeben 1962) und F. Fernandez-Armesto: *Columbus* (1991), das den Entdecker im Kontext seiner Zeit behandelt. Das Standardwerk über die spanische Eroberung stammt von W. H. Prescott: *History of the Conquest of Mexico* (1843, 3 Bde.). J. G. Varner und J. J. Varner führen sehr wissenschaftlich in die blutrünstige Geschichte der Hunde ein: *Dogs of the Conquest* (1983). Viele nützliche Details liefert F. Provosts: *Columbus Dictionary* (1991) und die beiden Bände von *The Cristopher Columbus Encyclopedia*, herausgegeben von S. A. Bedini (1992).

Kapitel „Sir Walter Scott und sein Hunderudel"

Die vermutlich beste und kenntnisreichste Biografie von Scott ist das siebenbändige Werk *Memoirs of the Life of Sir Walter Scott* (1836–1838) von J. G. Lockhart, weiterhin verwendet wurden Edgar Johnson: *Sir Walter Scott: The Great Unknown* (2 Bde., 1970) und H. J. C. Grierson: *Sir Walter Scott* (1932). Schließlich gibt es noch ein kurzes Werk von E. Thornton Cook, das sich speziell mit den Hunden befasst: *Sir Walter's Dogs* (1931).

Kapitel „Richard Wagners vierbeinige Musen"

Die wichtigsten Quellen für die Beziehungen Wagners zu seinen Hunden liefern Joachim Bergfeld (Hrsg.): *The Diary of Richard Wagner* (1980), Martin Gregor-Dellin und Dietrich Mack (Hrsg.): *Cosima Wagner's Diaries* (1978) und Wagners Autobiografie *Mein Leben* (2 Bde., 1870–81). Eine unschätzbare biographische Quelle ist W. A. Ellis *Life of Richard Wagner* (6 Bde., 1900–08). Das Zitat von Marie (Heine) Schmole stammt aus *Letters of Richard Wagner: The Burrell Collection*, herausgegeben und kommentiert von John N. Burk (1972).

Kapitel „Der Erfinder des Telefons und der sprechende Hund"

Über Alexander Graham Bell wurde viel geschrieben, die meisten Werke jedoch beziehen sich auf seine Arbeiten und Forschungen über das Telefon. Zwei allgemeine Biografien stammen von R. V. Bruce: *Alexander Graham Bell and the Conquest of Solitude* (1973) und Catherine MacKenzie: *Alexander Graham Bell* (1928). Die Kontroverse zwischen Bell und Gallaudet wird in R. Winefield: *Never the Twain Shall Meet: Bell, Gallaudet and the Communications Debate* (1949) beschrieben. Material über Bell und seine Hunde stammt aus Briefen und Artikeln des Bell-Familienarchivs, das in der US-Kongressbibliothek aufbewahrt wird.

Kapitel „ Sigmund Freuds Therapiehunde"

Die für mich wichtigste Biografie über Sigmund Freud schrieb Ernest Jones, *The Life and Work of Sigmund Freud* (3 Bde., 1953–57). In Fritz Wittels: *Sigmund Freud: His Personality, His Teaching & His*

School (1924), Hanns Sachs: *Freud* (1944) und Max Schur: *Freud* (1972) finden sich Beobachtungen von Freunden und Zeitgenossen. Sehr aufschlussreich waren die Tagebücher, die ich über das Freud-Museum in London einsehen konnte, und die Übersetzungen von Michael Molnar: *The Diary of Sigmund Freud 1929–1939: A Record of the Final Decade* (1992) und einige seiner Briefe, in *Letters of Sigmund Freud, 1873–1939*, herausgegeben von Ernst L. Freud (1961). Material über den Einsatz von Hunden in der Therapie stammt aus Boris Levinson: *Pet-Oriented Child Psychotherapy* (1997) und Alan Beck und Aaron Katcher: *Between Pets and People.*

Kapitel „Die Anfänge des Tierschutzes"

Interessantes Material über die Gründer der Tierschutzbewegung und die Konsequenzen ihrer Bemühungen zeigen R. C. McCrea in *The Humane Movement* (1910), Harriet Ritvo in *The Animal Estate: The English and other Creatures in the Victorian Age* (1987) und Maureen Duffy in *The Hijacking of the Humane Movement* (1992) auf. Interessant ist auch der *Report of the Society for the Prevention of Cruelty to Animals, established in Liverpool, Sept. 1833*, der über Goldsmith's-Kress Mikrofilme zugänglich ist (1980). Allgemeine Daten stammen aus der *Encyclopedia of Animal Rights and Animal Welfare*, hrsg. von Marc Bekoff und Caron A. Meaney (1998).

Kapitel „Der Tokugawa-Schogun und das Jahr des Hundes"

Einige hervorragende Quellen zum Tokugawa-Regime, darunter auch zu Tsunayoshi, sind Masao Maryuamas: *Studies in the Intellectual History of Tokugawa Japan* (1974), Hermann Ooms: *Tokugawa Ideology: Early Constructs, 1570–1680* (1985) und Conrad Totmans: *Politics in the Tokugawa Bakufu, 1600–1843* (1967). Die Zitate stammen aus Engelbert Kaempfer: *The History of Japan* (1727) und zusätzliches Material aus Harold Fudais Übersetzungen der handschriftlichen Texte von Sanno Gaiki (in der Sammlung der Australischen Nationalbibliothek).

Kapitel „Die Rettung Mary Ellens"

Die *American Society for the Prevention of Cruelty to Animals* hat im Laufe der Jahre zahlreiche Artikel über Henry Bergh veröffentlicht, die jedoch kaum zugänglich sind. Es gibt allerdings zwei Bücher, die sich mit seinem Leben und dem Fall Mary Ellen befassen: Z. Steele: *Angel in a Top Hat* (1942) und E. Shelman und S. Lazoritz: *Out of the Darkness* (1999). Allgemeine Daten über die Tierschutzbewegung findet man in Lyle Munro: *Compassionate Beasts: The Quest for Animal Rights* (2001) und in der *Encyclopedia of Animal Rights and Animal Welfare*, herausgegeben von Marc Bekoff und Carron A. Meaney. Ein interessanter Artikel, der die Verbindungen zwischen Tierschutz und dem Schutz von Kindern herausstellt, stammt von P. Stevens und M. Eide: „The first chapter of children's rights" in *American Heritage*, Juli/August 1990, S. 8491, dazu L. G. Housden: *The Prevention of Cruelty to Children* (1955).

Kapitel „Napoleon und die verhassten Hunde"

Wie so oft findet man die wichtigsten Informationen über Beziehungen zu Hunden in der Korrespondenz und den persönlichen Aufzeichnungen der Beteiligten, weniger in offiziellen Biografien. Zum Glück sind die meisten Aufzeichnungen Napoleons in mehreren Büchern enthalten: Verwendet habe ich *The Bonaparte Letters and Despatches, Secret, Confidential and Official* (2 Bde., 1846), *The Confidential Correspondence of Napoleon Bonaparte with his Brother Joseph* (2 Bde., 1855) und *Unpublished Correspondence of Napoleon I., Preserved in the War Archives* (3 Bde., 1913). Die Geschichte über den preußischen Botschafter und den Neufundländer Boatswain stammt aus K. Broennecke: *Das Neufundländerbuch* (1941) und die Geschichte über den Tod von Jerome Napoleon Bonaparte aus *The New York Times on CD* vom Jahr 1945. Zusätzliche Informationen lieferten F. Masson: *Napoleon at Home* (2 Bde., 1894), T. Aronson: *Napoleon and Josephine* (1990) und F. McLynn: *Napoleon: A Biography* (1997).

Kapitel „Steinbeck, Maria Stuart, Mackenzie – mit Hunden im Gespräch"

Teile der Tagebücher von Mackenzie King wurden von J. W. Pickersgill und D. F. Forster veröffentlicht und kommentiert in: *The Mackenzie King Record* (4 Bde., 1960–70). Eine Betrachtung seiner Persönlichkeit mit mehreren interessanten Hinweisen auf seine Beziehungen zu Hunden stammt von J. E. Esberey: *Knight of the Holy Spirit: A Study of William Lyon Mackenzie King* (1980) und C. P. Stacey: *A Very Double Life* (1976). Das Gedichtfragment wurde entnommen aus N. M. Hollands: „The Little Dog-Angel" in *Spun-Yarn and Spindrift* (1918, S. 17). John Steinbecks: *Travels with Charley in Search of America* erschien 1962. Biographisches Material findet sich in Jackson J. Benson: *The True Adventures of John Steinbeck, Writer* (1984) und Jay Parini: *John Steinbeck* (1994). Material über Maria Stuart stammt aus Antonia Fraser: *Mary Queen of Scots* (1969), T. F. Henderson: *Mary Queen of Scots* (2 Bde., 1905). Einiges aus Maria Stuarts während ihrer Gefangenschaft diktierten Aufzeichnungen erschienen in D. Hay Fleming: *Mary Queen of Scots from her Birth till Her Flight into England* (1898).

Kapitel „Die Löwenhunde in der Verbotenen Stadt"

Zu den Biografien über T'su Hsi, die ich benutzt habe, gehören Charlotte Haldane: *Last Great Empress of China* (1965), Marina Warner: *Dragon Empress: The Life and Times of Tz'u-hsi, Empress Dowager of China: 1835–1908* (1972) und A. W. Hummel, Hrsg.: *Eminent Chinese of the Ch'ing Period 1644–1912* (2 Bde., 1943–44). Eher persönliche Informationen enthalten die Biografien von Prinzessin Der Ling: *Old Buddha* (1929) und *Tz'u-Hsi yeh shih* (1994), die mir dankenswerterweise Steven Wong teilweise übersetzt hat.

Kapitel „Die Hunde des General Custer"

Die meisten Informationen und Zitate über Custer und seine Hunde stammen aus Briefen, Büchern und Tagebüchern seiner

Frau Elizabeth Bacon Custer, darunter *Following the Guidon* (1890), *Boots and Saddles or Life in Dakota with General Custer* (1885) und *The Journal of Elizabeth B. Custer* (hrsg. von A. R. 1992). Die Daten zu Custers Leben sind entnommen aus: L. Barnett: *Touched by Fire* (1996), F. F. Van de Water: *Glory-Hunter: A Life of General Custer* (1934) und *The Custer Myth: A Source Book of Custeriana*, hrsg. von W. A. Graham (1953).

Kapitel „George Washington – Präsident und Foxhoundzüchter"

Über die Lebensabschnitte und Ereignisse in Washingtons Leben gibt es zahlreiche Bücher, doch sie alle befassen sich kaum mit Washingtons Hunden und seiner Leidenschaft für die Fuchsjagd. Die vermutlich beste Biografie stammt von D. S. Freeman: *George Washington* (7 Bde., 1948–1957). In der amerikanischen Kongressbibliothek sind die meisten persönlichen Papiere Washingtons elektronisch aufbereitet und zugänglich. Mehrere Anekdoten (z. B. von Vulcan mit dem Schinken) stammen aus einer Sammlung der Ladies Mount Vernon Association, aus Material über Mount Vernon, Washingtons Heim, und Arlington House, dem Wohnsitz von George Washington, sowie von Washingtons Adoptivsohn Parker Custis. Einige der persönlichen Angaben, vor allem über Washingtons Beziehung zu Elizabeth W. Powel finden sich in H. Swigett: *The Forgotten Leaders of the American Revolution* (1955), L. M. Post: *Personal Recollections of the American Revolution 1774–1776* (1968) und K. A. Marling: *George Washington Slept Here* (1988).

Kapitel „Hunde im Weißen Haus"

Den Anstoß zur Beschäftigung mit den Hunden der Präsidenten lieferten die Bücher *First Dogs* (1997) von Roy Rowan und Brooke Janis, und *Presidential Pets* (1992) von Niall Kelly. Material über Theodore Roosevelt stammt aus William H. Haubaugh: *The Life and Times of Theodore Roosevelt* (1975), Nathan Miller: *Theodore Roosevelt: A Life* (1992) und Jean Paterson Kerrs kommentierter Ausgabe von Roosevelts privaten Briefen, *A Bully Father* (1995). Material über

Eisenhower ist aus Stephen E. Ambrose Eisenhower (2 Bde., 1983–84) und dem Buch seines Enkels David Eisenhower: *Eisenhower at War* (1986). Eine gute Informationsquelle über Kennedy, Nixon und Johnson bzw. deren Hunde war das Buch *Dog Days at the White House* (1975) von Traphes Bryant (mit Spatz Leighton). Zusätzliches Material über John Kennedy lieferte B. C. Bradlee: *Conversations with Kennedy* (1984). Das Material zu Harding stammt von Andrew Sinclair: *The Available Man* (1965) und Robert K. Murray: *The Harding Era* (1969). Mit Hoover befassen sich G. H. Nash: *The Life of Herbert Hoover* (2 Bde., 1983–88), Wilton Eckley: *Herbert Hoover* (1980) und Eugene Lyons: *Herbert Hoover, A Biography* (1964). Zusätzliches Material zu Nixon liefert J. Aitken: *Nixon: A Life* (1994) und S. Ambrose: *Nixon* (3 Bde., 1987–90). Die meisten Informationen über George Bush stammen aus den Büchern seiner Frau Barbara Bush: *A Memoir* (1994), *C. Fred's Story* (1984) und *Millie's Book* (1990). Material über Clinton findet sich in Presseberichten und den Informationen von Steven Johnson, dem ehemaligen Mitarbeiter im Weißen Haus. Das Informationen über Coolidge sind vorwiegend seiner Autobiografie (1929) und Donald McCoy: *Calvin Coolidge: The Quiet President* (1988) entnommen. Informationen über Gerald Ford lieferten John Osborne: *The White House Watch: The Ford Years* (1977) und eine Biografie von Richard Reeves (1975). Weiteres Material über Johnson fand ich bei R. A. Caro: *The Years of Lyndon Johnson* (2 Bde., 1982–90), R. A. Divine: *The Johnson Years* (2 Bde., 1987) und in Merle Millers faszinierendem Buch *Lyndon: An Oral Biography* (1980). Das Material zu Franklin Roosevelt lieferten die wunderbare Arbeit *The Age of Roosevelt* (3 Bde., 1957–60) von Arthur M. Schlesinger, Frank Freidel: *Franklin D. Roosevelt* (1952) und Russel D. Buhite und David W. Levy, Hrsg.: *FRANKLIN D. ROOSEVELT's Fireside Chats*. Das Material über Lincoln stammt aus den Biografien von John G. Nicolay und John Hay: *Abraham Lincoln: A History* (10 Bde., 1890) und Adam Beveridge: *Abraham Lincoln, 1809–58* (2 Bde., 1928) und dazu dem hervorragend illustrierten Werk von Philip B. Kunhardt, Jr., Philip B. Kunhardt III. und Peter W. Kunhardt: *Lincoln* (1992). Zusätzlich habe ich zahlreiche kleinere Episoden der *New York Times on CD* entnommen.

Kapitel „Wie wäre die Geschichte ohne Hunde verlaufen?"

Die Episoden über Newton und Diamond stammen aus H. W. Turnbull et al. (Hrsg.): *Correspondence* (7 Bde., 1959–77), etwas biographisches Material auch aus Richard S. Westfal: *Never at Rest: A Biography of Isaac Newton* (1980). Die Einzelheiten zu der Expedition von Lewis und Clark entstammen vorwiegend ihren Tagebüchern, außerdem aus Richard H. Dillons *Meriwether Lewis: A Biography* (1965). Die Geschichte über den Hund von Kardinal Wolsey findet sich in George Cavendish: *Life of Cardinal Wolsey* (1557), das biographische Material über Heinrich VIII. in J. J. Scarisbrick: *Henry VIII* (1968). Die biografischen Daten zu Freiherr von Richthofen sind aus W. Haiber und R. Haiber: *The Red Baron* (1992) und Peter Kilduff: *Richthofen: Beyond the Legacy of the Red Baron* (1994). Das Material über Alexander den Großen wurde den Übersetzungen sehr alter Texte entnommen, insbesondere *Arrian*, übersetzt und herausgegeben von P. A. Brunt (2 Bde., 1976–83) und *The Romance of Alexander the Great*, die dem Callisthenes zugeschrieben wird (übersetzt von Albert M. Wolohijan; 1969). Informationen über Robert the Bruce habe ich aus G. W. S. Barrow: *Robert Bruce* (1965); A. M. Mackenzie: *Robert Bruce, King of Scots* (1934) und R. M. Scots: *Robert the Bruce* (1989) entnommen.

Zum Weiterlesen

Abrantes, Roger: Hundeverhalten von A–Z. Kosmos, Stuttgart 2005.

Bailey, Gwen: Was denkt mein Hund? Kosmos, Stuttgart 2005.

Blenski, Christiane: Hunde erziehen, ganz entspannt. Kosmos, Stuttgart 2005.

Bloch, Günther: Der Wolf im Hundepelz. Kosmos, Stuttgart 2004.

Coren, Stanley: Die Geheimnisse der Hundesprache. Kosmos, Stuttgart 2002.

Coren, Stanley: Wie Hunde denken und fühlen. Kosmos, Stuttgart 2005.

Donaldson, Jean: Hunde sind anders. Kosmos, Stuttgart 2000.

Eichelberg, Dr. Helga (Hrsg.): Hundezucht. Kosmos, Stuttgart 2006.

Feddersen-Petersen, Dr. Dorit: Hundepsychologie. Kosmos, Stuttgart 2004.

Fichtlmeier, Anton: Grunderziehung für Welpen. Kosmos, Stuttgart 2005.

Führmann, Petra und Nicole Hoefs: Erziehungsspiele für Hunde. Kosmos, Stuttgart 2002.

Gerling, Kerstin und Kai: Das verflixte erste Hundejahr. Kosmos 2006.

Hoefs, Nicole und Petra Führmann: Das neue Kosmos-Erziehungsprogramm für Hunde. Kosmos, Stuttgart 2006.

Krämer, Eva-Maria: Der neue Kosmos-Hundeführer. Kosmos, Stuttgart 2002.

Nijboer, Jan: Hunde verstehen mit Jan Nijboer. Kosmos 2004.

Pietralla, Martin und Barbara Schöning: ClickerTraining für Welpen. Kosmos, Stuttgart 2002.

Pietralla, Martin: Clickertraining für Hunde. Kosmos, Stuttgart 2000.

Pryor, Karen: Positiv bestärken, sanft erziehen. Kosmos, Stuttgart 2006.

Räber, Dr. Hans: Enzyklopädie der Rassehunde. 2 Bände. Kosmos, Stuttgart 2001.

Schöning, Dr. Barbara, Nadja Steffen und Kerstin Röhrs: Hundesprache. Kosmos, Stuttgart 2004.

Schöning, Dr. Barbara: Hundeverhalten. Kosmos, Stuttgart 2001.

Theby, Viviane: Das Kosmos-Welpenbuch. Kosmos, Stuttgart 2004.

Theby, Viviane: Verstehe deinen Hund. Kosmos, Stuttgart 2006.

VDH: Geschichte der Hunde. Vom Kaiserreich bis heute. Kosmos, Stuttgart 2006.

Winkler, Sabine: So lernt mein Hund. Kosmos, Stuttgart 2005.

Wright, John C. und Judi Wright Lashnits: Wenn Hunde machen was sie wollen ... Kosmos, Stuttgart 2001.

Zvolsky, Norma: Die Kosmos-Retrieverschule. Kosmos 2002.

Register

Alexander der Große 349 ff.
American Association for the
  Prevention of Cruelty to
  Children 213
American Psychological Asso-
  ciation 171
American Society for the Pre-
  vention of Cruelty to Ani-
  mals (ASPCA) 202 ff.
Amerikanischer Foxhound 303
Amerikanischer Unabhängig-
  keitskrieg 297
Arbeitshund 182, 186

Balliol, John 353
Becerillo 98 ff.
Bell, Alexander Graham 141 ff
Bergh, Henry 199 ff.
Besuchshund 154
Boxeraufstand 268 f.
Buchanan, James 307 f.
Buddha 252 ff.
Bush, George 315 ff.

Cavaliers 60
Charles I. von England 51
Churchill, Winston 327
Clinton, Bill 318 f.
Coolidge, Calvin 320 f.
Custer, General 278 ff.

Dalai Lama Ngag-dbang-
  rygam-tsho 23

Descartes 173
Don Bosco 17 ff.
Drehspießhunde 203 ff.

Eduard I. von England 353 ff.
Eisenhower, Dwight D. 308 f.
Erasmus von Rotterdam 22

Ford, Gerald 321 f.
Freud, Anna 162 ff.
Freud, Sigmund 156 ff.
Friedrich II. von Preußen 68 ff.

General George Armstrong
  Custer 278 ff.
General Robert E. Lee 282 ff.
Gesellschaft zur Verhütung von
  Grausamkeit gegen Tiere
  (SPCA) 178
Gesetz zum Schutz der Tiere
  178
Gloucester Hunting Club 296

Harding, Warren 311 f.
Harrison, William Henry 311
Heiliger Rochus 29 ff.
Heinrich der Seefahrer 89
Heinrich VIII. von England
  344 ff.
Hoover, Herbert 312 f.
Hundegesetze 196
Hundekämpfe 179 f.
Hundemisshandlung 194
Hunde-Prokurator 35
Hundesklaverei 203

Isabella von Spanien 91 f.

Jackson, Andrew 311
Jahr des Hundes 189
James I. von England 51 f.
Johnson, Lyndon Baines 322 ff.

Kaiser Karl V. 21
Kaiser Ling Ti 252
Kaiserin T'su Hsi 261 ff.
Kennedy, John F. 309 f.
Kinderrechte 212
Kolumbus, Christoph 87 ff.
Königliche Gesellschaft zur
    Verhütung von Grausamkeit
    gegen Tiere (RSPCA) 178 ff.
Korinth 24 f.
Kriegshund 93 ff.

La Navidad 93 f.
Lewis, Meriwether 340 ff.
Lincoln, Abraham 328 ff.
Liszt, Franz 121
Ludwig II. König von Bayern
    121, 136, 139
Ludwig XV. König von Frank-
    reich 79 f.
Lun Yug 166 f.

Madame Pompadour 79 f.
Manualisten 144, 151
Margaret von Cortona 31 f.
Maria Stuart 236 ff
Marie Bonaparte 166 ff.
Martin, Richard 175 ff.
Mary Ellen 207 ff

Master of the Otterhounds 55 f.
Mik'Mak-Indianer 16
Mitleidsgesetz 190 ff.

Napoleon Bonaparte 214 ff.
Newton, Isaac 339 f.
Niederländische Unabhängig-
    keit 21
Nietzsche, Friedrich Wilhelm
    121
Nightingale, Florence 25 ff.
Nixon, Richard M. 313 ff.

Oralismus 144

Patrick von Irland 33 ff.
Pest 30 f.
Philip II. von Spanien 21
Pope, Alexander 12 ff.
Prinz Llywelyn 42 ff.

Reagan, Ronald 319 f.
Revolution von 1848 131
Robert the Bruce 353 ff.
Roosevelt, Franklin Delano
    324 ff.
Roosevelt, Theodore 305 ff.,
    324
Roter Baron 346
Roundheads 59

Sanssouci 78 f.
Schiffshund 226
Schlacht am Little Big Horn
    278
September 1492 92

Sir Walter Scott 102 ff.
Spencer, William Robert 42
Sprechender Hund 150
Steinbeck, John 233 ff.

Tierheim 188, 195
Tierschutz 173, 175 ff.
Tokugawa Tsunayoshi 190 ff.
Tom Pipes 229
Transporthund 181 ff

Wagner, Richard 118 ff.
Washington, George 292 ff.
Wilhelm I., Prinz von Oranien
   21 ff.
William Lyon Mackenzie King
   232, 241 ff.

Zimmerhund 22
Zughund 181

Impressum
Aus dem Amerikanischen übersetzt von Dr. Wolfgang Hensel, Bornheim-Rösberg

Titel der Originalausgabe: "The Pawprints of History: Dogs and the Course of Human Events", erschienen bei Free Press, New York 2002, ISBN 0-7432-2228-8.
Copyright © 2002 by SC Psychological Enterprises, Ltd. All rights reserved. Published by an arrangement with the original publisher, The Free Press / a Division of Simon & Schuster, Inc.
Umschlaggestaltung von eStudio Calamar unter Verwendung eines Schwarzweiß-Fotos von Hulton-Deutsch Collection/CORBIS

Bibliografische Information Der Deutschen Nationalbibliothek
Die Deutsche Nationalbibliothek verzeichnet diese Publikation in der Deutschen Nationalbibliografie; detaillierte bibliografische Daten sind im Internet über http://dnb.ddb.de abrufbar.

Bücher · Kalender · DVD/CD-ROM · Experimentierkästen · Kinder- und Erwachsenenspiele
Natur · Garten · Essen & Trinken · Astronomie
Hunde & Heimtiere · Pferde & Reiten · Tauchen · Angeln & Jagd
Golf · Eisenbahn & Nutzfahrzeuge · Kinderbücher

Informationen senden wir Ihnen gerne zu

KOSMOS Postfach 10 60 11
D-70049 Stuttgart
TELEFON +49 (0)711-2191-0
FAX +49 (0)711-2191-422
WEB www.kosmos.de
E-MAIL info@kosmos.de

Gedruckt auf chlorfrei gebleichtem Papier

Für die deutsche Ausgabe:
© 2006, Franckh-Kosmos Verlags-GmbH & Co. KG, Stuttgart
Alle Rechte vorbehalten
ISBN 978-3-440-09865-3
Projektleitung: Alice Rieger
Redaktion: Ekkehard Ophoven
Produktion: Kirsten Raue / Eva Schmidt
Gestaltung: TypoDesign, Kist
Printed in The Czech Republic / Imprimé en République Tchèque

Der Sprachkurs für Hundehalter

Stanley Coren
**Die Geheimnisse
der Hundesprache**
344 Seiten, 21 Abbildungen
€/D 19,90
€/A 20,50; sFr 33,60
Preisänderung vorbehalten
ISBN 978-3-440-09098-5

- Hundesprache verstehen – warum
  und worüber Hunde miteinander
  kommunizieren

- Hundesprache anwenden – mit
  einfachen, verständlichen Signalen,
  die jeder Hund versteht

Erstaunliche Fähigkeiten

Stanley Coren
**Wie Hunde denken
und fühlen**
352 Seiten
€/D 19,95
€/A 20,60; sFr 33,70
Preisänderung vorbehalten
ISBN 978-3-440-10331-9

■ Neue Einsichten in die Innenwelt der Hunde

Stanley Coren schildert anhand aktueller
Forschungsergebnisse die erstaunlichen
Fähigkeiten der Hunde. Er geht ein auf Instinkt
und Prägung, Hundesprache, hundespezifisches
und soziales Lernen sowie rassetypische
Verhaltensformen.

KOSMOS

www.kosmos.de